新工科建设之路·数据科学与大数据系列

U0723356

# 数据库原理及应用教程
## （基于Linux的MySQL和NoSQL应用）

李 辉　杨小莹 ◎ 主编

电子工业出版社·

**Publishing House of Electronics Industry**

北京·BEIJING

## 内容简介

本书全面系统地介绍了数据库系统的基本概念、基本原理和基本技术，以 Linux 操作系统下的 MySQL 为背景介绍了数据库技术的实现，包括数据库和数据表的维护、查询与统计、视图管理、存储过程和触发器的管理、用户管理、约束和默认管理、数据库的备份和还原、存储过程等内容，读者可以充分利用 MySQL 平台深刻理解数据库技术的原理，达到理论和实践紧密结合的目的，也解决了学习者安装上机数据库管理系统软件中的操作系统兼容性问题。

本书内容循序渐进，深入浅出，概念清晰，条理性强，每章都给出了一些实例，为缓解学习者初期动手的茫然与困惑，每章安排上机实践任务；通过对非关系型数据库 NoSQL 的介绍，可以让读者结合 MongoDB 数据库技术掌握 NoSQL 的应用场景。

本书可作为高等院校计算机、数据科学与大数据技术、大数据管理等相关专业"数据库原理及应用"课程的配套教材，也可以供参加数据库类考试的人员、数据库应用系统开发设计人员、工程技术人员及其他相关人员参阅。

**图书在版编目(CIP)数据**

数据库原理及应用教程：基于 Linux 的 MySQL 和 NoSQL 应用 / 李辉，杨小莹主编. —北京：电子工业出版社，2020.9
ISBN 978-7-121-36227-9

Ⅰ. ① 数…　Ⅱ. ① 李…　② 杨…　Ⅲ. ① 关系数据库系统－高等学校－教材　Ⅳ. ① TP311.132.3

中国版本图书馆 CIP 数据核字（2019）第 059638 号

责任编辑：章海涛
印　　刷：北京虎彩文化传播有限公司
装　　订：北京虎彩文化传播有限公司
出版发行：电子工业出版社
　　　　　北京市海淀区万寿路 173 信箱　　邮编　100036
开　　本：787×1092　1/16　　印张：23　　字数：589 千字
版　　次：2020 年 9 月第 1 版
印　　次：2021 年 7 月第 2 次印刷
定　　价：59.00 元

凡所购买电子工业出版社图书有缺损问题，请向购买书店调换。若书店售缺，请与本社发行部联系，联系及邮购电话：（010）88254888，88258888。

质量投诉请发邮件至 zlts@phei.com.cn，盗版侵权举报请发邮件至 dbqq@phei.com.cn。

本书咨询联系方式：192910558（qq 群）。

# 前　言

数据库技术是现代信息技术的重要组成部分。数据库技术随着计算机技术的广泛应用与发展，无论是在数据库技术的基础理论、数据库技术应用、数据库系统开发，还是在数据库商品软件推出方面，都有着长足进步和发展。数据库技术也是目前 IT 行业中发展最快的领域之一，已经广泛应用于各种类型的数据处理系统中。了解并掌握数据库知识已经成为对各类科研人员和管理人员的基本要求。目前，"数据库原理及应用"课程已逐渐成为本科院校计算机、软件工程、信息管理等专业的一门重要专业课程，既具有较强的理论性，又具有很强的实践性。

本书是作者在长期从事数据库课程教学和科研的基础上，为满足"数据库原理及应用"课程的教学需要而编写的，以学习者的角度重新调整章节知识点顺序，围绕数据库系统概述、信息与数据模型、关系模型与关系规范化理论、数据库系统设计、关系数据库标准语言、索引与视图，并结合 MySQL 讲述数据库安全保护原理、系统管理技术、数据库服务器端编程（触发器、存储过程与函数）等内容。

本书内容循序渐进、深入浅出，以 MySQL 为应用对象，解决了学习者安装上机数据库管理系统软件中的操作系统兼容性（32/64 位计算机、Windows、Linux 和 Mac 操作系统等）问题。MySQL 具有开源、免费、体积小、易于安装、性能高效、功能齐全等特点，因此非常适合教学。为缓解学习者初期动手的茫然与困惑，本书在每章专门将上机实践环节分为验证性实验和设计性实验。

本书可作为高等院校计算机、数据科学与大数据技术、大数据管理等相关专业"数据库原理及应用"课程的配套教材，同时可供参加数据库类考试的人员、数据库应用系统开发设计人员、工程技术人员及其他相关人员参考。非计算机专业的本科学生如果希望学到关键、实用的数据库技术，也可采用本书作为教材。

本书由李辉、杨小莹主编。杨小莹（宿州学院）编写了第 15～19 章，李辉编写了其他内容并统稿。胡志超、倪亚丽和狄文杰等整理了资料，也对本书的编写提出了一些修改建议。在此向他们一并表示感谢。虽然我们希望能够为读者提供最好的教材和教学资源，但由于水平和经验有限，错误之处难免，还有很多做得不够的地方，恳请各位专家和读者予以指正，并欢迎同行进行交流。

本书为任课教师提供配套的教学资源（包含电子教案和例题源代码），需要者可登录华信教育资源网（http://www.hxedu.com.cn），注册后免费下载。

作　者

# 目　录

# 第1章 数据库系统概述

数据库技术是计算机科学学科的重要分支，产生于 20 世纪 60 年代末 70 年代初，其主要目的是研究如何对数据资源进行有效管理和存取，提供可共享、安全、可靠的信息。数据库从概念的提出到现在，已经形成了坚实的理论基础、成熟的商业产品和广泛的应用领域，是计算机领域发展最快的技术之一。随着当今互联网技术的发展，数据库技术已经有广泛应用，如网上购物、网络订票、个性化推荐和消费者画像等，使得计算机应用渗透到工农业生产、商业管理、科学研究、工程技术及国防军事等领域，如生物基因数据库、商务物流数据库、交通信息数据库、气象数据库及航天数据库等。数据库系统的建设规模、数据库信息量的大小以及网络应用的程度已成为衡量一个部门信息化程度的重要标志。

本章主要介绍数据、数据管理、数据库、数据管理技术的发展、数据库系统的基本概念和系统结构等，为后面各章的学习奠定基础。

## 1.1 数据与数据管理技术

### 1.1.1 数据库的基本概念

#### 1. 数据与信息

现代社会是信息的社会，信息正在以惊人的速度增长。因此，如何有效地组织和利用它们已成为急需解决的问题。引入数据库技术的目的是高效地管理和共享大量的信息，而信息与数据是分不开的。

数据是描述事物的符号记录，也是数据库中存储、用户操纵的基本对象。数据不仅是数值，还可以是文字、图形、动画、声音、视频等。数据是信息的符号表示。例如，描述 2020 年中国农业大学计划招生信息，可用一组数据"中国农业大学, 2020 年, 60 个专业, 2850 人"来表示。这些符号被赋予了特定的语义，具体描述了一条信息，具有了传递信息的功能。

数据具有如下特性：

① 数据是有"型"和"值"之分。数据的"型"是指数据的结构，数据的"值"是指数据的具体取值。如表 1-1 中的课程信息由"课程编号""课程名称""学分""学时""教师编号"等数据项构成。第一行可以看作课程数据的型，第二行开始就是课程的信息，即课程"型"的"值"。由数据项"教师编号"还可以与教师信息表中的教师编号建立联系。因此数据的型不仅可以表示数据内部的构成，还能表示数据之间的联系。数据项"教师编号"可以与教师信息表中的"教师编号"建立联系。因此，数据的"型"不仅可以表示数据内部的构成，还能表示数据之间的联系。

表 1-1　课程信息表

| 课程编号 | 课程名称 | 学分 | 学时 | 教师编号 |
|---|---|---|---|---|
| 08130015 | 大数据技术及应用概论 | 3 | 48 | 201207 |
| 08132220 | 数据库原理及应用基础 | 3 | 32 | 09022 |
| 22308016 | 网站开发与设计 | 2 | 32 | 08055 |
| … | … | … | … | … |

② 数据有定性表示和定量表示之分。比如，一个人的健康情况可以用"健康"和"一般"来表示，而学生的成绩可以用数字表示。

③ 数据受数据类型和取值范围的约束。数据类型是针对不同的应用场合设计的数据约束。数据类型不同，则数据的表示形式、存储方式和能进行的操作运算也是各不相同。比如，一个人的年龄必须用整数表示。计算机处理信息时，需要为数据选择合适的类型。常见数据类型有字符型、数值型、日期型等。

④ 数据具有载体和多种表现形式。数据的载体可以为纸张、硬盘等，也可以用报表、语音或不同语言符号表示。

信息是有一定含义的，经过加工处理的，对决策有价值的数据。例如，农民在实际的生产过程中，从生产规划、种植前准备、种植期管理，到采收、销售等环节，可以从"天时、地利、人和"三方面理解数据收集。"天时"可以指实时的气象数据，降水、温度、风力、湿度等；"地利"可以指动静态的土壤数据，如土壤水分、土壤温度，作物品种信息、作物病虫害信息等；"人和"则是从人力资源给出信息，如农资产品使用、农产品加工和流通渠道、农产品市场价格等。通过整合农民机械化农场设备的种植和产量数据，以及气象、种植区划等多种数据，可以得到较为详尽的种植决策信息，精准化农事生产，帮助农民提高产量和利润。利用信息，通过对农业生产全过程的精准化、智能化管理，可以极大程度地减少化肥、水资源、农药等投入，提高作业质量，农业经营变得有序化，从而为转向规模化经营打下良好基础。因此，信息是对现实世界中存在的客观实体、现象、联系进行描述的有特定语义的数据，它是人类共享的一切知识及客观加工提炼出的各种消息的总和。

可以看出，信息与数据既有联系，又有区别。数据库领域通常处理的是像学生记录这样的数据，它是有结构的，被称为结构化数据。正因为如此，通常对数据和信息不作严格区分。

信息与数据的关系可以归纳为：数据是信息的载体，信息是数据的内涵。即数据是信息的符号表示，而信息通过数据描述，又是数据语义的解释。

数据处理，又称为信息处理，是指对各种形式的数据进行收集、存储、传播和加工直至产生新信息输出的全过程。数据处理的目的一般有两个：一是借助计算机科学地保存和管理大量复杂的数据，以方便而充分地利用这些宝贵的信息资源；二是从大量已知的表示某些信息的原始数据出发，抽取、导出对人们有价值的、新的信息。例如，为了统计每个班的男生和女生的人数，先要获取所有学生的基本数据（如图 1-1 左所示），通过数据处理，产生的汇总信息（如图 1-1 右所示）。从中可以看到，"1701"和"1703"两个班的男生人数均为 2，女生人数均为 1。

数据管理是数据处理的中心问题，是指数据的收集、整理、组织、存储、查询、维护和传送等操作，也是数据处理的基本环节，是数据处理必有的共性部分。因此，对数据管理应当加以突出，集中精力开发出通用且方便好用的软件，把数据有效地管理起来，以最大限度地减轻数据消费者的负担。

| 学号 | 姓名 | 性别 | 出生日期 | 班号 |
|---|---|---|---|---|
| 202001701001 | 孙凯 | 男 | 2002-10-11 | 1701 |
| 202001701002 | 唐晓 | 男 | 2002-11-05 | 1701 |
| 202001701003 | 蓝梅 | 女 | 2002-07-02 | 1701 |
| 202001703001 | 余小梅 | 女 | 2002-06-18 | 1703 |
| 202001703002 | 李壮 | 男 | 2003-01-17 | 1703 |
| 202001703002 | 马琦 | 男 | 2001-05-20 | 1703 |

数据处理 →

| 班号 | 性别 | 人数 |
|---|---|---|
| 1701 | 男 | 2 |
| 1701 | 女 | 1 |
| 1703 | 男 | 2 |
| 1703 | 女 | 1 |

图 1-1　数据处理示例

总之，数据处理和数据管理是相互联系的，数据管理中的各种操作都是数据处理业务必不可少的基本环节，数据管理技术的好坏直接影响到数据处理的效率。

数据技术所研究的问题是如何科学组织和存储数据，如何高效地处理数据以获取其内在信息。数据库技术正是针对这个目标逐渐完善起来的计算机软件技术。

### 2．数据库

"数据库"这个名词起源于 20 世纪中叶。当时美军为作战指挥需要建立起了一个高级军事情报基地，把收集到的各种情报存储在计算机中，并称之为"数据库"。起初人们只是简单地将数据库看作一个电子文件柜、一个存储数据的仓库或容器。随着数据库技术的产生，人们引申并沿用了该名词，给"数据库"这个名词赋予了更深层的含义。

那么，数据库到底是什么呢？可以简单归纳为：数据库（DataBase，DB）是按照一定结构组织并长期存储在计算机内的、可共享的大量数据的集合。概括起来，数据库具有永久存储、有组织和可共享三个基本特点。关于数据库的概念，请注意以下 5 点：

① 数据库中的数据是按照一定的结构——数据模型来进行组织的，即数据间有一定的联系、数据有语义解释。数据与对数据的解释是密不可分的。例如，对于"2017"，若描述一个学生的入学日期，则表示 2017 年；若描述山的高度，则表示 2017 米。

② 数据库的存储介质通常是硬盘或者光盘、U 盘等，可以大量地、长期地存储并高效地使用。

③ 数据库中的数据能为众多用户所共享，能方便地为不同的应用服务，如资讯平台。

④ 数据库是一个有机的数据集成体，由多种应用的数据集成而来，故具有较少的冗余、较高的数据独立性（即数据与程序间的互不依赖性）。

⑤ 数据库由用户数据库和系统数据库（即数据字典，对数据库结构的描述）两部分组成。数据字典是关于系统数据的数据库，从而可以有效地控制和管理用户数据库。

### 3．数据库管理系统

数据库管理系统（DataBase Management System，DBMS）是位于用户和操作系统之间的一层数据管理软件，是数据库和用户之间的一个接口。与操作系统一样，数据库管理系统属于计算机的基础软件，也是一个大型复杂的软件系统，其主要作用是在数据库建立、运行和维护时对数据库进行统一的管理控制和提供数据服务。

数据库管理系统可以从以下 4 方面来理解。

① 从操作系统角度。数据库管理系统是使用者，它建立在操作系统的基础之上，需要操作系统提供底层服务，如创建进程、读写磁盘文件、CPU 和内存管理等。

② 从数据库角度。数据库管理系统是管理者，是数据库系统的核心，是为数据库的建立、使用和维护而配置的系统软件，负责对数据库进行统一的管理和控制。

③ 从用户角度。数据库管理系统是工具或桥梁，是位于操作系统与用户之间的一层数据

管理软件。用户发出的或应用程序中的各种操作数据库的命令都要通过它来执行。

④ 产业化的数据库管理系统被称为数据库产品，如 Oracle、MySQL、SQL Server、DB2、PostgreSQL、FoxPro、Access 等。

数据库管理系统的主要功能包括以下 4 方面。

① 数据定义功能。数据库管理系统提供数据定义语言（Data Definition Language，DDL），可以方便地对数据库中的数据对象进行定义，如数据库表结构的定义。

② 数据操纵功能。数据库管理系统提供数据操纵语言（Data Manipulation Language，DML），从而让用户操纵数据，以实现对数据库的基本操作，如查询、插入、删除和修改等。

③ 数据库的运行管理。数据库在建立、运用和维护时由数据库管理系统统一管理、统一控制，以保证数据的安全性、完整性、多用户对数据的并发使用及发生故障后的系统恢复。

④ 数据库的建立和维护功能。数据库的建立是指对数据库各种数据的组织、存储、输入、转换等，包括以何种文件结构和存储方式组织数据，如何实现数据之间的联系等。

数据库的维护是指通过对数据的并发控制、完整性控制和安全性保护等策略，以保证数据的安全性和完整性，并且在系统发生故障后能及时回复到正确的状态。

数据库管理系统是数据库系统的一个重要组成部分。

### 4. 数据库系统

数据库系统（DataBase System，DBS）是指计算机引入数据库后的系统，能够有组织地、动态地存储大量的数据，提供数据处理和数据共享机制，一般由硬件系统、软件系统、数据库和人员组成。数据库的建立、使用和维护等工作只靠数据库管理系统是不够的，还需要专门的专业人员协助完成。数据库系统可以简化表示为：

DBS=计算机系统（硬件、软件平台、人）+DBMS+DB

数据库系统包含了数据库、数据库管理系统、软件平台与硬件支撑环境及各类人员；数据库管理系统在操作系统（Operating System，OS）的支持下，对数据库进行管理和维护，并提供用户对数据库的操作接口。在不引起混淆的情况下，常常把数据库系统简称为数据库。它们之间的关系如图 1-2 所示。

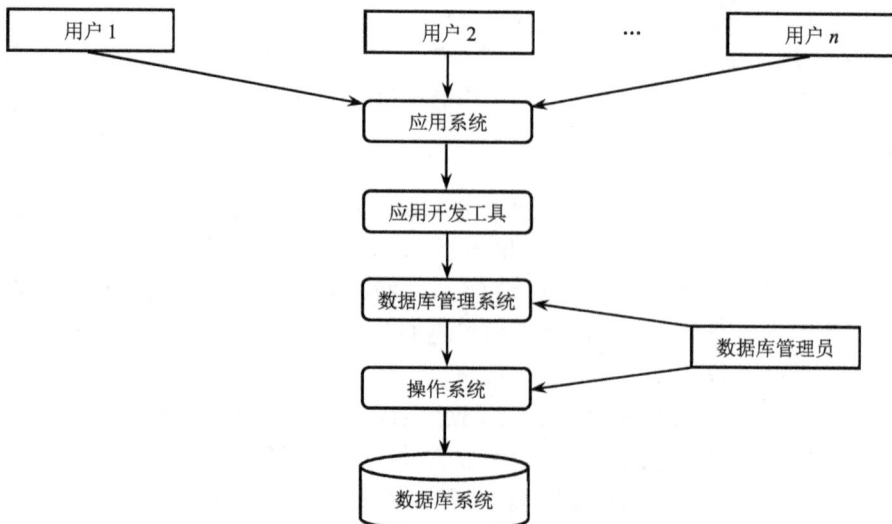

图 1-2　数据、数据库管理系统、数据库系统之间的关系

### 5．信息系统

信息系统（Information System，IS）是由计算机硬件、网络和通信设备、计算机软件、信息资源、信息用户等组成的以处理信息流为目的的人机一体化系统。信息系统是以提供信息服务为主要目的数据密集型、人机交互的计算机应用系统，具有对信息进行加工处理、存储、传递以及预测、控制、决策等功能。

信息系统的 5 个基本功能是输入、存储、处理、输出和控制。一个完整的信息系统应包括控制与自动化系统、辅助决策系统、数据库（含知识库）系统、与外界交换信息的接口等，它是一个综合、动态的管理系统。

从其发展和系统特点来看，信息系统可大致分为数据处理系统、管理信息系统、决策支持系统、虚拟现实系统、专家或智能系统等类型。无论是哪种类型的系统都需要基础数据库及其数据管理的支持，故数据库系统是信息系统的重要基石。

## 1.1.2　数据管理技术的发展

目前，在计算机的各类应用中，用于数据处理的约占 80%。数据处理是指对数据进行收集、管理、加工、传播等一系列工作。其中，数据管理是研究如何对数据分类、组织、编码、存储、检索和维护的一门技术，其优劣直接影响数据处理的效率，因此它是数据处理的核心。数据库理论技术是应数据管理的需求而产生的，而数据管理又是随着计算机技术的发展而完善的。数据管理技术经历了人工管理、文件系统管理、数据库系统管理阶段，随着新技术的发展，其研究与应用已迈向高级数据库系统阶段。

### 1．人工管理阶段

人工管理阶段是计算机数据管理的初级阶段。当时，计算机主要用于科学计算，数据量小、不能保存。数据面向应用，多个应用涉及的数据相同时，由于用户自定义自己的数据，无法共享，因此存在大量的数据冗余。此外，当时没有专门的软件对数据进行管理，程序员在设计程序时不仅要规定数据的逻辑结构，还要设计其物理结构（即数据的存储地址、存取方法、输入输出方式等），这样使得程序与数据相互依赖、密切相关（即数据独立性差），一旦数据的存储地址、存储方式稍有改变，就必须修改相应的程序。

人工管理阶段，程序与数据的关系如图 1-3 所示。

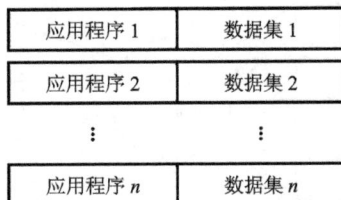

图 1-3　人工管理阶段，程序与数据的关系

人工管理阶段的主要问题如下：① 数据不能长期保存；② 数据不能共享，冗余度极大；③ 数据独立性差。

### 2．文件系统管理

到了 20 世纪 50 年代末，计算机不仅用于科学计算，还大量用于数据管理，同时磁盘、磁鼓等大容量直接存储设备，可以用来存放大量数据。操作系统中的文件系统就是专门用来管理所存储数据的软件模块。

文件系统阶段，数据管理的特点为：① 数据可以长期保存；② 对文件进行统一管理，实现了按名存取，文件系统实现了一定程度的数据共享（文件部分相同，则难以共享）；③ 文件的逻辑结构与物理结构分开，数据在存储器上的物理位置、存储方式等的改变不会影响用户程序（即物理独立性好），但一旦数据的逻辑结构改变，必须修改文件结构的定义，修改应用程序（即逻辑独立性差）；④ 文件是为某一特定应用服务的，难以在已有数据上扩充新的应用，文件之间相对独立，有较多的数据冗余，应用设计与编程复杂。

文件系统中程序与数据的关系如图 1-4 所示。

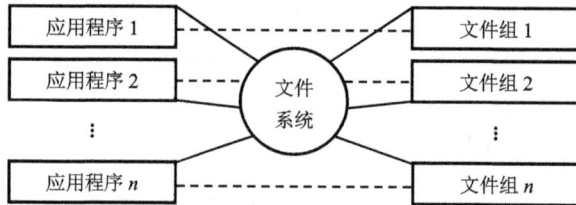

图 1-4　文件系统中程序与数据间关系

文件系统管理的主要问题如下：① 逻辑独立性差；② 数据冗余度较大；③ 文件应用编程复杂。

### 3．数据库系统管理

随着数据管理的规模日趋增大，数据量急剧增加，数据操作与管理日益复杂，文件系统已不能适应需求。20 世纪 60 年代末发生了对数据库技术有着奠基作用的几件大事：1968 年，美国 IBM 公司推出了世界上第一个层次数据库管理系统；1970 年，美国 IBM 公司的高级研究员 E.F. Codd 连续发表论文，提出了关系数据库的理论。这些标志着以数据库系统为手段的数据管理阶段的开始。

数据库系统对数据的管理方式与文件系统不同，它把所有应用程序中使用的数据汇集起来，按照一定结构组织集成，在数据库管理系统的统一监督和管理下使用，多个用户、多种应用可充分共享。数据库系统中程序与数据之间的关系如图 1-5 所示。

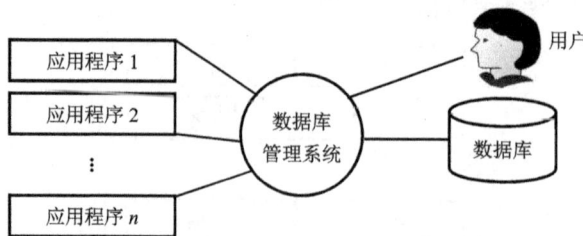

图 1-5　数据库系统中程序与数据的关系

数据库管理技术的出现为用户提供了更广泛的数据共享和更高的数据独立性，并为用户提供了方便的操作使用接口。

现在，数据库系统的管理技术高度发展，正在进入管理非结构化数据、海量数据、知识信息，面向物联网、云计算等新的应用和服务为主要特征的高级数据库系统阶段。数据库系统管理正向着综合、集成、智能一体化的数据库服务系统时代迈进。

数据管理经历的各阶段有自己的背景及特点，数据管理技术也在发展中不断地完善，如表 1-2 所示。

表 1-2　数据管理的三个阶段的比较

| 数据管理的阶段 | | 人工管理阶段<br>（20 世纪 50 年代中期） | 文件系统阶段<br>（50 年代末至 60 年代中期） | 数据库系统阶段<br>（60 年代后期至今） |
|---|---|---|---|---|
| 背景 | 应用背景 | 科学计算 | 科学计算、管理 | 大规模数据、分布数据管理 |
| | 硬件背景 | 无直接存取存储设备 | 磁带、磁盘、磁鼓 | 大容量磁盘、可擦写光盘、按需增容磁带机等 |
| | 软件背景 | 无专门管理的软件 | 利用操作系统的文件系统 | 由数据库管理系统支撑 |
| | 数据处理方式 | 批处理 | 联机实时处理、批处理 | 联机实时处理、批处理、分布处理 |
| 特点 | 数据的管理者 | 用户/程序管理 | 文件系统管理 | 数据库管理系统管理 |
| | 数据应用及其扩充 | 面向某应用程序，难以扩充 | 面向某应用系统，不易扩充 | 面向多种应用系统，易扩充 |
| | 数据的共享性 | 无共享，冗余度极大 | 共享性差，冗余度大 | 共享性好，冗余度小 |
| | 数据的独立性 | 数据的独立性差 | 物理独立性好，逻辑独立性差 | 高度的物理独立性，较好的逻辑独立性 |
| | 数据的结构化 | 数据无结构 | 记录有结构，整体无结构 | 数据模型统一，整体结构化 |
| | 数据的安全性 | 应用程序保护 | 文件系统保护 | 由数据库管理系统提供完善的安全性保护 |

# 1.2　数据库系统的特点及组成

## 1.2.1　数据库系统的特点

与人工管理和文件系统相比，数据库系统的特点主要如下。

### 1．数据结构化

数据库在描述数据时不仅要描述数据本身，还要描述数据之间的联系。在文件系统中，尽管其记录内部已有了某些结构，但记录之间没有联系。数据库系统实现了整体数据的结构化，这是数据库的主要特征之一，也是数据库系统与文件系统的本质区别。在数据库系统中，数据不再针对某一应用，而是面向全组织，具有整体的结构化。

### 2．数据的共享性高，冗余度低，易扩充

数据库系统从整体角度看待和描述数据，数据不再面向某个应用而是面向整个系统，因此数据可以被多个用户、多个应用共享使用。数据共享可以大大减少数据冗余，节约存储空间。数据共享还能够避免数据之间的不相容性与不一致性。

由于数据面向整个系统，是有结构的数据，不仅可以被多个应用共享使用，还容易增加新的应用，这就使得数据库系统弹性大，易于扩充，可以适应各种用户的要求。

### 3．数据独立性高

数据独立性包括数据的物理独立性和数据的逻辑独立性。

物理独立性，是指用户的应用程序与存储在磁盘上的数据库中的数据是相互独立的。也就是说，数据在磁盘上的数据库中怎样存储是由数据库管理系统管理的，用户程序不需要了

解，应用程序要处理的只是数据的逻辑结构，这样即使数据的物理存储改变了，应用程序也不用改变。

逻辑独立性，是指用户的应用程序与数据库的逻辑结构是相互独立的。也就是说，数据的逻辑结构改变了，用户程序也可以不变。

数据独立性是由数据库管理系统的二级映射功能来保证的。

数据与程序的独立，把数据的定义从程序中分离出去，同时数据的存取由数据库管理系统负责，从而简化了应用程序的编制，大大减少了应用程序的维护和修改。

### 4. 数据由数据库管理系统统一管理和控制

数据由数据库管理系统（DBMS）统一管理和控制，用户和应用程序通过数据库管理系统访问和使用数据库。数据库的共享是并发的共享，即多个用户可以同时存取数据库中的数据，甚至可以同时存取数据库中的同一个数据。

为此，数据库管理系统必须提供以下 4 方面的数据控制功能。

① 数据的安全性（Security）保护。数据的安全性是指保护数据，以防止不合法的使用造成的数据的泄密和破坏，使每个用户只能按规定对某些数据以某些方式进行使用和处理。

② 数据的完整性（Integrity）检查。数据的完整性指数据的正确性、有效性和相容性。完整性检查将数据控制在有效的范围内，或保证数据之间满足一定的关系。

③ 并发（Concurrency）控制。当多个用户的并发进程同时存取、修改数据库时，可能发生相互干扰而得到错误的结果，或使得数据库的完整性遭到破坏，因此必须对多用户的并发操作加以控制和协调。

④ 数据库恢复（Recovery）。计算机系统的硬件故障、软件故障、操作员的失误及故意破坏也会影响数据库中数据的正确性，甚至造成数据库部分或全部数据的丢失。数据库管理系统必须具有将数据库从错误状态恢复到某一已知的正确状态的功能，这就是数据库的恢复功能。

数据库管理阶段，应用程序与数据之间的关系如图 1-6 所示。

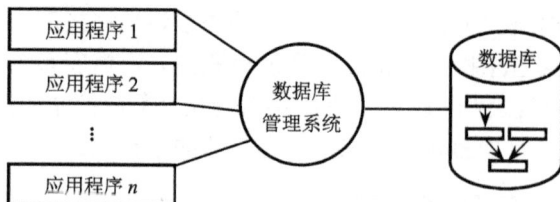

图 1-6　数据库系统阶段应用程序与数据之间的对应关系

综上所述，数据库是长期存储在计算机内有组织的大量的共享的数据集合，可以供各种用户共享，具有最小的冗余度和较高的数据独立性。数据库管理系统在数据库建立、运用和维护时对数据库进行统一控制，以保证数据的完整性、安全性，并在多用户同时使用数据库时进行并发控制，在发生故障后对系统进行恢复。

数据库系统的出现使信息系统从以加工数据的程序为中心转向以共享的数据库为中心的新阶段。这样既便于数据的集中管理，又有利于应用程序的研制和维护，从而提高了数据的利用率和相容性，提高了决策的可靠性。

## 1.2.2　数据库系统的组成

数据库系统一般由数据库、数据库管理系统（及其开发工具）、应用系统、数据库管理员和用户构成。

### 1．硬件平台及数据库

由于数据库系统数据量都很大，同时数据库管理系统丰富的功能使得自身的规模也很大，因此整个数据库系统对硬件资源提出了较高的要求：

① 足够大的内存，存放操作系统、数据库管理系统的核心模块、数据缓冲区和应用程序。

② 足够的磁盘等直接存取设备存放数据库，足够的磁带（或微机软盘）作数据备份。

③ 系统有较高的通道能力，以加快数据传输。

### 2．软件

数据库系统的软件主要包括：

① 数据库管理系统，为数据库的建立、使用和维护配置的软件。

② 支持数据库管理系统运行的操作系统。

③ 与数据库接口的高级语言及其编译系统，便于开发应用程序。每种程序设计语言（如Java、PHP、C++、C#等）都需要使用这些数据库接口完成对数据库的各种操作。

④ 以数据库管理系统为核心的应用开发工具。应用开发工具是系统为应用开发人员和最终用户提供的高效率、多功能的应用生成器、第四代语言等软件工具。它们为数据库系统的开发和应用提供了良好的环境。

⑤ 为特定应用环境开发的数据库应用系统。

### 3．人员

开发、管理和使用数据库系统的人员主要是数据库管理员、系统分析员和数据库设计人员、应用程序员和最终用户。不同的人员涉及不同的数据抽象级别，具有不同的数据视图，其各自的职责分别如下。

（1）数据库管理员（DataBase Administrator，DBA）

数据库管理员是全面负责管理和控制数据库系统的一个或一组人员，具体职责包括：

① 决定数据库中的信息内容和结构。数据库中要存放哪些信息，数据库管理员要参与决策，因此数据库管理员必须参加数据库设计的全过程，并与用户、应用程序员、系统分析员密切合作、共同协商，做好数据库设计。

② 决定数据库的存储结构和存取策略。数据库管理员要综合各用户的应用要求，与数据库设计人员共同决定数据的存储结构和存取策略，以求获得较高的存取效率和存储空间利用率。

③ 定义数据的安全性要求和完整性约束条件。数据库管理员的重要职责是保证数据库的安全性和完整性，因此需要确定各用户对数据库的存取权限、数据的保密级别和完整性约束条件。

④ 监控数据库的使用和运行。数据库管理员的另一个重要职责是监视数据库系统的运行情况，及时处理运行过程中出现的问题。比如，系统发生各种故障时，数据库会因此遭到不同程度的破坏，数据库管理员必须在最短时间内将数据库恢复到正确状态，并尽可能不影响或少影响计算机系统其他部分的正常运行。为此，数据库管理员要定义和实施适当的后备

和恢复策略，如周期性的转储数据、维护日志文件等。

⑤ 数据库的改进和重组重构。数据库管理员负责在系统运行期间监视系统运行状况，依靠工作实践并根据实际应用环境，不断改进数据库设计。在数据运行过程中，大量数据不断插入、删除、修改，时间一长，会影响系统的性能。因此，数据库管理员要定期对数据库进行重组织，以提高系统的性能；当用户的需求增加和改变时，要对数据库进行较大的改造，包括修改部分设计，即数据库的重构造。

（2）系统分析员和数据库设计人员

系统分析员负责应用系统的需求分析和规范说明，要与用户及数据库管理员相结合，确定系统的硬件和软件配置，并参与数据库系统的概要设计。

在很多情况下，数据库设计人员由数据库管理员担任。

（3）应用程序员

应用程序员负责设计和编写应用系统的程序模块，并进行调试和安装。

（4）用户

这里的用户是指最终用户。最终用户通过应用系统的用户接口使用数据库。常用的接口方式有浏览器、菜单驱动、表格操作、图形显示、报表书写等，为用户提供简明、直观的数据表示。

# 1.3  数据库系统结构

## 1.3.1  三级模式结构

要了解数据库系统，关键需要了解其结构。从数据库管理系统角度，数据库系统内部的体系结构通常采用三级模式结构，即外模式、模式和内模式，如图1-7所示。

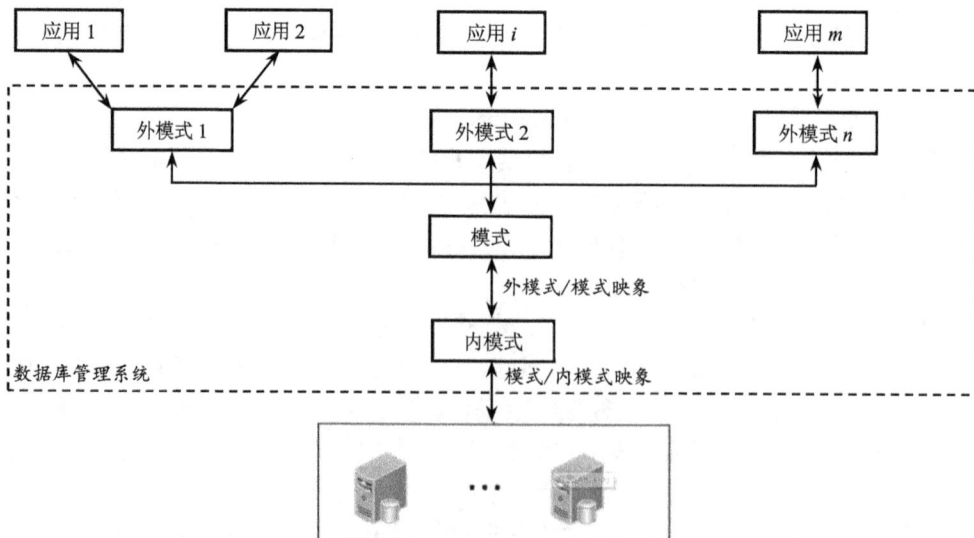

图1-7  数据库系统的三级模式结构

### 1. 模式（Schema）

模式（也称为概念模式或逻辑模式）是数据库中全体数据的逻辑结构特征的描述，是所有用户的公用数据库结构。模式描述了现实世界中的实体及其性质与联系，具体定义了记录型、数据项、访问控制、保密定义、完整性（正确性与可靠性）约束，以及记录型之间的各种联系。

模式有如下特性：① 一个数据库只有一个模式；② 模式与具体应用程序无关，它只是装配数据的一个框架；③ 模式用语言描述和定义，需定义数据的逻辑结构、数据有关的安全性等。

### 2．外模式（External Schema）

外模式（也称为子模式或用户模式）是数据库用户所见和使用的局部数据的逻辑结构和特征的描述，是用户所用的数据库结构。子模式是模式的子集，主要描述用户视图的各记录的组成、相互联系、数据项的特征等。

外模式有如下特性：① 一个数据库可以有多个外模式；每个用户至少使用一个外模式；② 同一个用户可使用不同的外模式，而每个外模式可为多个不同的用户所用；③ 模式是对全体用户数据及其关系的综合与抽象，外模式是根据所需对模式的抽取。

### 3．内模式（Internal Schema）

内模式（也称为存储模式）是数据物理结构和存储方法的描述，是整个数据库的最低层结构的表示。内模式中定义的是存储记录的类型、存储域的表示，以及存储记录的物理顺序、索引和存取路径等数据的存储组织。例如，存储方式按哈希方法存储，索引按顺序方式组织，数据以压缩、加密方式存储等。

内模式有如下特性：① 一个数据库只有一个内模式；② 内模式对用户透明；③ 一个数据库由多种文件组成，如用户数据文件、索引文件及系统文件等；④ 内模式设计直接影响数据库的性能。

关系数据库的逻辑结构就是表格框架。图1-8是关系数据库三级结构的一个实例。

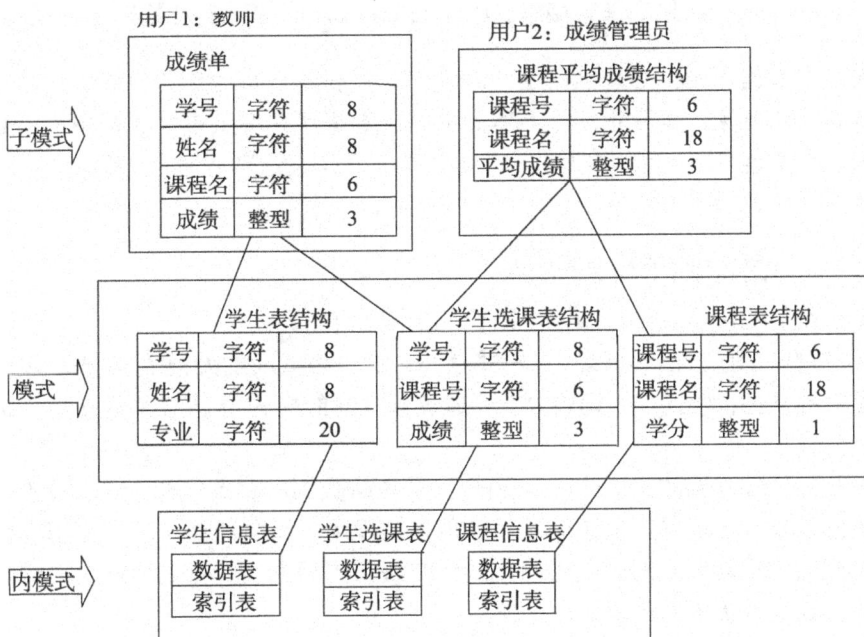

图 1-8　关系数据库三级结构的一个实例

### 4．数据独立性与二级映像功能

数据独立性是指，数据与程序间的互不依赖性，一般分为物理独立性和逻辑独立性。

物理独立性是指，数据库物理结构的改变不影响逻辑结构及应用程序，即数据的存储结构的改变，如存储设备的更换、存储数据的位移、存取方式的改变等，都不影响数据库的逻辑结构，从而不会引起应用程序的变化。

逻辑独立性是指，数据库逻辑结构的改变不影响应用程序，即数据库总体逻辑结构的改变，如修改数据结构定义、增加新的数据类型、改变数据间联系等，不需相应修改应用程序。

为实现数据独立性，数据库系统在三级模式之间提供了两级映像。

① 子模式/模式映像：指由模式生成子模式的规则，定义了各子模式与模式之间的对应关系。

② 模式/内模式映像：说明模式在物理设备中的存储结构，定义了模式和内模式之间的对应关系。

两级映像有如下特性：

① 模式/内模式映像是唯一的。当数据库的存储结构改变时，如采用了更先进的存储结构，由数据库管理员对模式/内模式映像进行相应改变，可以使模式保持不变，从而保证了数据的物理独立性。

② 外模式/模式映像不唯一。当模式改变时，如增加新的数据项、数据项改名等，由数据库管理员对各外模式/模式的映像进行相应改变，可以使外模式保持不变，从而保证了数据的逻辑独立性。

例如，在图 1-8 中，若模式"学生表结构"分解为"学生表 1 简表"和"学生表 2-档案表"，此时外模式"成绩单结构"只需由这两个新表和原来的"学生选课表结构"映射产生即可。不必修改外模式，因而不会影响原应用程序，故在一定程度上实现了数据的逻辑独立性。

以上所述说明，三级模式结构和它们之间的两层映像保证了数据库系统的数据能够具有较高的逻辑独立性和物理独立性。有效地实现三级模式之间的转换是数据库管理系统的职能。

> 模式与数据库的概念是有区别的。模式是数据库结构的定义和描述，只是建立一个数据库的框架，本身不涉及具体的数据；数据库是按照模式的框架装入数据而建成的，它是模式的一个"实例"。数据库中的数据是经常变化的，而模式一般是不变或很少变化的。

### 5．三级模式结构和两层映像的优点

数据库系统的三级模式结构和两层映像的优点如下。

① 保证数据的独立性。外模式与模式分开，通过模式间的外模式/模式映像保证了数据库数据的逻辑独立性；模式与内模式分开，通过模式间的模式/内模式映像来保证数据库数据的物理独立性。

② 方便用户使用，简化用户接口。用户无须了解数据的存储结构，只需按照外模式的规定编写应用程序或在终端输入操作命令，就可以实现用户所需的操作，方便用户使用系统。也就是说，把用户对数据库的一次访问，从用户级带到概念级，再到物理级，即把用户对数据的操作转化到物理级去执行。

③ 保证数据库安全性的一个有力措施。用户使用的是外模式，每个用户只能看见和访问所对应的外模式的数据，数据库的其余数据与用户是隔离的，这样既有利于数据的保密性，又有利于用户通过程序只能操作其外模式范围内的数据，使程序错误传播的范围缩小，保证了其他数据的安全性。

④ 有利于数据的共享性。由于同一模式可以派生出多个不同的外模式，因此减少了数据的冗余度，有利于为多种应用服务。

⑤ 有利于从宏观上通俗地理解数据库系统的内部结构。

## 1.3.2　数据库系统体系结构

从最终用户角度，数据库系统外部的体系结构分为单用户式、主从式、客户－服务器式、分布式和并行结构等。数据库体系结构已由主机/终端的集中式结构发展到了网络环境分布式结构、多层 B/S 结构、物联网和移动环境下的动态结构，以满足不同应用的需求。

下面介绍常见的数据库系统体系结构。

### 1．C/S 和 B/S 结构

目前，数据库系统常见的运行与应用结构有客户－服务器（Client/Server，C/S）结构、浏览器/服务器（Browser/Server，B/S）结构。

（1）C/S 结构

C/S 结构是软件系统体系结构，可以充分利用两端硬件环境的优势，将任务合理分配到客户端和服务器来实现，降低了系统的通信开销。目前，大多数应用软件系统都是 C/S 形式的两层结构，由于现在的软件应用系统正在向分布式的 Web 应用发展，Web 和 Client/Server 应用都可以进行同样的业务处理，应用不同的模块共享逻辑组件，因此内部用户和外部用户都可以访问新的和现有的应用系统，通过现有应用系统中的逻辑可以扩展出新的应用系统。这也是目前应用系统的发展方向。

C/S 结构的基本原则是将计算机应用任务分解成多个子任务，由多台计算机分工完成，即采用"功能分布"原则。客户端完成数据处理，数据表示以及用户接口功能；服务器完成数据库管理系统的核心功能。这种客户请求服务、服务器提供服务的处理方式是一种新型的计算机应用模式。

### 2．B/S

B/S 结构是 Web 兴起后的一种网络结构模式，Web 浏览器是客户端最主要的应用软件。这种模式统一了客户端，将系统功能实现的核心部分集中到服务器上，简化了系统的开发、维护和使用。服务器安装 Oracle、Sybase、Informix 或 SQL Server 等数据库，客户端只要安装一个浏览器（Browser，如 Internet Explorer、火狐等），浏览器通过 Web Server 同数据库进行数据交互。

B/S 结构最大的优点就是可以在任何地方进行操作而不用安装任何专门的软件，只要有一台能上网的计算机即可，客户端零安装、零维护，系统的扩展非常容易。B/S 结构的使用越来越多，特别是由需求推动了 Ajax 技术的发展，它的程序也能在客户端上进行部分处理，从而大大地减轻了服务器的负担，同时增加了交互性，能进行局部实时刷新。

# 小 结

本章首先介绍了数据库中的基本概念，然后介绍了数据管理技术的发展、文件管理与数据库管理在操作数据上的差别，接着对数据库管理系统进行介绍，描述了数据库管理系统的工作原理和作用。

数据库系统主要由数据库管理系统（DBMS）、数据库、应用程序和数据库管理员组成。其中，数据库管理系统是数据库系统的核心。本章介绍了数据库系统的结构和特点。

数据库三级模式和两层映像的系统结构保证了数据库系统能够具有较高的逻辑独立性和物理独立性。

# 思考与练习 1

1. 简述什么是数据库管理系统，以及它的主要功能。
2. 什么是数据库系统？它有什么特点？
3. DBA 的职责有哪些？
4. 简述什么是模式、外模式和内模式，三者是如何保证数据独立性的。
5. 简述 C/S 结构与 B/S 结构的区别。
6. 以某一行业应用专题为中心，查阅、收集国内外近期的数据库技术应用相关文献，经过理解、分析、归纳、整理而写出的综述，以反映该专题数据库技术应用的历史、现状、最新进展及发展趋势等情况，并做出初步的评论。
7. 数据的（    ）是数据库的主要特征之一，是数据库与文件系统的根本区别。
   A. 结构化          B. 共享性          C. 独立性          D. 完整性
8. 数据库管理系统是（    ）。
   A. 操作系统的一部分                    B. 在操作系统支持下的系统软件
   C. 一种编译系统                        D. 一种操作系统
9. 数据独立性是数据库技术的重要特点之一。所谓数据独立性，是指（    ）。
   A. 数据与程序独立存放                  B. 不同的数据被存放在不同的文件中
   C. 不同的数据只能被对应的应用程序所使用   D. 以上三种说法都不对
10. 数据库系统依靠（    ）支持数据独立性。
   A. 定义完整性约束条件                  B. 具有封装机制
   C. 模式分级，各级模式之间的映像        D. DDL 与 DML 互相独立
11. 数据库系统的核心是（    ）。
   A. 数据模型      B. 数据库管理系统      C. 数据库          D. 数据库管理员
12. 数据库技术的根本目标是要解决数据的（    ）。
   A. 存储问题      B. 共享问题          C. 安全问题        D. 保护问题
13. 数据库（DB）、数据库系统（DBS）、数据库管理系统（DBMS）之间的关系是（    ）。
   A. DB 包含 DBS 和 DBMS                 B. DBMS 包含 DB 和 DBS
   C. DBS 包含 DB 和 DBMS                 D. 没有任何关系
14. 下面属于数据库管理员（DBA）职责的是（    ）。
   A. 决定数据库中的信息内容和结构
   B. 决定数据库的存储结构和存取策略

C. 定义数据的安全性要求和完整性约束条件

D. 负责数据库中数据的确定及数据库各级模式的设计

15. 数据库设计中反映用户对数据要求的模式是（　　）。

    A. 内模式　　　　　B. 概念模式　　　　　　C. 外模式　　　　　D. 设计模式

16. 在数据库系统中，用户所见的数据模式为（　　）。

    A. 概念模式　　　B. 外模式　　　　　　C. 内模式　　　　　D. 物理模式

17. 采用三级结构/两级映像的数据库体系结构，如果对数据库的一张表创建索引，那么改变的是数据库的（　　）。

    A. 用户模式　　　　　B. 外模式　　　　　C. 模式　　　　　D. 内模式

18. 数据的物理独立性和逻辑独立性分别是通过修改（　　）来完成的。

    A. 外模式与内模式之间的映像、模式与内模式之间的映象

    B. 外模式与内模式之间的映像、外模式与模式之间的映象

    C. 外模式与模式之间的映像、模式与内模式之间的映象

    D. 模式与内模式之间的映像、外模式与模式之间的映象

19. 数据库系统通常采用三级模式结构：外模式、模式和内模式，分别对应数据库的（　　）。

    A. 基本表、存储文件和视图　　　　　　B. 视图、基本表和存储文件

    C. 基本表、视图和存储文件　　　　　　D. 视图、存储文件和基本表

20. 在数据库三级模式间引入二级映象的主要目的是（　　）。

    A. 提高数据与程序的独立性　　　　　　B. 提高数据与程序的安全性

    C. 保持数据与程序的一致性　　　　　　D. 提高数据与程序的可移植性

# 第 2 章  信息与数据模型

数据库系统是一个基于计算机的、统一集中的数据管理系统。而现实世界是纷繁复杂的，那么，现实世界中各种复杂的信息及其相互联系是如何通过数据库中的数据来反映的呢？建立数据库时要考虑如何组织数据，如何表示数据之间的联系，并合理地存放在计算机中，才能对数据进行有效的处理。数据模型就是描述数据及数据之间联系的结构形式，它的主要任务是组织数据库中的数据。

数据库系统的核心是数据模型。为一个数据库建立数据模型需要经过以下过程：① 深入现实世界进行系统需求分析；② 用概念模型真实地、全面地描述现实世界中的管理对象及联系；③ 通过一定的方法，将概念模型转换为数据模型。

本章主要介绍信息的三种世界以及彼此之间的联系；概念模型、实体、实体型、实体集、属性、键（码）、E-R 图，以及彼此之间的关系；概念模型转化为逻辑模型规则；数据模型及作用、要素、优缺点。

## 2.1  信息的三种世界及描述

将现实世界错综复杂联系的事物以计算机能理解和表现的形式反映到数据库中，这是一个逐步转化的过程，通常分为三个阶段，称为三个世界，即现实世界、信息世界和计算机世界（也称为数据世界）。数据库是模拟现实世界中某些事务活动的信息集合，数据库中存储的数据来源于现实世界的信息流。信息流用来描述现实世界中一些事物的某些方面的特征及事物间的相互联系。在处理信息流前，我们必须先对其进行分析，并用一定的方法加以描述，再将描述转换成计算机能接受的数据形式。

现实世界存在的客观事物及其联系，经过人们大脑的认识、分析和抽象后，用物理符号、图形等表述，即得到信息世界的信息，再将信息世界的信息进一步具体描述、规范，并转换为计算机能接受的形式，则成为计算机世界的数据表示，如图 2-1 所示。

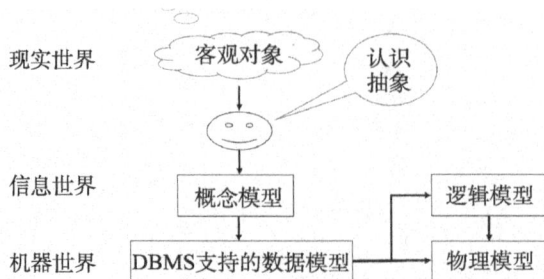

图 2-1  将客观对象抽象为数据模型的完整过程

现实世界的事物及联系，通过需求分析，转换成为信息世界的概念模型，这个过程由数据库设计人员完成；再把概念模型转换为计算机上某数据库管理系统（DBMS）支持的逻辑模型，这个转换过程由数据库设计人员和数据库设计工具（如 DBMS）共同完成；逻辑模型再转换为最底层的物理模型，从而进行最终实现，这个过程由数据库管理系统（DBMS）自行完成。

现实世界、信息世界和计算机世界这三个领域是由客观到认识、由认识到使用管理的三个不同层次，后一领域是前一领域的抽象描述，如表 2-1 所示。

表 2-1　信息术语的对应

| 现实世界 | 信息世界 | 计算机世界 |
| --- | --- | --- |
| 实体 | 实例 | 记录 |
| 特征 | 属性 | 数据项 |
| 实体集 | 对象 | 数据或文件 |
| 实体间的联系 | 对象间的联系 | 数据间的联系 |
| | 概念（信息）模型 | 数据模型 |

# 2.2　数据模型

## 2.2.1　数据模型的概念

在现实世界中，人们对模型并不陌生。如一张图、一组建筑沙盘、一架飞机航模会使人联想到真实生活中对应的事物。模型是对现实世界中某个对象特征的模拟和抽象。

数据模型（Data Model）也是一种模型，是对现实世界中数据特征及数据之间联系的抽象。也就是说，数据模型用来描述数据组成、数据关系、数据约束的抽象结构及其说明和对数据进行的操作。因为计算机不可能直接处理现实世界中的具体事物，所以现实世界中的事物必须先转换成计算机能够处理的数据，即数字化，把具体的人、物、活动、概念等用数据模型来抽象表示和处理。因此，数据模型是实现数据抽象的主要工具。

数据模型是数据库系统的核心和基础，决定了数据库系统的结构、数据定义语言和数据操作语言、数据库设计方法、数据库管理系统的设计和实现。数据模型也是数据库系统中用于信息表示和提供操作手段的形式化工具。

数据模型应满足三方面的要求：一是能比较真实地模拟现实世界，二是容易为人理解，三是便于在计算机上实现。

数据模型是现实世界数据特征的抽象，用于描述一组数据的概念和定义。数据模型是数据库中数据的存储方式，是数据库系统的基础。在数据库中，数据的物理结构又被称为数据的存储结构，是数据元素在计算机存储器中的表示及其配置；数据的逻辑结构是指数据元素之间的逻辑关系，是数据在用户或程序员面前的表现形式，数据的存储结构不一定与逻辑结构一致。

## 2.2.2　数据处理三层抽象描述

不同的数据模型是提供给模型化数据和信息的不同工具。数据模型要很好地满足上述提到的三方面的要求在目前尚很困难，在数据库系统中针对不同的使用对象和应用目的，通常采用逐步抽象的方法，在不同层次采用不同的数据模型，一般分为概念层、逻辑层、物理层。

### 1．概念层

概念层是数据抽象的顶层，目的是按用户的观点对现实世界建模。概念层的数据模型称为概念数据模型，简称概念模型。概念模型独立于任何数据库管理系统，但容易向数据库管理系统所支持的逻辑模型转换。

常用的概念模型有实体－联系（Entity-Relationship，E-R）模型。

### 2．逻辑层

逻辑层是数据抽象的中间层，描述数据库数据整体的逻辑结构。逻辑层的数据抽象称为逻辑数据模型，简称数据模型。数据模型是用户通过数据库管理系统看到的现实世界，基于计算机系统的观点对数据进行建模和表示。因此，它既要考虑用户容易理解，又要考虑便于数据库管理系统实现。不同的数据库管理系统提供不同的逻辑数据模型

常见的数据模型有层次模型（Hierarchical Model）、网状模型（Network Model）、关系模型（Relation Model）和面向对象模型（Object Oriented Model）。

### 3．物理层

物理层是数据抽象的底层，用来描述数据物理存储结构和存储方法。物理层的数据抽象称为物理数据模型，不但由数据库管理系统的设计决定，而且与操作系统、计算机硬件密切相关。物理数据结构一般向用户屏蔽，用户不必了解其细节。

## 2.2.3　数据模型的要素

一般，数据模型是严格定义的一组概念的集合。这些概念精确地描述了系统的静态特征、动态特征和完整性约束条件。因此，数据模型通常由数据结构、数据操作和完整性约束三部分组成。

### 1．数据结构

数据结构描述数据库的组成对象及对象之间的联系。描述的内容包括两类：一类与对象的类型、内容、性质有关，如网状模型中的数据项、记录，关系模型中的域、属性、关系等；另一类是与数据之间联系有关的对象，如网状模型中的系型。

数据结构是刻画一个数据模型性质最重要的方面。因此，在数据库系统中，人们通常按照其数据结构的类型来命名数据模型。例如，层次结构、网状结构和关系结构的数据模型分别命名为层次模型、网状模型和关系模型。总之，数据结构是所描述的对象类型的集合，是对系统静态特性的描述。

> 数据结构是描述数据模型最重要的方面，通常按数据结构的类型来命名数据模型。例如，层次结构即树结构的数据模型叫层次模型，网状结构即图结构的数据模型叫网状模型，关系结构即表结构的数据模型叫关系模型。
>
> 数据对象类型的集合包括与数据类型、性质及数据之间联系有关的对象，如关系中的域、属性、关系、键等。
>
> 表示数据之间的联系有隐式和显式两类。隐式联系是指通过数据本身关联相对位置顺序表明联系；显式联系是指通过附加指针表明联系或直接表示。

### 2．数据操作

数据操作是指对数据库中各种对象（型）的实例（值）允许执行的操作的集合，包括操作及有关的操作规则。数据库主要有检索和更新（包括插入、删除、修改）两大类操作。数据模型必须定义这些操作的确切含义、操作符号、操作规则（如优先级）和实现操作的语言，是对系统动态特性的描述。

### 3．完整性约束

数据的完整性约束是一组完整性规则。完整性规则主要描述数据结构中的数据之间的语义联系、数据之间的制约和依存关系，以及数据动态变化规则。数据约束主要用于保证数据的完整性、有效性和相容性。

数据模型应该反映和规定本数据模型必须遵守的基本的通用的完整性约束条件。例如，在关系模型中，任何关系必须满足实体完整性和参照完整性两个条件（在关系数据库和数据库完整性等有关章节中详细讨论这两个完整性约束条件）。

此外，数据模型应该提供定义完整性约束条件的机制，以反映具体应用涉及的数据必须遵守的、特定的语义约束条件。例如，在某大学的数据库中规定，学生的成绩如果有 6 门以上不及格将不能授予学士学位，教授的退休年龄是 65 周岁等。

## 2.3.4　数据模型与数据模式的区别

第 1 章讲述了数据模式（Data Schema），它是以一定的数据模型对一个单位的数据的类型、结构及其相互间的关系进行的描述。数据模式有型与值之分，型是指框架，值是指框架中的实例。例如，学生记录的型为 "(姓名, 性别, 出生年月, 籍贯, 所在系别, 入学时间)"，而 "(李一明, 女, 2000-10-25, 江苏, 计算机系, 2017)" 是上述框架的一个值。

数据模型与数据模式的主要区别在于，数据模型是描述现实世界数据的手段和工具，数据模式是利用这个手段和工具对相互间的关系进行的描述，是关于型的描述。数据模式与数据库管理系统和操作系统无关。

数据模型和数据模式都分为三层，其对应对关系如下。

① 概念模式：用逻辑数据模型对一个单位的数据的描述。

② 外模式：也称为子模式或用户模式，是与应用程序对应的数据库视图，是数据库的一个子集，是用逻辑模型对用户所用到的那部分数据的描述。

③ 内模式：数据物理结构和存储方式的描述，是数据的数据库内部表示方式。内模式也称为存储模式。

概念模式、外模式和内模式都存于数据目录中，是数据目录的基本内容。数据库管理系统通过数据目录管理和访问数据模式。一般，数据库系统中的用户只能看到外模式。

## 2.3　概念模型

概念模型用于信息世界的建模，是现实世界到信息世界的第一层抽象，是数据库设计人员进行数据库设计的有力工具，也是数据库设计人员和用户之间进行交流的语言，因此概念模型一方面应该具有较强的语义表达能力，能够方便、直接地表达应用中的各种语义知识，另一方面应该简单、清晰，易于用户理解。

## 2.3.1 基本概念

### 1．实体（Entity）

客观存在并互相区别的事物称为实体。实体可以是具体的人、事、物，也可以是抽象的概念或联系，如老师、学院、老师与学院之间的工作关系等都是实体。

### 2．属性（Attribute）

实体所具有的某一特性被称为属性。一个实体可以由若干属性来刻画。比如，学生实体可以用学号、姓名、性别、出生年月、所在院系、入学时间等属性描述，其中各属性针对实体的不同取值也不同，实体的具体取值称为熟悉值。例如，某实体的属性可以包括：2017060203，李辉，男，12/26/2001，大数据系，09/01/2017。

### 3．实体型（Entity Type）

实体型即用实体类型名和所有属性来共同表示同一类实体，如"学生(学号，年龄)"。

### 4．实体集（Entity Set）

实体集即同一类型实体的集合，如全体学生。

> 区分实体、实体集、实体型三个概念。实体是某个具体的个体，如学生中的王明；实体集是一个个实体的某个集合，如王明所在的 2015 级计算机 2 班的所有学生；实体型是实体的某种类型（该种类型的所有实体具有相同的属性而已），如"学生"这个概念，王明是学生、王明所在班级的所有学生都是学生。显然，"学生"是一个更大且更抽象的概念，王明和王明全班同学都比"学生"更具体。

### 5．键（Key，或称为码）

键是可以唯一标识一个实体的属性集。例如，学号与每个学生实体一一对应，则学号可以作为键。

### 6．域（Domain）

域是指实体中属性的取值范围（属于某个域），如学生的年龄的域为整数。因此准确地讲，域应该是某种数据类型的值的集合。例如，学生的年龄是整数，但是取不到所有整数，一般取值范围为 6～40 岁，而这个范围来自（属于）整数这个集合。

### 7．联系（Relationship）

联系主要指实体内部的联系（各属性之间的联系）和实体间的联系（数学抽象概念强调实体型之间的联系，而现实生活更加关注某几个具体的实体集之间的联系）。

## 2.3.2 E-R 模型

概念层数据模型是面向用户、面向现实世界的数据模型，它是对现实世界的真实、全面的反映，它与具体的 DBMS 无关。常用的概念层数据模型有实体－联系（Entity-Relationship，E-R）模型、语义对象模型。我们这里只介绍实体－联系模型。E-R 图由实体、属性和联系三个要素构成。

## 1. 基本概念

**（1）实体**

客观存在并可相互区别的事物被称为实体。

E-R 图中，实体用于表示现实世界具有相同属性描述的事物的集合，它不是某个具体事物，而是某种类别所有事物的统称。实体可以是具体的人、事、物，也可以是抽象的概念或联系，如职工、学生、部门、课程等都是实体。

E-R 图中，实体用矩形框表示，实体名写在框中。实体的每个具体的记录值（一行数据），如学生实体中的每个具体的学生，被称为一个实体的一个实例。

数据库开发人员在设计 E-R 图时，其中通常包含多个实体，每个实体由实体名唯一标记。开发数据库时，每个实体对应数据库中的一张数据库表，每个实体的具体取值对应数据库表中的一条记录。

**（2）属性**

E-R 图中，属性通常用于表示实体的某种特征，也可以表示实体间关系的特征（稍后举例）。一个实体通常包含多个属性，每个属性由属性名唯一标记。实体用椭圆（或圆角矩形）表示，属性名写在其中。E-R 图中，实体的属性对应数据库表的字段。

E-R 图中，属性是一个不可再分的最小单元，如果属性能够再分，则可以考虑将该属性进行细分，或者可以将该属性"升格"为另一个实体。

实体具有的某一特性称为属性。每个实体具有一定的特征或性质，这样我们才能区分一个实例。属性是描述实体或者联系的性质或特征的数据项，属于一个实体的所有实例都具有相同的性质。在 E-R 图中，这些性质或特征就是属性。

比如，学生的学号、姓名、性别、出生日期、所在院系、入学年份等都是"学生"实体具有的特征，"15002668，张三，男，1992-12，计算机系，2015"这些属性组合起来表征了一个"学生"实体。在 E-R 图中，用连线将属性与它描述的实体联系起来，如图 2-2 所示。

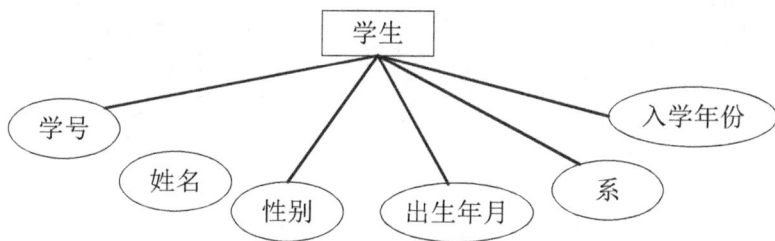

图 2-2　学生实体属性实例

**（3）联系**

联系是数据之间的关联集合，是客观存在的应用语义链。在现实世界中，事物内部及事物之间是有联系的，这些联系在信息世界中反映为实体内部的联系和实体之间的联系。

实体内部的联系通常是指组成实体的各属性之间的联系。实体之间的联系通常是指不同实体集之间的联系。E-R 图中，联系用菱形框表示，其名字在框中，用连线与它关联的实体连接，如图 2-3 所示。

在 E-R 图中，基数表示一个实体到另一个实体之间关联的数目。基数是针对关系之间的某个方向提出的概念，基数可以是一个取值范围或某个具体数值。从基数的角度，联系分为一对一（$1:1$）、一对多（$1:n$）、多对多（$m:n$）联系。

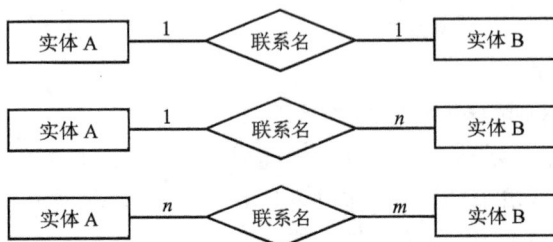

图 2-3　两个实体间的三类联系

（1）一对一联系（1∶1）

如果实体集 A 中的每个实体，在实体集 B 中至多有一个（也可以没有）实体与之联系，反之亦然，则称实体集 A 与实体集 B 有一对一联系，记为 1∶1。例如，学校的某个系设有系主任（假设一个系只有一个系主任，一个人只能担任一个系的系主任），则系与系主任是一对一联系，如图 2-4 所示。

图 2-4　一对一联系实例

（2）一对多联系（1∶n）

如果对于实体集 A 中的每个实体，实体集 B 中有 n（n≥0）个实体与之联系，同时，对于实体集 B 中的每个实体，实体集 A 中至多有一个实体与之联系，则称实体集 A 与实体集 B 有一对多的联系，记为 1∶n。例如，一个系有多名教师，每名教师只能在一个系工作，则系与教师之间是一对多联系，如图 2-5 所示。

图 2-5　一对多联系实例

（3）多对多联系（m∶n）

如果对于实体集 A 中的每个实体，实体集 B 中有 n（n≥0）个实体与之联系，同时，对于实体集 B 中的每个实体，实体集 A 中有 m（m≥0）个实体与之联系，则称实体集 A 与实体集 B 有多对多的联系，记为 m∶n。例如，一门课程同时有若干学生选修，而一个学生可以同时选修多门课程，则课程与学生之间具有多对多联系，如图 2-6 所示。

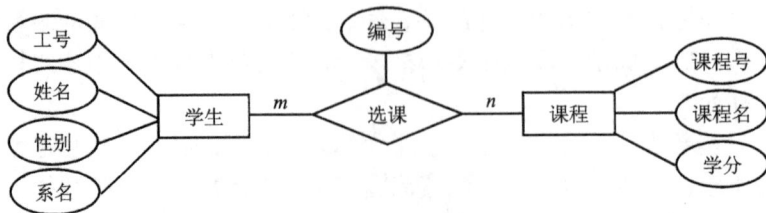

图 2-6　多对多联系实例

### 2．E-R 模型设计原则与设计步骤

（1）ER 模型设计原则

① 属性应该存在于且只存在于某一个地方（实体或者关联）。该原则确保了数据库中的某个数据只存储于某个数据库表中（避免同一数据存储于多个表中），避免了数据冗余。

② 实体是一个单独的个体，不能存在于另一个实体中，成为其属性。该原则确保了一个数据库表中不能包含另一个数据库表，即不能出现"表中套表"的现象。

③ 同一个实体在同一个 E-R 图中仅出现一次。例如同一个 E-R 图，两个实体间存在多种关系时，为了表示实体间的多种关系，尽量不要让同一个实体出现多次。比如，客服人员与客户存在"服务－被服务""评价－被评价"的关系。

（2）E-R 模型设计步骤

① 划分和确定实体。

② 划分和确定联系。

③ 确定属性。作为属性的事物与实体之间的联系必须是一对多的关系，作为属性的事物不能再有需要描述的性质或与其他事物具有联系。为了简化 E-R 模型，能够作为属性的事物尽量作为属性处理。

④ 画出 E-R 模型。重复过程①～③，找出所有实体集、关系集、属性和值集，然后绘制 E-R 图。设计 E-R 分图，即用户视图的设计，在此基础上综合各 E-R 分图，形成 E-R 总图。

⑤ 优化 E-R 模型。利用数据流程图，对 E-R 总图进行优化，消除数据实体间冗余的联系及属性，形成基本 E-R 模型。

## 2.4　逻辑模型

在数据库技术领域中，数据库所使用的最常用的逻辑数据模型有层次模型、网状模型、关系模型、面向对象模型。这四种模型是按数据结构命名的，根本区别在于数据之间联系的表示方式不同，即数据记录之间的联系方式不同。层次模型是以"树结构"方式表示数据记录之间的联系；网络模型是以"图结构"方式表示数据记录之间的联系；关系模型是用"二维表"（或称为关系）方式表示数据记录之间的联系；面向对象模型是以"引用类型"方式表示数据记录之间的联系。

### 1．层次模型

层次数据模型是数据库系统中最早出现的数据模型，用树结构表示各类实体及实体间的联系。现实世界中，许多实体之间的联系本来呈现一种自然的层次关系，如行政机构、家族关系等，如图 2-7 所示。层次模型数据库系统的典型代表是 IBM 公司的 IMS（Information Management Systems），这是一个曾经广泛使用的数据库管理系统。

层次模型对父子实体集间具有一对多的层次关系的描述非常自然、直观，容易理解。层次模型具有两个较为突出的问题：首先，层次模型中具有一定的存取路径，需按路径查看给定记录的值；其次，层次模型比较适合表示数据记录类型之间的一对多联系，而对于多对多的联系难以直接表示，需进行转换，将其分解成若干一对多联系。

层次模型的主要特点如下：① 数据结构较简单，查询效率高；② 提供良好的完整性支持；③ 不易表示多对多的联系；④ 数据操作限制多、独立性较差。

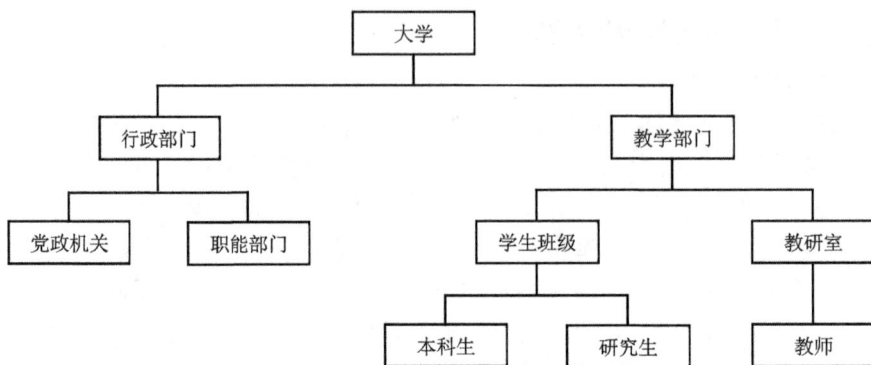

图 2-7　层次模型实例

### 2．网状模型

现实世界中广泛存在的事物及其联系大多具有非层次的特点，用层次结构来描述则不直观，也难以理解。于是人们提出了网状模型，其典型代表是 20 世纪 70 年代数据系统语言研究会下属的数据库任务组（DataBase Task Group，DBTG）提出的 DBTG 系统方案，该方案代表着网状模型的诞生。典型的网络模型数据库产品为 Cullinet 软件公司的 IDMS、Honeywell 公司的 IDSII、HP 公司的 IMAGE 数据库系统。

网状模型是一个图结构，由字段（属性）、记录类型（实体型）和集合（set）等对象组成的网状结构。从图论的观点看，它是一个不加任何条件的有向图。在现实世界中，实体型间的联系更多的是非层次关系，用层次模型表示非树结构不直接，网状模型作为数据的组织方式可以克服这个弊病。网状模型去掉了层次模型的两个限制，允许节点有多个双亲节点，允许多个节点没有双亲节点。图 2-8 是网状模型的一个简单实例。

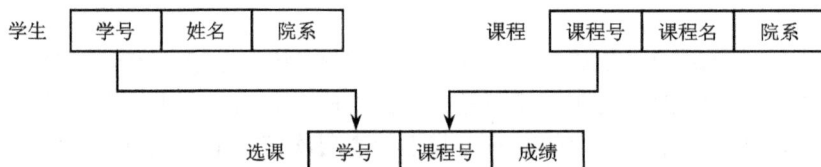

图 2-8　网状模型实例

网状模型是用图结构来表示各类实体集以及实体集间的系。网状模型与层次模型的根本区别是：一个子节点可以有多个父节点，两个节点之间可以有多种联系。同样，网状模型对于多对多的联系难以直接表示，需进行转换，将其分解成若干一对多联系。

网状模型的主要特点如下：① 较为直接地描述现实世界；② 存取效率较高；③ 结构较复杂，不易使用；④ 数据独立性较差。

### 3．关系模型

美国 IBM 公司的研究员 E.F. Codd 于 1970 年首次提出了数据库系统的关系模型。关系模型的建立是数据库历史发展中最重要的事件。过去几十年中大量的数据库研究都是围绕关系模型进行的。数据库领域当前的研究大多数是以关系模型及其方法为基础扩展、延伸的。

关系数据模型是目前最重要的也是应用最广泛的数据模型。简单地说，关系是一张二维表，由行和列组成。关系模型将数据模型组织成表格形式，这种表格在数学上被称为关系。表中存放数据。在关系模型中，实体及实体之间的联系用关系也就是二维表来表示。表 2-2 用关系表表示学生实体。

表 2-2　关系模型实例表

| 学号 | 姓名 | 性别 | 出生年月 | 所在系 | 入学年份 |
|---|---|---|---|---|---|
| 20170621 | 金小可 | 女 | 1999 | 计算机 | 2017 |
| 20170522 | 王大斌 | 男 | 2000 | 大数据系 | 2017 |
| 20170854 | 李一明 | 女 | 2001 | 会计系 | 2017 |
| … | … | … | … | … | … |

关系模型的主要特点为：① 理论基础坚实；② 结构简单、易用；③ 数据独立性及安全性好；④ 查询效率较低。

20 世纪 80 年代以来，计算机厂商新推出的数据库管理系统几乎都支持关系模型，非关系型的产品也大都加上了关系接口。关系模型具有坚实的逻辑和数学基础，所以基于关系模型的数据库管理系统得到了最广泛的应用，占据了数据库市场的主导地位。典型的关系型的数据库系统有 Oracle、SQL Server、DB2、Sysbase、MySQL 等。

### 4．面向对象模型

尽管关系模型简单灵活，但是不能表达现实世界中存在的许多复杂的数据结构，如 CAD 数据、图形数据、嵌套递归的数据等，人们迫切需要语义表达更强的数据模型。面向对象模型是近些年出现的一种新的数据模型，它是用面向对象的观点来描述现实世界中的事物（对象）的逻辑结构和对象间的联系等的数据模型，与人类的思维方式更接近。

所谓对象，是对现实世界中的事物的高度抽象。每个对象是状态和行为的封装。对象的状态是属性的集合，行为是在该对象上操作方法的集合。因此，面向对象的模型不仅可以处理各种复杂多样的数据结构，还具有数据和行为相结合的特点。目前，面向对象的方法已经逐渐成为系统开发、设计的全新思路。

（1）优点

① 适合处理各种各样的数据类型。与传统的数据库（如层次、网状或关系）不同，面向对象数据库适合存储不同类型的数据，如图片、音频、视频，包括文本、数字等。

② 面向对象程序设计与数据库技术相结合。面向对象数据模型结合了面向对象程序设计与数据库技术，因而提供了一个集成应用开发系统。

③ 提高开发效率。面向对象数据模型提供强大的特性，如继承、多态和动态绑定，允许用户不用编写特定对象的代码就可以构成对象并提供解决方案。这些特性能有效地提高数据库应用程序的开发效率。

④ 改善数据访问。面向对象数据模型明确地表示联系，支持导航式和关联式两种方式的信息访问，比 E-R 模型更能提高数据访问性能。

（2）缺点

① 没有准确的定义。不同产品和原型的对象不一样，所以不能对对象做出准确定义。

② 维护困难。随着组织信息需求的改变，对象的定义也要求改变并且需移植现有数据库，以完成新对象的定义。当改变对象的定义和移植数据库时，它可能面临真正的挑战。

③ 不适合所有的应用。面向对象数据模型用于需要管理数据对象之间存在的复杂关系的应用，特别适合特定的应用，如工程、电子商务、医疗等，但不适合所有应用。当用于普通应用时，其性能会降低并要求很高的处理能力。

## 2.5 概念模型向逻辑模型的转换

E-R 图向关系模型的转换要解决的问题是，如何将实体型和实体间的联系转换为关系模式，如何确定这些关系模式的属性和键。

关系模型的逻辑结构是一组关系模式的组合。E-R 图是由实体型、实体的属性和实体型之间的联系三个要素组成的，所以将 E-R 图转换为关系模型就是将实体、实体的属性和实体之间的联系转换为关系模式。这种转换一般遵循如下原则。

### 1．实体的转换

实体转换为关系模型很简单，一个实体对应一个关系模型，实体的名称即关系模型的名称，实体的属性就是关系模型的属性，实体的码就是关系模型的码。

转换时需要注意：

① 属性域的问题。如果选用的数据库管理系统不支持 E-R 图的某些属性域，则应进行相应修改，否则由应用程序处理转换。

② 非原子属性的问题。E-R 图中允许非原子属性，这不符合关系模型的第一范式条件，必须进行相应处理。

### 2．联系的转换

E-R 图中存在三种联系 $1:1$、$1:n$ 和 $m:n$，向关系模型转换时采取的策略是不一样的。

（1）$1:1$ 联系转换

方法一：将 $1:1$ 联系转换为一个独立的关系模式，与该联系相连的各实体的键及联系本身的属性均转换为关系模式的属性，每个实体的键均是该关系模式的键。

以图 2-9 所示的 E-R 图为例，它描述的是实体学生和校园卡之间的联系，这里假设一个学生只能办理一张校园卡，一张校园卡只能属于一个学生，因此联系的类型是 $1:1$。转换情况为：

实体转换：　　　　学生(<u>学号</u>, 姓名)　　　　校园卡(<u>卡号</u>, 余额)

联系办卡的转换：　办卡(<u>学号</u>, <u>卡号</u>, 办卡日期)

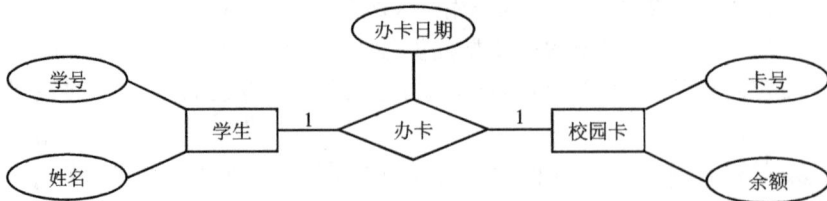

图 2-9　校园卡和学生之间的 E-R 图

方法二：与任意一端对应的关系模式合并。合并时，需要在该关系模式的属性中加入另一个关系模式的键和联系本身的属性。图 2-9 所示 E-R 图可以转换为：

学生(<u>学号</u>, <u>卡号</u>, 姓名, 办卡日期)　　　或　　　校园卡(<u>卡号</u>, <u>学号</u>, 余额, 办卡日期)

（2）$1:n$ 联系转换

方法一：转换为一个独立的关系模式，与该联系相连的各实体的键及联系本身的属性均转换为关系模式的属性，而关系模式的键为 $n$ 端实体的键。

以图 2-10 的 E-R 图为例，它描述的是实体学生和班级之间的联系，这里假设：一个学生只能在一个班级学习，一个班级包含多个学生。因此，联系的类型是 $1:n$。转换情况为：

实体转换：　　　　　学生(<u>学号</u>, 性别, 姓名)　　　班级(<u>班号</u>, 班名)

联系组成的转换：　　组成(<u>学号</u>, <u>班号</u>)

方法二：与 $n$ 端对应的关系模式合并，在该关系模式中加入 1 端实体的键和联系本身的属性。图 2-10 所示 E-R 图的转换情况为：

实体转换：　　　　　学生(<u>学号</u>, 性别, 姓名)　　　班级(<u>班号</u>, 班名)

联系与学生 1 端合并，则

关系模型学生变为：　学生(<u>学号</u>, <u>班号</u>, 性别, 姓名)

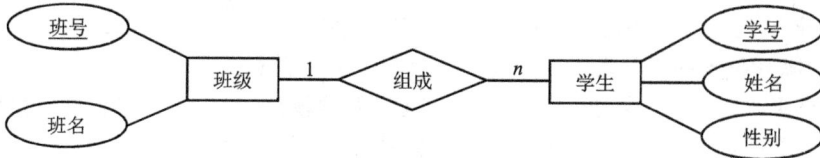

图 2-10　班级和学生的 E-R 图

（3）$m:n$ 联系转换

与 $1:1$ 和 $1:n$ 联系不同，$m:n$ 联系不能由一个实体的键唯一标识，必须由所关联实体的键共同标识。这时需要将联系单独转换为一个独立的关系模式，与该联系相连的各实体的键及联系本身的属性均转换为关系模式的属性，每个实体的键组成关系模式的键或关系模式的键的一部分。

以图 2-11 的 E-R 图为例，它描述的是实体学生和课程之间的联系，这里假设：一个学生可以选修多门课程，一门课程可以由多个学生选修。因此，联系的类型是 $m:n$。转换情况为：

实体转换：　　　　　学生(<u>学号</u>, 性别, 姓名)　　　课程(<u>课程号</u>, 课程名)

联系选修的转换：　　选修(<u>学号</u>, <u>课程号</u>, 成绩)

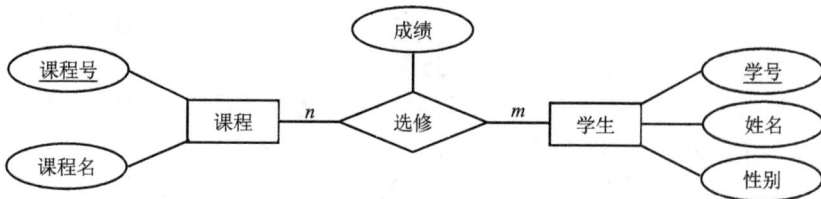

图 2-11　课程和学生的 E-R 图

具有相同键的关系模式可以合并，从而减少系统中关系的个数。合并方法是将其中一个关系模式的全部属性加入另一个关系模式，然后去掉其中的同义属性（可能同名，也可能不同名），并适当调整属性的次序。

# 小　结

数据模型是数据库系统的核心和基础，本章介绍了组成数据模型的三要素、概念层模型和关系层数据库模型。概念模型也是信息模型，用于信息世界的建模，E-R 模型是典型代表。E-R 模型简单、清晰，应用十分广泛。最后介绍了如何将 E-R 模型装换成关系模型。本章学习的注意力应放在掌握基本概念和基本知识方面，为进一步学习打好基础。

# 思考与练习 2

1. 信息的三种世界是什么？彼此之间有什么联系？
2. 什么是概念模型？
3. 什么是实体、实体型、实体集、属性、键、E-R 图？
4. 概念模型向逻辑模型的转换原则有哪些？
5. 设有关系模式 EMP(职工号, 姓名, 年龄, 技能)，职工号唯一，每个职工有多项技能，则 EMP 表的主键是（　　）。

 A. 职工号    B. 姓名，技能    C. 技能    D. 职工号，技能

6. E-R 图是数据库设计的工具之一，一般适用于建立数据库的（　　）。

 A. 概念模型    B. 结构模型    C. 物理模型    D. 逻辑模型

7. 对于现实世界中事物的特征，在 E-R 模型中使用（　　）描述。

 A. 属性    B. 关键字    C. 二维表格    D. 实体

8. 把 E-R 模型转换为关系模型时，实体之间的多对多联系在关系模型中是通过（　　）实现的。

 A. 建立新的属性      B. 建立新的关键字
 C. 建立新的关系      D. 建立新的实体

9. 数据模型的三要素是（　　）。

 A. 外模式、概念模式和内模式    B. 关系模型、网状模型和层次模型
 C. 实体、属性和联系      D. 数据结构、数据操作和数据约束条件

10. 储蓄所有多个储户，储户在多个储蓄所存取款，储蓄所与储户之间是（　　）联系。

 A. 一对一    B. 一对多    C. 多对一    D. 多对多

11. 一个工作人员可以使用多台计算机，而一台计算机可被多个人使用，则实体工作人员、与实体计算机之间是（　　）联系。

 A. 一对一    B. 一对多    C. 多对多    D. 多对一

12. 层次型、网状型和关系型数据库的划分原则是（　　）。

 A. 记录长度   B. 数据间的联系方式   C. 联系的复杂程度   D. 文件的大小

13. 在 E-R 图中，表示实体联系的图形是（　　）。

 A. 椭圆图    B. 矩形    C. 菱形    D. 三角形

14. 将 E-R 图转换为关系模式时，实体和联系都可以表示为（　　）。

 A. 属性    B. 键    C. 关系    D. 域

15. 一间宿舍可住多个学生，则实体宿舍和学生之间的联系是（　　）

 A. 一对一    B. 一对多    C. 多对一    D. 多对多

16. 从 E-R 模型向关系模型转换，$m:n$ 联系转换成一个关系模式时，该关系模式的键是（　　）。

 A. $m$ 端实体的键      B. $n$ 端实体的键
 C. $m$ 端实体键与 $n$ 端实体键组合    D. 重新选取其他属性

17. 用树结构表示实体之间联系的模型是（　　）。

 A. 关系模型    B. 网状模型    C. 层次模型    D. 以上三个都是

18. 采用二维表格结构表达实体类型及实体间联系的数据模型是（　　）。

 A. 关系模型    B. 网状模型    C. 层次模型    D. 面向对象模型

19. "商品"与"顾客"两个实体集之间的联系一般是（　　）。

A. 一对一　　　　B. 一对多　　　　C. 多对一　　　　D. 多对多

20. 在 E-R 图中，表示实体的图形是（　　　）。

A. 矩形　　　　　B. 椭圆形　　　　C. 菱形　　　　　D. 三角形

21. 在 E-R 模型转换成关系模型的过程中，下列叙述中不正确的是（　　　）。

A. 每个实体类型转换成一个关系模式

B. 每个联系类型转换成一个关系模式

C. 每个 $m:n$ 联系类型转换一个关系模式

D. 在处理 1:1 和 1:$n$ 联系类型时，不生成新的关系模式

22. 如果有 10 个不同的实体集，它们之间存在着 12 个不同的二元联系（二元联系是指两个实体集之间的联系），其中 3 个 1:1 联系、4 个 1:$n$ 联系、5 个 $m:n$ 联系，那么根据 E-R 模型转换成关系模型的规则，这个 E-R 结构转换成的关系模式个数为（　　　）。

A. 14　　　　　　B. 15　　　　　　C. 19　　　　　　D. 22

23. 某医院预约系统的部分需求为:患者可以查看医院发布的专家特长介绍及其就诊时间:系统记录患者信息，患者预约特定时间就诊。用 ER 图对其进行数据建模时，患者是（　　　）。

A. 实体　　　　　B. 属性　　　　　C. 联系　　　　　D. 弱实体

24. 某医院数据库的部分关系模式为:

科室(科室号, 科室名, 负责人, 电话)

病患(病历号, 姓名, 住址, 联系电话)

职工(职工号, 职工姓名, 科室号, 住址, 联系电话)

假设每个科室有一位负责人和一部电话，每个科室有若干名职工，一名职工只属于一个科室；一个医生可以为多个病患看病；一个病患可以由多个医生多次诊治。

则科室与职工的所属联系类型为　(1)　，病患与医生的就诊联系类型为　(2)　。对于就诊联系最合理的设计是　(3)　，就诊关系的主键是　(4)　。

(1)

A. 1:1　　　　　B. 1:$n$　　　　　C. $n$:1　　　　　D. $m$:$n$

(2)

A. 1:1　　　　　B. 1:$n$　　　　　C. $n$:1　　　　　D. $m$:$n$

(3)

A. 就诊(病历号, 职工号, 就诊情况)

B. 就诊(病历号, 职工姓名, 就诊情况)

C. 就诊(病历号, 职工号, 就诊时间, 就诊情况)

D. 就诊(病历号, 职工姓名, 就诊时间, 就诊情况)

(4)

A. 病历号, 职工号　　　　　　　　　　B. 病历号, 职工号, 就诊时间

C. 病历号, 职工姓名　　　　　　　　　D. 病历号, 职工姓名, 就诊时间

25. 某学校学生、教师和课程实体对应的关系模式如下:

学生(学号, 姓名, 性别, 年龄, 家庭住址, 电话)

课程(课程号, 课程名)

教师(职工号, 姓名, 年龄, 家庭住址, 电话)

如果一个学生可以选修多门课程，一门课程可以有多个学生选修；一个教师只能讲授一门课程，但一门课程可以由多个教师讲授。由于学生和课程之间是一个　(1)　的联系，因此　(2)　。

又由于教师和课程之间是一个 __(3)__ 的联系，因此 __(4)__ 。

（1）

A. 1 : 1 　　　　 B. 1 : $n$ 　　　　 C. $n$ : 1 　　　　 D. $m$ : $n$

（2）

A. 不需要增加一个新的关系模式

B. 不需要增加一个新的关系模式，只需要将 1 端的键插入多端

C. 需要增加一个新的选课关系模式，该模式的主键应该为课程号

D. 需要增加一个新的选课关系模式，该模式的主键应该为课程号和学号

（3）

A. 1 : 1 　　　　 B. 1 : $n$ 　　　　 C. $n$ : 1 　　　　 D. $m$ : $n$

（4）

A. 不需要增加一个新的关系模式，只需要将职工号插入课程关系模式

B. 不需要增加一个新的关系模式，只需要将课程号插入教师关系模式

C. 需要增加一个新的选课关系模式，该模式的主键应该为课程号

D. 需要增加一个新的选课关系模式，该模式的主键应该为课程号和教师号

26. 某大学实现学分制，学生可根据自己情况选课。每名学生可同时选修多门课程，每门课程可由多位教师主讲；每位教师可讲授多门课程。请完成如下任务：

（1）指出学生与课程的联系类型。

（2）指出课程与教师的联系类型。

（3）若每名学生有一位教师指导，每个教师指导多名学生，则学生与教师是什么联系？

（4）根据上述描述，画出 E-R 图。

27. 某医院病房计算机管理中心需要如下信息：

> 科室(科名, 科地址, 科电话, 医生姓名)
> 病房(病房号, 床位号, 所属科室名)
> 医生(姓名, 职称, 所属科室名, 年龄, 工作证号)
> 病人(病历号, 姓名, 性别, 诊断, 主管医生, 病房号)

其中，一个科室有多个病房、多个医生，一个病房只能属于一个科室，一个医生只属于一个科室，但可负责多个病人的诊治，一个病人的主管医生只有一个。完成如下设计：

（1）设计该计算机管理系统的 E-R 图

（2）将该 E-R 图转换为关系模式。

（3）指出转换结果中每个关系模式的候选键。

28. 某商业集团数据库中有 3 个实体集：一是"商店"实体集，属性有商店编号、商店名、地址等；二是"商品"实体集，属性有商品号、商品名、规格、单价等；三是"职工"实体集，属性有职工编号、姓名、性别、业绩等。

商店与商品间存在"销售"联系，每个商店可销售多种商品，每种商品也可以放在多个商店销售，每个商店销售的一种商品有月销售量；商店与职工之间存在"聘用"联系，每个商店有许多职工，每个职工只能在一个商店工作，商店聘用职工有聘期和工资。

（1）试画出 E-R 图。

（2）将该 E-R 图转换成关系模式，并指出主键和外键。

# 实验：概念模型（E-R 图）画法与逻辑模型转换

## 1. 实验目的及要求

（1）了解 E-R 图构成要素及各要素图元。
（2）掌握概念模型 E-R 图的绘制方法。
（3）掌握概念模型向逻辑模型的转换原则和步骤。

## 2. 实验内容

（1）某同学需要设计开发班级信息管理系统，希望能够管理班级与学生信息的数据库，其中学生信息包括学号、姓名、年龄、性别、班号，班级信息包括班号、年级号、班级人数。

① 确定班级实体和学生实体的属性。

学生(学号, 姓名, 年龄, 性别, 班号)
班级(班号, 班主任, 班级人数)

② 确定班级和学生之间的联系，给联系命名并指出联系的类型。一个学生只能属于一个班级，一个班级可以有很多学生，所以和学生间是一对多关系，即 $1:n$。

③ 确定联系本身的属性：属于。

④ 画出班级与学生关系的 E-R 图，如图 2-12 所示。

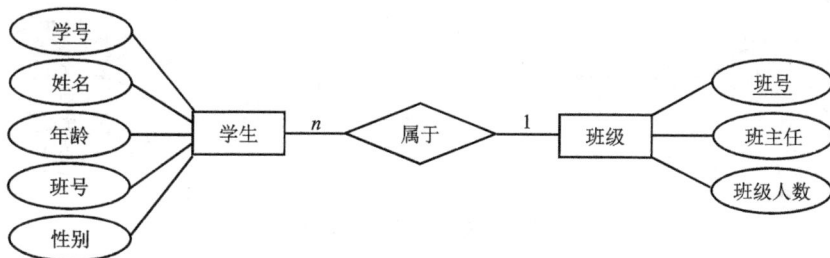

图 2-12　E-R 图（一）

⑤ 将 E-R 图转化为关系模式，写出各关系模式并标明各自的键。

学生(学号, 姓名, 年龄, 性别, 班号)　　其键为：学号
班级(班号, 班主任, 班级人数)　　其键为：班号

（2）为电冰箱经销商设计一套存储生产厂商和产品信息的数据库，生产厂商信息包括厂商名称、地址、电话，产品信息包括品牌、型号、价格、生产厂商生产某产品的数量和日期。要求：

① 确定产品实体和生产厂商实体的属性。

生产厂商(厂商名称, 地址, 电话)
产品(品牌, 型号, 价格)

② 确定产品和生产厂商之间的联系，为联系命名并指出联系的类型。

一个生产厂商可以生产多个产品，一个产品也可以有很多生产厂商生产，所以产品和生产厂商之间是多对多联系，即 $m:n$，联系名为"生产"；确定联系本身的属性为"数量"和"日期"。

③ 画出产品与生产厂商关系的 E-R 图，如图 2-13 所示。

④ 将 E-R 图转化为关系模式，写出表的关系模式并标明各自的键。

生产厂商(厂商名称, 地址, 电话)　　　　其键为：厂商名称
产品(品牌, 型号, 价格)　　　　　　　其键为：品牌, 型号
生产(厂商名称, 品牌, 型号, 数量, 日期)　其键为：厂商名称, 品牌, 型号

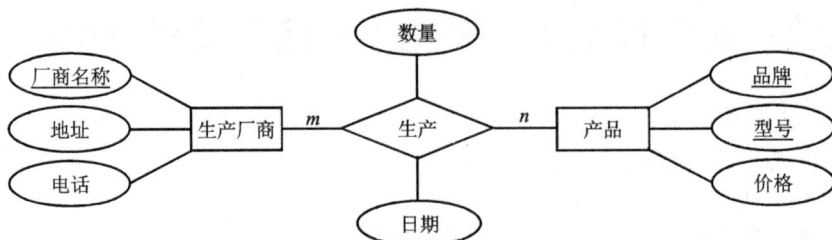

图 2-13 E-R 图（二）

（3）能够设计表示学校与校长信息的数据库，其中需要展示：学校信息，包括学校编号、学校名、校长号、地址；校长信息，包括校长号、姓名、出生日期。

① 确定学校实体和校长实体的属性。

学校：学校编号, 学校名, 校长号, 地址)

校长：校长号, 姓名, 出生年月)

② 确定学校和校长之间的联系，给联系命名并指出联系的类型。一个校长只能管理一个学校，一个学校只能有一个校长，所以学校和校长是一对一的联系，即 1∶1。

③ 确定联系本身的属性：管理。

④ 画出学校与校长关系的 E-R 图，如图 2-14 所示。

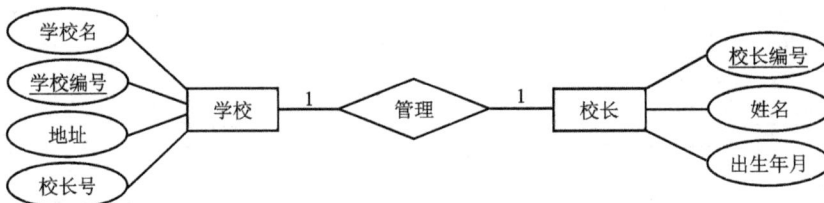

图 2-14 E-R 图（三）

⑤ 将 E-R 图转化为关系模式，写出表的关系模式并标明各自的键或外键。

学校(学校编号, 学校名, 校长号, 地址)　　　其键为：学校编号

校长(校长号, 姓名, 年龄)　　　其键为：校长号

（4）设某汽车运输公司想开发车辆管理系统，其中车队信息包括车队号、车队名等，车辆信息包括牌照号、厂家、生产日期等，司机信息包括司机编号、姓名、电话等。车队与司机之间存在"聘用"联系，每个车队可聘用若干司机，但每个司机只能应聘于一个车队，车队聘用司机有"聘用开始时间"和"聘期"两个属性；车队与车辆之间存在"拥有"联系，每个车队可拥有若干车辆，但每辆车只能属于一个车队；司机与车辆之间存在着"用车"联系，司机使用车辆有"使用日期"和"公里数"两个属性，每个司机可使用多辆汽车，每辆汽车可被多个司机使用。

① 确定实体和实体的属性。

车队(车队号, 车队名)

车辆(车牌照号, 厂家, 生产日期)

司机(司机编号, 姓名, 电话, 车队号)

② 确定实体之间的联系，给联系命名并指出联系的类型。

车队与车辆联系类型是 1∶n，联系名称为"拥有"；车队与司机联系类型是 1∶n，联系名称为"聘用"；车辆和司机联系类型为 m∶n，联系名称为"用车"。

③ 确定联系本身的属性。联系"聘用"有"聘用开始时间"和"聘期"属性，联系"用车"

有"使用日期"和"公里数"属性。

④ 画出 E-R 图，如图 2-15 所示。

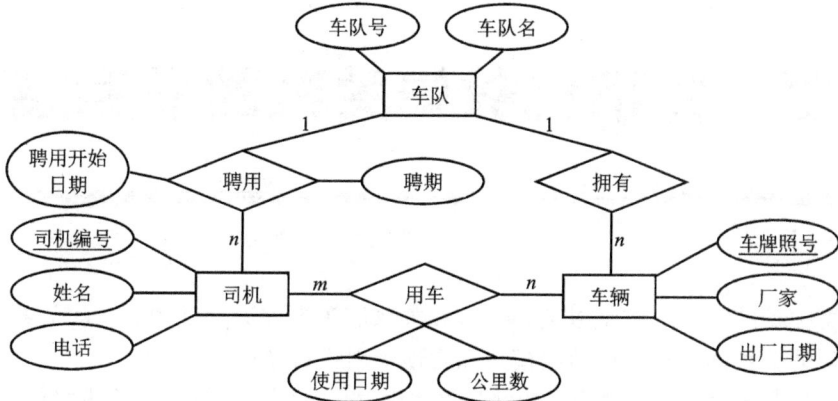

图 2-15  E-R 图（四）

⑤ 将 E-R 图转化为关系模式，写出表的关系模式并标明各自的键。

车队(车队号, 车队名)                            其键为：车队号
车辆(车牌照号, 厂家, 生产日期, 车队号)          其键为：车牌照号
司机(司机编号, 姓名, 电话, 车队号, 聘用开始时间, 聘期)  其键为：司机编号
用车(司机编号, 车辆号, 使用日期, 公里数)          其键为：司机编号，车辆号

## 3．观察与思考

如果有 10 个不同的实体集，它们之间存在着 12 个不同的二元联系（二元联系是指两个实体集之间的联系），其中 3 个 1∶1 联系、4 个 1∶$n$ 联系、5 个 $m$∶$n$ 联系，那么根据 E-R 模型转换成关系模型的规则，转换成的关系模式个数至少有多少个？

# 第 3 章　关系代数与关系数据库规范化

关系数据模型的数据操作是以关系代数和关系演算为理论基础的。了解关系模型的数学基础，对于理解关系模型、设计数据模式和实现应用很有帮助。

对于关系型数据库来说，设计任务就是构造哪些关系模式，每个关系模式包含哪些属性。这是数据库逻辑结构设计问题。在模式设计时，如何判断所设计的关系模式是"好"还是"不好"呢？如果"不好"，如何进行修改？因此，数据库设计需要理论指导。

关系数据库规范化理论讨论如何判断一个关系模式是否是"好"的模式，如果不是，如何将其转换成"好"的关系模式，并保证得到的关系模式仍能表达原来的语义。规范化理论虽然以关系模型为背景，但是它对于一般的数据库逻辑结构设计同样具有理论上的意义。

本章主要介绍关系数据库规范化理论。首先由关系数据库逻辑设计可能出现的问题引入关系模式规范化的必要性，接着描述函数依赖的概念与关系模式的无损分解的方法，最后介绍关系模式的范式。

## 3.1　关系代数及其运算

关系代数是一种抽象的查询语言，是关系数据操作语言的一种传统表达方式，它是用对关系的运算来表达查询的。

关系数据库的数据操作分为查询和更新两类。查询语句用于各种检索操作，更新操作用于插入、删除和修改等操作。关系操作的特点是集合操作方式，即操作的对象和结构都是集合。关系模型中常用的关系操作包括：选择（select）、投影（project）、联接（join）、除（divide）、并（union）、交（intersection）、差（difference）等。

早期的关系操作通常用代数方式或逻辑方式来表示，关系查询语言根据其理论基础的不同分成如下两类。① 关系代数语言，查询操作是以集合操作为基础运算的 DML。② 关系演算语言，查询操作是以谓词演算为基础运算的 DML。关系演算按谓词变元的基本对象是元组变量还是域变量，可以分为元组关系演算和域关系演算。

关系代数、元组关系演算和域关系演算在表达能力方面是完全等价的。

关系代数是建立在集合代数的基础上的，下面先介绍关系的数学定义。

### 3.1.1　关系的数学定义

#### 1. 域（Domain）

域是一组具有相同数据类型值的集合。在关系模型中，域用来表示实体属性的取值范围，

通常用 $D_i$ 表示某个域。例如，自然数、整数、实数、一个字符串、{男，女}，大于 10 小于等于 90 的正整数等，都可以是域。

### 2．笛卡儿积（Cartesian Product）

给定一组域 $D_1, D_2, \cdots, D_n$，这些域可以有相同的，则 $D_1, D_2, \cdots, D_n$ 的笛卡儿积为：

$$D_1 \times D_2 \times \cdots \times D_n = \{(d_1, d_2, \cdots, d_n) \mid d_i \in D_i, i = 1, 2, \cdots, n\}$$

其中，每个元素 $d_1, d_2, \cdots, d_n$ 称为 n 元组或简称元组，元素的每个值 $d_i$ 称为一个分量。

若 $D_i (i = 1, 2, \cdots, n)$ 为有限集，其基数（指一个域中可以取值的个数）为 $m_i (i = 1, 2, \cdots, n)$，则 $D_1 \times D_2 \times \cdots \times D_n$ 的基数为

$$M = \prod_{i=1}^{n} m_i$$

笛卡儿积可以表示成一个二维表，表中的每行对应一个元组，表中的每列对应一个域。例如，给出 3 个域：

姓名集合：$D_1$={史丹妮，周冬元，李晓辉}

性别集合：$D_2$={男，女}

专业集合：$D_3$={会计，商务}

$D_1 \times D_2 \times D_3 =$ {(史丹妮，男，会计)，(史丹妮，男，商务)，
(史丹妮，女，会计)，(史丹妮，女，商务)，
(周冬元，男，会计)，(周冬元，男，商务)，
(周冬元，女，会计)，(周冬元，女，商务)，
(李晓辉，男，会计)，(李晓辉，男，商务)，
(李晓辉，女，会计)，(李晓辉，女，商务)}

这 12 个元组可列成一张二维表，如表 3-1 所示。

**表 3-1　$D_1$、$D_2$、$D_3$ 的笛卡儿积结果**

| 姓名 | 性别 | 专业 |
|------|------|------|
| 史丹妮 | 男 | 会计 |
| 史丹妮 | 男 | 商务 |
| 史丹妮 | 女 | 会计 |
| 史丹妮 | 女 | 商务 |
| 周冬元 | 男 | 会计 |
| 周冬元 | 男 | 商务 |
| 周冬元 | 女 | 会计 |
| 周冬元 | 女 | 商务 |
| 李晓辉 | 男 | 会计 |
| 李晓辉 | 男 | 商务 |
| 李晓辉 | 女 | 会计 |
| 李晓辉 | 女 | 商务 |

### 3．关系（Relation）

$D_1 \times D_2 \times \cdots \times D_n$ 的子集称为域 $D_1, D_2, \cdots, D_n$ 上的关系，表示为 $R(D_1, D_2, \cdots, D_n)$。这里，$R$ 表示关系的名字，$n$ 是关系属性的个数，称为目数或度数（Degree）；当 $n$=1 时，称该关系为单目关系（Unary relation）；当 $n$=2 时，称该关系为二目关系（Binary relation）。

**表 3-2　Student 关系**

| 姓名 | 性别 | 专业 |
|------|------|------|
| 史丹妮 | 女 | 会计 |
| 周冬元 | 男 | 商务 |
| 李晓辉 | 女 | 商务 |

关系是笛卡儿积的有限子集，所以关系也是一个二维表。例如，可以在表 3-1 的笛卡儿积结果中取出一个子集来构造一个学生关系。由于一个学生只有一个专业和性别，所以笛卡儿积中的许多元组在实际中是无意义的，仅仅挑出有实际意义的元组构建一个关系，该关系名为 Student，字段名取域名：姓名，性别和专业，见表 3-2。

## 3.1.2　关系代数概述

关系代数是一种抽象的查询语言，是关系数据操纵语言的一种传统表达方式，它是用对关系的运算来表达查询的。任何一种运算都是将一定的运算符作用于一定的运算对象上，得到预期的运算结果，所以运算对象、运算符、运算结果是运算的三大要素。

关系代数的运算对象是关系，运算结果亦为关系。

关系代数的运算符包括 4 类：集合运算符、专门的关系运算符、比较运算符和逻辑运算

符，如表 3-3 所示。

表 3-3　关系代数运算符

| 运算符 | | 含　义 | 运算符 | | 含　义 |
|---|---|---|---|---|---|
| 集合<br>运算符 | ∪<br>−<br>∩<br>× | 并<br>差<br>交<br>广义笛卡儿积 | 比较<br>运算符 | ><br>≥<br><<br>≤<br>=<br>≠ | 大于<br>大于等于<br>小于<br>小于等于<br>等于<br>不等于 |
| 专门的<br>关系运算符 | σ<br>π<br>∞<br>÷ | 选择<br>投影<br>连接<br>除 | 逻辑<br>运算符 | ¬<br>∧<br>∨ | 非<br>与<br>或 |

按运算符的不同，关系代数的运算分为传统的集合运算和专门的关系运算两类。传统的集合运算将关系看成元组的集合，其运算是从关系的"水平"方向即行的角度进行的。专门的关系运算既涉及行，又涉及列。比较运算符和逻辑运算符是用来辅助专门的关系运算进行操作的。

## 3.1.3　传统的集合运算

传统的集合运算是二目运算，包括并、交、差、广义笛卡儿积 4 种运算。

设关系 $R$ 和关系 $S$ 具有相同的目 $n$（即两个关系都具有 $n$ 个属性），且相应的属性取自同一个域，则可以定义并、差、交、广义笛卡儿积运算如下。

### 1．并（union）

关系 $R$ 与关系 $S$ 的并记为

$$R \cup S = \{t | t \in R \vee t \in S\}$$

其中，$t$ 是元组变量。其结果关系仍为 $n$ 目关系，由属于 $R$ 或属于 $S$ 的元组组成。

### 2．差（difference）

关系 $R$ 与关系 $S$ 的差记为

$$R - S = \{t | t \in R \wedge t \notin S\}$$

其中，$t$ 是元组变量。其结果关系仍为 $n$ 目关系，由属于 $R$ 而不属于 $S$ 的所有元组组成。

### 3．交（intersection）

关系 $R$ 与关系 $S$ 的交记为

$$R \cap S = \{t | t \in R \wedge t \in S\}$$

其中，$t$ 是元组变量。其结果关系仍为 $n$ 目关系，由既属于 $R$ 又属于 $S$ 的元组组成。

关系的交为非独立运算，可以用差来表示，即

$$R \cap S = R - (R - S)$$

### 4．广义笛卡儿积（extended cartesian product）

两个分别为 $n$ 目和 $m$ 目的关系 $R$ 和 $S$ 的广义笛卡儿积是一个 $n+m$ 列的元组的集合。元

组的前 $n$ 列是关系 $R$ 的一个元组，后 $m$ 列是关系 $S$ 的一个元组。若 $R$ 有 $k_1$ 个元组，$S$ 有 $k_2$ 个元组，则关系 $R$ 和关系 $S$ 的广义笛卡儿积有 $k_1 \times k_2$ 个元组，记为

$$R \times S = \{t_r \cap t_s \mid t_r \in R \wedge t_s \in S\}$$

例如，关系 $R$ 和 $S$ 是关系 student 的实例，分别如表 3-4 和表 3-5 所示。

表 3-4　关系 $R$

| 学号 | 姓名 | 出生日期 | 性别 | 系别 | 专业 |
|---|---|---|---|---|---|
| 2016110101 | 李飞 | 1998-01-12 | 男 | 计算机系 | 软件工程 |
| 2016080402 | 张杨 | 1997-06-04 | 女 | 数学系 | 应用统计 |
| 2016130120 | 苏醒 | 1998-08-25 | 男 | 机电系 | 通信工程 |

表 3-5　关系 $S$

| 学号 | 姓名 | 出生日期 | 性别 | 系别 | 专业 |
|---|---|---|---|---|---|
| 2016080402 | 张杨 | 1997-06-04 | 女 | 数学系 | 应用统计 |
| 2016120212 | 王一珊 | 1998-12-23 | 女 | 文传系 | 汉语言文学 |
| 2016130120 | 苏醒 | 1998-08-25 | 男 | 机电系 | 通信工程 |

【例 3-1】　关系 $R \cup S$ 的结果如表 3-6 所示。

表 3-6　关系 $R \cup S$ 的结果

| 学号 | 姓名 | 出生日期 | 性别 | 系别 | 专业 |
|---|---|---|---|---|---|
| 2016110101 | 李飞 | 1998-01-12 | 男 | 计算机系 | 软件工程 |
| 2016080402 | 张杨 | 1997-06-04 | 女 | 数学系 | 应用统计 |
| 2016130120 | 苏醒 | 1998-08-25 | 男 | 机电系 | 通信工程 |
| 2016120212 | 王一珊 | 1998-12-23 | 女 | 文传系 | 汉语言文学 |

【例 3-2】　关系 $R - S$ 的结果如表 3-7 所示。

表 3-7　关系 $R - S$ 的结果

| 学号 | 姓名 | 出生日期 | 性别 | 系别 | 专业 |
|---|---|---|---|---|---|
| 2016110101 | 李飞 | 1998-01-12 | 男 | 计算机系 | 软件工程 |

【例 3-3】　关系 $R \cap S$ 的结果如表 3-8 所示。

表 3-8　关系 $R \cap S$ 的结果

| 学号 | 姓名 | 出生日期 | 性别 | 系别 | 专业 |
|---|---|---|---|---|---|
| 2016080402 | 张杨 | 1997-06-04 | 女 | 数学系 | 应用统计 |
| 2016130120 | 苏醒 | 1998-08-25 | 男 | 机电系 | 通信工程 |

【例 3-4】　关系 $R$ 与关系 $S$ 做广义笛卡尔积的结果如表 3-9 所示。

表 3-9　关系 $R$ 与 $S$ 的广义笛卡尔积的结果

| 学号 | 姓名 | 出生日期 | 性别 | 系别 | 专业 | 学号 | 姓名 | 出生日期 | 性别 | 系别 | 专业 |
|---|---|---|---|---|---|---|---|---|---|---|---|
| 2016110101 | 李飞 | 1998-01-12 | 男 | 计算机系 | 软件工程 | 2016080402 | 张杨 | 1997-06-04 | 女 | 数学系 | 应用统计 |
| 2016110101 | 李飞 | 1998-01-12 | 男 | 计算机系 | 软件工程 | 2016120212 | 王一珊 | 1998-12-23 | 女 | 文传系 | 汉语言文学 |
| 2016110101 | 李飞 | 1998-01-12 | 男 | 计算机系 | 软件工程 | 2016130120 | 苏醒 | 1998-08-25 | 男 | 机电系 | 通信工程 |

| 学号 | 姓名 | 出生日期 | 性别 | 系别 | 专业 | 学号 | 姓名 | 出生日期 | 性别 | 系别 | 专业 |
|---|---|---|---|---|---|---|---|---|---|---|---|
| 2016080402 | 张杨 | 1997-06-04 | 女 | 数学系 | 应用统计 | 2016080402 | 张杨 | 1997-06-04 | 女 | 数学系 | 应用统计 |
| 2016080402 | 张杨 | 1997-06-04 | 女 | 数学系 | 应用统计 | 2016120212 | 王一珊 | 1998-12-23 | 女 | 文传系 | 汉语言文学 |
| 2016080402 | 张杨 | 1997-06-04 | 女 | 数学系 | 应用统计 | 2016130120 | 苏醒 | 1998-08-25 | 男 | 机电系 | 通信工程 |
| 2016130120 | 苏醒 | 1998-08-25 | 男 | 机电系 | 通信工程 | 2016080402 | 张杨 | 1997-06-04 | 女 | 数学系 | 应用统计 |
| 2016130120 | 苏醒 | 1998-08-25 | 男 | 机电系 | 通信工程 | 2016120212 | 王一珊 | 1998-12-23 | 女 | 文传系 | 汉语言文学 |
| 2016130120 | 苏醒 | 1998-08-25 | 男 | 机电系 | 通信工程 | 2016130120 | 苏醒 | 1998-08-25 | 男 | 机电系 | 通信工程 |

## 3.1.4　专门的关系运算

专门的关系运算包括选择、投影、连接、除等。为了叙述的方便，先引入几个符号。

设关系模式为 $R(A_1, A_2, \cdots, A_n)$，它的一个关系设为 $R$，$t \in R$ 表示 $t$ 是 $R$ 的一个元组，$t[A_i]$ 表示元组 $t$ 中相应于属性 $A_i$ 上的一个分量。

若 $A = \{A_{i_1}, A_{i_2}, \cdots, A_{i_k}\}$，其中 $A_{i_1}, A_{i_2}, \cdots, A_{i_k}$ 是 $A_1, A_2, \cdots, A_n$ 的一部分，则 $A$ 称为字段名或域列。$t[A] = (t[A_{i_1}], t[A_{i_2}], \cdots, t[A_{i_k}])$ 表示元组 $t$ 在字段名 $A$ 上各分量的集合。$\overline{A}$ 表示 $\{A_1, A_2, \cdots, A_n\}$ 中去掉 $\{A_{i_1}, A_{i_2}, \cdots, A_{i_k}\}$ 后剩余的属性组。

$R$ 为 $n$ 目关系，$S$ 为 $m$ 目关系。若 $t_r \in R$，$t_s \in S$，则 $t_r \frown t_s$ 称为元组的连接，它是一个 $n+m$ 列的元组，前 $n$ 个分量为 $R$ 中的一个 $n$ 元组，后 $m$ 个分量为 $S$ 中的一个 $m$ 元组。

给定一个关系 $R(X, Z)$，$X$ 和 $Z$ 为属性组，当 $t[X]=x$ 时，则 $x$ 在 $R$ 中的象集为

$$Z_x = \{t[Z] \mid t \in R, t[X]=x\}$$

它表示 $R$ 中属性组 $X$ 上值为 $x$ 的诸元组在 $Z$ 上分量的集合。

下面给出这些关系运算的定义。

### 1．选择（selection）

选择又称为限制（restriction），是在关系 $R$ 中选择满足给定条件的诸元组，记为

$$\sigma_{F(R)} = \{t \mid t \in R \wedge F[t] = '真'\}$$

其中，$F$ 表示选择条件，它是一个逻辑表达式，取逻辑值"真"或"假"。逻辑表达式 $F$ 的基本形式为：

$$X_1 \ \theta \ Y_1[\Phi \ X_2 \ \theta \ Y_2 \cdots]$$

其中，$\theta$ 表示比较运算符，可以是>、≥、<、≤、=或≠；$X_1$、$Y_1$ 等是字段名、常量或简单函数，字段名也可以用它的序号（如 1, 2, …）代替；$\Phi$ 表示逻辑运算符，它可以是¬（非）、∧（与）或∨（或）；[]表示任选项，即其中的部分可要可不要；… 表示上述格式可以重复。选择运算实际上是从关系 $R$ 中选取使逻辑表达式 $F$ 为真的元组，是从行的角度进行的运算。

设有学生-课程数据库如表 3-10 所示，包括以下内容。

　　　学生关系 Student(Sno, Sname, Ssex, Sage, Sdept)

　　　课程关系 Course(Cno, Cname)

　　　选修关系 Score(Sno, Cno, Degree)

说明：Sno 表示学号，Sname 表示姓名，Ssex 表示性别，Sage 表示年龄，Sdept 表示所在系，Cno 表示课程号，Cname 表示课程名，Degree 表示成绩。

表 3-10 学生-课程关系数据库

(a) Student

| Sno | Sname | Ssex | Sage | Sdept |
|---|---|---|---|---|
| 000101 | 李晨 | 男 | 18 | 信息系 |
| 000102 | 王博 | 女 | 19 | 数学系 |
| 010101 | 刘思思 | 女 | 18 | 信息系 |
| 010102 | 王国美 | 女 | 20 | 物理系 |
| 020101 | 范伟 | 男 | 19 | 数学系 |

(b) Course

| Cno | Cname |
|---|---|
| C1 | 数学 |
| C2 | 英语 |
| C3 | 计算机 |
| C4 | 制图 |

(c) Score

| Sno | Cno | Degree |
|---|---|---|
| 000101 | C1 | 90 |
| 000101 | C2 | 87 |
| 000101 | C3 | 72 |
| 010101 | C1 | 85 |
| 010101 | C2 | 42 |
| 020101 | C3 | 70 |

其关系模式如下。

Student(Sno, Sname, Ssex, Sage, Sdept)

Course(Cno, Cname)

Score(Sno, Cno, Degree)

【例 3-5】 查询数学系的学生的信息。

$$\sigma_{Sdept='数学系'}(Student) \quad 或 \quad \sigma_{5='数学系'}(Student)$$

结果如表 3-11 所示。

表 3-11 查询数学系的学生的信息

| Sno | Sname | Ssex | Sage | Sdept |
|---|---|---|---|---|
| 000102 | 王博 | 女 | 19 | 数学系 |
| 020101 | 范伟 | 男 | 19 | 数学系 |

【例 3-6】 查询年龄小于 20 岁的学生的信息。

$$\sigma_{Sage<20}(Student) \quad 或 \quad \sigma_{4<20}(Student)$$

结果如表 3-12 所示。

表 3-12 查询年龄小于 20 岁的学生的信息

| Sno | Sname | Ssex | Sage | Sdept |
|---|---|---|---|---|
| 000101 | 李晨 | 男 | 18 | 信息系 |
| 000102 | 王博 | 女 | 19 | 数学系 |
| 010101 | 刘思思 | 女 | 18 | 信息系 |
| 020101 | 范伟 | 男 | 19 | 数学系 |

## 2．投影（projection）

关系 $R$ 上的投影是从 $R$ 中选择出若干字段名组成新的关系，记为

$$\Pi_{A(R)} = \{ t[A] | t \in R\}$$

其中，$A$ 为 $R$ 中的字段名，字段名也可以用它的序号（如 1, 2, …）来代替。多个字段投影，字段名或序号用逗号分隔。

投影操作是从列的角度进行的运算。投影后不仅取消了原关系中的某些列，还可能取消了某些元组。因为取消某些字段名后，可能出现重复行，应取消这些完全相同的行。

**【例 3-7】** 查询学生的学号和姓名。

$$\Pi_{Sno,Sname}(Student) \qquad 或 \qquad \Pi_{1,2}(Student)$$

结果如表 3-13 所示。

**【例 3-7】** 查询学生关系 Student 中有哪些系，即查询学生关系 Student 所在系属性上的投影。

$$\Pi_{Sdept}(Student) \qquad 或 \qquad \Pi_5(Student)$$

结果如表 3-14 所示。

表 3-13 查询学生的学号和姓名

| Sno | Sname | Sno | Sname |
|---|---|---|---|
| 000101 | 李晨 | 010102 | 王国美 |
| 000102 | 王博 | 020101 | 范伟 |
| 010101 | 刘思思 | 男 | 19 |

表 3-14 查询学生所在系

| Sdept |
|---|
| 信息系 |
| 数学系 |
| 物理系 |

### 3．连接（Join）

连接也称为 θ 连接，是从两个关系的笛卡尔积中选取属性间满足一定条件的元组，记为

$$R \underset{A\theta B}{\bowtie} S = \{\widehat{t_r t_s} \mid t_r \in R \wedge t_s \in S \wedge t_r[A]\,\theta\,t_s[B]\}$$

其中，$A$ 和 $B$ 分别为 $R$ 和 $S$ 上度数相等且可比的属性组，θ 是比较运算符。连接运算从 $R$ 和 $S$ 的笛卡尔积 $R \times S$ 中选取 $R$ 关系在 $A$ 属性组上的值与 $S$ 关系在 $B$ 属性组上值满足比较关系的元组。

连接运算中有两类最重要也是最常用的连接运算：等值连接（equi-join）、自然连接。

θ 为 "=" 的连接运算称为<u>等值连接</u>，是从关系 $R$ 与 $S$ 的广义笛卡尔积中选取 $A$、$B$ 属性值相等的那些元组，即

$$R \underset{A=B}{\bowtie} S = \{\widehat{t_r t_s} \mid t_r \in R \wedge t_s \in S \wedge t_r[A] = t_s[B]\}$$

<u>自然连接</u>（natural join）是一种特殊的等值连接，要求两个关系中进行比较的分量必须是相同的属性组，并且在结果中把重复的字段名去掉。若 $R$ 和 $S$ 具有相同的属性组 $B$，则自然连接可记为

$$R \bowtie S = \{\widehat{t_r t_s} \mid t_r \in R \wedge t_s \in S \wedge t_r[A]\,\theta\,t_s[B]\}$$

一般的连接操作是从行的角度进行运算，但是自然连接还需要取消重复列，所以是同时从行和列的角度进行运算。

如果把舍弃的元组也保存在结果关系中，而在其他属性上填空值 Null，那么这种连接称为外连接（outer join）。如果只把左边关系 $R$ 中要舍弃的元组保留，就称为左外连接（left outer join 或 left join）；如果只把右边关系 $S$ 中要舍弃的元组保留，就称为右外连接（right outer join 或 right join）。

**【例 3-8】** 设关系 $R$、$S$ 分别为表 3-15 和表 3-16 所示，一般连接 $C>D$ 的结果如表 3-17 所示，等值连接 $R.B=S.B$ 的结果如表 3-18 所示，自然连接的结果如表 3-19 所示。

表 3-15 连接运算举例之关系 $R$

| $A$ | $B$ | $C$ |
| --- | --- | --- |
| a1 | b4 | 5 |
| a1 | b3 | 7 |
| a2 | b2 | 8 |
| a2 | b1 | 10 |

表 3-16 连接运算举例之关系 $S$

| $B$ | $D$ |
| --- | --- |
| b5 | 12 |
| b4 | 3 |
| b3 | 20 |
| b2 | 15 |
| b1 | 9 |

表 3-17 一般连接

| $A$ | $R.B$ | $C$ | $S.B$ | $D$ |
| --- | --- | --- | --- | --- |
| a1 | b4 | 5 | b4 | 3 |
| a1 | b3 | 7 | b4 | 3 |
| a2 | b2 | 8 | b4 | 3 |
| a2 | b1 | 10 | b4 | 3 |
| a2 | b1 | 10 | b1 | 9 |

表 3-18 等值连接

| $A$ | $R.B$ | $C$ | $S.B$ | $D$ |
| --- | --- | --- | --- | --- |
| a1 | b4 | 5 | b4 | 3 |
| a1 | b3 | 7 | b3 | 20 |
| a2 | b2 | 8 | b2 | 15 |
| a2 | b1 | 10 | b1 | 9 |

表 3-19 自然连接

| $A$ | $R.B$ | $C$ | $D$ |
| --- | --- | --- | --- |
| a1 | b4 | 5 | 3 |
| a1 | b3 | 7 | 20 |
| a2 | b2 | 8 | 15 |
| a2 | b1 | 10 | 9 |

### 4．除运算（division）

给定关系 $R(X, Y)$ 和 $S(Y, Z)$，其中 $X$、$Y$、$Z$ 为属性组。$R$ 中的 $Y$ 与 $S$ 中的 $Y$ 可以有不同的字段名，但必须出自相同的域集。$R$ 与 $S$ 的除运算得到一个新的关系 $P(X)$，$P$ 是 $R$ 中满足下列条件的元组在 $X$ 字段名上的投影：元组在 $X$ 上分量值 $x$ 的象集 $Y_x$ 包含 $S$ 在 $Y$ 上投影的集合中。

$$R \div S = \{t_r[X] \mid t_r \in R \wedge \Pi_Y(S) \subseteq Y_x\}$$

其中，$Y_x$ 为 $X$ 在 $R$ 中的象集，$x = t_r[X]$。

除操作同时从行和列角度进行运算，步骤如下。

① 将被除关系的属性分为象集属性和结果属性：与除关系相同的属性属于象集属性，不相同的属性属于结果属性。

② 对于被除关系相同的属性（象集属性）进行投影，得到除目标数据集。

③ 将被除关系分组，原则是，结果属性值一样的元组分为一组。

④ 逐一考察每个组，如果它的象集属性值中包括除目标数据集，则对应的结果属性值应属于该除法运算结果集。

象集的本质是一次选择运算和一次投影运算。

例如，关系模式 $R(X, Y)$，$X$ 和 $Y$ 表示互为补集的两个属性集，对于遵循模式 $R$ 的某个关系 $A$，当 $t[X]=x$ 时，$x$ 在 $A$ 中的象集（Images Set）为

$$Z_x = \{t[Z] \mid t \in A, t[X] = x\}$$

表示 $A$ 中 $X$ 分量等于 $x$ 的元组集合在属性集 $Z$ 上的投影，如表 3-20 所示。

表 3-20　关系 $A$

| $X$ | $Y$ | $Z$ | 象　集 |
|---|---|---|---|
| a1 | b1 | c2 | a1 在 $A$ 中的象集为{(b1,c2), (b2,c3), (b2,c1)} |
| a2 | b3 | c7 | |
| a3 | b4 | c6 | |
| a1 | b2 | c3 | |
| a4 | b6 | c6 | |
| a2 | b2 | c3 | |
| a1 | b2 | c1 | |

【例 3-9】　设关系 $R$、$S$ 分别见表 3-21(a)、(b)，求 $R \div S$ 的结果。

表 3-21　除运算示例表

(a) 关系 $R$

| $A$ | $B$ | $C$ |
|---|---|---|
| a1 | b1 | c2 |
| a2 | b3 | c5 |
| a3 | b4 | c4 |
| a1 | b2 | c3 |
| a4 | b6 | c4 |
| a2 | b2 | c3 |
| a1 | b2 | c1 |

(b) 关系 $S$

| $B$ | $C$ | $D$ |
|---|---|---|
| b1 | c2 | d1 |
| b2 | c3 | d2 |
| b2 | c1 | d1 |

(c) $R \div S$

| $A$ |
|---|
| a1 |

关系除的运算过程如下。

① 找出关系 $R$ 和关系 $S$ 中的相同属性，即属性 $B$ 和 $C$。在关系 $S$ 中对属性 $B$ 和 $C$ 投影，所得结果为{(b1, c2), (b2, c3), (b2, c1)}。

② 被除关系 $R$ 中与 $S$ 中不相同的属性列是 $A$，在关系 $R$ 在属性 $A$ 上做取消重复值的投影为{a1, a2, a3, a4}。

③ 求关系 $R$ 中 $A$ 属性对应的象集对应的象集 $B$ 和 $C$，根据关系 $R$ 的数据，可以得到 $A$ 属性各分量值的象集。其中，a1 的象集为{(b1, c2), (b2, c3), (b2, c1)}，a2 的象集为{(b3, c5), (b2, c3)}，a3 的象集为{(b4, c4)}，a4 的象集为{(b6, c4)}。

④ 判断包含关系，可以发现：a2、a3 和 a3 的象集都不能包含关系 $S$ 中的属性 $B$ 和 $C$ 的所有值，所以排除 a2、a3 和 a3；而 a1 的象集包括关系 $S$ 中属性 $B$ 和 $C$ 的所有值，所以 $R \div S$ 的最终结果是{a1}。

在关系代数中，关系代数运算经过有限次复合后形成的表达式称为关系代数表达式。对关系数据库中数据的查询操作可以写成一个关系代数表达式，或者说，写成一个关系代数表达式就表示已经完成了查询操作。

【例 3-10】　假设有两个关系：学生成绩、课程成绩，如表 3-22 所示，则学生成绩与课程成绩除运算的结果是满足一定课程成绩条件的学生的表，结果如表 3-23 所示。

**表 3-22  学生成绩与课程成绩的关系**

(a) 学生成绩关系

| 姓名 | 性别 | 系别 | 课程名 | 成绩 |
|------|------|--------|------------|------|
| 李飞 | 男 | 计算机系 | 数据结构 | 优秀 |
| 张杨 | 女 | 数学系 | 程序设计 | 良好 |
| 王一珊 | 女 | 文传系 | 计算机基础 | 合格 |
| 周文 | 女 | 文传系 | 计算机基础 | 合格 |
| 苏醒 | 男 | 机电系 | 计算机组成原理 | 良好 |

(b) 课程成绩关系

| 课程名 | 成绩 |
|------------|------|
| 数据结构 | 优秀 |
| 程序设计 | 良好 |
| 计算机基础 | 合格 |

**【例 3-11】** 设学生-课程数据库中有 3 个关系 Student、Course 和 SC：

学生关系：Student(Sno, Sname, SSex, Sage, Sdept)
课程关系：Course(Cno, Cname, Teacher)
选修关系：SC(Sno, Cno, Degree)

利用关系代数进行查询。

**表 3-23  学生学习成绩÷课程成绩**

| 姓名 | 性别 | 系别 |
|------|------|--------|
| 李飞 | 男 | 计算机系 |
| 张杨 | 女 | 数学系 |
| 王一珊 | 女 | 文传系 |
| 周文 | 女 | 文传系 |

关系 Student 中，属性 Sno、Sname、Ssex、sage 和 Sdept 分别表示学号、姓名、性别、年龄和所在系，Sno 为主键。关系 Course 中，属性 Cno、Cname、Teacher 分别表示课程号、课程名、授课教师，Cno 为主键。关系 SC 中，属性 Sno、Cno、Degree 分别表示学号、课程号和成绩，属性组(Sno, Cno)为主键。其关系实例如表 3-24 所示。

**表 3-24  学生、课程与选修关系实例**

(a) 关系 Student 实例

| Sno | Sname | Ssex | Sage | Sdept |
|-----|-------|------|------|-------|
| 2016110101 | 李飞 | 男 | 20 | 计算机系 |
| 2016080402 | 张杨 | 女 | 21 | 数学系 |
| 2016040152 | 任新 | 男 | 22 | 管理系 |
| 2016130120 | 苏醒 | 男 | 20 | 机电系 |

(b) 关系 Course 实例

| Cno | Cname |
|-----|-------|
| C01 | 数据结构 |
| C02 | 数据库原理 |
| C03 | 操作系统 |
| C04 | 计算机组成原理 |
| C05 | 软件工程 |

(c) 关系 SC 实例

| Sno | Cno | Degree | Sno | Cno | Degree |
|-----|-----|--------|-----|-----|--------|
| 2016110101 | C1 | 80 | 2016080402 | C3 | 67 |
| 2016080402 | C2 | 87 | 2016040152 | C4 | 95 |
| 2016040152 | C3 | 68 | 2016130120 | C1 | 87 |
| 2016130120 | C4 | 90 | 2016080402 | C4 | 90 |
| 2016080402 | C5 | 92 | 2016110101 | C5 | 64 |
| 2016080402 | C1 | 65 | 2016130120 | C5 | 76 |

（1）查询选修课程号为 C3 课程的学生学号和成绩。

$$\Pi_{Sno, Degree}(\sigma_{Cno='C3'}(SC))$$

（2）查询学习课程号为 C4 课程的学生学号和姓名。

$$\Pi_{Sno, Sname}(\sigma_{Cno='C4'}(Student \bowtie SC))$$

（3）查询选修课程名为数据结构的学生学号和姓名。

$$\Pi_{\text{Sno, Sname}}(\sigma_{\text{Cname='数据结构'}}(\text{Student} \bowtie \text{SC} \bowtie \text{Course}))$$

（4）查询选修课程号为 C1 或 C3 课程的学生学号。

$$\Pi_{\text{Sno}}(\sigma_{\text{Cno='C1'} \vee \text{Cno='C3'}}(\text{SC}))$$

（5）查询不选修课程号为 C2 的学生的姓名和年龄。

$$\Pi_{\text{Sno, Sage}}(\text{Student}) - \Pi_{\text{Sno, Sage}}(\text{Student})(\sigma_{\text{Cname='C2'}}(\text{Student} \bowtie \text{SC}))$$

（6）查询年龄为 18～23 岁的女生的学号、姓名和年龄。

$$\Pi_{\text{Sno, Sname, Sage}}(\sigma_{\text{Sage}\geq 18 \wedge \text{Sage}\leq 23 \wedge \text{Ssex='女'}}(\text{Student}))$$

（7）查询至少选修课程号为 C1 与 C5 的学生的学号。

$$\Pi_{\text{Sno}}(\sigma_{1=4 \wedge 3='C1' \wedge 5='C5'}(\text{SC}\times\text{SC}))$$

（8）查询选修全部课程的学生的学号。

$$\Pi_{\text{Sno, Cno}}(\text{SC}) \div \Pi_{\text{Cno}}(\text{Course})$$

（9）查询全部学生都选修的课程的课程号。

$$\Pi_{\text{Sno, Cno}}(\text{SC}) \div \Pi_{\text{Sno}}(\text{Student})$$

（10）查询选修课程包含学生李飞所学课程的学生的姓名。

$$\Pi_{\text{Sname}}(\text{Student} \bowtie (\Pi_{\text{Sno, Cno}}(\text{SC}) \div \Pi_{\text{Cno}}(\sigma_{\text{Sname='李飞'}}(\text{Student}) \bowtie \text{SC})))$$

（11）查询选修了操作系统或软件工程的学生学号和姓名。

$$\Pi_{\text{Sno, Sname}}(\sigma_{\text{Cname='操作系统'} \vee \text{Cname='软件工程'}}(\text{Course}) \bowtie \text{SC} \bowtie (\text{Student}))$$

## 3.2　关系演算

　　关系运算除了用关系代数表示，还可以用谓词演算来表达关系的运算，称为关系演算（Relational Calculus）。用关系代数表示关系的运算须标明关系运算的序列，因而以关系代数为基础的数据库语言是过程语言。用关系演算表达关系的运算只要说明所要得到的结果，而不必标明运算的过程，因而以关系演算为基础的数据库语言是非过程语言。

　　目前，面向用户的关系数据库语言基本上都是以关系演算为基础的。根据所用变量不同，关系演算可以分为元组关系演算和域关系演算。

### 3.2.1　元组关系演算

　　元组关系演算（Turple Relational Calculus）是以元组为变量，一般形式为

$$\{t[<属性表>]P(t)\}$$

其中：$t$ 是元组变量，即用整个 $t$ 作为查询对象，也可查询 $t$ 中的某些属性。如查询整个 $t$，则可省去<属性表>。$P(t)$ 是 $t$ 应满足的谓词。

　　【例 3-11】 有关系 Student(学号, 姓名, 性别, 出生年月, 籍贯, 地址, …)，要求用元组关系演算表达式查询"北京"籍男学生的姓名。

　　解：　{$t$[姓名] | $t\in$ Student AND $t$.性别='男' AND $t$.籍贯='北京'}

　　另外，利用元组关系演算，还可以表达关系代数运算。关系代数的几种运算可以用元组

表达式表示如下。

### 1．投影

设有关系模式 $R(A, B, C)$，$r$ 为 $R$ 的一个值，则

$$\Pi_{AB(r)} = \{t[AB] \mid t \in r\}$$

### 2．选择

仍用上述关系，则

$$\sigma_{F(r)} = \{t \mid t \in r, t \in F\}$$

$F$ 是以 $t$ 为变量的布尔表达式。其中，属性变量以 $t.A$ 形式表示。

### 3．并

设 $r$、$s$ 是 $R(A, B, C)$ 的两个值，则 $R \cup S$ 可表示如下：

$$\{t \mid R(t) \vee S(t)\} \qquad \text{或} \qquad \{t \mid t \in R \text{ OR } t \in S\}$$

### 4．差

$R - S$ 可表示如下：

$$\{t \mid R(t) \wedge \neg S(t)\} \qquad \text{或} \qquad \{t \mid t \in R \text{ AND } t \notin S\}$$

### 5．连接

设有关系模式 $R(A, B, C)$ 和 $S(C, D, E)$，$r$、$s$ 分别为两个关系中某个时刻的值，则

$$r \bowtie s = \{t(A, B, C, D, E) \mid t[A, B, C] \in r \text{ AND } t[C, D, E] \in s\}$$

谓词中的两个 $t[C]$ 同值，隐含等连接。

元组关系演算与关系代数具有同等表达能力，也是关系完备的。用谓词演算表示关系操作时，只有结果是有限集才有意义。一个表达式的结果如果是有限的，则称此表达式是安全的，否则是不安全的。否定常常会导致不安全的表达式，如 $\{t \mid \neg(t \in \text{Student})\}$ 的结果不是有限的，是不安全的，因为现实世界中不属于 Student 的元组是无限多的。实际上，在计算上述表达式时，我们感兴趣的范围既不是现实世界，也不是整个数据库，只是关系 Student。若限制 $t$ 取值的域，使 $t \in \text{DOM}(P)$，可将上式改写成：

$$\{t \mid t \in \text{DOM}(P) \text{ AND } \neg(t \in \text{Student})\} = \text{DOM}(P) - \text{Student}$$

成为安全表达式。

## 3.2.2　域关系演算

域关系演算（Domain Relational Calculus）以域为变量，一般形式为

$$\{\langle X_1, X_1, \cdots, X_n \rangle \mid P(X_1, X_1, \cdots, X_n, X_{n+1}, \cdots, X_{n+m})\}$$

其中，$X_1, X_1, \cdots, X_n, X_{n+1}, \cdots, X_{n+m}$ 为域变量，且前 $n$ 个域变量出现在结果中，其他 $m$ 个域变量不出现在结果中，但出现在谓词 $P$ 中。

域关系演算是 QBE（Query By Example）语言的理论基础。

例如，对关系 Grade(学号，课程号，成绩)，如果查询需补考的学生的学号和补考的课程号，则查询表达式为

$$\{\langle x, y \rangle \mid (\exists z) Grade(x, y, z) \text{ AND } z < 60\}$$

Grade($x, y, z$)是一个谓词，如果<$x, y, z$>是 Grade 中的一个元组，则该谓词为真。

元组变量的变化范围是一个关系；域变量的变化范围是某个值域。

# 3.3 关系代数表达式的优化

在层次模型和网状模型中，用户使用过程化的语言表达查询要求、执行何种记录级的操作，以及操作的序列等，所以用户必须了解存取路径，系统要提供用户选择存取路径的手段，这样查询效率由用户的存取策略决定。这两种模型要求用户有较高的数据库技术和程序设计水平。而在关系模型中，关系系统的查询优化都是由数据库管理系统来实现的，用户不必考虑如何表达查询以获得较好的效率，只要告诉系统"干什么"即可，因为系统可以比用户程序的"优化"做得更好。

由数据库管理系统来实现查询优化的优势在于：

① 优化器可以从数据字典中获取许多统计信息，如关系中的元组数、每个属性值的分布情况等。优化器可以根据这些信息选择有效的执行计划，而用户程序难以获得这些信息。

② 如果数据库的物理统计信息改变了，系统可以自动对查询进行重新优化，以选择相适应的执行计划。非关系系统中必须重写程序，而重写程序在实际应用中往往是不太可能的。

③ 优化器可以考虑数百种不同的执行计划，而程序员一般考虑有限的几种可能性。

④ 优化器中包括很多复杂的优化技术，这些优化技术往往只有最好的程序员才能掌握。系统的自动优化相当于使得所有人都拥有这些优化技术。

实际系统对查询优化的具体实现不尽相同，但一般为如下 4 个步骤。

① 将查询转换成某种内部表示，通常是语法树。

② 根据一定的等价变换规则把语法树转换成标准（优化）形式。

③ 选择低层的操作算法。语法树中的每个操作需要根据存取路径、数据的存储分布、存储数据的聚簇等信息，来选择具体的执行算法。

④ 生成查询计划。查询计划也称为查询执行方案，是由一系列内部操作组成的。这些内部操作按一定的次序构成查询的一个执行方案。通常，这样的执行方案有多个，需要对每个执行计划计算代价，从中选择代价最小的一个。

总之，关系数据库查询优化的总目标是：选择有效的策略，求得给定关系表达式的值，以提高数据库管理系统的效率。

# 3.4 关系数据库理论

关系数据库设计的基本任务是在给定的应用背景下，建立一个满足应用需求且性能良好的数据库模式。具体来说，就是给定一组数据，如何决定关系模式及各关系模式中应该有哪些属性，才能使数据库系统在数据存储与数据操纵等方面都具有良好的性能。关系数据库规范化理论以现实世界存在的数据依赖为基础，提供了鉴别关系模式合理与否的标准，以及改进不合理关系模式的方法，是关系数据库设计的理论基础。

## 3.4.1 问题的提出

如果一个关系没有经过规范化，可能导致数据冗余大、数据更新不一致、数据插入异常和删除异常的问题出现。下面通过一个例子说明这些问题。

【例3-12】 设有关系模式 SC(Sno, Sname, Sage, Ssex, Sdept, Mname, Cno, Cname, Grade)，属性分别表示学生学号、姓名、年龄、性别、系名、系主任姓名、课程号、课程名和成绩。实例如表 3-25 所示，其关键字为(sno, cno)。仅从关系模式上看，该关系模式已经包括了需要的信息，如果按此关系模式建立关系，并对它进行深入分析，就会发现其中的问题。

表 3-25 关系模式 SC 的实例

| Sno | Sname | Sage | Ssex | Sdept | Mname | Cno | Cname | Grade |
|---|---|---|---|---|---|---|---|---|
| 1414855328 | 刘惠红 | 20 | 女 | 计算机系 | 李中一 | C01 | C 语言程序设计 | 78 |
| 1414855328 | 刘惠红 | 20 | 女 | 计算机系 | 李中一 | C02 | 数据结构 | 84 |
| 1414855328 | 刘惠红 | 20 | 女 | 计算机系 | 李中一 | C03 | 数据库原理 | 68 |
| 1414855328 | 刘惠红 | 20 | 女 | 计算机系 | 李中一 | C04 | 数字电路 | 90 |
| 2014010225 | 李红利 | 19 | 女 | 计算机系 | 李中一 | C01 | C 语言程序设计 | 92 |
| 2014010225 | 李红利 | 19 | 女 | 计算机系 | 李中一 | C02 | 数据结构 | 77 |
| 2014010225 | 李红利 | 19 | 女 | 计算机系 | 李中一 | C03 | 数据库原理 | 83 |
| 2014010225 | 李红利 | 19 | 女 | 计算机系 | 李中一 | C04 | 数字电路 | 79 |
| 2014010302 | 张平 | 18 | 男 | 电子系 | 张超亮 | C05 | 高等数学 | 80 |
| 2014010302 | 张平 | 18 | 男 | 电子系 | 张超亮 | C06 | 机械制图 | 83 |
| 2014010302 | 张平 | 18 | 男 | 电子系 | 张超亮 | C07 | 自动控制 | 73 |
| 2014010302 | 张平 | 18 | 男 | 电子系 | 张超亮 | C08 | 电工基础 | 92 |

从表 3-25 中的数据情况可以看出，该关系存在以下问题。

① 数据冗余。数据冗余是指同一个数据被重复存储多次，是影响系统性能的重要问题之一。在关系 SC 中，系名和系主任姓名（如计算机系的李中一）随着选课学生人数的增加而被重复存储多次。数据冗余不仅浪费存储空间，还会引起数据修改的潜在不一致性。

② 插入异常。插入异常是指应该插入关系中的数据而未能插入。例如，在尚无学生选修的情况下，要想将一门新课程的信息（如 C05 数据库原理与实践）插入关系 SC，在属性 Sno 上会出现取空值的情况。由于 Sno 是关键字中的属性，不允许取空值，因此受实体完整性约束的限制，该插入操作无法完成。

③ 删除异常。删除异常是指不应该删除的数据而从关系中被删除了。例如在 SC 中，学生（刘惠红）因退学而要删除该学生信息时，连同她选修的 C02 这门课程也一起删除了。这是一个不合理的现象。

④ 更新异常。更新异常是指对冗余数据没有全部被修改而出现不一致的问题。例如在 SC 中，如果更改系名称或更换系主任，则分布在不同元组中的系名称或系主任都要修改，若有一个地方未修改，就会造成系名称或系主任不唯一，从而产生不一致现象。

由此可见，SC 关系模式的设计就是一个不合适的设计。例如，将上述关系模式分解成 4 个关系模式：

S(Sno, Sname, Sage, Ssex, Sdept)
Course(Cno, Cname)

SC(Sno, Cno, Score)

Dept(Sdept, Mname)

这样 4 个关系模式都不会发生插入异常、删除异常的问题，数据冗余也得到了控制，数据更新也变得简单了。

"分解"是解决冗余的主要方法，也是规范化的一条原则，"关系模式有冗余问题，就分解它"。但是，上述关系模式的分解方案是否就是最佳的，也不是绝对的。如果查询某位学生所在系的系主任名，就要对两个关系做连接操作，而连接的代价也是很大的。一个关系模式的数据依赖会有哪些不好的性质，如何改造一个模式，这就是规范化理论讨论的问题。

## 3.4.2 函数依赖

### 1. 函数依赖的概念

数据依赖是指通过一个关系中属性间值的相等与否体现出来的数据间的相互关系，是现实世界属性间相互联系的抽象，是数据内在的性质。

数据依赖有三种：函数依赖（Functional Dependency，FD）、多值依赖（MultiValued Dependency，MVD）和连接依赖（Join Dependency，JD），函数依赖和多值依赖最重要。

在数据依赖中，函数依赖是最基本、最重要的，它是属性之间的一种联系，假设给定一个属性的值，就可以唯一确定（找到）另一个属性的值。例如，知道某学生的学号，可以唯一地查询到其对应的系别，如果这种情况成立，就说系别函数依赖于学号。这种唯一性并非指只有一个记录，而是指任何记录。

【定义 3.1】 设关系模式 $R(A_1, A_2, \cdots, A_n)$，简记为 $R(U)$，$X$、$Y$ 是 $U$ 的子集，$r$ 是 $R$ 的任一具体关系，如果对 $r$ 的任意两个元组 $t_1, t_2$，由 $t_1[X] = t_2[X]$ 导致 $t_1[Y] = t_2[Y]$，则称 $X$ 函数决定 $Y$，或 $Y$ 函数依赖于 $X$，记为 $X \to Y$。$X \to Y$ 为模式 $R$ 的一个函数依赖。

$t_1[X]$ 表示元组 $t_1$ 在属性集 $X$ 上的值，$t_2[X]$ 表示元组 $t_2$ 在属性集 $X$ 上的值，FD 是对关系 $R$ 的一切可能的当前值 $r$ 定义的，不是针对某个特定关系。通俗地说，在当前值 $r$ 的两个不同元组中，如果 $X$ 值相同，就要求 $Y$ 值也相同。或者说，$X$ 的每个具体值都有 $Y$ 唯一的具体值与之对应，即 $Y$ 值由 $X$ 值决定，因而这种数据依赖被称为函数依赖。

函数依赖类似数学中的单值函数，函数的自变量确定时，应变量的值唯一确定，反映了关系模式中属性间的决定关系，体现了数据间的相互关系。

在一张表中，两个字段值之间的一一对应关系被称为函数依赖。通俗地讲，在一个数据库的表中，如果字段 $A$ 的值能够唯一确定字段 $B$ 的值，那么字段 $B$ 函数依赖于字段 $A$。

函数依赖的说明如下。

① 函数依赖不是指关系模式 $R$ 的某个或某些关系实例满足的约束条件，而是指 $R$ 的所有关系实例均满足的约束条件。

② 函数依赖是关系向数据库表示数据语义的机制。人们只能根据数据的语义来确定函数依赖。例如，"姓名→性别"函数依赖只在没有同名同姓的条件下成立；如果允许同名同姓存在同一关系中，则"性别"不再依赖于"姓名"了。数据库设计者可以对现实世界作强制规定。

③ 属性间函数依赖与属性间的联系类型相关。

设有属性集 $X$、$Y$ 和关系模式 $R$，如果 $X$ 与 $Y$ 之间是 1∶1 关系，则存在函数依赖；如果

$X$ 与 $Y$ 之间是 $m:1$ 关系，则存在函数依赖；如果 $X$ 与 $Y$ 之间是 $m:n$ 关系，则 $X$ 与 $Y$ 之间不存在函数依赖。

④ 若 $X \to Y$，则 $X$ 称为这个函数依赖的决定属性集。

⑤ 若 $X \to Y$ 且 $Y \to X$，则记为 $X \leftrightarrow Y$。

⑥ 若 $Y$ 不函数依赖于 $X$，则记为 $X \not\to Y$。

比如，学习关系模式 $R$(Sno, Sname, Cno, Grade, Cname, Tname, Tage)，其中各属性的含义为：Sno 代表学生学号，Sname 代表学生姓名，Cno 代表课程号，Grade 代表成绩，Cname 代表课程名，Tname 代表任课教师姓名，Tage 代表教师年龄。在 $R$ 的关系 $r$ 中存在着函数依赖，如 Sno→Sname（每个学号只能有一个学生姓名），Cno→Cname（每个课程号只能对应一门课程名），Tname→Tage（每个教师只能有一个年龄），(Sno, Cno)→Grade（每个学生学习一门课只能有一个成绩）。

【例 3-13】 设有关系模式 $R(A, B, C, D)$，具体关系 $r$ 如表 3-26 所示。

表 3-26 $R$ 的具体关系 $r$

| $A$ | $B$ | $C$ | $D$ |
| --- | --- | --- | --- |
| a1 | b1 | c1 | d1 |
| a1 | b1 | c2 | d2 |
| a2 | b2 | c3 | d2 |
| a3 | b3 | c4 | d3 |

属性 $A$ 取一个值（如 a1），则 $B$ 中有唯一一个值（如 b1）与之对应，反之亦然，即属性 $A$ 与属性 $B$ 是一对一的联系，所以 $A \to B$ 且 $B \to A$。又如，属性 $B$ 中取一个值 b1，那么属性 $C$ 中有两个值 c1、c2 与之对应，即属性 $B$ 与属性 $C$ 是一对多的联系，所以 $B \not\to C$，反之，$C$ 与 $B$ 是多对一的联系，故 $C \to B$。

**2．函数依赖的类型**

（1）平凡函数依赖与非平凡函数依赖

【定义 3.2】 在关系模式 $R(U)$ 中，对于 $U$ 的子集 $X$ 和 $Y$，若 $X \to Y$ 但 $Y \not\subset X$，则称 $X \to Y$ 是非平凡函数依赖。若 $Y \subseteq X$，则称 $X \to Y$ 为平凡函数依赖。

例如，$X \to \varphi$，$X \to X$ 都是平凡函数依赖。

显然，平凡函数依赖对于任何一个关系模式必然都是成立的，与 $X$ 的任何语义特性无关，因此它们对于设计不会产生任何实质性的影响。在今后的讨论中，如果不特别说明，都不考虑平凡函数依赖的情况。

（2）完全函数依赖和部分函数依赖

【定义 3.3】 在关系模式 $R(U)$ 中，如果 $X \to Y$，并且对于 $X$ 的任何一个真子集 $X'$，都有 $X' \not\to Y$，则称 $Y$ 对 $X$ 完全函数依赖，记为 $X \xrightarrow{F} Y$。

如果 $X \to Y$，如果存在 $X$ 的某一真子集 $X'$，使得 $X' \to Y$，则称 $Y$ 对 $X$ 部分函数依赖，记为 $X \xrightarrow{P} Y$。

【例 3-14】在表 3-25 中，(Sno, Cno) $\xrightarrow{F}$ Grade 是完全函数依赖，(Sno, Cno) $\xrightarrow{P}$ Sname 是部分函数依赖。

（3）传递函数依赖

【定义 3.4】 在关系模式 $R(U)$ 中，$X$、$Y$、$Z$ 是 $R$ 的 3 个不同的属性或属性组，如果 $X \to$

$Y$（即 $Y$ 不是 $X$ 的子集），且 $Y \nrightarrow X, Y \rightarrow Z, Z \notin Y$，则称 $Z$ 对 $X$ 传递函数依赖,记为 $X \xrightarrow{\text{传递}} Y$。

传递依赖：假设 $A$、$B$、$C$ 分别是同一个数据结构 $R$ 中的三个元素或分别是 $R$ 中若干数据元素的集合，如果 $C$ 依赖 $B$，而 $B$ 依赖于 $A$，那么 $C$ 自然依赖于 $A$，即称 $C$ 传递依赖 $A$。

因为条件 $Y \nrightarrow X$，如果 $Y \rightarrow X$，那么 $X \leftrightarrow Y$，实际上是 $X \rightarrow Z$，是直接函数依赖而不是传递函数依赖。

**【例 3-15】** 表 3-25 中存在如下函数依赖：Sno→Sdept, Sdept→Mname，但 Sdept $\nrightarrow$ Sno，所以 Sno→Mname。

识别函数依赖是理解数据语义的一个组成部分，依赖是关于现实世界的断言，它不能被证明，决定关系模式中函数依赖的唯一方法是仔细考察属性的含义。

**【例 3-16】** 有关系模式 S(Sno, Sname, Sage, Ssex, Sdept, Mname, Cname, Score)，判断以下函数依赖的对错。

（1）Sno→Sname，Sno→Ssex，(Sno, Cname)→score。

（2）Cname→Sno，Sdept→Cname，Sno→Cname。

在（1）中，Sno 与 Sname 之间存在一对一或一对多的联系，Sno 与 Ssex、(Sno, Cname) 与 Score 之间存在一对多联系，所以这些函数依赖是存在的。

在（2）中，因为 Sno 与 Cname、Sdept 与 Cname 之间都是多对多联系，所以它们之间是不存在函数依赖的。

**【例 3-17】** 有关系模式：学生课程(学号, 姓名, 课程号, 课程名称, 成绩, 教师, 教师年龄)，成绩要由学号和课程号共同确定，教师决定教师年龄。所以，此关系模式中包含了以下函数依赖关系：学号→姓名（每个学号只能有一名学生姓名与之对应）、课程号→课程名称（每个课程号只能对应一个课程名称）、(学号, 课程号)→成绩（每名学生学习一门课只能有一个成绩）、教师→教师年龄（每名教师只能有一个年龄）。

属性间的函数依赖不是指关系模式 $R$ 的某个或某些关系满足上述限定条件，而是指 $R$ 的一切关系都满足定义中的限定。只要有一个具体关系 $r$ 违反了定义中的条件，就破坏了函数依赖，使函数依赖不成立。

识别函数依赖是理解数据语义的一个组成部分，依赖是关于现实世界的断言，它不能被证明，决定关系模式中函数依赖的唯一方法是仔细考察属性的含义。

### 3. FD 公理

首先介绍 FD 的逻辑蕴涵的概念，然后引出 FD 公理。

FD 的逻辑蕴涵是指在已知的函数依赖集 $F$ 中是否蕴涵着未知的函数依赖。比如，$F$ 中有 $A \rightarrow B$ 和 $B \rightarrow C$，那么 $A \rightarrow C$ 是否也成立？这个问题即 $F$ 是否逻辑蕴涵着 $A \rightarrow C$ 的问题。

**【定义 3.5】** 有关系模式 $R(U, F)$，$F$ 是 $R$ 上成立的函数依赖集。$X \rightarrow Y$ 是一个函数依赖，如果对于 $R$ 的关系 $r$ 也满足 $X \rightarrow Y$，那么称 $F$ 逻辑蕴涵 $X \rightarrow Y$，记为 $F \Rightarrow X \rightarrow Y$，即 $X \rightarrow Y$ 可以由 $F$ 中的函数依赖推出。

**【定义 3.6】** $F$ 是已知的函数依赖集，被 $F$ 逻辑蕴涵的 FD 全体构成的集合称为函数依赖集 $F$ 的闭包（Closure），记为 $F+$，即 $F^{+} = \{X \rightarrow Y | F \Rightarrow X \rightarrow Y\}$。显然，一般 $F \subseteq F^{+}$。

**【FD 的公理】** 为了从已知 $F$ 求出 $F+$，尤其是根据 $F$ 集合中已知的 FD，判断一个未知的 FD 是否成立，或者求 $R$ 的候选键，这就需要一组 FD 推理规则的公理。FD 公理有三条推理规则，是由 W.W. Armstrong 和 C. Beer 建立的，常称为"Armstrong 公理"。

设关系模式 $R(U,F)$，$X$、$Y$、$U$、$F$ 是 $R$ 上成立的函数依赖集。FD 公理的 3 条规则如下。

① 自反律：若在 $R$ 中有 $Y \subseteq X$，则 $X \rightarrow Y$ 在 $R$ 上成立，且蕴涵于 $F$ 中。

② 传递律：若 $F$ 中的 $X \rightarrow Y$ 和 $Y \rightarrow Z$ 在 $R$ 上成立，则 $X \rightarrow Z$ 在 $R$ 上成立且蕴涵于 $F$ 中。

③ 增广律：若 $F$ 中的 $X \rightarrow Y$ 在 $R$ 上成立，则 $XZ \rightarrow YZ$ 在 $R$ 上也成立，且蕴涵于 $F$ 中。

【例 3-18】 已知关系模式 $R(A,B,C)$，$R$ 上的 FD 集 $F = \{A \rightarrow B, B \rightarrow C\}$，求逻辑蕴涵于 $F$ 且存在于 $F^+$ 中的未知的函数依赖。

根据 FD 的推理规则，由 $F$ 中的函数依赖可推出包含在 $F^+$ 中的函数依赖共 43 个。

如根据规则①，可推出：$A \rightarrow \varphi, A \rightarrow A, B \rightarrow \varphi, B \rightarrow B$ 等。

根据已知 $A \rightarrow B$ 及规则②，可推出：$AC \rightarrow BC, AB \rightarrow AC, AB \rightarrow B$ 等。

根据已知条件及规则③，可推出 $A \rightarrow C$ 等。

为了方便应用，除了上述 3 条规则，下面给出可由这 3 条规则可导出的 3 条推论。

④ 合并律：若 $X \rightarrow Y, X \rightarrow Z$，则 $X \rightarrow YZ$。

⑤ 分解律：若 $X \rightarrow YZ$，则 $X \rightarrow Y$，$X \rightarrow Z$。

⑥ 伪传递律：若 $X \rightarrow Y$，$YW \rightarrow Z$，则 $XW \rightarrow Z$。

### 4. 属性集闭包

在实际使用中，经常要判断从已知的 FD 推导出 FD: $X \rightarrow Y$ 在 $F^+$ 中，还要判断 $F$ 中是否有冗余的 FD 和冗余信息，以及求关系模式的候选键等问题。虽然使用 Armstrong 公理可以解决这些问题，但是工作量大、比较麻烦，不具有可操作性，为此引入属性集闭包的概念及求法，能够方便地解决这些问题。

【定义 3.7】 有关系模式 $R(U)$，$U$ 上的 FD 集 $F$，$X$ 是 $U$ 的子集，则称所有用 FD 公理从 $F$ 推出的 FD: $X \rightarrow A_i$ 中 $A_i$ 的属性集合为 $X$ 属性集的闭包，记为 $X_F^+$。

从属性集闭包的定义可以得出下面的引理。

【引理 3.1】 函数依赖 $X \rightarrow Y$ 能用 FD 公理推出的充要条件是 $Y \subseteq X^+$。

由引理可知，判断 $X \rightarrow Y$ 能否由 FD 公理从 $F$ 推出，只要求 $X^+$，若 $X^+$ 中包含 $Y$，则 $X \rightarrow Y$ 成立，即 $F$ 所逻辑蕴涵。而且，求 $X^+$ 并不太难，比用 FD 公理推导简单得多。

下面介绍求属性集闭包的算法。

【算法 3.1】 求属性集 $X$ 相对 FD 集 $F$ 的闭包 $X^+$。

输入：有限的属性集合 $U$ 和 $U$ 中的一个子集 $X$，以及在 $U$ 上成立的 FD 集 $F$。

输出：$X$ 关于 $F$ 的闭包 $X^+$。

步骤：

（1） $X(0) = X$。

（2） $X(i+1) = X(i)A$。其中，$A$ 是这样的属性，在 $F$ 中寻找尚未用过的左边是 $X(i)$ 的子集的函数依赖：$Y_j \rightarrow Z_j (j = 0,1,\cdots,k)$，其中 $Y_j \subseteq X(i)$。即在 $Z_j$ 中寻找 $X(i)$ 中未出现过的属性集 $A$，若无这样的 $A$，则转到（4）

（3） 判断是否有 $X(i+1) = X(i)$，若是，则转（4），否则转（2）。

（4） 输出 $X(i)$，即为 $X$ 的闭包 $X^+$。

对于（3）的计算停止条件，以下 4 种方法是等价的：

❖ $X(i+1) = X(i)$。

❖ 当发现 $X(i)$ 包含了全部属性时。

❖ 在 $F$ 中函数依赖的右边属性中再也找不到 $X(i)$ 中未出现的属性。

❖ 在 $F$ 中未用过的函数依赖的左边属性已经没有 $X(i)$ 的子集。

【例 3-19】 设有关系模式 $R(U,F)$，其中

$$U = \{A,B,C,D,E,I\}$$

$$F = \{A \rightarrow D, AB \rightarrow I, BI \rightarrow E, CD \rightarrow I, E \rightarrow C\}$$

计算 $(AE)^+$ 。

解：

令 $X = \{AE\}, X(0) = AE$ ，在 $F$ 中找出左边是 $AE$ 子集的函数依赖，其结果是 $A \rightarrow D$ ，$E \rightarrow C$ ，所以 $X(1) = X(0)DC = ACDE$ 。显然， $X(1) \neq X(0)$

在 $F$ 中 找 出 左 边 是 $AEDC$ 子集的函数依赖， 其结果是 $CD \rightarrow I$ ， 所以 $X(2) = X(1)I = ACDEI$ 。显然， $X(2) \neq X(1)$ ，但 $F$ 中未用过的函数依赖的左边属性已没有 $X(2)$ 的子集，所以不必再计算，即 $(AE)^+ = ACDEI$ 。

### 5. $F$ 的最小依赖集 $F_m$

【定义 3.8】 如果函数依赖集 F 满足下列条件，则称 $F$ 为最小依赖集，记为 $F_m$ 。

（1）$F$ 中每个函数依赖的右部属性都是一个单属性。

（2）$F$ 中不存在多余的依赖。

（3）$F$ 中的每个依赖，左边没有多余的属性

【定理 3.1】 每个函数依赖集 $F$ 都与它的最小依赖集 $F_m$ 等价。

【算法 3.2】 计算最小依赖集。

输入：一个函数依赖集 $F$ 。

输出：$F$ 的等价的最小依赖集 $F_m$ 。

方法：

（1）右部属性单一化。应用分解规则，使 $F$ 中的每个依赖的右部属性单一化。

（2）去掉各依赖左部多余的属性。具体方法：逐个检查 $F$ 中左边是非单属性的依赖，如 $XY \rightarrow A$ 。只要在 $F$ 中求 $X^+$ ，若 $X^+$ 中包含 $A$ ，则 $Y$ 是多余的，否则不是多余的。依次判断其他属性，即可消除各依赖左边的多余属性。

（3）去掉多余的依赖。具体方法：从第一个依赖开始，从 $F$ 中去掉它（设该依赖为 $X \rightarrow Y$ ），然后在剩下的 $F$ 依赖中求 $X^+$ ，看 $X^+$ 是否包含 $Y$ ，若是，则去掉 $X \rightarrow Y$ ，否则不去掉。

这样依次做下去。

$F_m$ 不是唯一的。

【例 3-20】 有关系模式 $R$ ，其依赖集 $F = \{AB \rightarrow C, C \rightarrow A, BC \rightarrow D, ACD \rightarrow B, D \rightarrow EG,$ $BE \rightarrow C, CG \rightarrow BD, CE \leftarrow AG\}$ ，求 $F$ 等价的最小依赖集 $F_m$ 。

解：（1）将依赖右边属性单一化，得到 $F = \{AB \rightarrow C, C \rightarrow A, BC \rightarrow D, ACD \rightarrow B, D \rightarrow EG,$ $BE \rightarrow C, CG \rightarrow BD, CE \leftarrow AG\}$ 。

（2）在 $F_1$ 中去掉依赖左部多余的属性。对于 $AB \leftarrow C$ ，假设 $B$ 是多余的，计算 $A^+ = A$ ，由于 $C \not\subset A^+$ ，因此 $B$ 不是多余的。同理， $A$ 也不是多余的。

对于 $ACD \rightarrow B$ ， $(CD)^+ = ABCDEG$ ，则 $A$ 是多余的。删除依赖左部多余属性后，得到 $F_2 = \{AB \rightarrow C, C \rightarrow A, BC \rightarrow D, CD \rightarrow B, D \rightarrow E, D \rightarrow G, BE \rightarrow C, CG \rightarrow B, CG \rightarrow D, CE \rightarrow G\}$ 。

（3）在 $F_2$ 中去掉多余的依赖。对于 $CG \rightarrow B$ ，由于 $(CG)^+ = ABCDEG$ ，则 $CG \rightarrow B$ 是多余

的。删除多余的依赖后，得到结果：

$$F_m = \{AB \rightarrow C, C \rightarrow A, BC \rightarrow D, CD \rightarrow B, D \rightarrow E, D \rightarrow G, BE \rightarrow C, CG \rightarrow D, CE \rightarrow G\}$$

### 6. 候选键的求解理论和算法

归于给定的关系模式 $R$ 及函数依赖集 $F$，如何找出它的所有候选键（或称为候选码），这是基于函数依赖理论和范式判断该关系模式是否是"好"模式的基础，也是对于一个"不好"的关系模式进行分解的基础。本节介绍 3 种求候选键的方法。

对于给定的关系 $R(A_1, A_2, \cdots, A_n)$ 和函数依赖集，可将其属性分为 4 类。

❖ L 类：仅出现在 $F$ 的函数依赖左部的属性。

❖ R 类：仅出现在 $F$ 的函数依赖右部的属性。

❖ N 类：在 $F$ 的函数依赖左右均未出现的属性。

❖ LR 类：在 $F$ 的函数依赖左右均出现的属性。

**方法一**：快速求解候选键的充分条件。

具体步骤：对于给定的关系模式 $R$ 及其函数依赖 $F$，如果 $X$ 是 $R$ 的 L 类和 N 类组成的属性集 $X^+$ 且包含了 $R$ 的全部属性，则 $X$ 是 $R$ 的唯一候选键。

【定理 3.2】 对于给定的关系模式 $R$ 及其函数依赖 $F$，如果 $X$ 是 $R$ 的 R 类属性，则 $X$ 不在任何候选键中。

【例 3-21】有关系模式 $R(A, B, C, D)$，其函数依赖集 $F = \{D \rightarrow B, B \rightarrow D, AD \rightarrow B, AC \rightarrow D\}$，求 $R$ 的所有候选键。

解：观察 $F$ 发现，$A$、$C$ 两属性是 L 类属性，其余为 R 类属性。由于 $(AC)^+ = ABCD$，因此 $AC$ 是 $R$ 的唯一候选键。

【例 3-22】 有关系模式 $R(A, B, C, D, E, P)$，$R$ 的函数依赖集为 $F = \{A \rightarrow D, E \rightarrow D, D \rightarrow B, BC \rightarrow D, DC \rightarrow A\}$，求 $R$ 的所有候选键。

解：观察 $F$ 发现，属性 $C$、$E$ 是 L 类属性，属性 $P$ 是 N 类属性。由于 $(CEP)^+ = ABCDEP$，因此 $CEP$ 是 $R$ 的唯一候选键。

**方法二**：左边为单属性的函数依赖集的候选键成员的图论判定法

当 LN 类属性的闭包不包含全部属性时，方法一无法使用。如果该依赖集等价的最小依赖集左边是单属性，可以使用图论判定法求出所有的候选键。

一个函数依赖图 $G$ 是一个有序二元组$(R, F)$，$R$ 中的所有属性是结点，所有依赖是边。

❖ 引入线/引出线：若结点 $A_i$ 到 $A_j$ 是连通的，则边 $(A_i, A_j)$ 是结点 $A_i$ 的引出线，是结点 $A_j$ 的引入线。

❖ 原始点：只有引出线而无引入线的结点。

❖ 终结点：只有引入线而无引出线的结点。

❖ 途中点：既有引入线又有引出线的结点。

❖ 孤立点：既无引入线又无引出线的结点。

❖ 关键点：原始点和孤立点称为关键点。

❖ 关键属性：关键点对应的属性。

❖ 独立回路：不能被其他结点到达的回路。

求出候选键的具体步骤如下。

（1）求出 $F$ 的最小依赖集 $F_m$。

（2）构造函数依赖图 *FDG*。

（3）从图中找出关键属性 *X*（可为空）。

（4）查看 *G* 中有无独立回路，若无，则输出 *X*，即 *R* 的唯一候选键，转（6）；否则转（5）。

（5）从各独立回路中各取一结点对应的属性，与 *X* 组合成候选键；重复这个过程，取尽所有可能的组合，即为 *R* 的全部候选键。

（6）结束

【例3-23】有关系模式 $R(O,B,I,S,Q,D)$，$F=\{S\to D,D\to S,I\to B,B\to I,B\to O,O\to B\}$，求 *R* 的所有候选键。

解：

（1）$F_m=F=\{S\to D,D\to S,I\to B,B\to I,B\to O,O\to B\}$。

（2）构造函数依赖图如图 3-1 所示。

图 3-1　函数依赖

（3）关键属性集：$\{Q\}$。

（4）得到 4 条回路，但回路 *IBI* 和 *BOB* 不是独立回路，而 *SDS* 和 *IBOBI* 是独立回路。共 2×3=6 个候选键。每个候选键有 1+2=3 个属性，所以 *R* 的所有候选键为：*QSI*，*QSB*，*QSO*，*QDI*，*QDB*，*QDO*。

　　　*R* 的每个候选键均由两部分组成：关键属性 *X*，每个独立回路任选一个。

　　　候选键个数等于各独立回路中节点个数的乘积。

　　　每个候选键所含属性个数等于关键属性个数加上独立回路个数。

**方法三：多属性依赖集候选键求解。**

具体步骤如下：

（1）求 *R* 的所有属性分为 L、N、R 和 LR 四类，令 *X* 代表 L、N 类，*Y* 代表 LR 类。

（2）求 $X^+$，若包含了 *R* 的全部属性，则 *X* 为 *R* 的唯一候选键，转(5)，否则转（3）。

（3）在 *Y* 中取一属性 *A*，求 $(XA)^+$，若它包含 *R* 的全部属性，则 *A* 为 *R* 的候选键；调换一个属性，反复进行该过程，直到试完 *Y* 中的所有属性。

（4）如果已找出所有候选键，则转（5）；否则，依次取 2 个、3 个……求它们的属性闭包，直到闭包包含 *R* 的全部属性。

（5）停止，输出结果。

【例3-24】设有关系模式 $R(A,B,C,D,E)$，其上的函数依赖集 $F=\{A\to BC,CD\to E,B\to D,E\to A\}$，求出 *R* 的所有候选键。

解：

设 *X* 类属性为 $\varphi$，*Y* 类属性为 *A*、*B*、*C*、*D*、*E*，则 $A^+=ABCDE$，$B^+=BD$，$C^+=C$，$D^+=D$，$E^+=ABCDE$，所以 *A*、*E* 为 *R* 的其中两个候选键

由于 *B*、*C*、*D* 属性还未在候选键中出现，因此将其两两组合与 *X* 类属性组合求闭包。$(BC)^+=ABCDE$，$(BD)^+=BD$，$(CD)^+=ABCDE$，所以 *BC*、*CD* 为 *R* 的两个候选键。

所有 *Y* 类属性均已出现在候选键中，所以 *R* 的所有候选键为 *A*、*E*、*BC*、*CD*。

# 3.5 关系模式的范式及规范化

关系模式分解到什么程度是比较好的？用什么标准衡量？这个标准就是模式的范式（Normal Form，NF）。所谓范式，是指规范化的关系模式。由于规范化的程度不同，产生了不同的范式。最常用的有 1NF、2NF、3NF、BCNF。本节重点介绍这 4 种范式，最后简单介绍 4NF，至于目前的最高范式 5NF，有兴趣的读者可参见其他参考书。

范式是衡量关系模式优劣的标准。范式的级别越高，其数据冗余和操作异常现象就越少。范式之间存在如下关系：1NF $\subset$ 2NF $\subset$ 3NF $\subset$ BCNF $\subset$ 4NF $\subset$ 5NF。

通过分解（投影），把属于低级范式的关系模式转换为几个属于高级范式的关系模式的集合，这个过程称为规范化。

## 1．1NF

【定义 3.9】 若关系模式 $R$ 的具体关 $r$ 中的所有属性都是不可分的基本数据项，则该关系属于 1NF（First Normal Form，第一范式）。

满足 1NF 的关系称为规范化的关系，否则称为非规范化关系。关系数据库中研究和存储的都是规范化的关系，即 1NF 关系是作为关系数据库的最起码的关系条件。

例如，表 3-27 所示的 r1 中存在属性"班长"，表 3-28 所示的 r2 存在重复组，它们均不属于 1NF。

表 3-27 关系实例 r1

| 学号 | 姓名 | 班级 | 班长 | |
| --- | --- | --- | --- | --- |
| | | | 正班长 | 副班长 |
| 2014110102 | 李丽 | 1班 | 陈因 | 王贺 |
| 2014110103 | 魏红 | 2班 | 李科 | 房名 |

表 3-28 关系实例 r2

| 借书人 | 书名 | 日期 |
| --- | --- | --- |
| 李丽 | B1，B2 | D1，D2 |
| 魏红 | B2，B3 | D2，D3 |

非规范化关系的缺点是更新困难。非规范化关系转化成 1NF 的方法：对于组项，去掉高层的命名，如对于 r1，将"班长"属性去掉，如表 3-29 所示；对于重复组，重写属性值相同部分的数据，如将 r2 规范化为 1NF，如表 3-30 所示。

表 3-29 1NF 规范化 r1

| 学号 | 姓名 | 班级 | 正班长 | 副班长 |
| --- | --- | --- | --- | --- |
| 2014110102 | 李丽 | 1班 | 陈因 | 王贺 |
| 2014110103 | 魏红 | 2班 | 李科 | 房名 |

表 3-30 1NF 规范化 r2

| 借书人 | 书名 | 日期 |
| --- | --- | --- |
| 李丽 | B1 | D1 |
| 李丽 | B2 | D2 |
| 魏红 | B2 | D2 |
| 魏红 | B3 | D3 |

## 2．2NF

1NF 虽然是关系数据库中对关系结构最基本的要求，但还不是理想的结构形式，因为仍然存在大量的数据冗余和操作异常。为了解决这些问题，就要消除模式中属性之间存在的部分函数依赖，将其转化成高一级的第二范式。

【定义 3.10】 若关系模式 $R$ 属于 1NF，且其中每个非主属性都完全函数依赖于主键，则称 $R$ 是第二范式（简记为 2NF）的模式。

【例 3-25】 设有关系模式学生(学号，所在系，系主任姓名，课程号，成绩)。主键为(学号，课程名)。存在函数依赖：(学号，课程号)→所在系，(学号，课程号)→系主任姓名，(学号，课程号)→成绩，如图 3-2 所示。

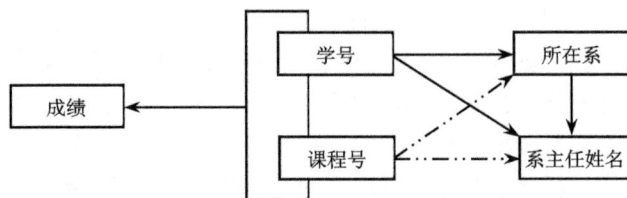

图 3-2  函数依赖图

由于存在非主属性对主键的部分依赖，因此该关系模式不属于 2NF，而是 1NF。

该关系模式中存在数据冗余：随着选课人数或选课门数的增加，系主任姓名和所在系被重复存储。

❖ 插入异常：新来的学生由于未选课而无法插入学生的信息。

❖ 删除异常：如果某系学生信息都删除，则该学生所在系和系主任姓名信息连带被删除。

根据 2NF 的定义，通过消除部分 FD，按完全函数依赖的属性组成关系，将学生模式分解为：学生-系(学号，所在系，系主任姓名)，选课(学号，课程号，成绩)，规范化后如图 3-3 和图 3-4 所示。

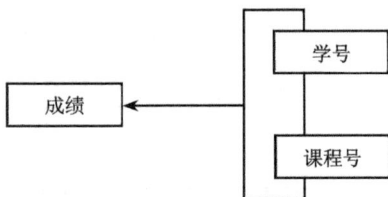

图 3-3  分解后的学生-系函数依赖图

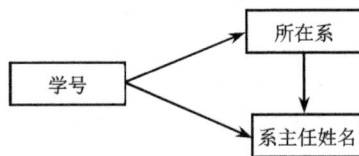

图 3-4  分解后的选课函数依赖图

显然，分解后的两个关系模式均属于 2NF。

由 2NF 的定义可以得出以下结论。

❖ 属于 2NF 的关系模式 R 也必定属于 1NF。

❖ 如果关系模式 R 属于 1NF 且 R 中全部是主属性，则 R 必定是 2NF。

❖ 如果关系模式 R 属于 1NF 且 R 中所有的候选关键字全部是单属性构成，则 R 必定是 2NF。

❖ 二元关系模式必定是 2NF。

3．3NF

【定义 3.11】 若关系模式 R 属于 2NF，且每个非主属性都不传递依赖于主关键字，则称 R 是第三范式（简记为 3NF）的模式。

若 $R \in$ 3NF，则每个非主属性既不部分函数依赖于主键，也不传递函数依赖于主键。

上例分解后的关系模式选课(学号，课程名，成绩)是 3NF，关系模式学生-系(学号，所在系，系主任姓名)是 2NF。2NF 中仍然存在数据冗余和操作异常，如在学生-系关系模式中有以下问题。

❖ 数据冗余：学生选修多门课程时，他的系主任姓名仍然被重复存储。

❖ 插入异常：新成立的系由于没有学生和选课信息，该系和系主任姓名无法插入学生-

系关系。

❖ 删除异常：要删除某个系的所有学生，则该系及系主任姓名信息也被删除。

为了消除这些异常，将学生-系关系模式分解到更高的3NF。产生异常的原因是该关系模式中存在非主属性"系主任姓名"对主键"学号"的传递依赖：学号→所在系，所在系→系主任姓名，但是所在系 ⇸ 学号，所以学号→系主任姓名。

现在消除该传递依赖，将它们分解到两个关系中，将学生-系关系分解后的关系模式为：学生(学号, 所在系)，教学系(所在系, 系主任姓名)。

显然，分解后的各子模式均属于3NF。

由3NF的定义可以得出以下结论。

❖ 关系模式 $R$ 是3NF，必定也是2NF或1NF，反之则不然。

❖ 如果关系模式 $R$ 属于1NF且 $R$ 中全部是主属性，则 $R$ 必定是3NF。

### 4．BCNF

3NF中仍然存在一些特殊的操作异常问题，因为关系中可能存在由主属性作为主键的部分和传递函数依赖。针对这个问题，Boyce和Codd提出了BCNF（Boyce Codd Normal Form）。通常认为，BCNF是修正的第三范式，有时也称为扩充的第三范式。

【定义3.12】 关系模式 $R$ 是1NF，且每个属性都不传递函数依赖于 $R$ 的候选关键字，则 $R$ 为BCNF关系模式。

BCNF的另一种等价的定义如下。

【定义3.13】 设 $F$ 是关系模式 $R$ 的FD集，如果 $F$ 中每个非平凡的函数依赖 $X→A$，其左部都是 $R$ 的候选关键字，则称 $R$ 为BCNF关系模式。

【例3-26】 设关系模式 SC($U$, $F$)，其中 $U$={SNO, CNO, SCORE}，$F$={(SNO, CNO)→SCORE, (CNO, SCORE)→SNO}。SC的候选键为(SNO, CNO)和(CNO, SCORE)，决定因素中都包含候选键，没有属性对候选键传递依赖或部分依赖，所以SC为BCNF。

【例3-27】 设关系模式 STJ($S$, $T$, $J$)，其中 $S$ 为学生，$T$ 为教师，$J$ 为课程。每位教师只教一门课，每门课有若干教师，某学生选定某门课，就对应一位固定的教师。由语义可得到如下函数依赖：($S$, $J$)→$T$，($S$, $T$)→$J$，$T$→$J$。该关系模式的候选键为($S$, $J$)，($S$, $T$)。

该关系模式中的所有属性都是主属性，所以STJ为3NF，但不是BCNF，因为 $T$ 是决定因素，但 $T$ 不包含键。该关系模式仍然存在数据冗余问题。如关系模式STJ中，如果有100名学生选定某门课，则教师与该课程的关系会被重复存储100次。STJ可分解为如下两个满足BCNF的关系模式，以消除冗余：TJ($T$, $J$)，ST($S$, $T$)。

从BCNF的定义可以得出以下结论。

❖ 如果关系模式 $R$ 属于BCNF，则它必定属于3NF；反之，则不一定成立。

❖ 二元关系模式 $R$ 必定是BCNF。

❖ 都是主属性的关系模式并非一定属于BCNF。

显然，满足BCNF的条件要强于满足3NF的条件。

建立在函数依赖概念基础上的3NF和BCNF是两种重要特性的范式，在实际数据库的设计中具有特别的意义。设计模式如果能达到3NF或BCNF，其关系的更新操作性能和存储性能都是比较好的。

从非关系到1NF、2NF、3NF和BCNF直到更高级别的关系，这个变换或分解的过程被称为关系的规范化处理。

## 5．4NF

从数据库设计的角度看，在函数依赖的基础上，分解为 BCNF 的模式中仍然存在数据冗余问题。为了处理这些问题，必须引入新的数据依赖的概念及范式，如多值依赖、连接依赖和相应的更高范式：4NF、5NF。本节仅介绍多值依赖和 4NF。

【定义 3.14】 给定关系模式 $R$ 及其属性 $X$ 和 $Y$，对于给定的 $X$ 值，有一组 $Y$ 值与之对应，而与其他属性（$R-X-Y$）没有关系，则称 $Y$ 多值依赖于 $X$ 或 $X$ 多值决定 $Y$，记为 $X \rightarrow \rightarrow Y$。

例如，关系模式 WSC($W, S, C$)如表 3-31 所示，$W$ 表示仓库，$S$ 表示报关员，$C$ 表示商品。

表 3-31　关系模式 WSC

| $W$ | $S$ | $C$ | $W$ | $S$ | $C$ |
|-----|-----|-----|-----|-----|-----|
| W1 | S1 | C1 | W1 | S2 | C3 |
| W1 | S1 | C2 | W2 | S3 | C4 |
| W1 | S1 | C3 | W2 | S3 | C5 |
| W1 | S2 | C1 | W2 | S4 | C4 |
| W1 | S2 | C2 | W2 | S4 | C5 |

按照语义，对于每个 $W$，$S$ 都有一个集合与之对应，而不论 $C$ 取值是什么，即 $W \rightarrow \rightarrow S$，且 $W \rightarrow \rightarrow C$。

函数依赖是多值依赖的特例，即若 $X \rightarrow Y$，则 $X \rightarrow \rightarrow Y$。

【定义 3.15】 在多值依赖定义中，如果属性集 $Z=U-X-Y$ 为空，则该多值依赖为平凡多值依赖，否则为非平凡多值依赖。

【定义 3.16】 关系模式 $R<U, F>$ 为 1NF，如果对于 $R$ 的每个非平凡多值依赖 $X \rightarrow \rightarrow Y$，$Y \rightarrow \rightarrow X$，$X$ 包含 $R$ 的一个候选键，则称 $R$ 是 4NF。

例如，关系模式 WSC 的候选键为($W, S, C$)，非平凡多值依赖为 $W \rightarrow \rightarrow S$，$W \rightarrow \rightarrow C$，所以不是 4NF。从而，需要分解为 WS($W, S$)和 WC($W, C$)。

当 $F$ 中只包含函数依赖时，符合 4NF 的就符合 BCNF，但符合 BCNF 的不一定符合 4NF，符合 4NF 的一定符合 BCNF。

几种范式的规范化关系如图 3-5 所示。

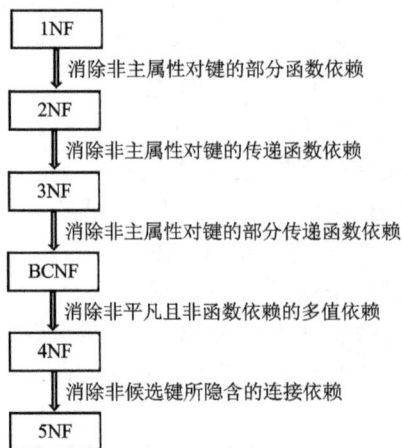

图 3-5　范式的规范化关系

# 3.6 关系模式的分解

3.4 节中，通过分解的方法消除了模式中的操作异常，减少和控制了数据冗余问题。要使关系模式的分解有意义，模式分解需要满足一些约束条件是分解不能破坏原来的语义，即模式分解要符合无损连接和保持函数依赖的原则。本节主要讨论关系模式分解中的两个重要特性：保持信息的无损连接和保持函数依赖性。

## 1. 无损连接的分解

无损连接保证分解前后关系模式的信息不能丢失和增加，保持原有的信息不变。反映了模式分解的数据等价原则。如果不能保持无损连接性，那么在关系中就会出现错误的信息。

【定义 3.17】 设 $\rho(R_1, R_2, \cdots, R_n)$ 是 $R$ 的一个分解，若对于任意 $R$ 的关系实例 $r$，都有 $r = \Pi_{R_1}(r) \bowtie \Pi_{R_2}(r) \bowtie \cdots \bowtie \Pi_{R_n}(r)$，则称该分解满足 $F$ 的无损连接分解，简称无损分解；否则，称为有损连接分解，简称有损分解。其中，是 $r$ 在关系模式 $R_n$ 上的投影。

例如，关系模式 $R(A, B, C)$ 和具体关系 $r$ 如表 3-32 所示，其中 $R$ 被分解的两个关系模式 $\rho = \{AB, AC\}$，$r$ 在这两个模式上的投影分别如表 3-33 和表 3-34 所示。显然，$r = r_1 \bowtie r_2$，即分解 $\rho$ 是无损分解。

表 3-32 无损连接之关系 $r$

| $A$ | $B$ | $C$ |
| --- | --- | --- |
| 2 | 2 | 5 |
| 2 | 3 | 5 |

表 3-33 关系 $r_1$

| $A$ | $B$ |
| --- | --- |
| 2 | 2 |
| 2 | 3 |

表 3-34 关系 $r_2$

| $A$ | $C$ |
| --- | --- |
| 2 | 5 |

如果是有损分解，则说明分解后的关系进行自然连接的结果比分解前的 $R$ 反而增加了元组，使原来关系中一些确定的信息变成不确定的信息，因此是有害的错误信息，对连接查询操作是极为不利的。

例如，关系模式 $S$(Sno, Cno, Grade) 和具体关系 $s$ 如表 3-35 所示，$S$ 的一个分解为 $\rho = \{$(Sno, Cno), (Sno, Grade)$\}$，对应的两个关系 $s_1$ 和 $s_2$ 如表 3-36 和表 3-37 所示。此时 $s \neq s_1 \bowtie s_2$，如表 3-38 所示，多出了两个元组（值加下划线的元组）。显然，这两个元组有悖于原来 $s$ 中的元组，使原来元组值变成了不确定的信息。

表 3-35 有损连接分解关系 $s$

| Sno | Cno | Grade |
| --- | --- | --- |
| 201211 | 2 | 90 |
| 201211 | 3 | 80 |

表 3-36 关系 $s_1$

| Sno | Cno |
| --- | --- |
| 201211 | 2 |
| 201211 | 3 |

表 3-37 关系 $s_2$

| Sno | Grade |
| --- | --- |
| 201211 | 90 |
| 201211 | 80 |

表 3-38 关系 $s_1 \bowtie s_2$

| Sno | Cno | Grade |
| --- | --- | --- |
| 201211 | 2 | 90 |
| <u>201211</u> | <u>2</u> | <u>80</u> |
| <u>201211</u> | <u>3</u> | <u>90</u> |
| 201211 | 3 | 80 |

将关系模式 $R$ 分解成 $\rho(R_1, R_2, \cdots, R_n)$ 后，如何判定该分解是否为无损连接分解？这是一

个值得关心的问题。下面分别介绍判定是否具有无损连接分解的方法：判定表法。

**【算法 3.3】** 无损连接的测试。

输入：关系模式 $R = (A_1, A_2, \cdots, A_n)$，$R$ 上成立的函数依赖集 $F$，$R$ 的一个分解 $\rho(R_1, R_2, \cdots, R_n)$。

输出：判断 $\rho$ 相对于 $F$ 是否具有无损连接特性。

方法：

（1）构造一张 $k$ 行 $n$ 列的表格，每行对应模式 $R_i (1 \leqslant i \leqslant k)$，每列对应属性 $A_j (1 \leqslant j \leqslant n)$。如果 $A_j$ 在 $R_i$ 中，那么在表格的第 $i$ 行第 $j$ 列处填 $a_j$，否则填 $b_{ij}$。

（2）反复检查 $F$ 的每个函数依赖，并修改表格中的元素，方法如下：取 $F$ 中的函数依赖 $X \rightarrow Y$，如果表格中有两行在 $X$ 分量上相等，在 $Y$ 分量上不相等，那么修改 $Y$，使这两行在 $Y$ 分量上也相等；如果 $Y$ 分量中有一个是 $a_j$，那么另一个也修改成 $a_j$；如果没有 $a_j$，那么用其中一个 $b_{ij}$ 替换另一个符号（尽量把下标改成较小的数）；直到表格不能修改为止。这个过程称为 Chase 过程。

（3）若修改到最后一张表格中有一行是全 $a$，即 $a_1, a_2, \cdots, a_n$，那么 $\rho$ 相对于 $F$ 是无损联接分解。

**【例 3-28】** 设 $R = (A, B, C, D, E)$，$R_1 = (A, D)$，$R_2 = (A, B)$，$R_3 = (B, E)$，$R_4 = (C, D, E)$，$R_5 = (A, E)$，设函数依赖是 $A \rightarrow C$，$B \rightarrow C$，$C \rightarrow D$，$DE \rightarrow C$，$CE \rightarrow A$。判断 $R$ 被分解为 $\rho = (R_1, R_2, R_3, R_4, R_5)$ 是否为无损联接分解。

解：Chase 过程的初始表如表 3-39 所示。

表 3-39　初始表

|  | $A$ | $B$ | $C$ | $D$ | $E$ |
|---|---|---|---|---|---|
| $AD$ | $a_1$ | $b_{12}$ | $b_{13}$ | $a_4$ | $b_{15}$ |
| $AB$ | $a_1$ | $a_2$ | $b_{23}$ | $b_{24}$ | $b_{25}$ |
| $BE$ | $b_{31}$ | $a_2$ | $b_{33}$ | $b_{34}$ | $a_5$ |
| $CDE$ | $b_{41}$ | $b_{42}$ | $a_3$ | $a_4$ | $a_5$ |
| $AE$ | $a_1$ | $b_{52}$ | $b_{53}$ | $b_{54}$ | $a_5$ |

根据 $A \rightarrow C$，对表 3.39 进行处理，将 $b_{13}$、$b_{23}$、$b_{53}$ 改成 $b_{13}$，即 $b_{13} = b_{23} = b_{53}$；考虑 $B \rightarrow C$，则将 $b_{33}$ 改成 $b_{13}$。修改后的表格如表 3-40 所示。

表 3-40　修改表（一）

| $A$ | $B$ | $C$ | $D$ | $E$ |
|---|---|---|---|---|
| $a_1$ | $b_{12}$ | $b_{13}$ | $a_4$ | $b_{15}$ |
| $a_1$ | $a_2$ | $b_{13}$ | $b_{24}$ | $b_{25}$ |
| $b_{31}$ | $a_2$ | $b_{13}$ | $b_{34}$ | $a_5$ |
| $b_{41}$ | $b_{42}$ | $a_3$ | $a_4$ | $a_5$ |
| $a_1$ | $b_{52}$ | $b_{13}$ | $b_{54}$ | $a_5$ |

考虑 $C \rightarrow D$，则将第 4 列的 $b_{24}$、$b_{34}$、$b_{54}$ 均改成 $a_4$，结果如表 3-41 所示。考虑 $DE \rightarrow C$，则将 $C$ 所在列的第 3、4 和 5 行的元素改为 $a_3$，结果如表 3-42 所示。

考虑 $CE \rightarrow A$，则将第 1 列的第 3、4、5 行的元素都改成 $a_1$，结果如表 3-43 所示。可以看出，此时第 3 行已是全 $a$，因此 $R$ 分解成 $\rho = (R_1, R_2, R_3, R_4, R_5)$ 是无损联接分解。

表 3-41　修改表（二）

| A | B | C | D | E |
|---|---|---|---|---|
| $a_1$ | $b_{12}$ | $b_{13}$ | $a_4$ | $b_{15}$ |
| $a_1$ | $a_2$ | $b_{13}$ | $a_4$ | $b_{25}$ |
| $b_{31}$ | $a_2$ | $b_{13}$ | $a_4$ | $a_5$ |
| $b_{41}$ | $b_{42}$ | $a_3$ | $a_4$ | $a_5$ |
| $a_1$ | $b_{52}$ | $b_{13}$ | $a_4$ | $a_5$ |

表 3-42　修改表（三）

| A | B | C | D | E |
|---|---|---|---|---|
| $a_1$ | $b_{12}$ | $b_{13}$ | $a_4$ | $b_{15}$ |
| $a_1$ | $a_2$ | $b_{13}$ | $a_4$ | $b_{25}$ |
| $b_{31}$ | $a_2$ | $b_{13}$ | $a_4$ | $a_5$ |
| $b_{41}$ | $b_{42}$ | $a_3$ | $a_4$ | $a_5$ |
| $a_1$ | $b_{52}$ | $b_{13}$ | $a_4$ | $a_5$ |

表 3-43　修改表（四）

| A | B | C | D | E |
|---|---|---|---|---|
| $a_1$ | $b_{12}$ | $b_{13}$ | $a_4$ | $b_{15}$ |
| $a_1$ | $a_2$ | $b_{13}$ | $a_4$ | $b_{25}$ |
| $a_1$ | $a_2$ | $a_3$ | $a_4$ | $a_5$ |
| $a_1$ | $b_{42}$ | $a_3$ | $a_4$ | $a_5$ |
| $a_1$ | $b_{52}$ | $a_3$ | $a_4$ | $a_5$ |

## 2．保持函数依赖的分解

保持依赖性分解（简称保持依赖）是关系模式分解的另一个分解特性，分解后的关系不能破坏原来的函数依赖（不能破坏原来的语义），即保持分解前、后原有的函数依赖依然成立。保持依赖反映了模式分解的依赖等价原则。

例如，学生成绩的关系 $G$(Sno, Cname, Tname, Grade)的实例如表 3-44 所示，函数依赖集如下：

(Sno, Cname)→Tname, Grade

(Sno, Tname)→Cname, Grade

Tname→Cname

表 3-44　关系 $G$

| Sno | Cname | Tname | Grade |
|---|---|---|---|
| 010125 | 数据库原理 | 张三 | 96 |
| 010138 | 数据库原理 | 张三 | 88 |
| 020308 | 数据库原理 | 张三 | 90 |
| 010125 | C 语言程序设计 | 王四 | 92 |

分解为：

SCT(Sno, Cname, Grade)

ST(Sno, Tname)

如表 3-45 和表 3-46 所示。

<table>
<tr><td colspan="3">表 3-45 关系 SCT</td></tr>
<tr><th>Sno</th><th>Cname</th><th>Grade</th></tr>
<tr><td>010125</td><td>数据库原理</td><td>96</td></tr>
<tr><td>010138</td><td>数据库原理</td><td>88</td></tr>
<tr><td>020308</td><td>数据库原理</td><td>90</td></tr>
<tr><td>010125</td><td>C 语言程序设计</td><td>92</td></tr>
</table>

<table>
<tr><td colspan="2">表 3-46 关系 ST</td></tr>
<tr><th>Sno</th><th>Tname</th></tr>
<tr><td>010125</td><td>张三</td></tr>
<tr><td>010138</td><td>张三</td></tr>
<tr><td>020308</td><td>张三</td></tr>
<tr><td>010125</td><td>王四</td></tr>
</table>

但是丢失了函数依赖：Tname→Cname，不能体现一个教师只开一门课的语义。

【定义 3.18】 设 $F$ 是关系模式 $R(U)$ 上的 FD 集，$Z \subseteq U$，$F$ 在 $Z$ 上的投影用 $\Pi_Z(F)$ 表示，定义为

$$\Pi_Z(F) = \{X \to Y \mid X \to \in F^+, X, Y \subseteq Z\}$$

【定义 3.19】 设 $R$ 的一个分解 $\rho = (R_1, R_2, \cdots, R_n)$，$F$ 是 $R$ 上的依赖集，如果 $F$ 等价于 $U = \Pi_{R_1}(F) \bigcup \Pi_{R_2}(F) \bigcup \cdots \bigcup \Pi_{R_k}(F)$，则称分解 $\rho$ 具有依赖保持性。

由于 $U \subseteq F$，即 $U^+ \subseteq F^+$ 必成立，因此只要判断 $F^+ \subseteq U^+$ 是否成立即可。具体方法如下：对 $F$ 中有而 $R$ 中没有的每个 $X \to Y$，求 $X$ 相对于函数依赖集 $U$ 的闭包，如果所有 $Y$ 都有 $Y \subseteq X_G^+$，则称分解具有依赖保持性，如果存在某个 $Y$，有 $Y \not\subseteq X_G^+$，则分解不具依赖保持性。

【例 3-29】 设关系模式 $R\{A, B, C, D, E\}$，$F = \{A \to B, B \to C, C \to D, D \to A\}$ 是依赖集，$\rho = \{AB, BC, CD\}$ 是 $R$ 的一个分解，判断该分解是否具有依赖保持性。

解：因为

$$\Pi_{AB}(F) = \{A \to B, B \to A\}$$
$$\Pi_{BC}(F) = \{B \to C, C \to B\}$$
$$\Pi_{CD}(F) = \{C \to D, D \to C\}$$
$$U = \Pi_{AB}(F) \bigcup \Pi_{BC}(F) \bigcup \Pi_{CD}(F)$$
$$= \{A \to B, B \to A, B \to C, C \to B, C \to D, D \to C\}$$

所以，$A \to B$，$B \to C$，$C \to D$ 均得以保持。

对于 $D \to A$，由于 $D_G^+ = ABCD$，$A \subseteq D_G^+$，因此该分解具有依赖保持性。

无损连接不一定具有依赖保持性，同样，依赖保持性分解不一定具有无损连接。

思考：设 $R = (A, B, C)$，$F = \{A \to B, C \to B\}$ 是依赖集，判断分解 $\rho_1(AB, AC)$、$\rho_2(AB, BC)$ 是否具有无损连接性和依赖保持性？

### 3. 模式分解的算法

范式和分解是数据库设计中两个重要的概念和技术。关系规范化的手段是分解，将关系分解成 3NF 和 BCNF 后，是否一定能保证分解都具有无损连接性和保持函数依赖性呢？研究的结论是：若要求分解既具有无损连接又具有保持依赖保持性，则分解总可以达到 3NF。

分解成 BCNF 的集合只存在无损连接性，不保持函数依赖性。

【算法 3.4】 把关系分解为 3NF，使它具有依赖保持性。

输入：关系模式 $R$ 和 $R$ 的最小依赖集 $F_{\mathrm{m}}$。

输出：$R$ 的一个分解 $\rho=\{R_1,R_2,\cdots,R_k\}$，$R_i(i=1,2,\cdots,k)$ 为 3NF，$\rho$ 具有无损连接性和依赖保持性。

方法：

（1）如果 $F_{\mathrm{m}}$ 中有一依赖 $X{\rightarrow}A$，且 $XA=R$，则输出　　，转（4）。

（2）如果 $R$ 中某些属性与 $F$ 中所有依赖的左右部都无关，则将它们构成关系模式，从 $R$ 中将它们分出。

（3）对于 $F_{\mathrm{m}}$ 中的每个 $X_i \rightarrow A_i$，都构成一个关系子模式 $R=X_iA_i$。

（4）停止分解，输出 $\rho$。

【例 3-30】 有关系模式 $R<U,F>$，$U=\{C, T, H, R, S, G\}$，$F=\{CS{\rightarrow}G, C{\rightarrow}T, TH{\rightarrow}R, HR{\rightarrow}C, HS{\rightarrow}R\}$，将其保持依赖性分解为 3NF。

解：

求出 $F$ 的最小依赖集 $F_m=\{CS\rightarrow G, C\rightarrow T, TH\rightarrow R, HR\rightarrow C, HS\rightarrow R\}$，使用算法 3.4：

（1）不满足条件。

（2）不满足条件。

（3）$R_1=CSG$，$R_2=CT$，$R_3=THR$，$R_4=HRC$，$R_5=HSR$。

（4）$\rho=\{CSG,CT,THR,HRC,HSR\}$。

【算法 3.5】 把一个关系模式分解为 3NF，使它既具有无损连接性又具有依赖保持性。

输入：关系模式 $R$ 和 $R$ 的最小依赖集 $F_{\mathrm{m}}$。

输出：$R$ 的一个分解 $\rho=\{R_1,R_2,\cdots,R_k\}$，$R_i(i=1,2,\cdots,k)$ 为 3NF，$\rho$ 具有无损连接性和依赖保持性。

方法：

（1）根据算法 3.5，求出依赖保持性分解 $\rho=\{R_1,R_2,\cdots,R_k\}$。

（2）判断 $\rho$ 是否具有无损连接性，若是，则转（4）。

（3）令 $\rho=\rho\cup\{X\}$，其中 $X$ 是候选键。

（4）输出 $\rho$。

【例 3-31】 设有关系模式 $R<U,F>$，$U=\{C, T, H, R, S, G\}$，$F=\{CS{\rightarrow}G, C{\rightarrow}T, TH{\rightarrow}R, HR{\rightarrow}C, HS{\rightarrow}R\}$，将其无损连接和保持依赖性分解为 3NF。

解：

（1）由上例求出依赖保持性分解：$\rho=\{CSG,CT,THR,HRC,HSR\}$。

（2）判断其无损连接性　　，由此可知，该分解具有无损连接性，则转（4）。

（3）不执行。

（4）输出 $\rho=\{CSG,CT,THR,HRC,HSR\}$。

【算法 3.6】 把一个关系模式无损分解为 BCNF。

输入：关系模式 $R$ 和 $R$ 的依赖集 $F$。

输出：$R$ 的无损分解 $\rho=\{R_1,R_2,\cdots,R_k\}$。

方法：

（1）令 $\rho=(R)$。

（2）若 $\rho$ 中所有模式都是 BCNF，则转（4）。

（3）若 $\rho$ 中有一个关系模式 $S$ 不是 BCNF，则其中必能找到一个函数依赖 $X{\rightarrow}A$，有 $X$ 不

是 $R$ 的候选键且 $A$ 不属于 $X$，设 $s_1 = XA$，$s_2 = S - A$，用分解 $(s_1, s_2)$ 代替 $S$，然后转（2）。

（4）分解结束，输出 $\rho$。

【例 3-32】设有关系模式 $R<U, F>$，$U=\{C, T, H, R, S, G\}$，$F=\{CS \rightarrow G, C \rightarrow T, TH \rightarrow R, HR \rightarrow C,$ $HS \rightarrow R\}$，将其无损连接分解为 BCNF。

解：

$R$ 上只有一个候选键 $HS$。

（1）令 $\rho = \{CTHRSG\}$。

（2）$\rho$ 中的关系模式不是 BCNF。

（3）考虑 $CS \rightarrow G$，这个函数依赖不满足 BCNF 条件，将 $CTHRSG$ 分解为 $CSG$ 和 $CTHRS$。$CSG$ 已是 BCNF，$CTHRS$ 不是 BCNF，进一步分解；选择 $C \rightarrow T$，把 $CTHRS$ 分解为 $CT$ 和 $CHRS$。

$CT$ 已是 BCNF，$CHRS$ 不是 BCNF，进一步分解；选择 $HS \rightarrow R$，把 $CHRS$ 分解为 $HRS$ 和 $CHS$。

这时，$HRS$ 和 $CHS$ 均为 BCNF。

（4）$\rho = \{CSG, CT, HRC, CHS\}$。

进行模式分解时，除考虑数据等价和依赖等价以外，还要考虑效率。

当对数据库的操作主要是查询时，为了提高查询效率，可保留适当的数据冗余，让关系模式中的属性多些，而不把模式分解得太小，否则为了查询数据，常常要做大量的连接运算，把多个关系模式连在一起才能从中找到相关数据。在设计数据库时，为了减少冗余、节省空间，把关系模式一再分解，到使用数据库时，为查询相关数据，把关系模式一再连接，花费大量时间，或许得不偿失。因此，保留适量冗余，达到以空间换时间的目的，也是模式分解的重要原则。

在关系数据库中，对关系模式的基本要求是满足 1NF，在此基础上，为了消除关系模式中存在的插入异常、删除异常、更新异常和数据冗余等问题，人们寻求解决这些问题的方法，这就是规范化的目的。

规范化的基本思想是逐步消除数据依赖中不合适的部分，使模式中的各关系模式达到某种程度的"分离"。让一个关系描述一个概念、一个实体或实体间的一种联系，若多于一个概念，就把它"分离"，因此规范化实质上是概念的单一化。

关系模式的规范化过程是通过对关系模式的分解来实现的，把低一级的关系模式分解为若干高一级的关系模式，对关系模式进一步规范化，使之逐步达到 2NF、3NF、4NF 和 5NF。各种规范化之间的关系为：5NF $\subseteq$ 4NF $\subseteq$ BCNF $\subseteq$ 3NF $\subseteq$ 2NF $\subseteq$ 1NF。关系规范化的递进过程见图 3-5。

一般来说，规范化程度越高，分解就越细，所得数据库的数据冗余越小，且更新异常相对减少。但是，如果某关系经过数据大量加载后主要用于检索，那么，即使它是一个低范式的关系，也不要去追求高范式而将其不断进行分解，因为在检索时会通过多个关系的自然连接才能获得全部信息，从而降低了数据的检索效率。数据库设计满足的范式越高，其数据处理的开销也越大。

因此，规范化的基本原则是：由低到高，逐步规范，权衡利弊，适可而止。通常，以满足 3NF 为基本要求。

把一个非规范化的数据结构转换成第三范式，一般经过以下步骤。

（1）把该结构分解成若干属于 1NF 的关系。

（2）对那些存在组合码且有非主属性部分函数依赖的关系必须继续分解，使所得关系都属于 2NF。

（3）若关系中有非主属性传递依赖于键，则继续分解之，使得关系都属于 3NF。

事实上，规范化理论是在与 SQL 结合时产生的。关系理论的基本原则指出，数据库被规范化后，其中的任何数据子集都可以用基本的 SQL 操作获取，这就是规范化的重要性所在。数据库不进行规范化，就必须通过编写大量复杂代码来查询数据。规范化规则在关系建模和关系对象建模中同等重要。

# 小　结

本章介绍了关系数据库的重要概念包括关系模型的数据结构、关系的三类完整性约束及关系的操作，介绍了关系代数中传统的集合运算和专门的关系运算，最后介绍了数据库设计的规范化的必要性，并结合案例讲解了具体的操作步骤。

# 思考与练习 3

1. 简述候选键、主键、组合键、外键的定义。

2. 关系模型的完整性规则有哪几类？举例说明实体完整性和参照完整性。

3. 举例说明等值连接和自然连接的区别和联系。

4. 对关系 $S$ 和关系 $R$ 进行集合运算，结果中既包含 $S$ 中元组也包含 $R$ 中元组，这种集合运算称为（　　）。

 A．并运算     B．交运算     C．差运算     D．积运算

5. 专门的关系运算不包括（　　）。

 A．连接运算     B．选择运算     C．投影运算     D．交运算

6. 下列描述中，正确的是（　　）。

 A．一个数据库只能包含一个数据表     B．一个数据库可以包含多个数据表

 C．一个数据库只能包含两个数据表     D．一个数据表可以包含多个数据库

7. 在关系模型中，实现"关系中不允许出现相同的元组"的约束是通过（　　）来实现的。

 A．候选键     B．主键     C．外键     D．超键

8. 在数据库中，产生数据不一致的根本原因是（　　）。

 A．数据存储量太大     B．没有严格保护数据

 C．未对数据进行完整性控制     D．数据冗余

9. 设有关系 $R(S, D, M)$，其函数依赖集 $F=\{S{\rightarrow}D, D{\rightarrow}M\}$，则关系 $R$ 至多满足（　　）。

 A．1NF     B．2NF     C．3NF     D．BCNF

10. $R$ 是一个关系模式，如果 $R$ 中的每个属性 $A$ 的值域中的每个值都是不可分解的，则 $R$ 属于（　　）。

 A．1NF     B．2NF     C．3NF     D．BCNF

11. 有关系模式 $R$(课程，教师，学生，成绩，时间，教室)，其中函数依赖集 $F=\{$课程→教师,(学生,课程)→成绩,(时间,教室)→课程,(时间,教师)→教室,(时间,学生)→教室$\}$，关系模式 $R$ 的

一个主键是（ 1 ），R规范化程度最高达到（ 2 ）。若将关系模式R分解为3个关系模式 R1(课程, 教师), R2(学生, 课程, 成绩), R3(学生, 时间, 教室, 课程), 则其中 R2 的规范化程度最高达到（ 3 ）。

（1）

A. (学生, 课程)　　　　B. (时间, 教室)　　　　C. (时间, 教师)　　　　D. (时间, 学生)

（2）

A. 1NF　　　　B. 2NF　　　　C. 3NF　　　　D. BCNF

（3）

A. 1NF　　　　B. 2NF　　　　C. 3NF　　　　D. BCNF

12. 两个基本关系（表）：学生(学号, 姓名, 系号), 系(系号, 系名, 系主任), 学生表的主键为学号, 系表的主键为系号, 因此系号是学生表的（ ）。

A. 主键　　　　B. 外键　　　　C. 域　　　　D. 映像

13. 下列对关系数据库的描述中, 正确的是（ ）。

A. 每一列的分量是同一类型的数据来自同一个域

B. 不同列的数据可以出自同一个域

C. 行的顺序可以任意交换, 但列的顺序不能任意交换

D. 关系中的任意两个元组不能完全相同

14. 若 D1 ={a1, a2, a3}, D2 ={b1, b2, b3}, 则 D1×D2 的集合中有元组（ ）个。

A. 6　　　　B. 8　　　　C. 9　　　　D. 12

15. 在关系数据库中, 投影操作是指从关系中（ ）。

A. 抽出特定的记录　　　　　　　　B. 抽出特定的字段

C. 建立相应的影响　　　　　　　　D. 建立相应的图形

16. 关系数据库中元组的集合称为关系。通常, 标识元组的属性或最小属性组的是（ ）。

A. 标记　　　　B. 字段　　　　C. 主键　　　　D. 索引

17. 关系数据库实体之间, 联系的实现是通过（ ）。

A. 网结构　　　　B. 树结构　　　　C. 二维表　　　　D. 线性表

18. 在关系数据库中, 用来表示实体间联系的是（ ）。

A. 网结构　　　　B. 树结构　　　　C. 属性　　　　D. 二维表

19. 公司有多个部门和多名职员, 每个职员只能属于一个部门, 一个部门可以有多名职员, 则实体部门和职员间的联系是（ ）

A. 1 : m 联系　　　　B. m : n 联系　　　　C. 1 : 1 联系　　　　D. m : 1 联系

20. 在满足实体完整性约束的条件下,（ ）。

A. 一个关系中可以没有候选关键词

B. 一个关系中只能有一个候选关键词

C. 一个关系中必须有多个候选关键词

D. 一个关系中应该有一个或者多个候选关键词

21. 有表示学生选课的三张表, 学生 S(学号, 姓名, 性别, 年龄, 身份证号), 课程 C(课号, 课名), 选课 SC(学号, 课号, 成绩), 则表 SC 的键为（ ）。

A. 课号, 成绩　　　　　　　　B. 学号, 成绩

C. 学号, 课号　　　　　　　　D. 学号, 姓名, 成绩

22. 在下列关系运算中, 不改变关系表中的属性个数但能减少元组个数的是（ ）。

| A. 并 | B. 交 | C. 投影 | D. 笛卡儿乘积 |
|---|---|---|---|

23. 下列叙述中正确的是（　　）。

A. 为了建立一个关系，首先要构造数据的逻辑关系

B. 表示关系的二维表中各元组的每个分量还可以分成若干数据项

C. 一个关系的属性名表称为关系模式

D. 一个关系可以包括多个二维表

24. 假设员工关系 EMP(员工号, 姓名, 部门, 部门电话, 部门负责人, 家庭住址, 家庭成员, 成员关系)，如果一个部门可以有多名员工，一个员工可以有多个家庭成员，那么关系 EMP 属于（　1　）且（　2　）问题。

（1）

| A. 1NF | B. 2NF | C. 3NF | D. BCNF |
|---|---|---|---|

（2）

A. 无冗余、无插入异常和删除异常

B. 无冗余，但存在插入异常和删除异常

C. 存在冗余，但不存在修改操作的不一致

D. 存在冗余、修改操作的不一致，以及插入异常和删除异常

25. 关系模式规范化的最基本的要求是达到 1NF，即满足（　　）。

A. 每个非主属性都完全依赖于键　　　　B. 主属性唯一标识关系中的元组

C. 关系中的元组不可重复　　　　　　　D. 每个属性都是不可再分的

26. 在关系模式 $R$ 中，$Y$ 函数依赖于 $X$ 的语义是（　　）。

A. 在 $R$ 的某个关系中，若两个元组的 $X$ 值相等，则 $Y$ 值也相等

B. 在 $R$ 的某个关系中，若两个元组的 $X$ 值相等，则 $Y$ 值不相等

C. 在 $R$ 的某个关系中，$Y$ 值应与 $X$ 值相等

D. 在 $R$ 的某个关系中，$Y$ 值不应与 $X$ 值相等

27. 某教务管理系统有部分基本表如下：专业(专业号, 专业名称, 专业负责人)，为专业号设置主键约束，为专业名称设置唯一约束；教师(教师编号, 教师姓名, 性别, 民族, 专业)，为教师编号设置主键约束，为性别设置检查约束：性别取值为"男"或"女"，为专业设置外键约束。现向教师表和专业表填充数据如下：

**教师**

| 教师编号 | 教师姓名 | 性别 | 民族 | 专业 |
|---|---|---|---|---|
| 09087 | 李晓平 | 女 | 汉族 | CS |
| 09088 | 朱焘 | 女 | 汉族 | CS |
| 09089 | 杨坤 | 男 | 回族 | IS |

**专业**

| 专业号 | 专业名称 | 专业负责人 |
|---|---|---|
| CS | 计算机科学与技术 | 钱晓敏 |
| IS | 信息管理与信息系统 | 王大雷 |

（1）根据关系模型中数据完整性要求判断，能否向教师表添加一条新的教师记录(09088, 张立, 男, 汉族)？请说明原因。

（2）根据关系模型中数据完整性要求判断，能否向专业表添加一条新的专业记录(JK, 计算机科学与技术, 于蒙)？请说明原因。

（3）根据关系模型中数据完整性要求判断，能否将教师表中的教师所在专业号从 CS 更新为 JK？请说明原因。

（4）根据关系模型中数据完整性要求判断，能否删除专业表中的专业号为 CS 的记录？请说

明原因。

28. 设学生选课数据库的关系模式为：Student(Sno, Sname, Sage, Ssex)，SC(Sno, Cno, Grade)，Course(Cno, Cname, Teacher)。其中，Student 为学生关系，Sno 表示学号，Sname 表示学生姓名，Sage 表示年龄，Ssex 表示性别；SC 为选课关系，Cno 表示课程号，Grade 表示成绩；C 为课程关系，Cname 表示课程名，Teacer 表示任课教师，试用关系代数表达式表示下列查询：
    (1) 查询年龄小于 20 岁的女学生的学号和姓名。
    (2) 查询"张晓东"老师所讲授课程的课程号和课程名。
    (3) 查询"王明"所选修课程的课程号、课程名和成绩。
    (4) 查询至少选修两门课程的学生的学号和姓名。

29. 设有关系模式 R(职工号, 日期, 日营业额, 部门名, 部门经理)，现利用该模式统计商店里每个职工的日营业额、职工所在的部门和部门经理。
    如果规定：每个职工每天只有一个营业额，每个职工只在一个部门工作，每个部门只有一个经理。试回答下列问题：
    (1) 根据上述规定，写出 R 的基本函数依赖和候选键。
    (2) 说明 R 不是 2NF 的理由，并把 R 分解成 2NF 模式集。
    (3) 将关系 R 分解成 3NF 模式集。

30. 设有一个教师任课的关系，其关系模式如下：TDC(Tno, Tname, Title, Dno, Dname, Dloc, Cno, Cname, Credit)。其中，各属性分别表示：教师编号、教师姓名、职称、系编号、系名称、系地址、课程号、课程名、学分。
    (1) 写出该关系的函数依赖，分析是否存在部分依赖，是否存在传递依赖。
    (2) 该关系的设计是否合理？存在哪些问题？
    (3) 对该关系进行规范化，使规范化后的关系属于 3NF。

# 实验：关系的完整性、规范化理解与应用

## 一、实验目的

(1) 了解关系模型的基本概念，掌握候选键和主键的确定。
(2) 掌握并应用完整性规则。
(3) 掌握关系规范化的定义和方法。

## 二、实验内容

对于某公司员工管理系统，其中部门信息表和员工信息表分别见表 3-16 和表 3-17。请分析：
① 确定部门表和员工表中的候选键，并陈述理由。
部门表：部门代码,(负责人, 部门名)
理由：部门代码可以唯一标识一个部门，负责人和部门名也可以唯一标识一个部门。

表 3-47 部门信息表

| 部门代码 | 部门名 | 负责人 | 地点 |
|---|---|---|---|
| 0001 | 生产部 | 李华江 | 北京海淀 |
| 0002 | 营销部 | 张丽 | 安徽阜阳 |
| 0003 | 客服部 | 王欣 | 浙江宁波 |
| 0004 | 财务部 | 张克云 | 浙江杭州 |

**表 3-48　员工信息表**

| 员工代码 | 姓名 | 家庭住址 | 联系电话 | 邮政编码 | 部门代码 |
|---|---|---|---|---|---|
| 201501 | 王梅 | 宁波 | 86960986 | 310006 | 0001 |
| 201302 | 李想 | 阜阳 | 85438769 | 310010 | 0003 |
| 201403 | 张丽 | 柳州 | 87893542 | 310017 | 0002 |
| 201104 | 李华江 | 鞍山 | 82849873 | 310101 | 0001 |

　　员工表：员工代码

　　理由：员工代码能唯一标识一个员工。

　　② 选择部门表和员工表的关键字。

　　部门表：部门代码

　　员工表：员工代码

　　③ 在部门表和员工表的结构中标注主关键字。

　　部门表(部门代码, 部门名, 负责人, 地点)

　　员工表(员工代码, 姓名, 家庭住址, 联系电话, 邮政编码, 部门代码)

　　④ 在员工表中确定可能的组合关键字，并陈述理由。

　　员工代码理由：只有员工代码能唯一标识一个员工。

　　⑤ 确定在部门表和员工表中共有的属性。

　　部门代码

　　⑥ 指出哪个表中的属性是外关键字。

　　员工表中的部门代号是外关键字

　　⑦ 确定哪个表是主表，哪个表是从表。

　　主表是员工表，从表是部门表。

　　⑧ 部门表和员工表是如何通过关键字实施数据完整性的？

　　部门表中，部门代号不能为空，这就保证了部门的存在性。

　　员工表中，员工代码不能为空，这说明有这样的员工。

## 三、观察与思考

　　（1）有供应商关系 S（如表 3-49 所示，主键是"供应商号"）和零件关系 P（如表 3-50 所示，主键是"零件号"，外键是"供应商号"）。

**表 3-49　供应商关系 S**

| 供应商号 | 供应商名 | 所在城市 |
|---|---|---|
| B01 | 红星 | 北京 |
| S10 | 宇宙 | 上海 |
| T20 | 黎明 | 天津 |
| Z01 | 立新 | 重庆 |

**表 3-50　零件关系 P**

| 零件号 | 颜色 | 供应商号 |
|---|---|---|
| 010 | 红 | B01 |
| 312 | 白 | S10 |
| 201 | 蓝 | T20 |

　　如果向 P 中插入新行，新行的值见如下选项。那么，哪些行能够插入？哪些行不能，为什么？

A．(037, 绿, null)　　　　　　　　　　B．(null, 黄, T20)

C．(201, 红, T20)　　　　　　　　　　D．(105, 蓝, B01)

E．(101, 黄, T11)

（2）某同学设计了图书在线交易系统，设计了订单表（如表 3-51 所示），请用规范化理论将该表进行分解，使之满足 3NF 的规范化要求。

**表 3-51　订单表**

| 订单号 | 订户代号 | 姓名 | 地址 | 书号 | 书名 | 出版单位 | 单价 | 订购数量 |
|---|---|---|---|---|---|---|---|---|
| 20150808001 | U2015003 | 郭一 | 北京海淀区 17 号 | 03422 | 计算机组成原理 | 电子工业出版社 | 32.00 | 30 |
| 20150808001 | U2015003 | 胡二 | 浙江宁波东路 8 号 | 04532 | 数据库技术及应用 | 电子工业出版社 | 28.00 | 20 |
| 20150808001 | U2015003 | 王三 | 安徽阜阳颍东路 6 号 | 01022 | 管理学原理 | 电子工业出版社 | 27.00 | 35 |
| 20150808002 | U2015004 | 张四 | 辽宁沈阳开发区 11 号 | 03421 | 宏观经济学 | 人民邮电出版社 | 35.00 | 65 |
| 20150808002 | U2015004 | 欧阳五 | 海南三亚环城路 123 号 | 08785 | 统计学 | 人民邮电出版社 | 29.00 | 34 |

3．项目管理表（如表 3-52 所示）包含了项目、部件和部件向项目已提供的数量等信息。请采用规范化分析方法，将该表规范化到 3NF 要求。

**表 3-52　项目管理表**

| 部件号 | 部件名 | 现有数量 | 项目编号 | 项目内容代码 | 项目负责人编号 | 已提供数量 |
|---|---|---|---|---|---|---|
| 205 | CAM | 30 | 12 | AAA | 01 | 10 |
|  |  |  | 20 | BBB | 02 | 15 |
| 210 | COG | 155 | 12 | AAA | 01 | 30 |
|  |  |  | 25 | CCC | 11 | 25 |
|  |  |  | 30 | DDD | 12 | 15 |
| … | … | … | … | … | … | … |

# 第 4 章  数据库设计方法

数据库设计是指利用现有的数据库管理系统（DBMS），针对具体的应用对象构建合适的数据模式，建立数据库及其应用系统，使之能有效地收集、存储、操作和管理数据，满足各类用户的应用要求。从本质上讲，数据库设计是将数据库系统与现实世界进行密切的、协调一致的结合的过程。因此，数据库设计者必须非常清晰地了解数据库系统本身及其实际应用对象这两方面的知识。本章介绍数据库设计的全过程，从需求分析到数据库的实施和维护。

## 4.1  数据库设计概述

数据库设计主要是进行数据库的逻辑设计，即将数据按一定的分类、分组系统和逻辑层次组织起来，是面向用户的。数据库设计时需要综合企业各部门的存档数据和数据需求，分析各种数据之间的关系，按照数据库管理系统提供的功能和描述工具，设计出规模适当、正确反映数据关系、数据冗余少、存取效率高、满足多种查询要求的数据模型。

### 4.1.1  数据库设计的内容

数据库设计是指对于一个给定的应用环境，构造（设计）优化的数据库逻辑模式和物理结构，并据此建立数据库及其应用系统，使之能够有效地存储和管理数据，满足各种用户的应用需求。数据库设计涉及的内容很广泛，设计的质量与设计者的知识、经验和水平有密切的关系。

数据库设计面临的主要困难和问题包括：

① 懂得计算机与数据库的人一般缺乏应用业务知识和实际经验，而熟悉应用业务的人往往不懂计算机和数据库，同时具备这两方面知识的人很少。

② 在开始时往往不能明确应用业务的数据库系统目标。

③ 缺乏完善的设计工具和方法。

④ 用户的要求往往不是一开始就明确的，而是在设计过程中不断地提出新的要求，甚至在数据库建立后还会要求修改数据库结构和增加新的应用。

⑤ 应用业务系统千差万别，很难找到一种适合所有应用业务的工具和方法。

数据库设计的目标是为用户和各种应用系统提供一个信息基础设施和高效率的运行环境。一个成功的数据库系统应具备如下特点：

① 功能强大。

② 准确地表示业务数据。

③ 使用方便，易于维护。

④ 对最终用户操作的响应时间合理。

⑤ 便于数据库结构的改进。

⑥ 便于数据库的检索和修改。

⑦ 有效的安全机制。

⑧ 冗余数据很少或不存在。

⑨ 便于数据的备份和恢复。

## 4.1.2　数据库设计的特点

大型数据库的设计和开发工作量大而且比较复杂，涉及多学科，是一项数据库工程，也是一项软件工程。数据库设计的很多阶段都可以对应于软件工程的阶段，软件工程的某些方法和工具也适合数据库工程。但数据库设计是与用户的业务需求紧密相关的，因此它有很多特点。

### 1．三分技术、七分管理、十二分基础数据

数据库系统的设计和开发本质上是软件开发，不仅涉及有关开发技术，还涉及开发过程中管理的问题。建设好一个数据库应用系统，除了要有很强的开发技术，还要有完善有效的管理，通过对开发人员和有关过程的控制管理，实现"1+1>2"的效果。一个企业数据库建设的过程是企业管理模式改革和提高的过程。

在数据库设计中，基础数据的作用非常关键，但往往被忽视。数据是数据库运行的基础，数据库的操作就是对数据的操作。如果基础数据不准确，则在此基础上的操作结果就没有意义了。因此，在数据库建设中，数据的收集、整理、组织和不断更新是至关重要的环节。

### 2．综合性

数据库的设计涉及的范围很广，包括计算机专业知识和业务系统的专业知识，还要解决技术及非技术两方面的问题。

### 3．结构（数据）设计和行为（处理）设计相结合

结构设计是根据给定的应用环境，进行数据库模式或子模式的设计，包括数据库概念设计、逻辑设计和物理设计。行为设计是指确定数据库用户的行为和动作，用户的行为和动作就是对数据库的操作，这些操作通过应用程序来实现，包括功能组织、流程控制等方面的设计。在传统的软件开发中，注重处理过程的设计，不太重视数据结构的设计。只要有可能就尽量推迟数据结构的设计，这种方法对数据库设计是不适合的。

数据库设计的主要精力放在数据结构的设计上，如数据库表的结构、视图等，但这并不等于将结构设计和行为设计相互分离。相反，必须强调，在数据库设计中要把结构设计和行为设计结合起来。

## 4.1.3　数据库设计方法

早期数据库设计主要是采用手工与经验相结合的方法。设计的质量与设计人员的经验和水平有直接关系，缺乏科学理论和工程方法的支持，设计质量难以保证。为了使数据库设计

更合理、更有效，需要有效的指导原则，这种原则被称为数据库设计方法。

首先，一个好的数据库设计方法应该能在合理的期限内，以合理的工作量，产生一个有实用价值的数据库结构。这里的实用价值是指满足用户关于功能、性能、安全性、完整性及发展需求等方面的要求，又要服从特定数据库管理系统的约束，可以用简单的数据模型来表达。其次，数据库设计方法应具有足够的灵活性和通用性，不但能使具有不同经验的人使用，而且不受数据模型和数据库管理系统的限制。最后，数据库设计方法应该是可以再生的，即不同的设计者使用同一方法设计同一问题时，可以得到相同或相似的设计结果。

经过不断的努力和探索，人们提出了各种数据库设计方法，运用工程思想和方法提出的各种设计准则和规范都属于规范设计方法。下面重点介绍 4 种。

① 新奥尔良（New Orleans）方法：比较著名的数据库设计方法，它将数据库设计分为 4 个阶段——需求分析、概念结构设计、逻辑结构设计和物理结构设计。这种方法注重数据库的结构设计，而不太考虑数据库的行为设计。

其后，S.B. Yao 等人将数据库设计分为 5 个阶段，主张数据库设计应该包括设计系统开发的全过程，并在每个阶段结束时进行评审，以便及早发现设计错误并纠正。各阶段也不是严格线性的，而是采取"反复探寻、逐步求精"的方法。

② 基于 E-R 模型的数据库设计方法：用 E-R 模型设计数据库的概念模型，是概念设计阶段广泛采用的方法。

③ 3NF（第三范式）设计方法：用关系数据理论为指导来设计数据库的逻辑模型，是设计关系数据库时在逻辑设计阶段可采用的有效方法。

④ ODL（Object Definition Language）：面向对象的数据库设计方法，用面向对象的概念和术语来说明数据库结构。ODL 可以描述面向对象的数据库结构设计，可以直接转换为面向对象的数据库。

这些方法都是在数据库设计的不同阶段上支持实现的具体技术和方法，属于常用的规范设计法。规范设计法从本质上看仍然是手工设计方法，其基本思想是过程迭代和逐步求精。

## 4.1.4 数据库设计的阶段

按照规范设计的方法，同时考虑数据库及其应用系统开发的全过程，可以将数据库设计分为 6 个阶段：需求分析、概念结构设计、逻辑结构设计、物理结构设计、数据库实施、数据库运行和维护，如图 4-1 所示。

数据库设计开始前，必须选定参加的人员，包括系统分析人员、数据库设计人员、应用开发人员、数据库管理员和用户代表。各种人员在设计过程中分工不同。

系统分析和数据库设计人员是数据库设计的核心人员，他们自始至终参与数据库设计，他们的水平决定了数据库系统的质量。

应用开发人员包括程序员和操作员，分别负责编制程序和准备软硬件环境，在系统实施阶段参与。如果设计的数据库应用系统比较复杂，还应该考虑是否需要使用数据库设计工具以及选用何种工具，以提高数据库设计质量并减少设计工作量。

数据库管理员对数据库进行专门的控制和管理，包括进行数据库权限的设置、数据库的监控和维护等工作。

用户积极参与需求分析。

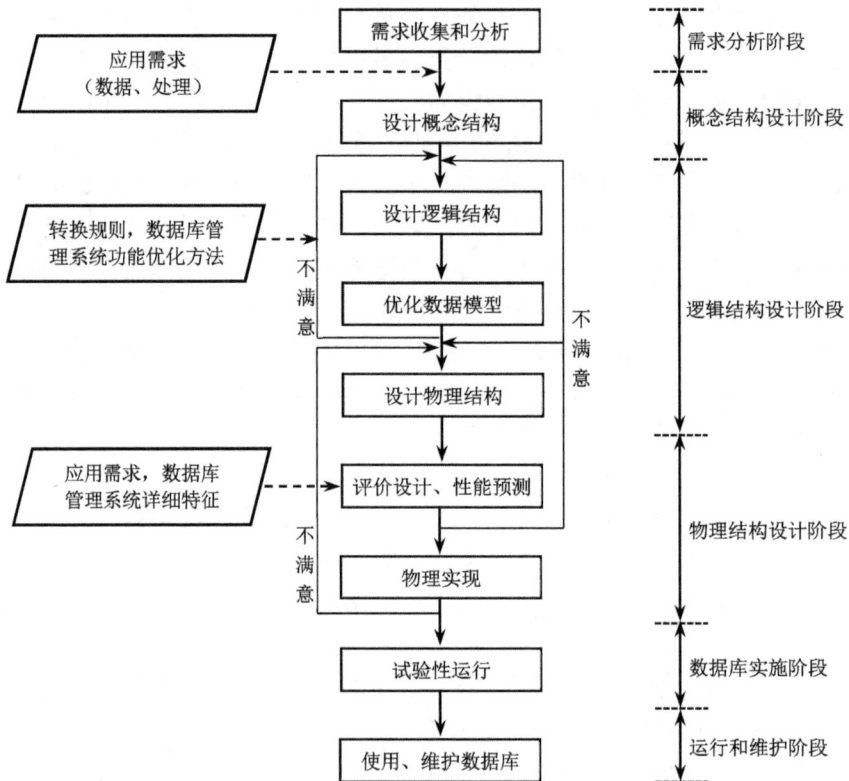

图 4-1 数据库设计步骤

### 1. 需求分析阶段

需求分析是对用户提出的各种要求加以分析,对各种原始数据加以综合、整理。本阶段是形成最终设计目标的首要阶段。需求分析是整个设计过程的基础,是最困难、最耗费时间的一步。对用户的各种需求能否做到准确无误、充分完备的分析,并在此基础上形成最终目标,是整个数据库设计成败的关键。

### 2. 概念结构设计阶段

概念结构设计是对用户需求进一步抽象、归纳,并形成独立于数据库管理系统和有关软件、硬件的概念数据模型的设计过程。这是对现实世界中具体数据的首次抽象,完成从现实世界到信息世界的转化过程。数据库的逻辑结构设计和物理结构设计都是以概念设计阶段所形成的抽象结构为基础进行的,因此概念结构设计是整个数据库设计的关键。数据库的概念结构通常用 E-R 模型来刻画。

### 3. 逻辑结构设计阶段

逻辑结构设计是将概念结构转换为某数据库管理系统支持的数据模型,并对其进行优化的设计过程。由于逻辑结构设计是基于具体数据库管理系统的实现过程,因此,选择什么样的数据库模型尤为重要,其次是数据模型的优化。数据模型有层次模型、网状模型、关系模型、面向对象的模型等,设计人员可以选择其中之一,并结合具体的数据库管理系统来实现。逻辑结构设计阶段后期的优化工作已成为影响数据库设计质量的一项重要工作。

### 4．物理结构设计阶段

物理结构设计阶段是将逻辑结构设计阶段所产生的逻辑数据模型转换为某种计算机系统支持的数据库物理结构的实现过程。数据库在相关存储设备上的存储结构和存取方法被称为数据库的物理结构。完成物理结构设计后，对该物理结构做出相应的性能评价，若评价结果符合原设计要求，则进一步实现该物理结构。否则，对该物理结构进行修改，若属于最初设计问题所导致的物理结构的缺陷，必须返回到概念设计阶段，修改其概念数据模型或重新建立概念数据模型。如此反复，直至评价结构最终满足原设计要求为止。

### 5．数据库实施阶段

数据库实施阶段，即数据库调试、试运行阶段。一旦数据库的物理结构形成，就可以用已选定的数据库管理系统来定义、描述相应的数据库结构，装入数据，以生成完整的数据库；编制有关应用程序，进行联机调试并转入试运行，同时进行时间、空间等性能分析，若不符合要求，则需要调整物理结构、修改应用程序，直至高效、稳定、正确地运行该数据库系统为止。

### 6．运行和维护阶段

数据库实施阶段结束标志着数据库系统投入正常的运行工作。在数据库系统运行过程中必须不断地对其进行评价、调整与修改。

随着对数据库设计的深刻了解和设计水平的不断提高，人们已经充分认识到数据库的运行和维护工作与数据库设计的紧密联系。

数据库设计是一个动态和不断完善的过程。运行和维护阶段开始，并不意味着设计过程的结束。在运行和维护过程中出现问题，需要对程序或结构进行修改，修改的程度也不相同，有时会引起对物理结构的调整、修改。因此，数据库的运行和维护阶段是数据库设计的一个重要阶段。设计过程各阶段的描述可用图 4-2 概括地给出。

| 设计阶段 | 设计描述 | |
| --- | --- | --- |
| | 数据 | 处理 |
| 需求分析 | 数据字典、数据项、数据流、数据存储的描述 | 数据流图和判定表（判定树），数据字典中处理过程的描述 |
| 概念结构设计 | 概念模型（E-R 图） 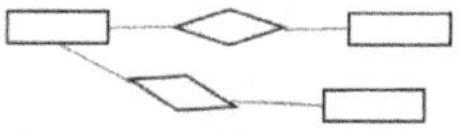<br><br>数据字典 | 系统说明书，包括：<br>① 新系统要求、方案和概图<br>② 反映新系统信息流的数据流图 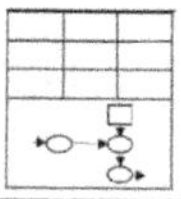 |
| 逻辑结构设计 | 数据模型 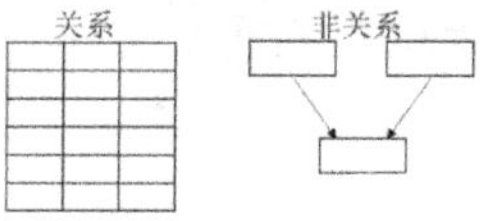　关系　　　　非关系 | 系统结构图（模块结构） 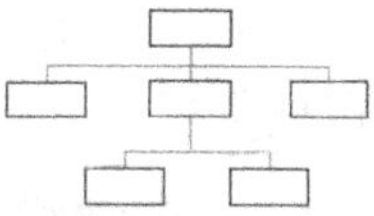 |
| 物理结构设计 | 存储安排<br>方法选择<br>存取路径建立 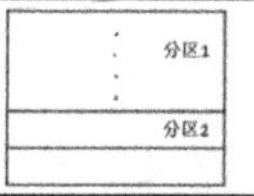 | 模块设计<br>IPO 表  |
| 数据库实施 | 编写模式<br>装入数据<br>数据库试运行 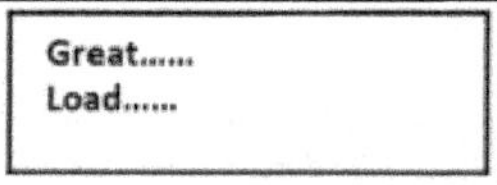　Great……<br>Load…… | 程序编码<br>编译连接<br>测试 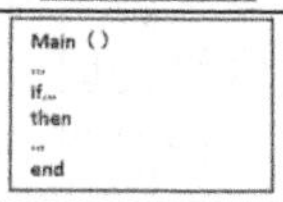 |
| 数据库运行和维护 | 性能检测，转储/恢复数据库，重组和重构 | 新旧系统转换、运行、维护<br>（修改性、适应性、改善性维护） |

图 4-2　设计过程各阶段的描述

设计一个完善的数据库应用系统是不可能一蹴而就的，往往是上述 6 个阶段的不断反复。

# 4.2 需求分析

简单地说，需求分析就是分析用户的需求。需求分析是设计数据库的起点，本阶段收集到的基础数据和数据流图是下一步概念结构设计的基础。如果本阶段的分析有误，将直接影响到后面各阶段的设计，并影响最终设计结果是否合理和实用。

## 4.2.1 需求描述与分析

目前，数据库应用越来越普及，而且结构越来越复杂，为了支持所有用户的运行，数据库设计变得异常复杂。如果没有对信息进行全面、充分的分析，则设计很难完成。因此，需求分析放在整个设计的第一步。

需求分析阶段的目标是通过详细调查现实世界要处理的对象（组织、部门、企业等），充分了解原系统（手工系统或计算机系统）的工作概况，确定企业的组织目标，明确用户的各种需求，进而确定新系统的功能，并把这些需求写成用户和数据库设计者都能够接受的文档。

需求分析阶段必须强调用户的参与。在新系统设计时，要充分考虑系统在今后可能出现的扩充和改变，使设计更符合未来发展的趋势，并易于改动，以减少系统维护的代价。

## 4.2.2 需求分析分类

需求分析总体上分为两类：信息需求和处理需求，如图 4-3 所示。

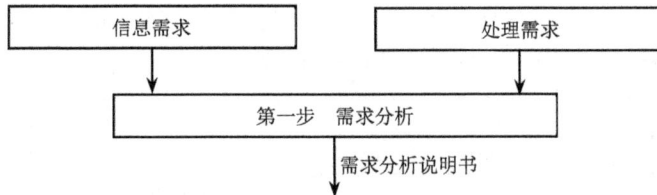

图 4-3 需求分析描述

### 1．信息需求

信息需求定义了未来系统用到的所有信息，描述了数据之间本质上和概念上的联系，描述了实体、属性、组合及联系的性质。由信息需求可以导出数据需求，即在数据库中需要存储哪些数据。

### 2．处理需求

处理需求中定义了未来系统的数据处理操作，描述了操作的先后次序、操作执行的频率和场合、操作与数据之间的联系等。例如，对处理响应时间有什么要求，处理方式是批处理还是联机处理。

在信息需求和处理需求定义说明的同时，还应定义安全性和完整性要求。安全性要求描述系统中不同用户对数据库的使用和操作情况。完整性要求描述数据之间的关联关系及数据的取值范围。

需求分析是整个数据库设计中最重要的一步，如果把整个数据库设计看作一个系统工程，那么需求分析是这个系统工程的最原始输入信息。但是确定用户的最终需求是一件困难的事，其困难不在于技术，而在于了解、分析、表达客观世界并非易事。一方面，用户缺少计算机知识，开始时无法确定计算机究竟能为自己做什么、不能做什么，因此往往不能准确地表达自己的需求，提出的需求往往不断变化；另一方面，设计人员缺少用户的专业知识，不易理解用户的真正需求，甚至误解用户的需求。因此，设计人员必须不断、深入地与用户交流，才能逐步确定用户的实际需求。

本阶段的输出是"需求分析说明书"，其主要内容是系统的数据流图和数据字典。需求说明书应是一份既切合实际又具有远见的文档，是一个描述新系统的轮廓图。

## 4.2.3　需求分析的内容、方法和步骤

进行需求分析首先是调查清楚用户的实际要求，与用户达成共识，然后分析与表达这些需求。

调查用户需求的重点是"数据"和"处理"，为了达到该目的，在调查前要拟定调查提纲。调查时要抓住两个"流"，即"信息流"和"数据流"，调查中要不断地将这两个"流"结合起来。调查的任务是调研现行系统的业务活动规则，并提取描述系统业务的现实系统模型。

### 1．需求分析的内容

通常情况下，调查用户的需求包括三方面的内容：系统的业务现状、信息源及外部要求。

业务现状包括：业务的方针政策、系统的组织结构、业务的内容和业务的流程等，为分析信息流程做准备。

信息源包括：各种数据的种类、类型和数据量，各种数据的产生、修改等信息。

外部要求包括：信息要求、处理要求、安全性与完整性要求等。

### 2．需求分析的方法

在调查过程中可以根据不同的问题和条件，使用不同的调查方法。常用的调查方法如下。

① 跟班作业：通过亲身参加业务工作来观察和了解业务活动的情况。为了确保有效，要尽可能多地了解要观察的人和活动，如低谷期、正常期和高峰期等的情况如何。

② 开调查会：通过与用户座谈来了解业务活动的情况及用户需求。这需要数据库设计人员有良好的沟通能力，为了保证成功，必须选择合适的人选，准备的问题涉及的范围要广。

③ 检查文档：通过检查与当前系统有关的文档、表格、报告和文件等，进一步理解原系统，有利于提供与原系统问题相关的业务信息。

④ 问卷调查。问卷是一种有着特定目的的小册子，这样可以在控制答案的同时，集中一大群人的意见。问卷有两种格式：自由格式和固定格式。

自由格式问卷上，答卷人提供的答案有更大的自由。问题提出后，答卷人在题目后的空白处写答案。固定格式问卷上包含的问题答案是特定的，给定一个问题，答题者必须从提供的答案中选择一个，因此容易列成表格，但是答卷人不能提供一些有用的附加信息。

做需求分析时，往往需要同时采用上述多种方法。无论使用何种调查方法，都必须有用户的积极参与和配合。

### 3．需求分析的步骤

（1）分析用户活动，产生用户活动图

这一步要了解用户当前的业务活动和职能，分析其处理过程。如果一个业务流程比较复杂，要把它分解为几个子处理，使每个处理功能明确、界面清楚；分析之后，画出用户活动图（即用户的业务流程图）。

（2）确定系统范围，产生系统范围图

这一步是确定系统的边界。在与用户经过充分讨论的基础上，确定计算机能进行的数据处理的范围，确定哪些工作由人工完成，哪些工作由计算机完成，即确定人机界面。

（3）分析用户活动涉及的数据，产生数据流图

这一步要深入分析用户的业务处理过程，以数据流图的形式表示出数据的流向和对数据所做的加工。

数据流图（Data Flow Diagram，DFD）是从"数据"和"处理"两方面表达数据处理的一种图形化表示方法，直观、易于被用户理解。数据流图有4个基本成分：数据流（用箭头表示）、加工或处理（用圆圈表示）、文件（用双线段表示）和外部实体（数据流的源点和终点，用方框表示）。图4-4是一个简单的数据流图。

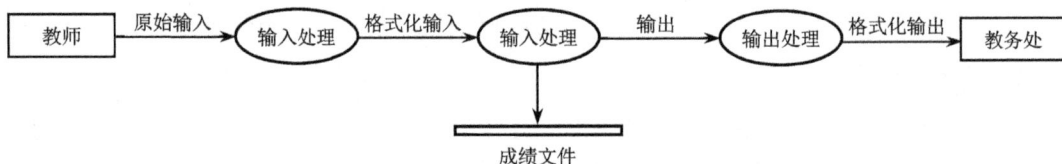

图 4-4　简单的数据流图

在众多分析和表达用户需求的方法中，自顶向下、逐步细化是一种简单实用的方法。为了将系统的复杂度降低到人们可以掌握的程度，通常把大问题分割成若干小问题，然后分别解决，这就是"分解"。分解也可以分层进行，即先考虑问题最本质的属性，暂时把细节略去，以后逐层添加细节，直到涉及最详细的内容，这称为"抽象"。

数据流图可作为自顶向下、逐步细化时描述对象的工具。顶层的每个圆圈可以进一步细化为第二层，第二层的每个圆圈可以进一步细化为第三层……直到底层的每个圆圈已表示一个最基本的处理动作为止。数据流图可以形象地表示数据流与各业务活动的关系，它是需求分析的工具和分析结果的描述工具。

图 4-5 给出了某校学生课程管理子系统的数据流图。该子系统要处理的是学生根据开设课程提出选课请求（即选课单）送教务处审批，对已批准的选课单进行上课安排。教师对学生的上课情况进行考核，给予平时成绩和允许参加考试资格，对允许参加考试的学生根据考试情况给予考试成绩和总评成绩。

### 4．分析系统数据，产生数据字典

仅有数据流图并不能构成需求说明书，因为数据流图只表示系统由哪几部分组成和各部分之间的关系，并没有说明各成分的含义。只有对每个成分都给出确切定义后，才能较完整地描述系统。

### 5．撰写需求说明书

需求说明书是在需求分析活动后建立的文档资料，是对开发项目需求分析的全面描述。

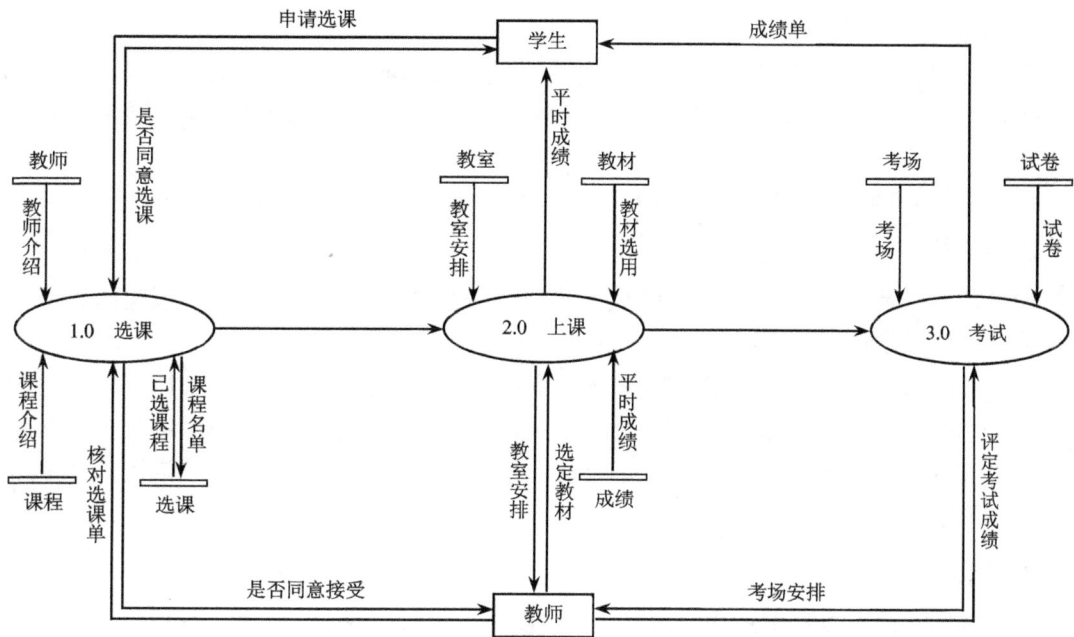

图 4-5 学生课程管理子系统的数据流图

需求说明书的内容有：需求分析的目标和任务、具体需求说明、系统功能和性能、系统运行环境等，以及分析过程中得到的数据流图、数据字典、功能结构图等必要的图、表说明。

需求说明书是需求分析阶段成果的具体表现，是用户和开发人员对开发系统的需求取得认同基础上的文字说明，它是以后各设计阶段的主要依据。

## 4.2.4 数据字典

数据流图表达了数据和处理的关系，数据字典则是系统中各类数据描述的集合，它的功能是存储和检索各种数据描述，并为 DBA 提供有关报告。对数据库设计来说，数据字典是进行详细的数据收集和数据分析所获得的主要成果，因此在数据库中占有很重要的地位。数据字典通常包括数据项、数据结构、数据流、数据存储和处理过程 5 部分。其中，数据项是不可再分的数据单位，若干数据项可以组成一个数据结构，数据字典通过对数据项和数据结构的定义来描述数据流、数据存储的逻辑内容。

### 1. 数据项

数据项是数据的最小单位，是不可再分的数据单位。通常包括以下内容：

数据项描述={数据项名, 数据项含义说明, 别名, 数据类型, 长度, 取值范围, 取值含义,
与其他数据项的逻辑关系, 数据项之间的联系}

其中，"取值范围""与其他数据项的逻辑关系"定义了数据的完整性约束条件，是设计数据校验功能的依据。可以用关系规范化理论为指导，用数据依赖的概念分析和表示数据项之间的联系。即按实际语义，写出每个数据项之间的数据依赖，它们是数据库逻辑结构设计阶段数据模型优化的依据。例如，在学生课程管理子系统中有一个数据流选课单，每张选课单有一个数据项为课程号，在数据字典中可对此数据项进行如图 4-6 的描述。

| 数据名称: | 课程号 |
|---|---|
| 说　明: | 标识每门课程 |
| 类　型: | CHAR（8） |
| 长　度: | 8 |
| 别　名: | 课程编号 |
| 取值范围: | 00 000 001~99 999 999 |

图 4-6 课程号数据项

### 2．数据结构

数据结构反映了数据之间的组合关系。一个数据结构可以由若干数据项组成，也可以由若干数据结构组成，或由若干数据项和数据结构混合组成。对数据结构的描述通常包括以下内容：

数据结构描述={数据结构名，含义说明，组成：{数据项或数据结构}}

### 3．数据流

数据流可以是数据项，也可以是数据结构，表示某加工处理过程的输入或输出数据。对数据流的描述通常包括以下内容：

数据流描述={数据流名，说明，数据流来源，数据流去向，组成:{数据结构}，平均流量，高峰期流量}

其中，"数据流来源"说明该数据流来自哪个过程；"数据流去向"说明该数据流到哪个过程去；"平均流量"是指单位时间（每天、每周、每月等）的传输次数；"高峰期流量"是高峰期的数据流量。

### 4．数据存储

数据存储是处理过程中要存储的数据，可以是手工文档或手工凭单，也可以是计算机文档。对数据存储的描述通常包括以下内容：

数据存储描述={数据存储名，说明，编号，输入的数据流，输出的数据流}，组成：{数据结构}，
数据量，存取频度，存取方式}

其中，"存取频度"指每小时或每天或每周存取几次，每次存取多少数据等信息；"存取方式"指是批处理还是联机处理，是检索还是更新，是顺序检索还是随机检索等；"输入的数据流"指其来源；"输出的数据流"指其去向。

### 5．处理过程

处理过程的具体处理逻辑一般用判定表或判定树来描述。数据字典中只需要描述处理过程的说明性信息。通常包括以下内容：

处理过程描述={处理过程名，说明，输入：{数据流}，输出：{数据流}，处理：{简要说明}}

其中，"简要说明"说明该处理过程的功能及处理要求，指该处理过程用来做什么，处理要求包括处理频度要求，如单位时间内处理多少事务、多少数据量、响应时间要求等。这些处理要求是后面物理设计的输入及性能评价的标准。

数据字典是关于数据库中数据的描述，即元数据，而不是数据本身。数据字典是在需求分析阶段建立的，需要在数据库设计过程中不断修改、充实和完善的。

# 4.3 概念结构设计

需求分析得到的用户需求抽象为信息结构，即概念模型的过程就是概念结构设计。概念结构设计是整个数据库设计的关键。概念模型独立于计算机硬件结构，独立于数据库管理系统。

## 4.3.1 概念结构设计的必要性及要求

在进行数据库设计时，如果将现实世界中的客观对象直接转换为机器世界中的对象，会

很不方便。注意力往往被转移到更多的细节限制方面，而不能集中在最重要的信息的组织结构和处理模式上。因此，通常将现实世界中的客观对象首先抽象为不依赖于任何具体机器的信息结构，这种信息结构不是数据库管理系统支持的数据模型，而是概念模型。再把概念模型转换为具体机器上数据库管理系统支持的数据模型，设计概念模型的过程称为概念设计。

### 1．概念设计独立出来的优点

将概念设计从数据库过程中独立出来具有以下优点：

① 各阶段的任务相对单一，设计复杂程度大大降低，便于组织管理。

② 不受特定的数据库管理系统的限制，也独立于存储安排和效率方面的考虑，因而比逻辑模式更稳定。

③ 概念模式不含具体的数据库管理系统附加的技术细节，更容易为用户所理解，因而才有可能准确地反映用户的信息需求。

### 2．概念模型的要求

概念模型是对现实世界的抽象和概括，应真实、充分地反映现实世界中事物和事物之间的联系，有丰富的语义表达能力，能表达用户的各种需求，是现实世界的一个抽象模型。

概念模型应简洁、清晰、独立于机器，易于理解，方便数据库设计人员与应用人员交换意见，用户的积极参与是数据库设计成功的关键。

概念模型应易于更改，当应用环境和应用要求改变时，容易对概念模型进行修改和扩充。

概念模型应该易于向关系、网状、层次等数据模型转换，易于从概念模式导出与数据库管理系统有关的逻辑模式。

选用何种概念模型完成概念设计任务，是进行概念设计前应该考虑的首要问题。概念设计模型既要有足够的表达能力，可以表示各种类型的数据及其相互间的联系和语义，又要简单易懂。这种模型有很多，如 E-R 模型、语义数据模型和函数数据模型等。其中，E-R 模型提供了规范、标准的构造方法，成为应用最广泛的概念结构设计工具。

## 4.3.2　概念结构设计的方法和步骤

### 1．概念结构设计的方法

概念结构设计的方法有如下 4 种。

（1）自顶向下方法

根据用户要求，先定义全局概念结构的框架，再分层展开，逐步细化，如图 4-7 所示。

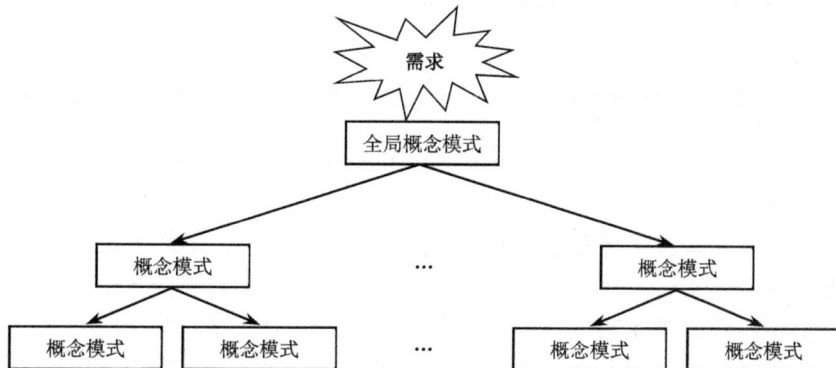

图 4-7　自顶向下方法

（2）自底向上方法

根据用户的每一项具体需求，先定义各局部应用的概念结构，再将它们集成起来，得到全局概念结构，如图4-8所示。

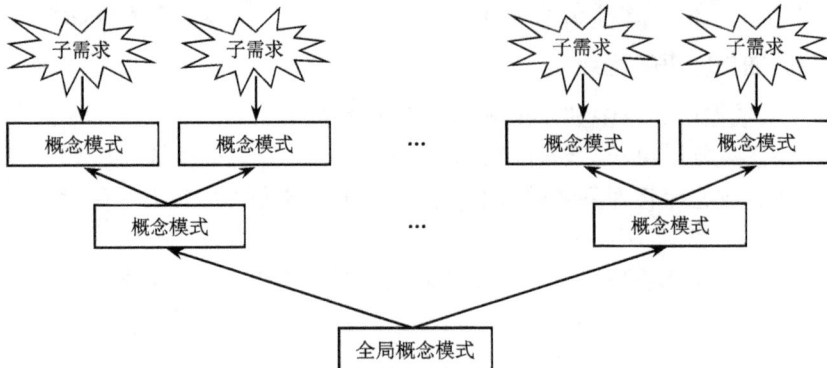

图 4-8　自底向上方法

自底向上设计概念结构如图4-9所示，通常分为两步：抽象数据并设计局部视图，集成局部视图后得到全局概念结构。

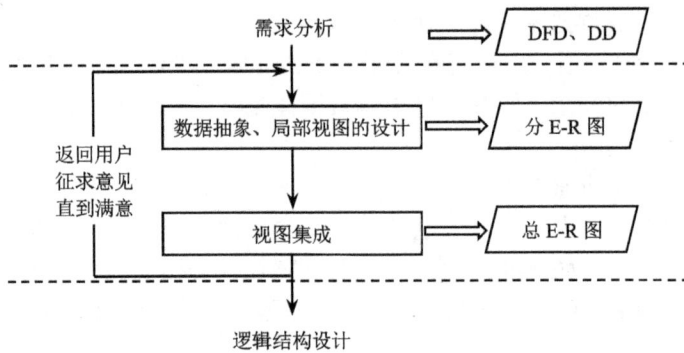

图 4-9　自底向上设计概念结构

（3）逐步扩张方法

先定义最重要的核心概念结构，再向外扩充，以滚雪球的方式逐步生成其他概念结构，直至全局概念结构，如图4-10所示。

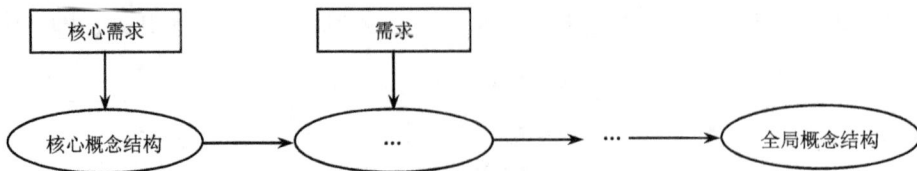

图 4-10　逐步扩张方法

（4）混合策略方法

混合策略方法即将自顶向下和自底向上方法相结合，先用自顶向下策略设计一个全局概念结构的框架，再以它为骨架集成由自底向上策略中设计的各局部概念结构。

在需求分析中，较为常见的方法是采用自顶向下描述数据库的层次结构，而在概念结构的设计中常采用的策略是自底向上方法。即自顶向下地进行需求分析，再自底向上地设计概念结构，如图 4-11 所示。

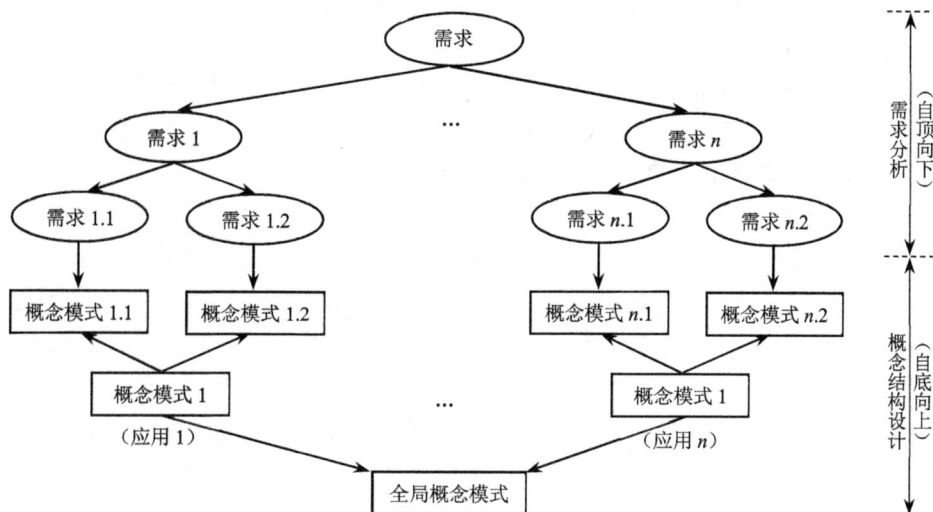

图 4-11 混合策略方法

### 2．概念结构设计的步骤

（1）进行局部数据抽象，设计局部概念模式

局部用户的信息需求是构造全局概念模式的基础，因此需要先从个别用户的需求出发，为每个用户建立一个相应的局部概念结构。在建立局部概念结构时，常常要对需求分析的结果进行细化、补充和修改，如有的数据项分为若干子项，有的数据定义重新核实等。

（2）将局部概念模式综合成为全局概念模式

综合各局部概念模式可以得到反映所有用户需求的全局概念模式。综合过程主要处理各局部模式对各种对象定义的不一致性问题，包括同名异义、异名同义和同一事物在不同模式中被抽象为不同类型的对象等问题。各局部结构连接、合并，还会产生冗余问题，有可能导致对信息需求的再调整与分析，以确定准确的含义。

（3）评审

消除了所有冲突后，就可把全局概念模式提交评审。评审分为用户评审、DBA 和应用开发人员评审两部分。用户评审的重点是确认全局概念模式是否准确完整地反映了用户的信息需求和现实世界事物的属性间的固有联系；DBA 和应用开发人员评审侧重于确认全局概念模式是否完整，各种成分划分是否合理，是否存在不一致性等。

## 4.3.3 采用 E-R 模型设计概念结构的方法

实体联系模型简称 E-R 模型，由于通常用图形表示，又称为 E-R 图，是数据库设计中最常用的概念模型设计方法之一。采用 E-R 模型设计方法分为如下 3 步。

### 1．设计局部 E-R 模型

基于 E-R 模型的概念设计是用概念模型描述目标系统涉及的实体、属性及实体间的联系。这些实体、属性和实体间联系是对现实世界的人、事、物等的抽象，是在需求分析的基础上进行的。抽象的方法一般包括如下 3 种。

① 分类（classification）：将现实世界中具有些种共同特征和行为的对象作为一个类型，

抽象了对象值与型之间的"is member of"（是……的成员）的语义。例如，在学校环境中，学生是具有某些共同特征和行为的对象，可以将其视为一个类型。王芮是学生，是该类一个具体的值，如图 4-12 所示。

② 概括（generalization）：定义类型之间的一种子集联系，抽象了类型之间的"is subset of"（是……的子集）的语义。例如，课程是一个实体型，必修课、选修课也是一个实体型，必修课和选修课均是课程的子集，如图 4-13 所示。

图 4-12　分类

图 4-13　概括

③ 聚集（aggregation）：定义某一类型的组成成分，抽象了对象内部类型和成分之间"is part of"（是……的一部分）的语义，如图 4-14 所示。

局部 E-R 模型的设计过程如图 4-15 所示。

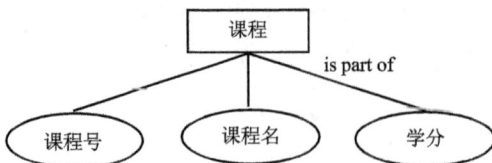

图 4-14　聚集

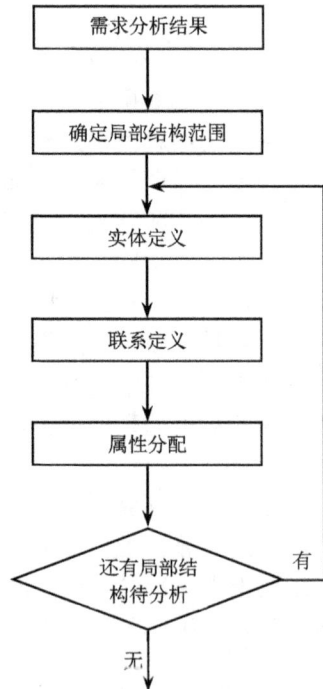

图 4-15　局部 E-R 模型设计过程

（1）确定局部结构范围

设计局部 E-R 模型的第一步是确定局部结构的范围划分。划分的方式一般有两种：一种是依据系统的当前用户进行自然划分，另一种是按用户要求数据提供的服务归纳为几类，使每类应用访问的数据明显区别于其他类，然后为每类应用设计一个局部 E-R 模型。

局部结构范围确定时要考虑以下因素：

❖ 范围的划分要自然，易于管理。

❖ 范围之间的界限要清晰，相互之间的影响要小。

❖ 范围的大小要适度。太小了会造成局部结构过多，设计过程烦琐；太大了则容易造成内容结构复杂，不便于分析。

（2）实体定义

每个局部结构都包括一些实体，实体定义的任务是从信息需求和局部范围定义出发，确定每一个实体的属性和键。事实上，实体、属性和联系之间并无形式上可以截然区分的界限，划分的依据通常有三条：

❖ 人们习惯的划分。

❖ 避免冗余，在一个局部结构中，对一个对象只取一种抽象形式，不要重复。

❖ 用户的信息处理需求。

（3）联系定义

联系用来刻画实体之间的关联。一个完整的方式是对局部结构中任意两个实体，依据需求分析的结果，考察两个实体之间是否存在联系。若有联系，进一步确定是 $1:1$、$1:n$ 还是 $m:n$ 联系；还要考察一个实体内部是否存在联系，多个实体之间是否存在联系等。

在确定联系类型时，应防止出现冗余的联系（即可用从其他联系导出的联系），如果存在，要尽可能地识别并消除这些冗余联系。

联系在命名时应能反映联系的语义性质，通常采用某个动词命名，如"选修""授课"等。

（4）属性分配

实体与联系确定后，局部结构中的其他语义信息大部分可以用属性描述。属性分配时，先要确定属性，再将其分配到相关的实体和联系中。

确定属性的原则是：属性应该是不可再分解的语义单位；实体与属性之间的关系只能是 $1:n$；不同实体类型的属性之间应无直接关联关系。

属性不可分解可以使模型结构简单，不出现嵌套结构。当多个实体用到一个属性时，将导致数据冗余，从而影响存储效率和完整性约束，因而需要确定把它分配给哪个实体。一般把属性分配给那些使用频率最高的实体，或分配给实体值小的实体。

有些属性不宜归属于任何一个实体，只说明实体之间联系的特性。例如，学生选修某门课程的成绩既不能归为学生实体的属性，也不能归为课程实体的属性，应作为"选修"联系的属性。

## 2. 设计全局 E-R 模型

所有的局部 E-R 模型设计好后，接下来把它们综合成一个全局概念结构。全局概念结构不仅支持所有局部 E-R 模型，还必须合理地表示一个完整、一致的数据库概念结构。局部 E-R 模型集成为全局 E-R 模型有两种方法：一是多个分 E-R 图一次集成，通常用于局部视图比较简单时使用；二是逐步集成，用累加的方式一次集成两个分 E-R 图，从而降低复杂度。

全局 E-R 模型的设计过程如图 4-16 所示。

（1）确定公共实体类型

为了给多个局部 E-R 模型的合并提供基础，需要先确定局部结构的公共实体。一般把同名实体作为公共实体的一类候选，把具有相同码的实体作为公共实体的另一类候选。

（2）合并局部 E-R 模型

合并的顺序有时会影响处理效率和结果。建议的合并原则是：进行两两合并，即先合并那些现实世界中有联系的局部结构；合并从公共实体开始，再加入独立的局部结构，从而减少合并工作的复杂性，并使合并结果的规模尽可能小。

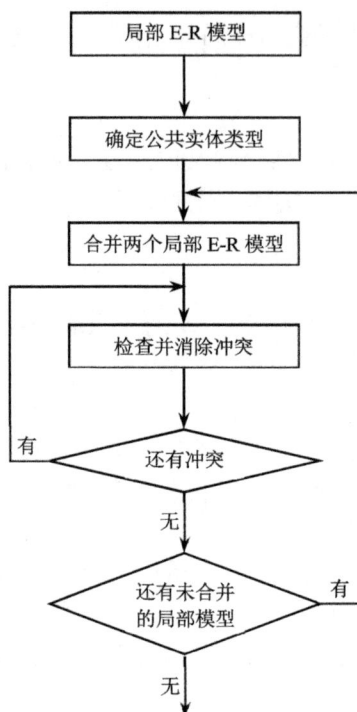

图 4-16 全局 E-R 模型的设计过程

（3）消除冲突

由于各局部应用所面向的问题不同，且通常是由不同的设计人员进行局部 E-R 模型设计，导致各分 E-R 图之间存在许多不一致的地方，即冲突。解决冲突是合并 E-R 模型的主要工作和关键所在。

各分 E-R 图之间的冲突主要有 3 类：属性冲突、命名冲突和结构冲突。

① 属性冲突，包括：

❖ 属性域冲突——即属性值的类型、取值范围或取值集合不同。例如学号，有的部门把它定义为整数，有的部门把它定义为字符型，不同的部门对学号的编码也不同。

❖ 属性取值单位冲突——如成绩有的用百分制，有的用五级制（A、B、C、D、E）。

② 命名冲突，包括：

❖ 同名异义——不同意义的对象在不同的局部应用中具有相同的名字。

❖ 异名同义（一义多名）——同一意义的对象在不同的局部应用中具有不同的名字。

③ 结构冲突，包括：

❖ 同一对象在不同应用中具有不同的抽象。例如，教师在某一局部应用中被当做实体，而在另一局部应用中被当做属性。

❖ 实体之间联系在不同的局部 E-R 图中呈现不同类型。例如，E1 与 E2 在某一个应用中是多对多联系，而在另一个应用中是一对多联系。

属性冲突和命名冲突通常采用讨论、协商等行政手段解决，结构冲突则要认真分析后才能解决。

### 3. 优化全局 E-R 图

得到全局 E-R 图后，为了提高数据库系统的效率，应进一步依据需求对 E-R 图进行优化。一个好的全局 E-R 图除了能准确、全面地反映用户功能需求，还应满足如下条件：实体个数尽可能少，实体所包含的属性尽可能少，实体间的联系无冗余。

但是这些条件不是绝对的，要视具体的信息需求与处理需求而定。全局 E-R 模型的优化原则如下。

① 实体的合并：指相关实体的合并。在公共模型中，实体最终转换成关系模式涉及多个实体的信息要通过连接操作获得。因而减少实体的个数可减少连接的开销，提高处理效率。

② 冗余属性的消除。通常，各局部结构中是不允许冗余属性存在的，但综合成全局 E-R 图后，可能产生局部范围内的冗余属性。当同一非主属性出现在几个实体中，或者一个属性值可以从其他属性的值导出时，就存在冗余属性，应该把冗余属性从全局 E-R 图中去掉。

冗余属性消除与否取决于它对存储空间、访问效率和维护代价的影响。有时为了兼顾访问效率，有意保留冗余属性。

③ 冗余联系的消除。全局 E-R 图中可能存在冗余联系，可以利用规范化理论中的函数依赖的概念消除冗余联系。

## 4.4 逻辑结构设计

逻辑结构设计的任务是把概念结构设计阶段设计好的基本 E-R 图转换为与选用数据库管理系统产品支持的数据模型相符合的逻辑结构，也就是导出特定数据库管理系统可以处理的数据库逻辑结构，这些模式在功能、性能、完整性和一致性方面满足应用要求。

特定数据库管理系统可以支持的组织层数据模型包括关系模型、网状模型、层次模型和面向对象模型等。对某一种数据模型，各计算机系统又有许多不同的限制，提供不同的环境与工具。设计逻辑结构时一般包括三个步骤，如图 4-17 所示。

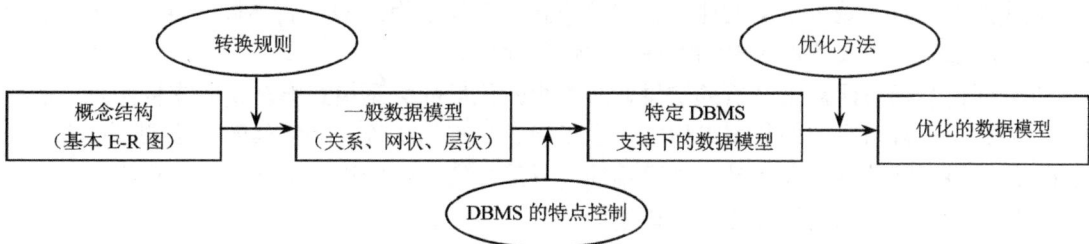

图 4-17　逻辑结构设计

① 将概念结构转化为一般的关系、网状、层次模型。
② 将转换来的关系、网状、层次模型向特定数据库管理系统支持下的数据模型转换。
③ 对数据模型进行优化。

目前，新设计的数据库应用系统大多采用支持关系数据模型的数据库管理系统，所以这里只介绍 E-R 图向关系模型转换的原则和方法。

### 4.4.1　E-R 图向关系模型的转换

概念设计中得到的 E-R 图是由实体、属性和联系组成的，而关系数据库逻辑设计的结果是一组关系模型的集合，所以以将 E-R 图转换为关系模型实际上就是将实体、属性和联系转换成关系模式。（第 2 章已经阐述，此处不再展开。）

## 4.4.2 关系模式规范化

应用规范化理论对上述产生的关系的逻辑模式进行初步优化，以减少乃至消除关系模式中存在的各种异常，改善完整性、一致性和存储效率。规范化理论是数据库逻辑设计的指南和工具，规范化过程可分为两个步骤：确定范式级别和实施规范化处理。

（1）确定范式级别

考查关系模式的函数依赖关系，确定范式等级。逐一分析各关系模式；考查是否存在部分函数依赖、传递函数依赖等，确定它们分别属于第几范式。

（2）实施规范化处理

确定范式级别后，利用后面的规范化理论，逐一考察各关系模式，根据应用要求，判断它们是否满足规范要求，可用已经介绍过的规范化方法和理论将关系模式规范化。

综合以上数据库的设计过程，规范化理论在数据库设计中有如下应用：

① 在需求分析阶段，用数据依赖概念分析和表示各数据项之间的联系。

② 在概念结构设计阶段，以规范化理论为指导，确定关系键，消除初步 E-R 图中冗余的联系。

③ 在逻辑结构设计阶段，从 E-R 图向数据模型转换过程中，用模式合并和分解方法达到规范化级别。

## 4.4.3 模式评价和改进

关系模式的规范化不是目的而是手段，数据库设计的目的是最终满足应用需求。因此，为了进一步提高数据库应用系统的性能，还应该对规范化后产生的关系模式进行评价、改进，经过反复多次的尝试和比较，最后得到优化的关系模式。

模式评价的目的是检查所设计的数据库模式是否满足用户的功能要求、效率要求，确定加以改进的部分。模式评价包括功能评价和性能评价。

功能评价是指对照需求分析的结果，检查规范化后的关系模式集合是否支持用户所有的应用要求。对于目前得到的数据库模式，由于缺乏物理结构设计所提供的数量测量标准和相应的评价手段，因此性能评价是比较困难的，只能对实际性能进行估计，包括逻辑记录的存取数、传送量、物理结构设计算法的模型等。

根据模式评价的结果，对已生成的模式进行改进。如果因为系统需求分析、概念结构设计的疏漏导致某些应用不能得到支持，则应该增加新的关系模式或属性。如果因为性能考虑而要求改进，则可采用合并或分解的方法。

（1）合并

如果有若干关系模式具有相同的主键，对这些关系模式的处理主要是查询操作，而且经常是多关系的连接查询，那么可对这些关系模式按照组合使用频率进行合并。这样可以减少连接操作而提高查询效率。

（2）分解

为了提高数据操作的效率和存储空间的利用率，最常用和最重要的模式优化方法是分解，根据应用的不同要求，可以对关系模式进行垂直分解和水平分解。

经过多次的模式评价和模式改进后，最终的数据库模式得以确定。逻辑结构设计阶段的结果是全局逻辑数据库结构，对于关系数据库系统来说，就是一组符合一定规范的关系模式组成的关系数据库模式。

数据库系统的数据物理独立性特点消除了由于物理存储改变而引起的对应程序的修改。标准的数据库管理系统例行程序应适用于所有访问，查询和更新事务的优化应当在系统软件级上实现。这样，逻辑数据库确定后，就可以开始进行应用程序设计了。

在数据库设计的工作中，有时数据库开发人员仅从范式等理论知识无法找到问题的"标准答案"，需要靠数据库开发人员经验的积累以及智慧的沉淀。同一个系统，不同经验的数据库开发人员，仁者见仁智者见智，设计结果往往不同。不管怎样，只要实现了相同的功能，所有的设计结果没有对错之分，只有合适与不合适之分。

因此，数据库设计像一门艺术，数据库开发人员更像一名艺术家，设计结果更像一件艺术品。数据库开发人员要依据系统的环境（网络环境、硬件环境、软件环境等）选择一种更合适的方案。有时为了提升系统的检索性能、节省数据的查询时间，数据库开发人员不得不考虑使用冗余数据，不得不浪费一点儿存储空间。有时为了节省存储空间、避免数据冗余，又不得不考虑牺牲一点儿时间。设计数据库时，"时间"（效率或者性能）和"空间"（外存或内存）好比天生的一对"矛盾体"，这就要求数据库开发人员保持良好的数据库设计习惯，维持"时间"和"空间"之间的平衡关系。

# 4.5　物理结构设计

数据库的物理结构设计是利用数据库管理系统提供的方法、技术，对已经确定的数据库逻辑结构，以较优的存储结构、数据存取路径、合理的数据库存储位置及存储分配，设计出一个高效的、可实现的物理数据库结构。

由于不同的数据库管理系统提供的硬件环境和存储结构、存取方法不同，提供给数据库设计者的系统参数和变化范围也不同，因此物理结构设计一般没有一个通用的准则，只能提供一个技术和方法供参考。

数据库物理结构设计通常分为两步：

① 确定数据库的物理结构，在关系数据库中主要指存取方法和存储结构。

② 对物理结构进行评价，评价的重点是时间和空间效率。

如果评价结果满足原设计要求，则可进入到物理结构实施阶段，否则需要重新设计或修改物理结构，甚至返回逻辑结构设计阶段修改数据模型。

## 4.5.1　物理结构设计的内容和方法

物理结构设计得好可以使各业务的响应时间短、存储空间利用率高、事务吞吐率大。因此，在设计数据库时：首先对经常用到的查询和对数据进行更新的事务进行详细的分析，获得物理结构设计所需的各种参数；其次，充分了解所用 DBMS 的内部特征，特别是系统提供的存取方法和存储结构。对于数据库查询事务，需要得到如下信息：查询涉及的关系，连接条件涉及的属性，查询条件涉及的属性，查询的列表涉及的属性。

数据更新事务需要得到如下信息：更新涉及的关系，更新操作涉及的属性，每个关系上的更新操作条件涉及的属性。

此外，我们还需要了解每个查询或事务在各关系上运行的频率和性能要求。假设某个查询必须在 1 s 内完成，则数据的存储方式和存取方式非常重要。

数据库上运行的操作和事务是不断变化的，因此需要根据这些操作的变化，不断地调整数据库的物理结构，以获得最佳的数据库性能。

通常，关系数据库物理结构设计的内容主要包括如下。

### 1．确定数据的存取方法（建立存取路径）

存取方法是快速存取数据库中数据的技术。数据库管理系统一般提供多种存取方法。常用的存取方法有索引方法、聚簇方法和 HASH 方法。具体采取哪种存取方法由系统根据数据库的存储方式决定，一般用户不能干预。

索引存取方法实际上是根据应用要求确定对关系的哪些属性列建立索引、对哪些属性列建立组合索引、对哪些索引要设计为唯一索引等。

建立索引的一般原则是：

❖ 如果一个（或一组）属性经常作为查询条件，则考虑在这个（或这组）属性上建立索引（或组合索引）。

❖ 如果一个属性经常作为聚集函数的参数，则考虑在这个属性上建立索引。

❖ 如果一个（或一组）属性经常作为表的连接条件，则考虑在这个（或这组）属性上建立索引。

❖ 如果某个属性经常作为分组的依据列，则考虑在这个属性上建立索引。

❖ 一个表可以建立多个非聚簇索引，但只能建立一个聚簇索引。

索引一般可以提高数据查询性能，但会降低数据修改性能。因为在进行数据修改时，系统同时对索引进行维护，使索引与数据保持一致。维护索引要占用较多的时间。存放索引也要占用空间信息。因此，在决定是否建立索引时要权衡数据库的操作，如果查询多，并且对查询性能要求较高，则可以考虑多建一些索引；如果数据更改多且对更改的效率要求比较高，则可以考虑少建索引。

### 2．确定数据的物理存储结构

物理结构设计中，一个重要的考虑是确定数据的存放位置和存储结构，包括：确定关系、索引、聚簇、日志、备份等的存储安排和存储结构，确定系统配置。

确定数据存放位置和存储结构的因素包括：存取时间、存储空间利用率和维护代价。这三方面常常是相互矛盾的。必须进行权衡，选择一个折中方案。

常用的存储方法如下：

❖ 顺序存储——平均查找次数是表中记录数的一半。

❖ 散列存储——平均查找次数由散列算法决定。

❖ 聚簇存储——为了提高某个属性的查询速度，可以把这个或这些属性上具有相同值的元组集中存放在连续的物理块上，大大提高对聚簇键的查询效率。

用户可以通过建立索引的方法改变数据的存储方式。但其他情况下，数据是采用顺序存储还是散列存储，或者采用其他存储方式，是由数据库管理系统根据具体情况决定的，一般会为数据选择一种最适合的存储方式，而用户并不能对其进行干涉。

## 4.5.2　评价物理结构

数据库物理结构设计过程中需要对时间效率、空间效率、维护代价和各种用户要求进行权衡，其结果可能产生多种方案。数据库设计人员必须对这些方案进行细致的评价，从中选择一个较优的合理的物理结构。

评价物理结构的方法完全依赖于所选用的数据库管理系统，主要考虑操作开销，即为用户获得及时、准确的数据所需的开销和计算机资源的开销。具体可以分为：

- ❖ 查询和响应时间。响应时间是从查询开始到查询结束之间所经历的时间。一个好的应用程序设计可以减少 CPU 的时间和 I/O 时间。
- ❖ 更新事务的开销，主要是修改索引、重写数据块或文件、写校验方面的开销。
- ❖ 生成报告的开销，主要包括索引、重组、排序和结果显示的开销。
- ❖ 主存储空间的开销，包括程序和数据所占的空间。数据库设计者一般可以对缓冲区进行适当的控制。
- ❖ 辅助存储空间的开销。辅助存储空间分为数据块和索引块，设计者可以控制索引块的大小。

实际上，数据库设计者只能对 I/O 和辅助存储空间进行有效的控制，其他方面都是有限的控制或根本不能控制。

# 4.6 数据库行为设计

数据库行为设计一般分为如下步骤：功能分析、功能设计和事务设计等。

## 1．功能分析

在进行需求分析时，我们实际上进行了两项工作，一项是"数据流"的调查分析，另一项是"事务处理"过程的调查分析，也就是应用业务处理的调查分析。数据流的调查分析为数据库的信息结构提供了最原始的依据，而事务处理的调查分析，则是行为设计的基础。

对行为特征要进行如下分析：

- ❖ 标识所有的查询、报表、事务及动态特性，指出数据库要进行的各种处理。
- ❖ 指出对每个实体进行的操作。
- ❖ 给出每个操作的语义，包括结构约束和操作约束。
- ❖ 给出每个操作的频率。
- ❖ 给出每个操作的响应时间。
- ❖ 给出该系统的总目标。

## 2．功能设计

系统目标的实现是通过系统的各功能模块达到的。由于每个系统功能可以分为若干更具体的功能模块，因此可以从目标开始，一层一层分解，直到每个子功能模块只执行一个具体的任务。子功能模块是独立的，具有明显的输入信息和输出信息。当然，也可以没有明显的输入信息和输出信息，只是动作产生后的一个结果。

通常，我们按功能关系画成的图被称为功能结构图。

## 3．事务设计

事务处理是计算机模拟人处理事务的过程，包括输入设计、输出设计。

（1）输入设计

系统中很多错误都是由于输入不当引起的，因此设计好输入是减少系统错误的一个重要方面。在进行输入设计时，我们需要完成如下工作：

❖ 原始单据的设计格式。原有单据要根据新系统的要求重新设计，其原则是：简单明了、便于填写、便于归档、尽量标准化。

❖ 制成输入一览表。将全部功能所用的数据整理成表。

❖ 制作输入数据描述文档，包括数据的输入频率、数据的有效范围和出错校验。

（2）输出设计

输出设计是系统设计中重要的一环。虽然用户看不出系统内部的设计是否科学，但输出报表是直接与用户见面的，而且输出格式的好坏会给用户留下深刻的印象。因此，必须精心设计输出报表。在输出设计时要考虑用途、输出设备的选择、输出量等因素。

# 4.7  数据库实施

完成数据库的结构设计和行为设计，并编写了实现用户需求的应用程序后，就可以利用数据库管理系统提供的功能实现数据库逻辑结构设计和物理结构设计的结果。然后将一些数据加载到数据库，运行已经编写好的应用程序，查看数据库设计及应用程序设计是否存在问题。这就是数据库实施阶段。

数据库实施阶段包括两项重要的工作，一是加载数据，二是调试和运行应用程序。

## 1．加载数据

一般数据库系统中，数据量都很大，而且数据来源于部门中的各个不同单位，数据的组织方式、结构和格式与新设计的数据库系统有相当的差距。组织数据录入要将各类数据从各个局部应用中抽取出来，输入计算机，再分类转换，最后综合成符合新设计的数据库结构形式，输入数据库。数据转换、组织入库的工作是相当费力、费时的，特别是原系统是手工数据处理系统时，各类数据分散在各种不同的原始表格、凭证、单据中。在向新的数据库中输入数据时，还要处理大量的纸质文件，工作量更大。

由于各应用环境差异很大，很难有通用的数据转换器，数据库管理系统也很难提供一个通用的转换工具。为了提高数据输入工作的效率和质量，应该针对具体的应用环境设计一个数据录入子系统，专门处理数据复制和输入问题。

为了保证数据库中数据的准确性，必须十分重视数据的校验工作。在将数据输入系统进行数据转换的过程中应该进行多次校验，重要数据更应反复校验。目前，很多数据库管理系统提供数据导入功能，有些提供了功能强大的数据转换功能。

## 2．调试和运行应用程序

部分数据输入数据库后，就可以开始对数据库系统进行联合调试，称为数据库的试运行。这一阶段要实际运行数据库应用程序，执行对数据库的各种操作，测试应用程序的功能是否满足设计要求。如果不满足，对应用程序部分则要修改、调整，直至达到设计要求为止。

数据库试运行阶段还要测试系统的性能指标，分析其是否达到设计目标。在对数据库进行物理结构设计时，已初步确定了系统的物理参数值，但一般情况下，设计时的考虑在许多方面只是近似估计，与实际系统运行总有一定的差距，因此必须在试运行阶段实际测量和评价系统性能指标。事实上，有些参数的最佳值往往是经过运行调试后得到的。如果测试的结果与设计目标不符，则要返回物理设计阶段，重新调整物理结构，修改系统参数，某些情况下甚至要返回逻辑设计阶段，对逻辑结构进行修改。

特别强调两点。第一，由于数据入库工作量太大，费时、费力，因此应分期分批地组织数据入库。先输入小批量数据供调试用，待试运行基本合格后，再大批量输入数据，逐步增加数据量，逐步完成运行评价。第二，在数据库试运行阶段，系统还不稳定，硬件、软件故障随时可能发生。系统的操作人员对新系统还不熟悉，误操作也不可避免，因此应先调试运行数据库管理系统的恢复功能，做好数据库的转储和恢复工作。一旦故障发生，能使数据库尽快恢复，尽量减少对数据库的破坏。

## 4.8 数据库的运行和维护

数据库试运行合格后，即可投入正式运行。数据库投入运行标志着开发任务的基本完成和维护工作的开始。数据库只要还在使用，就需要不断对它进行评价、调整和维护。在数据库运行阶段，对数据库经常性的维护工作主要由 DBA 完成，主要包括以下 4 方面。

### 1．数据库的备份和恢复

对数据库进行定期备份，一旦出现故障，能及时地将数据库恢复到某种一致的状态，并尽可能减少对数据库的破坏。该工作主要由数据管理员 DBA 负责。数据库的备份和恢复是重要的维护工作之一。

### 2．数据库的安全性、完整性控制

随着数据库应用环境的变化，对数据库的安全性和完整性要求也会发生变化。DBA 需要对数据库进行适当的调整，以反映这些新变化。

### 3．监督、分析和改进数据库性能

在数据库运行过程中，监视数据库的运行情况，并对检测数据进行分析，找出能够提高性能的可行性，适当地对数据库进行调整。目前，有些数据库管理系统提供了检测系统性能参数的工具，DBA 可以利用这些工具对数据库进行控制。

### 4．数据库的重组织和重构

数据库运行一段时间后，由于记录不断增、删、改，会使数据库的物理存储情况变坏，降低数据的存取效率，数据库性能下降。这时，DBA 要对数据库进行重组织或部分重组织。数据库管理系统一般提供数据重组织的实用程序。在重组织过程中，按原设计要求重新安排存储位置、回收垃圾、减少指针链等，提高系统性能。

数据库的重组织并不会改变原设计的逻辑结构和物理结构，而数据库的重构则不同，它部分修改数据库的模式和内模式。数据库的重构也是有限的，只能做部分修改，如果应用变化太大，重构也无济于事，说明此数据库应用系统的生命周期已经结束，应该设计新的数据库应用系统了。

数据库的结构和应用程序设计的好坏是相对的，并不能保证数据库应用系统始终处于良好的性能状态。这是因为数据库中的数据随着数据库的使用而发生变化，随着这些变化的不断增加，系统的性能就可能下降。所以，即使在不出现故障的情况下，也要对数据库进行维护，以便数据库获得较好的性能。

数据库设计工作并非一劳永逸的，一个好的数据库应用系统需要精心的维护才能保持良好的性能。

# 小　结

本章介绍了数据库设计的 6 个阶段，包括系统需求分析、概念结构设计、逻辑结构设计、物理设计、数据库实施、数据库运行与维护。每个阶段分别详细讨论了其相应的任务、方法和步骤。

需求分析是整个设计过程的基础，需求分析做得不好，可能会导致整个数据库设计返工重做。

将需求分析所得到的用户需求抽象为信息结构即概念模型的过程就是概念结构设计，概念结构设计是整个数据库设计的关键所在，这个过程包括设计局部 E-R 图、综合成初步 E-R 图、E-R 图的优化。

将独立于数据库管理系统的概念模型转化为相应的数据模型，这是逻辑结构设计要完成的任务，一般分为 3 步：初始关系模式设计，关系模式规范化，模式的评价和改进。

物理设计是为给定的逻辑模型选取一个适合应用环境的物理结构，包括确定物理结构和评价物理结构两步。

根据逻辑设计和物理设计的结果，在计算机上建立起实际的数据库结构，载入数据，进行应用程序的设计，并试运行整个数据库系统，这是数据库实施阶段的任务。

数据库设计的最后阶段是数据库的运行和维护，包括：维护数据库的安全性和完整性，检测并改善数据库性能，必要时进行数据库的重新组织和构造。

# 思考与练习 4

1. 简述数据库设计过程的各阶段的设计内容。
2. 需求分析阶段的设计目标是什么？调查的内容是什么？
3. 数据字典的内容和作用是什么？
4. 概念模型有什么特点？其设计的方法和步骤是什么？
5. 简述设计实体和属性时遵循的原则
6. 局部 E-R 图集成为全局 E-R 图过程中关键问题是什么？有什么方法？
7. 逻辑结构设计的一般步骤包括哪些？
8. 物理结构设计的主要任务是什么？主要依据是什么？
9. 怎么评价物理结构的好坏？
10. 数据库实施阶段的任务是什么？
11. DBA 需要对数据库怎么维护？
12. 下面关于数据库设计过程正确的顺序描述是（　　　）。
    A. 需求收集和分析、逻辑设计、物理设计、概念设计
    B. 概念设计、需求收集和分析、逻辑设计、物理设计
    C. 需求收集和分析、概念设计、逻辑设计、物理设计
    D. 需求收集和分析、概念设计、物理设计、逻辑设计

13. 概念结构设计阶段得到的结果是（    ）。
   A．数据字典描述的数据需求          B．E-R图表示的概念模型
   C．某数据库管理系统支持的数据模型    D．包括存储结构和存取方法的物理结构
14. 数据库设计中，用E-R图描述信息结构但不涉及信息在计算机中的表示，它属于数据库设计
   的（    ）。
   A．需求分析阶段                  B．逻辑设计阶段
   C．概念设计阶段                  D．物理设计阶段
15. 下列关于数据库设计的叙述中，正确的是（    ）。
   A．在需求分析阶段建立数据字典      B．在概念设计阶段建立数据字典
   C．在逻辑设计阶段建立数据字典      D．在物理设计阶段建立数据字典
16. 在关系数据库设计中，设计关系模式是（    ）的任务。
   A．需求分析      B．概念设计      C．逻辑设计      D．物理设计
17. 设计子模式属于数据库设计的（    ）。
   A．需求分析      B．概念设计      C．逻辑设计      D．物理设计
18. 数据库应用系统中的核心问题是（    ）。
   A．数据设计      B．数据库系统设计      C．数据库维护      D．数据库管理员培训
19. 以下关于数据流图中基本加工的叙述中，不正确的是（    ）。
   A．对每个基本加工，必须有一个加工规格说明
   B．加工规格说明必须描述把输入数据流变换为输出数据流的加工规则
   C．加工规格说明必须描述实现加工的具体流程
   D．决策表可以用来表示加工规格说明
20. 在数据库设计中，将E-R图转换成关系数据模型的过程属于（    ）。
   A．需求分析阶段                  B．概念设计阶段
   C．逻辑设计阶段                  D．物理设计阶段
21. 在进行数据库设计时，通常先建立概念模型，来表示实体类型及实体间联系的是（    ）。
   A．数据流图      B．E-R图      C．模块图      D．程序框图
22. 由E-R图生成初步E-R图，其主要任务是（    ）。
   A．消除不必要的冗余              B．消除属性冲突
   C．消除结构冲突和命名冲突          D．B和C
23. 在某学校的综合管理系统设计阶段，教师实体在学籍管理子系统中被称为"教师"，而在人事
   管理子系统中被称为"职工"，这类冲突被称为（    ）。
   A．语义冲突      B．命名冲突      C．属性冲突      D．结构冲突
24. 某医院预约系统的部分需求为：患者可以查看医院发布的专家特长介绍及其就诊时间，系统
   记录患者信息，患者预约特定时间就诊。用数据流图对其进行功能建模时，患者是（    ）。
   A．外部实体      B．加工      C．数据流      D．数据存储
25. 需求分析阶段设计数据流图通常采用（    ）。
   A．面向对象的方法                B．回溯的方法
   C．自底向上的方法                D．自顶向下的方法
26. 概念设计阶段设计概念模型通常采用（    ）。
   A．面向对象的方法                B．回溯的方法
   C．自底向上的方法                D．自顶向下的方法

27. 概念结构设计的主要目标是产生数据库的概念结构，该结构主要反映（　　）。
    A. 应用程序员的编程需求　　　　　　　　B. DBA 的管理信息需求
    C. 数据库系统的维护需求　　　　　　　　D. 企业组织的信息需求
28. 数据库设计人员和用户之间沟通信息的桥梁是（　　）。
    A. 程序流程图　　　B. 实体联系图　　　C. 模块结构图　　　　D. 数据结构图
29. 关系规范化在数据库设计的（　　）阶段进行。
    A. 需求分析　　　B. 概念设计　　　　C. 逻辑设计　　　　　D. 物理设计
30. 在数据库逻辑结构设计阶段，需要（　1　）阶段形成的（　2　）作为设计依据。
    （1）
    A. 需求分析　　　B. 概念结构设计　　　C. 物理结构设计　　　D. 数据库运行和维护
    （2）
    A. 程序文档、数据字典和数据流图。　　　B. 需求说明文档、程序文档和数据流图
    C. 需求说明文档、数据字典和数据流图　　D. 需求说明文档、数据字典和程序文档
31. 设有如下实体：

　　　　学生：学号、单位名称、姓名、性别、年龄、选修课名

　　　　课程：编号、课程名、开课单位、任课教师号

　　　　教师：教师号、姓名、性别、职称、讲授课程编号

　　　　单位：单位名称、电话、教师号、教师姓名

上述实体中存在如下联系：
① 一个学生可选多门课程，一门课程可被多个学生选修。
② 一个教师可讲授多门课程，一门课程可由多个教师讲授。
③ 一个单位可有多个教师，一个教师只能属于一个单位。

试完成如下需求：
（1）设计学生选课和教师任课两个局部 E-R 图。
（2）将上述设计完成的 E-R 图合并成一个全局 E-R 图。
（3）将全局 E-R 图转换为等价的关系模式表示的数据库逻辑结构。

32. 某同学要设计一个图书馆借阅管理数据库，要求提供下述服务：
    ① 随时查询书库中现有书籍的品种、数量与存放位置。所有各类书籍均可由书号唯一标识。
    ② 随时查询书籍借还情况，包括借书人单位、姓名、借书证号、借书日期和还书日期。我们约定：任何人可借多种书，任何一种书可为多个人所借，借书证号具有唯一性。
    ③ 当需要时，可通过数据库中保存的出版社的电报编号、电话、邮编及地址等信息下相应出版社增购有关书籍。我们约定，一个出版社可出版多种书籍，同一本书仅为一个出版社出版，出版社名具有唯一性。

　　根据以上情况和假设，试进行如下设计：
    （1）构造满足需求的 E-R 图。
    （2）转换为等价的关系模式结构。

33. 某同学要开发一个运动会管理系统，涉及有如下运动队和运动会两方面的实体。
    ① 运动队方面

　　　　运动队：队名、教练姓名、队员姓名

　　　　队员：队名、队员姓名、性别、项名

其中，一个运动队有多个队员，一个队员仅属于一个运动队，一个队一般有一个教练。
    ② 运动会方面

运动队：队编号、队名、教练姓名

项目：项目名、参加运动队编号、队员姓名、性别、比赛场地

其中，一个项目可由多个队参加，一个运动员可参加多个项目，一个项目一个比赛场地。

请完成如下设计：

（1）分别设计运动队和运动会两个局部 E-R 图。

（2）将它们合并为一个全局 E-R 图。

（3）合并时存在什么冲突，如何解决这些冲突？

34．现有一个关于玩具网络销售系统的项目，要求开发数据库部分。系统能达到的功能包括以下。

① 客户注册功能。客户在购物前必须先注册，所以客户表用来存放客户信息，如客户编号、姓名、性别、年龄、电话、通信地址等。

② 顾客可以浏览库存玩具信息，所以库存玩具信息表用来存放玩具编号、名称、类型、价格、所剩数量等信息。

③ 顾客可以订购自己喜欢的玩具，并可以在未付款之前修改自己的选购信息。商家可以根据顾客是否付款，通过顾客提供的通信地址给顾客邮寄其所订购的玩具。这样需要订单表，用来存放订单号、用户号、玩具号、所买数量等信息。

操作内容及要求如下。

（1）根据案例分析过程提取实体集和它们之间的联系，画出相应的 E-R 图。

（2）把 E-R 图转换为关系模式。

（3）将转换后的关系模式规范化为第三范式。

# 实验：数据库设计

## 一、实验目的

（1）了解数据库设计的过程。

（2）学会结合实际需求进行数据库的设计。

## 二、实验内容

1．根据下面的"交通违章处罚通知书"设计数据库。

图 4-18 显示一张交通违章处罚通知单，根据这张通知单所提供的信息，设计一个存储相关信息的 E-R 模型，并将这个 E-R 模型转换成关系数据模型，要求标注各关系模式的主键和外键。（其中，一张违章通知书可能有多项处罚，如"警告+罚款"。）

（1）找出实体、实体的属性、实体的主键。　　　　（2）找出实体间的联系及联系类型。

（3）画出 E-R 图，并转换关系模式。

2．根据提供的网页（关于图书检索的，见图 4-19），下拉框的数据要求从数据库中读取；根据图 4-19 的检索条件，在图 4-20 的列表中得到符合条件的图书列表。

（1）找出实体、实体的属性、实体的主键。

（2）找出实体间的联系及联系类型。

（3）画出 E-R 图，并转换关系模式。

## 三、观察与思考

基于某个应用背景，请思考，确定一个数据库应该有几个表、每个表有哪几个字段的依据是什么？

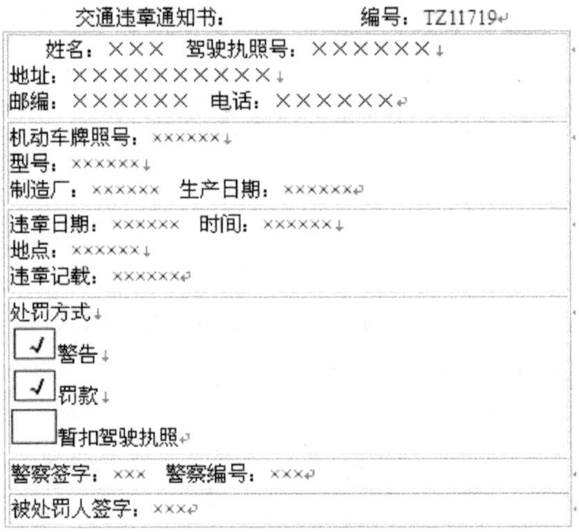

交通违章通知书：　　　　　编号：TZ11719

姓名：××× 驾驶执照号：××××××

地址：××××××××××

邮编：×××××× 电话：××××××

机动车牌照号：××××××

型号：××××××

制造厂：×××××× 生产日期：××××××

违章日期：×××××× 时间：××××××

地点：××××××

违章记载：××××××

处罚方式

☑警告

☑罚款

☐暂扣驾驶执照

警察签字：××× 警察编号：×××

被处罚人签字：×××

图 4-18　违章处罚通知单样例

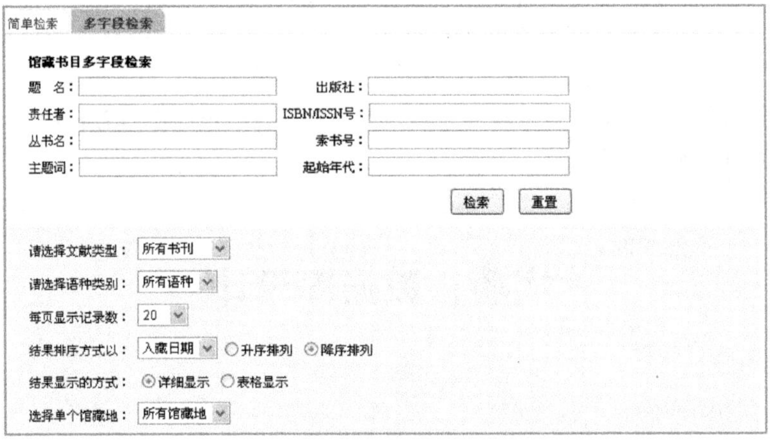


图 4-19　检索条件选择

检索条件：题名=.net　共有 1554 条结果　RSS　只显示可供借阅的图书

上一页 1/78 下一页 到第 1 页　按照：入藏日期　降序　排列

| | 题名 | 责任者 | 出版信息 | 索书号 | 文献类型 |
|---|---|---|---|---|---|
| 1 | VB 2005 & .NET 3.0高级编程 | (美)Bill Evjen，(美)Billy Hollis，(美)Bill Sheldon著 | 清华大学出版社 2008 | TP393/373 | 中文图书 |
| 2 | 网络管理技术构架 | (美)Alexander Clemm著 | 人民邮电出版社 2008 | TP393.07/74 | 中文图书 |
| 3 | 网络安全技术与应用 | 杨永川 | 该杂志社 2001- | | 中文期刊 |
| 4 | Visual Basic.NET+SQL Server全程指南 | 茅健编著 | 电子工业出版社 2008 | TP312BA/364 | 中文图书 |
| 5 | 计算机与网络 | 刘兴汉 | 该期刊社 1998- | | 中文期刊 |
| 6 | Applied quantum mechanics = 应用量子力学 / | Harrison, Walter A. | 世界图书出版公司, 2003. | O413.1/Y5 | 西文图书 |
| 7 | 电子设计应用 | 梁战平 | [该刊编辑部] 1998- | | 中文期刊 |
| 8 | 网络与信息 | 徐翔 | 《网络与信息》杂志社 1998- | | 中文期刊 |
| 9 | 信息网络安全 | 公安部第三研究所 | 信息网络安全杂志社 2001- | | 中文期刊 |
| 10 | 网管员世界 | 中国电子信息产业发展研究院 | 网管员世界杂志社 2001- | | 中文期刊 |
| 11 | 互联网周刊 | 科学出版社 | 科学出版社 1998- | | 中文期刊 |
| 12 | 网友世界 | 中国电子学会 | <<网友世界>>杂志社 2003- | | 中文期刊 |
| 13 | .NET 2.0极限编程专家指南 | (美)Greg Pearman, (美)James Goodwill著 | 清华大学出版社 2008 | TP393.4/462 | 中文图书 |
| 14 | 信息网络 | 中国电信集团公司主办 | <<信息网络>>杂志社 2002- | | 中文期刊 |
| 15 | Visual Basic.NET 2005全程指南:语言基础、开发进阶、数据库开发、高级技术 | 朱本城, 王凤林编著 | 电子工业出版社 2008 | TP312BA/362 | 中文图书 |

图 4-20　图书列表

# 第 5 章　MySQL 概述

瑞典 MySQLAB 公司开发了 MySQL，2008 年 1 月，被美国的 SUN 公司收购，2009 年 4 月，SUN 公司又被甲骨文（Oracle）公司收购。MySQL 进入 Oracle 产品体系后，获得了更多研发投入，为 MySQL 的发展注入了新的活力。

目前，随着淘宝、百度、新浪等公司将部分业务数据迁移到 MySQL 数据库中，MySQL 以其开源、免费、体积小、便于安装、功能强大等特点，成为全球最受欢迎的数据库管理系统之一。本章介绍 MySQL 的发展，讲述其工作流程和系统构成；并以 Linux 平台为例，讲述 MySQL 的下载、安装、配置、启动和关闭的过程。

## 5.1　MySQL 简介

MySQL 是一款单进程多线程、支持多用户、基于客户—服务器（Client/Server，C/S）的关系数据库管理系统。MySQL 是开源软件（开源软件是指该类软件的源代码可被用户任意获取，并且这类软件的使用、修改和再发行的权利都不受限制。开源的主要目的是提升程序本身的质量），可以从 MySQL 的官方网站（http://www.mysql.com/）下载。MySQL 以快速、便捷和易用为发展主要目标。

### 1. MySQL 的优势

① 成本低：开放源代码，任何人都可以修改 MySQL 数据库的缺陷；社区版本可以免费使用。

② 性能良：执行速度快，功能强大。

③ 值得信赖：顺应市场潮流和用户需求，如 Google、Youtube、百度等公司也在使用。

④ 操作简单：安装方便快捷，有多个图形客户端管理工具（MySQL Workbench、Navicat、MySQLFront、SQLyog 等客户端）和一些集成开发环境。

⑤ 兼容性好：可安装于多种操作系统，跨平台性好，不存在 32 位和 64 位机兼容问题。

MySQL 从无到有，到技术的不断更新，版本的不断升级，与其他大型数据库（如 Oracle、DB2 等）相比，也存在规模小、功能有限等方面的不足，但是不会影响它的受欢迎程度。

### 2. MySQL 的系统特性

MySQL 数据库管理系统具有以下特性：

① 使用 C/C++ 语言编写，使用了多种编译器进行测试，保证了源代码的可移植性。

② 支持多线程，可充分利用 CPU 资源。

③ 优化的 SQL 查询算法，能有效提高查询速度。

④ 提供 TCP/IP、ODBC 和 JDBC 等数据库连接途径。

⑤ 支持 Linux、Mac OS、Windows、Aix、FreeBSD、Open BSD、HP-UX、Novell Netware、OS/2 Wrap、Solaris 等操作系统平台。

⑥ 既能作为一个单独的应用程序应用在 C/S 网络环境中，也能作为一个库嵌入其他的软件。

⑦ 支持大型的数据库，可以处理拥有上千万条记录的大型数据库，数据类型丰富。

⑧ 支持多种存储引擎。

### 3．MySQL 发行版本

根据操作系统的类型，MySQL 可以分为 Windows 版、UNIX 版、Linux 版和 Mac OS 版。

根据 MySQL 数据库的开发情况，MySQL 可以分为 Alpha、Beta、Gamma 和 Generally Available（GA）等版本。

Alpha：处于开发阶段的版本，可能增加新的功能或进行重大修改。

Beta：处理测试阶段的版本，开发已经基本完成，但是没有进行全面测试。

Gamma：发行过一段时间的 Beta 版，比 Beta 版稳定。

Generally Available：已经足够稳定，可以在软件开发中应用了，也被称为 Production 版。

根据 MySQL 数据库用户群体，MySQL 可以分为社区版（Community Edition，对普通用户免费开源，选择 GPL 许可协议）和企业版（Enterprise，非 GPL 许可，即授权许可，也称为商业版）。

社区版与企业版的区别：社区版没有官方的技术支持，可以通过官网论坛提问找到解决方案，企业版可享受到 MySQL AB 公司的技术服务，两者在功能上是相同的。

### 4．MySQL 5.6 新增亮点

MySQL 数据库凭借其易用性、易扩展和高性能等优势，成为全世界最受欢迎的开源数据库。世界上许多流量大的网站依托 MySQL 数据库来支持其业务关键的应用程序，包括 Facebook、Google、Ticketmaster 和 eBay。

MySQL 5.6 在原来版本的基础上改进并新增了许多特性：

① 通过提升 MySQL 优化诊断来提供更好的查询执行时间和诊断功能。

② 通过增强 InnoDB 存储引擎来提高性能处理量和应用可用性。

③ 通过 MySQL 复制的新功能来提高扩展性和高可用性。

④ 增强的性能架构（Performance Schema）。

### 5．MySQL 字符集

字符集是指符号和字符编码的集合。

例如，同样是黑白肤色的大熊猫科动物，在中国称为大熊猫，在美国称为 Panda，在非洲没有这种动物，可能找不出对应的形容词（于是乱码了）。熊猫自身没发生什么变化，但称呼不同，这实际上与地域有很大关联。如果把当地拥有的各种词汇集合组成一本字典，对应过来，那么这个字典就是字符集了（此说并不严谨，仅为帮助理解）。

不同地方的字典当然有可能是不同的，甚至每本字典中的词汇量都不一致，找一本适合的字典非常重要。比如，你给不懂中文的美国朋友看"熊猫"二字，他绝对不可能关联到那

个毛茸茸的可爱的永远挂着黑眼圈的珍稀动物。

## 6. MySQL 系统构成

MySQL 系统包括 4 层: 网络连接层、服务层(核心层)、存储引擎层、系统文件层,如图 5-1 所示。

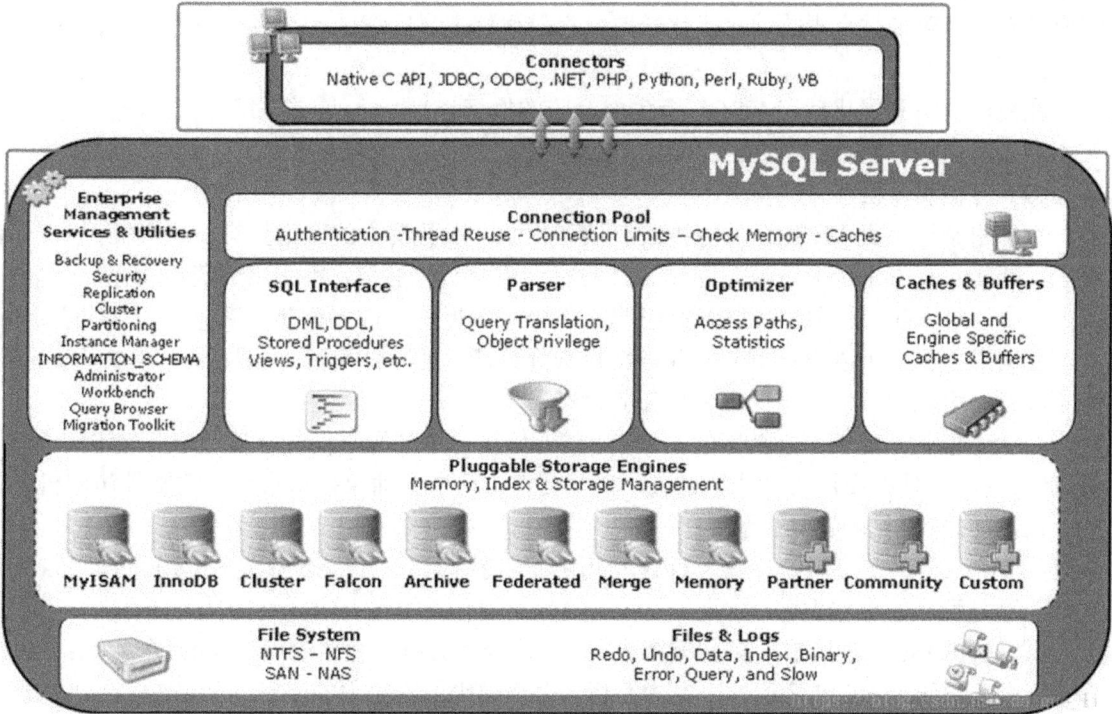

图 5-1　MySQL 体系结构

(1) 网络连接层

网络连接层主要负责连接管理、授权认证、安全等。每个客户机连接对应服务器的一个线程。服务器维护了一个线程池,避免为每个连接都创建或销毁一个线程。当客户机连接到 MySQL 服务器时,服务器对其进行认证,可以通过用户名和密码认证,也可以通过 SSL 证书进行认证。登录认证后,服务器还会验证客户端是否有执行某个查询的操作权限。网络连接层并不是 MySQL 所特有的技术。

在服务器内部,每个客户机都要有自己的线程,连接的查询都在一个单独的线程中执行。那么,数据库访问连接实在是太多了,如果每次连接都要创建一个线程,还要负责该线程的销毁,对于系统来说是多么大的消耗。线程是操作系统宝贵的资源,通过线程池,服务器缓存了线程,因此不需要为每个客户机的连接创建和销毁线程。

(2) 服务层

服务层是 MySQL 的核心,包括 MySQL 的所有核心服务:管理服务和控制(Management Services & Utilities)、SQL 接口(SQL Interface)、解析器(Parser)、优化器(Optimizer)、缓存(Cache & Buffer),见图 5-1。

在解析查询前,服务器会检查查询缓存,如果能找到对应的查询,服务器不必进行查询解析、优化和执行的过程,直接返回缓存中的结果集。

MySQL 会解析查询，并创建一个内部数据结构（解析树）。解析器主要通过语法规则来验证和解析，如 SQL 中是否使用了错误的关键字或关键字的顺序是否正确等。预处理会根据 MySQL 的规则进一步检查解析树是否合法，如要查询的数据表和数据列是否存在等。

优化器将其转化成查询计划。多数情况下，一条查询可以有多种执行方式，最后返回相应的结果。优化器的作用是找到其中最好的执行计划，并不关心使用什么存储引擎，但是存储引擎对优化查询是有影响的。优化器要求存储引擎提供容量或某个具体操作的开销信息来评估执行时间。

在完成解析和优化后，MySQL 会生成对应的执行计划，查询执行引擎根据执行计划给出的指令调用存储引擎的接口得出结果。

（3）存储引擎层

存储引擎层负责 MySQL 中数据的存储和提取。服务器中的查询执行引擎（插件式存储引擎，Pluggable Storage Engine）通过 API 与存储引擎进行通信，用接口屏蔽不同存储引擎之间的差异。MySQL 采用插件式的存储引擎。MySQL 提供了许多存储引擎，每种存储引擎有不同的特点，我们可以根据不同的业务特点选择最适合的存储引擎。如果对于存储引擎的性能不满意，可以通过修改源代码，优化其性能。

存储引擎是针对表而不是库的（一个库的不同表可以使用不同的存储引擎）。存储引擎是 MySQL 中与文件打交道的具体子系统，根据文件访问层的抽象接口来定制的文件访问机制。

MySQL 中常见的存储引擎如下。

① InnoDB：支持事务，适合 OLTP 应用，支持行级锁。从 MySQL 5.5.8 开始，InnoDB 存储引擎是默认的存储引擎。

② MyISAM：不支持事务，表锁设计，支持全文索引，主要应用于 OLAP 应用；在排序、分组等操作中，当数量超过一定大小后，由查询优化器建立的临时表就是 MyISAM 类型的报表、数据仓库。

③ Memory：数据都放在内存中，如果数据库重启或崩溃，表中的数据都将消失，但是会保存表的结构，默认使用 Hash 索引；适合存储 OLTP 应用的临时数据或中间表，用于查找或映射表，如邮编和地区的对应表。

（4）系统文件层

系统文件层主要是将数据库的数据存储在文件系统上，并完成与存储引擎的交互，包括文件系统（File system，Files & Logs）。例如：

❖ .frm 文件 —— 与表相关的元数据信息都存放在 frm 文件，包括表结构的定义信息等。

❖ .MYD 文件 —— MyISAM 存储引擎专用，用于存储 MyISAM 表的数据。

❖ .MYI 文件 —— MyISAM 存储引擎专用，用于存储 MyISAM 表的索引相关信息。

## 5.2　MySQL 工作流程

MySQL 是基于 C/S 架构的关系数据库管理系统，其工作流程如图 5-2 所示。

① 在操作系统中启动 MySQL 服务。

② MySQL 服务启动后，先将 MySQL 配置文件的参数信息读入 MySQL 服务器内存。

③ 根据 MySQL 配置文件的参数信息或者编译 MySQL 时参数的默认值，生成一个 MySQL 服务实例进程。

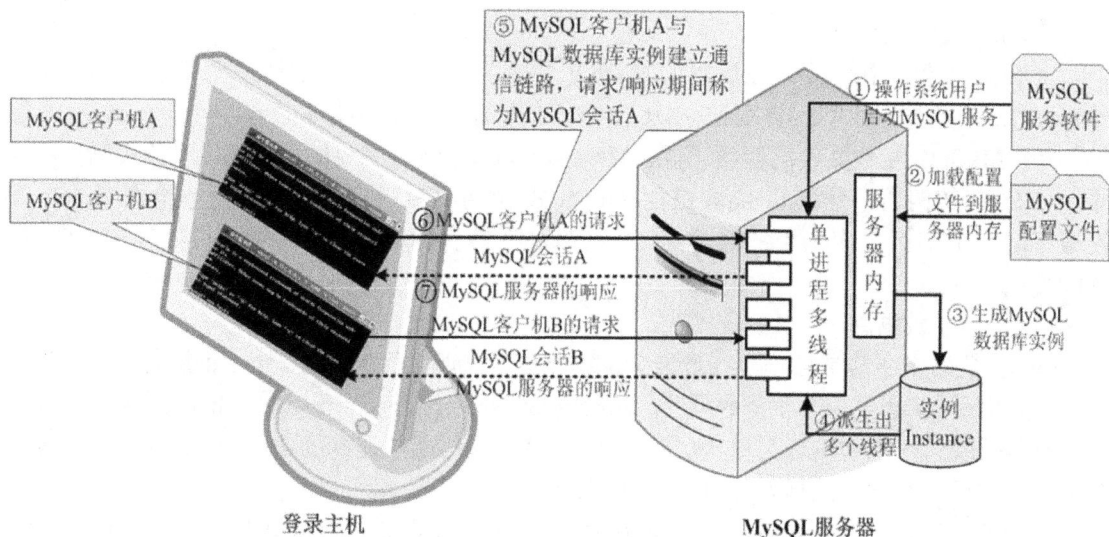

图 5-2　MySQL 工作流程

④ MySQL 服务实例进程派生出多个线程，为多个 MySQL 客户机提供服务。

⑤ 数据库用户访问 MySQL 服务器的数据时，需要先选择一台登录主机，在该主机上开启 MySQL 客户机，输入正确的账户名、密码，建立一条 MySQL 客户机与 MySQL 服务器之间的"通信链路"。

⑥ 用户可以在 MySQL 客户机上"书写" MySQL 命令或 SQL 语句，它们沿着该通信链路发给 MySQL 服务实例。这个过程称为 MySQL 客户机向 MySQL 服务器发送请求。

⑦ MySQL 服务实例负责解析这些 MySQL 命令或 SQL 语句，并选择一种执行计划运行这些 MySQL 命令或 SQL 语句，然后将执行结果沿着通信链路返回给 MySQL 客户机。这个过程称为 MySQL 服务器向 MySQL 客户机返回响应。

⑧ 用户关闭 MySQL 客户机，通信链路被断开，对应的 MySQL 会话结束。

# 5.3　MySQL 数据库系统

MySQL 数据库系统主要由如下三部分组成。

### 1. MySQL 数据库服务

MySQL 数据库服务部分主要包括 MySQL 服务器、MySQL 实例和 mysql 数据库，通常简称为 MySQL 服务，对应官方技术文档的"MySQL Service""MySQL Server"或"MySQL Database Server"。

（1）MySQL 服务器

MySQL 服务器也称为 MySQL 数据库服务，它是保存在 MySQL 服务器上的一个服务软件，通常是指 mysqld 服务器程序，它是 MySQL 数据库系统的核心，所有的数据库和数据表操作都由它完成。mysqld 服务器程序的 mysqld_safe 是一个用来启动、监控和（出问题时）重新启动 mysqld 的相关程序。如果在同一台机器上运行了多个服务器，通常需要用 mysqld_multi 程序管理。

（2）MySQL 实例

MySQL 实例是指一个正在运行的 MySQL 服务，其实质是一个进程，只有处于运行状态的 MySQL 服务实例才可以响应 MySQL 客户机的请求，提供数据库服务。同一个 MySQL 服务，如果 MySQL 配置文件的参数不同，启动 MySQL 服务后生成的 MySQL 服务实例也不相同。MySQL 实例通常是指 mysqld 进程（MySQL 服务有且仅有这一个进程，不像 Oracle 等数据库，一个实例对应一堆的进程），以及该进程持有的内存资源。对应官方技术文档的 "MySQL instance"。

（3）mysql 数据库

mysql 数据库通常是指一个物理概念，即一系列物理文件的集合。mysql 数据库下可以创建多个数据库，默认至少有 4 个数据库（information_schema、performance_schema、test、mysql），它们及其关联的一系列物理文件构成整个 mysql 数据库。通常提到的 data 目录是指存储 mysql 数据文件的目录，默认是指 /var/lib/mysql/ 目录。

① information_schema 数据库：系统自带，提供访问数据库元数据的方式，即 Metadata。Metadata 是关于数据的数据，如数据库名或表名、列的数据类型或访问权限等，用于表述该信息的其他术语，包括 "数据字典" 和 "系统目录"。

在 MySQL 中，information_schema 被看作一个数据库，确切地说是信息数据库，实际上是视图，而不是基本表，因此无法看到与之相关的任何文件。information_schema 中有多个只读表。如果想看到它包含什么信息，只需进入这个数据库，然后执行 "SHOW CREATE TABLE 表名" 命令，来查看每个表的功能。

其中，数据目录（catalog）是一组关于数据的数据，也叫元数据。在高级程序设计语言中，程序用到的数据由程序中的说明语句定义，程序运行结束了，这些说明也就失效了。数据库管理系统的任务是管理大量的、共享的、持久的数据。有关这些数据的定义和描述必须长期保存在系统中，一般被组成若干表（即数据目录），由系统管理和使用。

数据目录的内容包括基表、视图的定义、存取路径（索引、散列等）访问权限和用于查询优化的统计数据等的描述。数据目录只能由系统定义并为系统所有，在初始化时由系统自动生成。数据目录是被频繁访问的数据，又是十分重要的数据，数据库管理系统的每部分在运行时几乎都要用到数据目录。如果把数据目录中所有基表的定义全部删除，数据库中的所有数据尽管还存储在数据库中，但是无法访问。为此，数据库管理系统一般不允许用户对数据目录进行更新操作，只允许进行有控制的查询。

② performance_schema 数据库：MySQL 5.5 新增的，主要针对性能，用于收集数据库服务器性能参数。其功能如下：

❖ 提供进程等待的详细信息，包括锁、互斥变量、文件信息。
❖ 保存历史事件汇总信息，为判断 MySQL 服务器性能做出详细的依据。
❖ 添加或删除监控事件点都非常容易，并可以随意改变 MySQL 服务器的监控周期。

③ test 数据库：测试库。

④ mysql 数据库：记录用户权限、帮助、日志等信息，提供数据字典的功能。

mysql 数据库是 MySQL 数据库的一个数据库名称，是创建 MySQL 数据库时自动创建的，主要存储一些系统对象，如用户、权限、对象列表等字典信息。

sys 数据库是 MySQL 5.7 中新增的一个系统信息库，存储系统的元数据信息，可以让 DBA 发现数据库中的信息，在解决性能瓶颈、自动化运维等方面提供帮助。

### 2．MySQL 客户程序和工具程序

MySQL 客户程序和工具程序主要负责与服务器进行通信。

① mysql：把 SQL 语句发往服务器并让查看其结果的交互式程序，在[mysql_software]/bin 目录下，完成连接数据库、查询、修改对象操作，执行维护操作。

② mysqladmin：完成关闭服务器或在服务器运行不正常时检查其运行状态等工作的管理性程序。

③ mysqlcheck、isamchk、muisamchk：对数据表进行分析和优化，即当数据表损坏时，可以进行崩溃恢复工作。

⑤ mysqldump 和 mysqlhotcopy：备份数据库或者把数据库复制到另一个服务器。

### 3．服务器的语言 SQL

SQL（Structured Query Language，结构化查询语言）是专门用来与数据库通信的语言。

在 MySQL 系统中要注意"MySQL 数据库""mysql 数据库""mysql 库"和"mysql 工具"的区别，以免混淆。

## 5.4　MySQL 服务器和端口号

### 1．MySQL 服务器

安装有 MySQL 服务的主机系统应该包括操作系统、CPU、内存、硬盘等软、硬件资源。特殊情况下，同一台 MySQL 服务器可以安装多个 MySQL 服务，甚至可以同时运行多个 MySQL 服务实例，各 MySQL 服务实例占用不同的端口号，为不同的 MySQL 客户机提供服务。简言之，同一台 MySQL 服务器同时运行多个 MySQL 服务实例时，用端口号区分它们。

### 2．端口号

服务器上运行的网络程序一般是通过端口号来识别的，一台主机的端口号可以有 65536 个。典型的端口号的例子是某台主机同时运行多个 QQ 进程，QQ 进程之间使用不同的端口号进行辨识。"MySQL 服务器"可以想象成一部双卡双待（甚至多卡多待）的"手机"，"端口号"想象成"SIM 卡槽"，每个"SIM 卡槽"可以安装一张"SIM 卡"，"SIM 卡"想象成"MySQL 服务"。手机启动后，手机同时运行了多个"MySQL 服务实例"，手机通过"SIM 卡槽"识别每个"MySQL 服务实例"。

## 5.5　MySQL 的安装和使用

### 1．MySQL 的下载和安装

用户可以到官方网站 www.mysql.com 下载最新版本的 MySQL 软件。MySQL 社区版是自由下载而且完全免费的，但是官方不提供任何技术的支持，适合大多数普通用户；企业版是收费的，不能在线下载，提供更多功能和更完备的技术支持，更适合对数据库的功能和可靠性要求较高的企业用户。MySQL 的版本更新很快，从 MySQL 版本 5 开始，开始支持触发器、视图、存储过程等数据库对象。

本书所用 Linux 环境为：CentOS 7，GNOME 桌面环境，创建的用户名为 root01；MySQL 版本为 5.7.23（"5"表示主版本号，"7"表示发行的级别，"23"表示该级别下的版本号）。

下面详细介绍在 CentOS 7 平台上下载并安装 MySQL 的步骤。从 CentOS 7 系统开始，MariaDB 成为 YUM（Yellow dog Updater, Modified，专门为了解决包的依赖关系而存在的软件包管理器）源中默认的数据库安装包。在 CentOS 7 及以上系统中使用 YUM 安装 MySQL 包将无法使用 MySQL。

（1）检查 MariaDB 是否安装

命令如下（如图 5-3 所示）：

```
yum list installed | grep mariadb
```

```
Last login: Wed Sep 26 10:24:38 2018
[root01@localhost ~]$ yum list installed | grep mariadb
mariadb-libs.x86_64                    1:5.5.56-2.el7                    @anaconda
```

图 5-3　检查 MariaDB 是否安装

（2）卸载全部 MariaDB

命令如下（如图 5-4 所示）：

```
yum -y remove mariadb*
```

```
[root@localhost root01]# yum -y remove mariadb*
Loaded plugins: fastestmirror, langpacks
Resolving Dependencies
--> Running transaction check
---> Package mariadb-libs.x86_64 1:5.5.56-2.el7 will be erased
--> Processing Dependency: libmysqlclient.so.18()(64bit) for package: 2:postfix-2.10.1-6.el7.x86_64
--> Processing Dependency: libmysqlclient.so.18(libmysqlclient_18)(64bit) for package: 2:postfix-2.10.1-6.el7.x
86_64
--> Running transaction check
---> Package postfix.x86_64 2:2.10.1-6.el7 will be erased
--> Finished Dependency Resolution
base/7/x86_64                                                                | 3.6 kB  00:00:00
base/7/x86_64/group_gz                                                       | 166 kB  00:00:00
base/7/x86_64/primary_db                                                     | 5.9 MB  00:00:02
extras/7/x86_64                                                              | 3.4 kB  00:00:00
extras/7/x86_64/primary_db                                                   | 187 kB  00:00:00
updates/7/x86_64                                                             | 3.4 kB  00:00:00
updates/7/x86_64/primary_db                                                  | 5.2 MB  00:00:02

Dependencies Resolved
```

图 5-4　卸载全部 MariaDB

显示如图 5-5 所示。

```
Removing:
 mariadb-libs              x86_64              1:5.5.56-2.el7              @anaconda              4.4 M
Removing for dependencies:
 postfix                   x86_64              2:2.10.1-6.el7              @anaconda               12 M

Transaction Summary
==========================================================================================================
Remove  1 Package (+1 Dependent package)

Installed size: 17 M
Downloading packages:
Running transaction check
Running transaction test
Transaction test succeeded
Running transaction
  Erasing    : 2:postfix-2.10.1-6.el7.x86_64                                                           1/2
  Erasing    : 1:mariadb-libs-5.5.56-2.el7.x86_64                                                      2/2
  Verifying  : 1:mariadb-libs-5.5.56-2.el7.x86_64                                                      1/2
  Verifying  : 2:postfix-2.10.1-6.el7.x86_64                                                           2/2

Removed:
  mariadb-libs.x86_64 1:5.5.56-2.el7

Dependency Removed:
  postfix.x86_64 2:2.10.1-6.el7

Complete!
```

图 5-5　卸载结果

（3）下载 MySQL 的 yum 源（如图 5-6 所示）

首先进入要下载的路径，命令如下：

```
cd /usr/local/src
```

然后下载，命令如下：

```
wget https://dev.mysql.com/get/mysql57-community-release-el7-11.noarch.rpm
```

```
[root@localhost src]# cd /usr/local/src
[root@localhost src]# wget https://dev.mysql.com/get/mysql57-community-release-el7-11.noarch.rpm
--2018-09-26 10:56:07--  https://dev.mysql.com/get/mysql57-community-release-el7-11.noarch.rpm
Resolving dev.mysql.com (dev.mysql.com)... 137.254.60.11
Connecting to dev.mysql.com (dev.mysql.com)|137.254.60.11|:443... connected.
HTTP request sent, awaiting response... 302 Found
Location: https://repo.mysql.com//mysql57-community-release-el7-11.noarch.rpm [following]
--2018-09-26 10:56:09--  https://repo.mysql.com//mysql57-community-release-el7-11.noarch.rpm
Resolving repo.mysql.com (repo.mysql.com)... 23.217.125.65
Connecting to repo.mysql.com (repo.mysql.com)|23.217.125.65|:443... connected.
HTTP request sent, awaiting response... 200 OK
Length: 25680 (25K) [application/x-redhat-package-manager]
Saving to: ' mysql57-community-release-el7-11.noarch.rpm'

100%[==================================================================================================>] 25,680      147KB/s   in 0.2s

2018-09-26 10:56:11 (147 KB/s) - ' mysql57-community-release-el7-11.noarch.rpm'  saved [25680/25680]
```

图 5-6　下载 MySQL 的 yum 源

（4）安装 MySQL 的 yum 源（如图 5-7 所示）

命令如下：

```
rpm -ivh mysql57-community-release-el7-11.noarch.rpm
```

```
[root@localhost src]# rpm -ivh mysql57-community-release-el7-11.noarch.rpm
warning: mysql57-community-release-el7-11.noarch.rpm: Header V3 DSA/SHA1 Signature, key ID 5072e1f5: NOKEY
Preparing...                          ################################# [100%]
Updating / installing...
   1:mysql57-community-release-el7-11 ################################# [100%]
```

图 5-7　安装 MySQL 的 yum 源

（5）检查 MySQL 的 yum 源是否安装成功（如图 5-8 所示）

命令如下：

```
yum repolist enabled | grep "mysql.*-community.*"
```

```
[root@localhost root01]# yum repolist enabled | grep "mysql.*-community.*"
mysql-connectors-community/x86_64      MySQL Connectors Community          65
mysql-tools-community/x86_64           MySQL Tools Community               69
mysql57-community/x86_64               MySQL 5.7 Community Server         287
```

图 5-8　检查 MySQL 的 yum 源是否安装成功

（6）查看 MySQL 版本

命令如下：

```
yum repolist all | grep mysql
```

```
[root@localhost root01]#  yum repolist all | grep mysql
mysql-cluster-7.5-community/x86_64 MySQL Cluster 7.5 Community    disabled
mysql-cluster-7.5-community-source MySQL Cluster 7.5 Community -  disabled
mysql-cluster-7.6-community/x86_64 MySQL Cluster 7.6 Community    disabled
mysql-cluster-7.6-community-source MySQL Cluster 7.6 Community -  disabled
mysql-connectors-community/x86_64  MySQL Connectors Community     enabled:    65
mysql-connectors-community-source  MySQL Connectors Community - S disabled
mysql-tools-community/x86_64       MySQL Tools Community          enabled:    69
mysql-tools-community-source       MySQL Tools Community - Source disabled
mysql-tools-preview/x86_64         MySQL Tools Preview            disabled
mysql-tools-preview-source         MySQL Tools Preview - Source   disabled
mysql55-community/x86_64           MySQL 5.5 Community Server     disabled
mysql55-community-source           MySQL 5.5 Community Server - S disabled
mysql56-community/x86_64           MySQL 5.6 Community Server     disabled
mysql56-community-source           MySQL 5.6 Community Server - S disabled
mysql57-community/x86_64           MySQL 5.7 Community Server     enabled:   287
mysql57-community-source           MySQL 5.7 Community Server - S disabled
mysql80-community/x86_64           MySQL 8.0 Community Server     disabled
mysql80-community-source           MySQL 8.0 Community Server - S disabled
```

图 5-9　查看 MySQL 版本

（7）安装 MySQL（如图 5-10 和图 5-11 所示）

命令如下：

```
yum install mysql-community-server
```

然后选择 y 即可。

（8）启动 MySQL 服务并测试连接 MySQL 服务（如图 5-12 所示）

```
[root@localhost root01]# yum install mysql-community-server
Loaded plugins: fastestmirror, langpacks
Loading mirror speeds from cached hostfile
 * base: mirror.bit.edu.cn
 * extras: mirrors.tuna.tsinghua.edu.cn
 * updates: mirror.bit.edu.cn
Resolving Dependencies
--> Running transaction check
---> Package mysql-community-server.x86_64 0:5.7.23-1.el7 will be installed
--> Processing Dependency: mysql-community-common(x86-64) = 5.7.23-1.el7 for package: mysql-community-server-5.7.23-1.el7.x86_64
y--> Processing Dependency: mysql-community-client(x86-64) >= 5.7.9 for package: mysql-community-server-5.7.23-1.el7.x86_64
--> Running transaction check
---> Package mysql-community-client.x86_64 0:5.7.23-1.el7 will be installed
--> Processing Dependency: mysql-community-libs(x86-64) >= 5.7.9 for package: mysql-community-client-5.7.23-1.el7.x86_64
---> Package mysql-community-common.x86_64 0:5.7.23-1.el7 will be installed
--> Running transaction check
---> Package mysql-community-libs.x86_64 0:5.7.23-1.el7 will be installed
--> Finished Dependency Resolution

Dependencies Resolved
```

```
--> Processing Dependency: mysql-community-libs(x86-64) >= 5.7.9 for package: mysql-community-client-5.7.23-1.el7.x86_64
---> Package mysql-community-common.x86_64 0:5.7.23-1.el7 will be installed
--> Running transaction check
---> Package mysql-community-libs.x86_64 0:5.7.23-1.el7 will be installed
--> Finished Dependency Resolution

Dependencies Resolved
================================================================================
 Package                  Arch        Version           Repository         Size
================================================================================
Installing:
 mysql-community-server   x86_64      5.7.23-1.el7      mysql57-community  165 M
Installing for dependencies:
 mysql-community-client   x86_64      5.7.23-1.el7      mysql57-community   24 M
 mysql-community-common   x86_64      5.7.23-1.el7      mysql57-community  274 k
 mysql-community-libs     x86_64      5.7.23-1.el7      mysql57-community  2.2 M

Transaction Summary
================================================================================
Install  1 Package (+3 Dependent packages)

Total download size: 191 M
Installed size: 862 M
Is this ok [y/d/N]: y
Is this ok [y/d/N]: y
Downloading packages:
warning: /var/cache/yum/x86_64/7/mysql57-community/packages/mysql-community-common-5.7.23-1.el7.x86_64.rpm: Header V3 DSA/SHA1 Signature, key ID 5072e1f5: NOKEY:37:14 ETA
Public key for mysql-community-common-5.7.23-1.el7.x86_64.rpm is not installed
(1/4): mysql-community-common-5.7.23-1.el7.x86_64.rpm                | 274 kB  00:00:02
(2/4): mysql-community-libs-5.7.23-1.el7.x86_64.rpm                  | 2.2 MB  00:00:03
(3/4): mysql-community-client-5.7.23-1.el7.x86_64.rpm               |  24 MB  00:01:18
(4/4): mysql-community-server-5.7.23-1.el7.x86_64.rpm  21% [==========-         |  55 kB/s  40 MB  00:47:05 ETA
```

图 5-10　安装 MySQL

```
Total                                                               427 kB/s | 191 MB  00:07:39
Retrieving key from file:///etc/pki/rpm-gpg/RPM-GPG-KEY-mysql
Importing GPG key 0x5072E1F5:
 Userid     : "MySQL Release Engineering <mysql-build@oss.oracle.com>"
 Fingerprint: a4a9 4068 76fc bd3c 4567 70c8 8c71 8d3b 5072 e1f5
 Package    : mysql57-community-release-el7-11.noarch (installed)
 From       : /etc/pki/rpm-gpg/RPM-GPG-KEY-mysql
Is this ok [y/N]: y
Running transaction check
Running transaction test
Transaction test succeeded
Running transaction
Warning: RPMDB altered outside of yum.
  Installing : mysql-community-common-5.7.23-1.el7.x86_64                     1/4
  Installing : mysql-community-libs-5.7.23-1.el7.x86_64                       2/4
  Installing : mysql-community-client-5.7.23-1.el7.x86_64                     3/4
  Installing : mysql-community-server-5.7.23-1.el7.x86_64                     4/4
  Verifying  : mysql-community-server-5.7.23-1.el7.x86_64                     1/4
  Verifying  : mysql-community-client-5.7.23-1.el7.x86_64                     2/4
  Verifying  : mysql-community-common-5.7.23-1.el7.x86_64                     3/4
  Verifying  : mysql-community-libs-5.7.23-1.el7.x86_64                       4/4

Installed:
  mysql-community-server.x86_64 0:5.7.23-1.el7

Dependency Installed:
  mysql-community-client.x86_64 0:5.7.23-1.el7      mysql-community-common.x86_64 0:5.7.23-1.el7      mysql-community-libs.x86_64 0:5.7.23-1.el7

Complete!
```

图 5-11　安装提示

```
[root@localhost root01]# systemctl start mysqld
[root@localhost root01]# mysql -u root
ERROR 1045 (28000): Access denied for user 'root'@'localhost' (using password: NO)
```

图 5-12　启动 MySQL 服务

启动 MySQL 服务，命令如下：

```
systemctl start mysqld
```

测试连接 MySQL 服务，命令如下：

```
mysql -u root        或者        mysql
```

刚安装的 MySQL 是没有密码的，这时会出现如下提醒：

```
ERROR 1045 (28000): Access denied for user 'root'@'localhost' (using password: NO)
```

解决方案如下：

① 停止 MySQL 服务，命令如下：

```
systemctl stop mysqld
```

② 以不检查权限的方式启动 MySQL：

```
mysqld --user=root --skip-grant-tables &
```

③ 再次输入"mysql -u root"或"mysql"即可。

④ 更新密码，命令如下：

```
UPDATE mysql.user SET authentication_string=PASSWORD('root123456') where USER='root';
```

⑤ 刷新，命令如下：

```
flush privileges;
```

⑥ 退出，命令如下：

```
exit
```

设置后，输入"mysql -u root -p"，这时输入刚设置的密码（如图 5-13 所示），就可以登录数据库了。

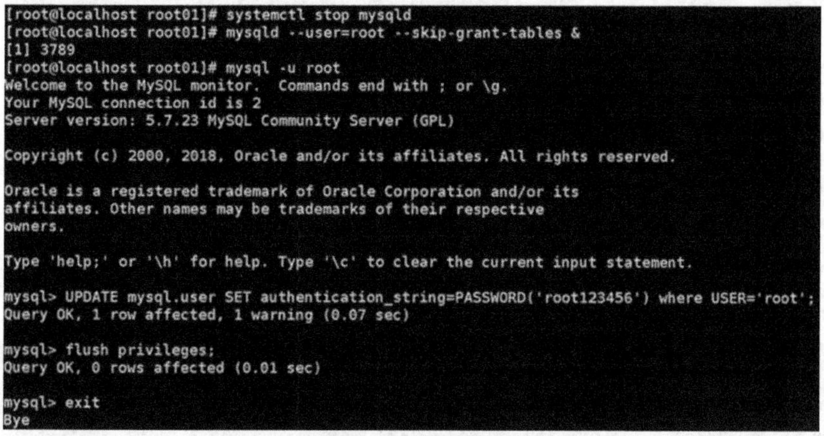

图 5-13 设置密码

⑦ 再次登录数据库，利用"show databases"命令查看数据库，发现报错 error 1820（如图 5-14 所示）。错误原因是密码设置的过于简单。再通过如下命令：

```
SET PASSWORD = PASSWORD(Root@123456)
```

将密码设置成复杂密码。再次登录数据库时就不会报错了。

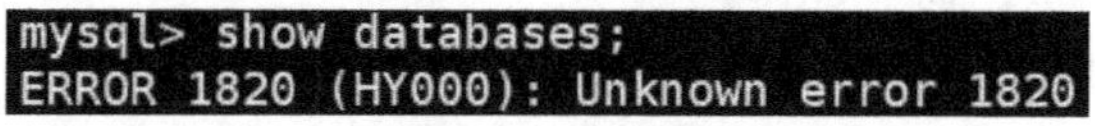

图 5-14 报错

至此，MySQL 已经安装成功（如图 5-15 所示）。

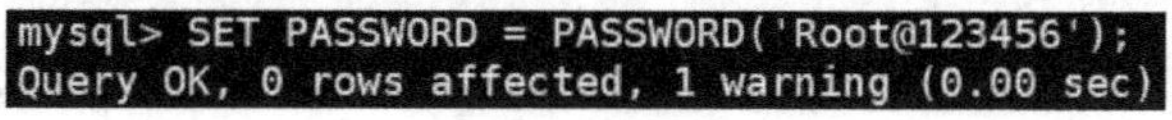

图 5-15 MySQL 安装成功

注意，启动服务时如果出现错误：

```
Job for mysqld.service failed because the control process exited with error code.
See "systemctl status mysqld.service" and "journalctl -xe" for details.
```

原因是权限不够，解决方案为：

```
ls -la /var/lib/mysql
chown -R mysql:mysql /var/lib/mysql
```

## 2. 启动和停止 MySQL 服务器

Linux 下启动、停止、重启 MySQL 数据库的方法如下。

（1）启动（如图 5-16 所示）

```
[root@localhost root01]# service mysqld start
Redirecting to /bin/systemctl start mysqld.service
[root@localhost root01]# mysql -uroot -pCau@123456
mysql: [Warning] Using a password on the command line interface can be insecure.
Welcome to the MySQL monitor.  Commands end with ; or \g.
Your MySQL connection id is 2
Server version: 5.7.23 MySQL Community Server (GPL)

Copyright (c) 2000, 2018, Oracle and/or its affiliates. All rights reserved.

Oracle is a registered trademark of Oracle Corporation and/or its
affiliates. Other names may be trademarks of their respective
owners.

Type 'help;' or '\h' for help. Type '\c' to clear the current input statement.

mysql>
```

图 5-16　启动 MySQL 数据库

使用 service 启动，命令如下：

```
service mysqld start
```

启动后，测试连接"mysql -uroot -pCau@123456"成功。

使用 mysqld 脚本启动，命令如下：

```
/etc/init.d/mysqld start
```

（2）停止（如图 5-17 所示）

```
[root@localhost root01]# service mysqld stop
Redirecting to /bin/systemctl stop mysqld.service
[root@localhost root01]# mysql -uroot -pCau@123456
mysql: [Warning] Using a password on the command line interface can be insecure.
ERROR 2002 (HY000): Can't connect to local MySQL server through socket '/var/lib/mysql/mysql.sock' (2)
```

图 5-17　停止 MySQL 数据库

使用 service 停止，命令如下：

```
service mysqld stop
```

停止后，测试连接"mysql -uroot -pCau@123456"失败。

使用 mysqld 脚本停止，命令如下：

```
/etc/init.d/mysqld stop
```

（3）重启（如图 5-18 所示）

```
[root@localhost root01]# service mysqld stop
Redirecting to /bin/systemctl stop mysqld.service
[root@localhost root01]# mysql -uroot -pCau@123456
mysql: [Warning] Using a password on the command line interface can be insecure.
ERROR 2002 (HY000): Can't connect to local MySQL server through socket '/var/lib/mysql/mysql.sock' (2)
```

图 5-18　重启 MySQL 数据库

使用 service 重启，命令如下：

```
service mysqld restart
```

重启后，测试连接"mysql -uroot -pCau@123456"成功。

使用 mysqld 脚本重启，命令如下：

```
/etc/init.d/mysqld restart
```

### 3．连接和断开 MySQL 服务器

下面分别介绍连接和断开 MySQL 服务器的方法。

MySQL 服务器通过"mysql"命令实现。在 MySQL 服务器启动后，选择"开始→运行"命令，在弹出的"运行"窗口中输入"cmd"命令，回车后进入 DOS 窗口。

连接 MySQL 数据库格式，命令如下：

```
/>mysql  -u 登录名  -h 服务器地址  -p 密码库
```

退出 MySQL 数据库格式，命令如下：

```
/>quit      或者      />exit
```

在命令提示符下输入如图 5-19 所示的命令。

```
[root01@localhost ~]$ mysql -uroot -h127.0.0.1 -pCau@123456
mysql: [Warning] Using a password on the command line interface can be insecure.
Welcome to the MySQL monitor.  Commands end with ; or \g.
Your MySQL connection id is 13
Server version: 5.7.23 MySQL Community Server (GPL)

Copyright (c) 2000, 2018, Oracle and/or its affiliates. All rights reserved.

Oracle is a registered trademark of Oracle Corporation and/or its
affiliates. Other names may be trademarks of their respective
owners.

Type 'help;' or '\h' for help. Type '\c' to clear the current input statement.

mysql> exit;
Bye
[root01@localhost ~]$
```

图 5-19　连接 MySQL 数据库

注意：在连接 MySQL 服务器时，MySQL 服务器所在地址（如-h127.0.0.1）可以省略。输入命令语句后，按 Enter 键即可连接 MySQL 服务器，如图 5-20 所示。

```
[root01@localhost ~]$ mysql -uroot -pCau@123456
mysql: [Warning] Using a password on the command line interface can be insecure.
Welcome to the MySQL monitor.  Commands end with ; or \g.
Your MySQL connection id is 12
Server version: 5.7.23 MySQL Community Server (GPL)

Copyright (c) 2000, 2018, Oracle and/or its affiliates. All rights reserved.

Oracle is a registered trademark of Oracle Corporation and/or its
affiliates. Other names may be trademarks of their respective
owners.

Type 'help;' or '\h' for help. Type '\c' to clear the current input statement.

mysql> exit
Bye
```

图 5-20　连接 MySQL 服务器

为了保护 MySQL 数据库的密码，可以采用如图 5-21 所示的密码输入方式。如果密码在"-p"后直接给出，那么密码以明文显示，如"mysql-uroot-h127.0.0.1-proot"。按 Enter 键后，再输入密码（以加密的方式显示），按 Enter 键即可成功连接 MySQL 服务器。

```
[root01@localhost ~]$ mysql -u root -p
Enter password:
Welcome to the MySQL monitor.  Commands end with ; or \g.
Your MySQL connection id is 10
Server version: 5.7.23 MySQL Community Server (GPL)

Copyright (c) 2000, 2018, Oracle and/or its affiliates. All rights reserved.

Oracle is a registered trademark of Oracle Corporation and/or its
affiliates. Other names may be trademarks of their respective
owners.

Type 'help;' or '\h' for help. Type '\c' to clear the current input statement.

mysql>
```

图 5-21　检查 MariaDB 是否安装

# 5.6　通过 Navicat 操作 MySQL

MySQL 图形化管理工具极大地方便了数据库的操作和管理，常用的有 MySQL Workbench、Navicat、phpMyAdmin 等。本章重点介绍 Navicat 客户端管理工具的下载、安装，以及对 MySQL 数据库的常见操作。

Navicat 是一套快速、可靠且价格便宜的数据库管理工具，专为简化数据库的管理及降低系统管理成本而设，其设计符合数据库管理员、开发人员及中小企业的需要。Navicat 是以直觉化的图形用户界面而建的，可以以安全并且简单的方式创建、组织、访问并共用信息。

### 1. 下载与安装

Navicat 的下载地址为：http://www.navicat.com.cn/download/navicat-for-mysql，根据自己计算机的型号下载对应版本的 Navicat，如 navicat120_premium_cs_x64.tar.gz。这些产品试用期为 14 天，如果长期使用，请按官网提示购买。下载完成后打开终端，切换到 root 账户：

```
sudo su
```

再切换到 navicat120_premium_cs_x64.tar.gz 的安装包目录，并解压（如图 5-22 所示）。命令如下：

```
cd /home/root01/Downloads
tar -zxvf navicat120_premium_cs_x64.tar.gz
```

```
[root@localhost Downloads]# ls
navicat120_premium_cs_x64  navicat120_premium_cs_x64.tar.gz
```

图 5-22　解压命令

将 navicat120_premium_cs_x64 重命名为"navicat"，移到 /opt 目录下（如图 5-23 所示）：

```
mv /home/root01/Downloads/navicat120_premium_cs_x64 /opt
cd /opt
mv navicat120_premium_cs_x64 navicat
```

```
[root@localhost Downloads]# mv /home/root01/Downloads/navicat120_premium_cs_x64 /opt
[root@localhost Downloads]# cd /opt
[root@localhost opt]# ls
navicat120_premium_cs_x64  rh
[root@localhost opt]# mv navicat120_premium_cs_x64 navicat
[root@localhost opt]# ls
navicat  rh
```

图 5-23　移动文件到目录

进入 Navicat 的安装目录，执行“./navicat”命令（如图 5-24 所示）即可启动 Navicat。

```
[root@localhost opt]# cd navicat
[root@localhost navicat]# ls
LGPLV2  Navicat  start_navicat  wine
[root@localhost navicat]# ./start_navicat
```

图 5-24　启动 Navicat

启动后发现乱码，如图 5-25 所示。

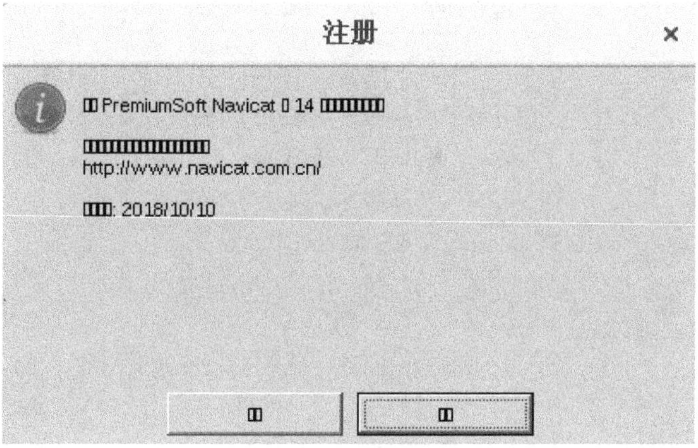


图 5-25　显示乱码

解决方案如下：

```
vi start_navicat
```

将其中的

```
export LANG="en_US.UTF-8"
```

改为如下（如图 5-26 所示）：

```
export LANG="zh_CN.UTF-8"
```

```
# Wine environment variables
WINEDIR="wine"
export LANG="zh_CN.UTF-8"
export PATH="$navicat_root/$WINEDIR/bin":"$navicat_root":"$navicat_root/$WINEDIR/drive_c/windows":"$PATH"
export LD_LIBRARY_PATH="$navicat_root/$WINEDIR/lib":"$navicat_root/lib":"$LD_LIBRARY_PATH"
export WINEDLLPATH="$navicat_root/$WINEDIR/lib/wine"
export WINELOADER="$navicat_root/$WINEDIR/bin/wine64"
export WINESERVER="$navicat_root/$WINEDIR/bin/wineserver"
export WINEPREFIX="$HOME/.navicat64"
export WINEDLLOVERRIDES="ucrtbase,msvcp140,vcruntime140,msvcp110,msvcr110,msxml3=n,b"
```

图 5-26　修改字符集

编辑方式为：按键盘的“a”键，vi 界面出现 INSERT 后，开始进行编辑操作；编辑完毕，按 Esc 键，跳到命令模式，然后进行保存退出或不保存退出操作。

保存，并退出 vi 的命令为：

```
wq   或   :x
```

重新执行命令：

```
./navicat
```

结果如图 5-27 所示。单击“试用”按钮，进入 Navicat，如图 5-28 所示。

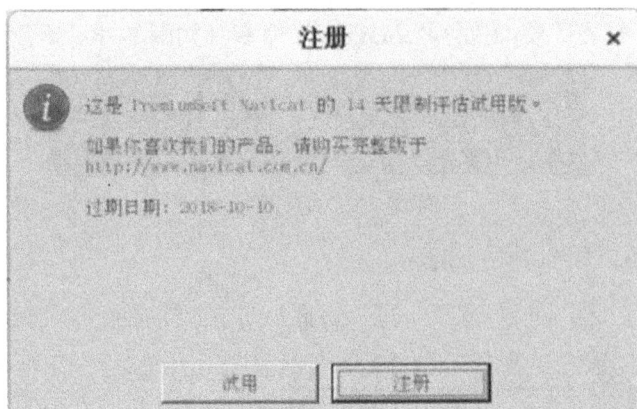

图 5-27　正确显示

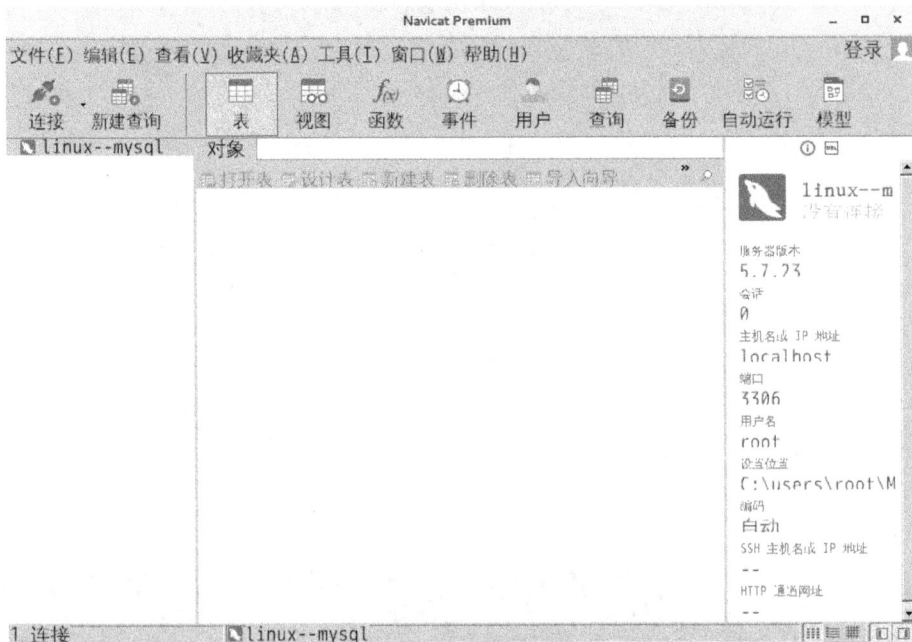

图 5-28　Navicat 界面

## 2．界面操作使用

启动 Navicat，单击主界面左侧的"连接"按钮，如图 5-29 所示，选择"MySQL"，出现连接的对话框，如图 5-30 所示。

输入相应的信息，如"localhost"，单击"连接测试"按钮，如果出现异常，说明连接失败，信息输入有错误。如果测试成功，表示可以正常连接，就可以单击"确定"按钮，进入操作界面，如图 5-31 所示。

双击左上角的连接名，选中"localhost"并单击右键，弹出如图 5-32 所示的快捷菜单，选择"新建数据库"，弹出"新建数据库"对话框，如图 5-33 所示。输入数据库名称"jxgl"（教学管理的拼音首字母），字符集选择"utf-8"，排序规则选择"utf8_general_ci"。

字符集就是一套文字符号及其编码、比较规则的集合，满足应用支持语言的要求。如果应用要处理的语言种类多，需要用不同语言的发布，就应该选择 Unicode 字符集。MySQL 中选择 UTF-8。

图 5-29　连接方式选择

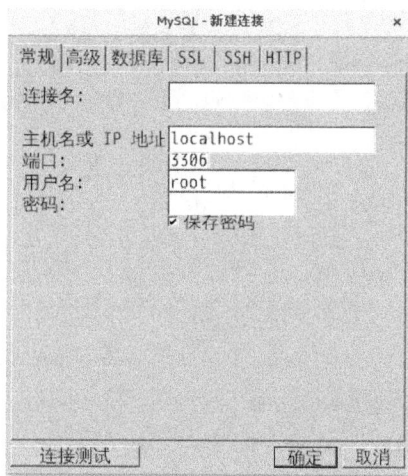

图 5-30　设置连接名

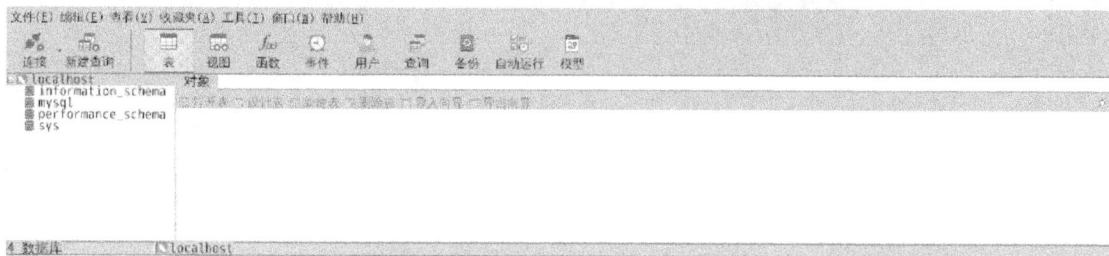

图 5-31　操作界面

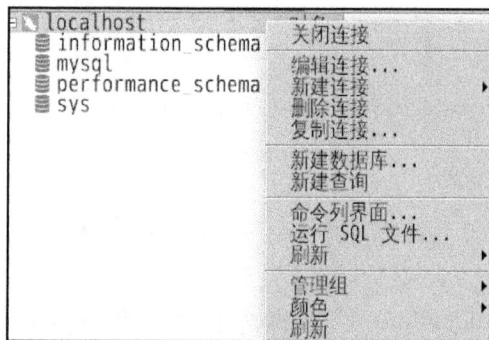

图 5-32　新建数据库

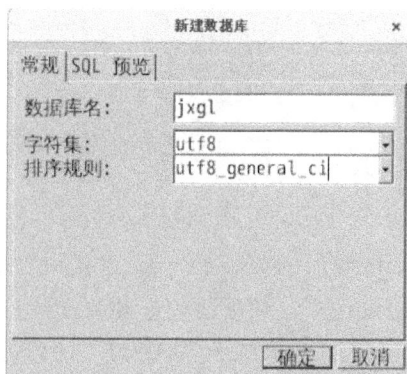

图 5-33　设置数据库

排序规则是根据特定语言和区域设置标准指定对字符串数据进行排序和比较的规则。utf8_general_ci 不区分大小写，utf8_general_cs 区分大小写，则注册用户名和邮箱时需要注意。

单击"确定"按钮后，进入如图 5-34 所示的界面，数据库列表中出现了"jxgl"数据库。

选择"jxgl"，单击右侧的"表"，出现如图 5-35 所示的界面，输入数据库的字段名、类型和其他约束条件，然后保存。

### 3．在 Navicat 中运行 SQL 语句

在 Navicat 中，选择数据库"jxgl"并展开，选中"查询"，单击右键，在弹出的快捷菜单中选择"新建查询"，出现新建查询界面，从中输入创建数据库的 SQL 语句，然后单击"运行"按钮（绿色的三角箭头），运行 SQL 语句。

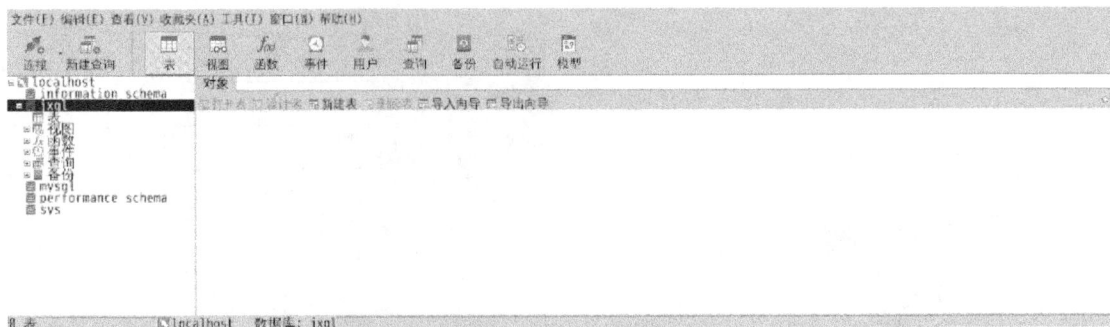

图 5-34　选中数据库图

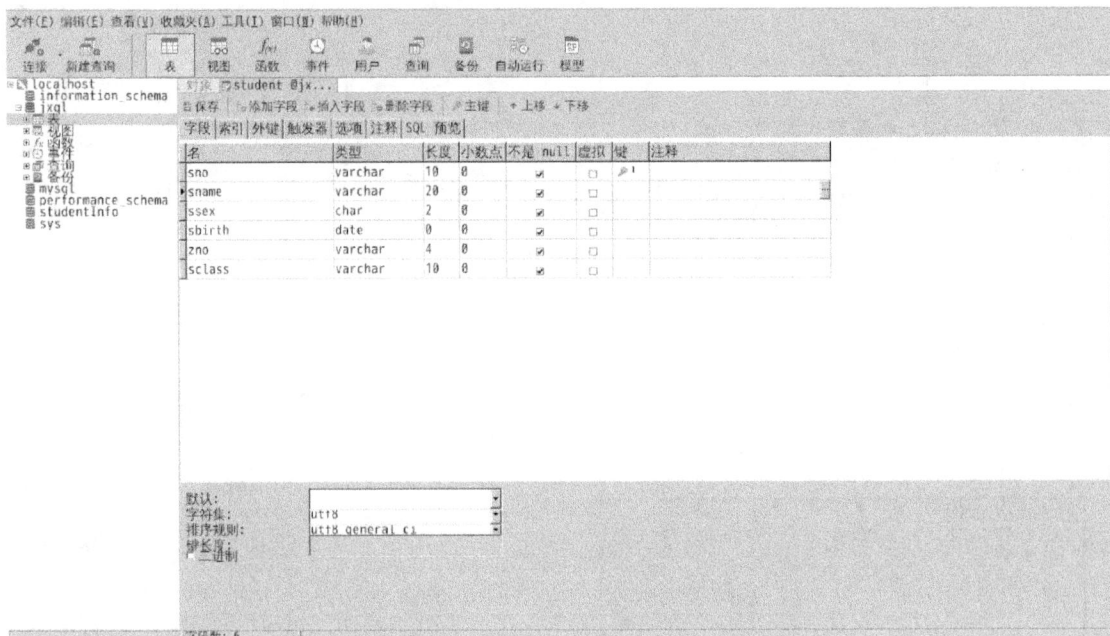

图 5-35　新建表

例如，创建一个名为 studentInfo 的数据库，在查询界面中输入"CREATE DATABASE studentInfo"，然后运行该 SQL 语句。

为了检验数据库中是否已经存在名为 studentInfo 的数据库，我们使用 SHOW DATABASES（如图 5-36 所示）命令查看所有的数据库。

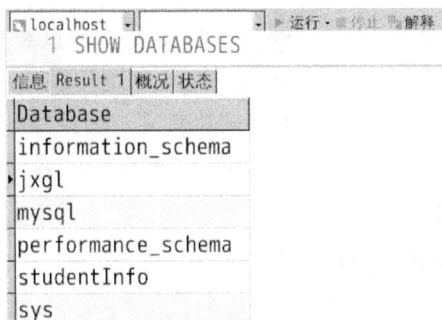

图 5-36　新建表

查询结果显示，已经存在 studentInfo 数据库，说明数据库创建成功。

# 小 结

本章介绍了 MySQL 的相关发展，讲述了其工作流程和系统的构成，并以 CentOS 7 平台为例讲述了 MySQL 的下载、安装、配置、启动和关闭的操作。

# 思考与练习 5

1. 简述 MySQL 的系统特性。
2. 简述 MySQL 的安装与配置过程。
3. 请列举两个常用的 MySQL 客户端管理工具。
4. 以下关于 MySQL 的说法中错误的是（　　）。

   A．MySQL 是一种关系型数据库管理系统

   B．MySQL 软件是一种开放源代码软件

   C．MySQL 服务器工作在 C/S 模式下或嵌入式系统中

   D．MySQL 完全支持标准的 SQL 语句

5. 以下关于 MySQL 配置向导的说法中，错误的是（　　）。

   A．MySQL 安装完毕，会自动启动 MySQL 配置向导

   B．MySQL 配置向导用于配置 Windows 中的服务器

   C．MySQL 配置向导将用户选择结果放到模板中，生成一个 my.ini 文件

   D．MySQL 配置向导可以选择两种配置类型：标准配置和详细配置

6. （　　）是 MySQL 服务器。

   A．MySQL　　　　　B．MySQLD　　　　　C．MySQL Server　　　　D．MySQLS

7. MySQL 是一种（　　）数据库管理系统。

   A．层次型　　　　　B．网络型　　　　　C．关系型　　　　D．对象型

# 第6章　存储引擎与数据库操作管理

数据库是存储数据库对象的容器，是指长期存储在计算机内，有组织和可共享的数据的集合。只是其存储方式有特定的规律。MySQL 数据库的管理主要包括数据库的创建、选择当前操作的数据库、显示数据库结构、删除数据库等操作。在介绍数据库基本操作前，我们先介绍 MySQL 数据库的存储引擎和字符集。

## 6.1　存储引擎

### 6.1.1　存储引擎概述

MySQL 数据库中，典型的数据库对象包括表、视图、索引、存储过程、函数和触发器等，表是其中最重要的数据库对象。SQL 语句"CREATE TABLE 表名"即可创建一个数据库表（后续章节会详细介绍表的创建），在创建数据库表前必须先明确该表的存储引擎。

存储引擎实际上就是如何存储数据、如何为存储的数据建立索引和如何更新、查询数据的机制。因为在关系数据库中数据的存储以表的形式存储，所以存储引擎也可以称为表类型。MySQL 数据库提供了多种存储引擎，用户可以根据不同的需求为数据表选择不同的存储引擎，也可以根据自己的需要编写自己的存储引擎。

MySQL 中的数据用不同的技术存储在文件（或者内存）中，每种技术都使用不同的存储机制、索引技巧、锁定水平，并且最终提供广泛的、不同的功能和能力。用户通过选择不同的技术，能够获得额外的速度或者功能，从而改善应用的整体功能。

这些不同的技术及配套的相关功能在 MySQL 中被称为存储引擎（或表类型）。MySQL 默认配置了许多存储引擎，可以预先设置或者在 MySQL 服务器中启用。用户可以选择适用于服务器、数据库和表格的存储引擎，以便在选择如何存储信息、如何检索这些信息、需要的数据结合什么性能和功能时提供最大的灵活性。

与其他数据库管理系统不同，MySQL 提供了插件式（pluggable）的存储引擎，是基于表的。同一个数据库，不同的表，存储引擎可以不同。甚至，同一个数据库表在不同的场合可以应用不同的存储引擎。

Oracle 和 SQL Server 等数据库中只有一种存储引擎，所有数据存储管理机制都是一样的，但是 MySQL 数据库提供了多种存储引擎。对于不同业务类型的表，为了提升性能，数据库开发人员应该选用更合适的存储引擎。MySQL 常用的存储引擎有 InnoDB 存储引擎、MyISAM 存储引擎。

读者可以查看当前 MySQL 数据库支持的存储引擎。查询方法非常简单，有两种方式：

第一种是通过 SHOW ENGINES 命令查询，语法格式如下：

```
SHOW ENGINES;    或    SHOW ENGINES \G
```

上述语句可以使用";"结束，也可以使用"\g"或"\G"结束，"\g"的作用与";"相同，而"\G"可以让结果更美观。

第二种是通过"SHOW VARIABLES LIKE 'have%'"语句查询。

【例6-1】 登录 MySQL 控制台成功后，执行"SHOW ENGIENS \G"语句并查看结果。执行结果如图 6-1 所示。

```
linux--mysc      ▶运行 ▪停止 ☰解释
   1 SHOW ENGINES \G
```

信息 Result 1 概况 状态

| Engine | Support | Comment | Transactions | XA | Savepoints |
|--------|---------|---------|--------------|-----|------------|
| InnoDB | DEFAULT | Supports transactions, ro | YES | YES | YES |
| MRG_MYISAM | YES | Collection of identical M | NO | NO. | NO |
| MEMORY | YES | Hash based, stored in mem | NO | NO | NO |
| BLACKHOLE | YES | /dev/null storage engine | NO | NO | NO |
| MyISAM | YES | MyISAM storage engine | NO | NO | NO |
| CSV | YES | CSV storage engine | NO | NO | NO |
| ARCHIVE | YES | Archive storage engine | NO | NO | NO |
| PERFORMANCE_SCHEMA | YES | Performance Schema | NO | NO | NO |
| FEDERATED | NO | Federated MySQL storage e | (Null) | (Nul | (Null) |

图 6-1　例 6-1 执行结果

从上述结果可知，当前版本的 MySQL 数据库支持 FEDERATED、MRG_MYISAM、MyISAM、BLACKHOLE、CSV、MEMORY、ARCHIVE、InnoDB 和 PERFORMANCE_SCHEMA 存储引擎。其输出的参数说明如下。

Engine：数据库存储引擎的名称。

Support：MySQL 是否支持该类引擎，YES 表示支持，NO 表示不支持。

Comment：对该引擎的解释说明。

Transactions：是否支持事务处理，YES 表示支持，NO 表示不支持。数据库事务是指作为单个逻辑工作单元执行的一系列操作，要么完全地执行，要么完全地不执行。

XA：是否分布式交易处理的 XA 规范，YES 表示支持，NO 表示不支持。

Savepoints：是否支持保存点，以便事务回滚到保存点，YES 表示支持，NO 表示不支持。

【例6-2】 执行"SHOW VARIABLES LIKE 'have%' \G"语句并查看结果。

执行结果如图 6-2 所示。value 显示"DISABLED"和"YES"的标记表示支持该存储引擎，前者表示数据库启动的时候被禁用。"NO"表示不支持。

【例6-3】 如果读者不确定当前数据库默认存储引擎，可以通过以下语句进行查看。语法格式如下：

```
SHOW VARIABLES LIKE '%storage_engine%';
```

控制台执行上述语句，输出结果如图 6-3 所示。

存储引擎一般是建立表的时候用 engine 来指定的。由于还没有介绍表的创建，因此这里举个简单的例子，以便参考。

【例6-4】 用"USE　studentInfo"命令选择 studentInfo 数据库，用"CREATE TABLE"命令创建 exampleTable，ENGINE 指定数据库的存储引擎是 MyISAM，charset 指定字符集是 utf8，COLLATE 指定校验规则为 utf8_bin。

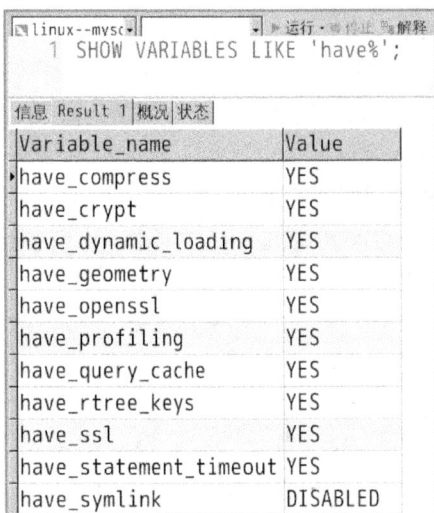

图 6-2　执行结果

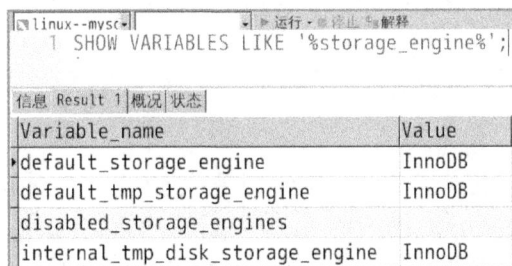

图 6-3　数据库引擎查询结果

结果如图 6-4 所示。

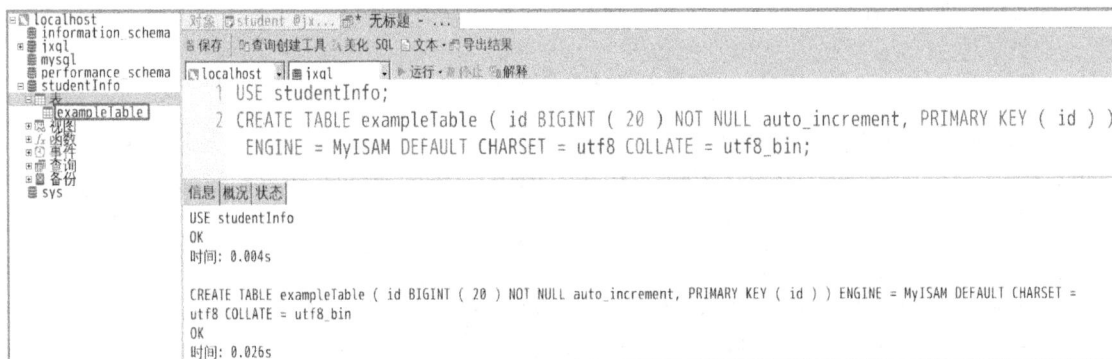

图 6-4　创建表

## 6.1.2　常用存储引擎

### 1．InnoDB 存储引擎

InnoDB 是 MySQL 的数据库引擎之一，为 MySQL AB 发布 binary 的标准之一。InnoDB 由 Innobase Oy 公司开发，是为处理巨大数据量时的最大性能设计的。InnoDB 存储引擎完全与 MySQL 服务器整合，为在主内存中缓存数据和索引而维持自己的缓冲池。

与其他存储引擎相比，InnoDB 存储引擎是事务（Transaction）安全的，并且支持外键（foreign key）。如果某张表主要提供 OLTP 支持，需要执行大量的增、删、改操作（即 insert、delete、update 语句），出于事务安全方面的考虑，InnoDB 存储引擎是更好的选择。对于支持事务的 InnoDB 表，影响速度的主要原因是打开了自动提交（autocommit）选项，或者程序没有显示调用"begin transaction;"（开始事务）和"commit;"（提交事务），导致每条 insert、delete、update 语句都自动开始事务和提交事务，严重影响了更新语句（insert、delete、update 语句）的执行效率。让多条更新语句形成一个事务，可以大大提高更新操作的性能（有关事务的概念将在后续章节介绍）。

从 MySQL 5.6 版本开始，InnoDB 存储引擎的表已经支持全文索引，这将大幅提升其文本检索能力。

InnoDB 存储引擎的数据库表存在表空间的概念。表空间是数据库的逻辑划分，一个表空间只能属于一个数据库。所有的数据库对象都存放在指定的表空间中，但主要存放的是表。

表空间分为共享表空间和独享表空间。

共享表空间：MySQL 服务实例承载的所有数据库的所有 InnoDB 表的数据信息、索引信息、各种元数据信息和事务的回滚（UNDO）信息，全部存放在共享表空间文件中。默认情况下，该文件位于数据库的根目录下，文件名是 ibdatal，且文件的初始大小为 10 MB。MySQL 命令"show variables like 'innodb_data_file_path'"可以查看该文件的属性（文件名、文件的初始大小、自动增长等属性信息）。

独享表空间：如果将全局系统变量 innodb_file_per_table 的值设置为 ON（innodb_file_per_table 的默认值为 OFF），那么再创建 InnoDB 存储引擎的新表时，这些表的数据信息、索引信息将保存到独享表空间文件中。

### 2．MyISAM 存储引擎

MyISAM 是默认存储引擎，基于传统的 ISAM 类型。ISAM（Indexed Sequential Access Method，有索引的顺序访问方法）是存储记录和文件的标准方法。与其他存储引擎比较，MyISAM 具有检查和修复表的大多数工具。MyISAM 表可以被压缩，而且支持全文搜索。它们不是事务安全的，也不支持外键。如果是不完全回滚，那么不具有原子性。如果执行大量查询操作，那么 MyISAM 是更好的选择。

如果某个表主要提供 OLAP 支持，那么建议选用 MyISAM 存储引擎。

### 3．Memory 存储引擎

Memory 存储引擎（之前称为 HEAP 存储引擎）是将表中的数据存放在内存中，如果数据库重启或发生崩溃，表中的数据都将消失。Memory 存储引擎非常适合存储临时数据的临时表和数据仓库中的纬度表，默认使用哈希（Hash）索引，而不是 B 型树索引。

虽然 Memory 存储引擎速度非常快，但在使用上有一定限制。比如，其只支持表锁，并发性能较差，并且不支持 TEXT 和 BLOB 列类型。最重要的是，存储变长字段（varchar）时，Memory 存储引擎是按照定常字段（char）的方式进行的，因此会浪费内存。

注意，MySQL 数据库使用 Memory 存储引擎作为临时表来存放查询的中间结果集（intermediate result）。如果中间结果集大于 Memory 存储引擎表的容量设置，或者中间结果含有 TEXT 或 BLOB 列类型字段，则 MySQL 数据库会把其转换为 MyISAM 存储引擎表而存放到磁盘。之前提到 MyISAM 不缓存数据文件，因此这时产生的临时表的性能对于查询会有损失。

> 哈希索引的速度比 B 型树索引快，如果希望使用 B 型树索引，那么可以在创建索引时选择使用。

### 4．Merge 存储引擎

Merge 存储引擎是一组 MyISAM 表的组合，这些 MyISAM 表必须结构完全相同，Merge 表本身没有数据，对 Merge 类型的表可以进行查询、更新、删除操作，这些操作实际上是对内部的 MyISAM 表进行的。Merge 类型表的插入操作是通过 INSERT_METHOD 字句定义插入的表，可以有 3 个不同的值，使用 FIRST 或 LAST 值使的插入操作被相应地作用在第一个或最后一个表上，不定义这个字句或者定义为 NO，表示不能对这个 Merge 表执行插入操作。

对 Merge 表进行 DROP 操作只是删除 Merge 的定义，对内部的表没有任何影响。Merge 表在磁盘上保留两个文件，文件名以表的名字开始：.frm 文件存储表定义，.mrg 文件包含组合表的信息，包括 Merge 表由哪些表组成、插入新的数据时的依据。可以通过修改.mrg 文件来修改 Merge 表，但是修改后要通过 FLUSH TABLES 命令刷新。

## 6.1.3　其他存储引擎

当前版本的 MySQL 数据库还支持其他存储引擎，下面简单介绍。

### 1．BlackHole 存储引擎

BlackHole 存储引擎是一个非常有意思的存储引擎，功能恰如其名，就是一个"黑洞"。就像 UNIX 系统下的"/dev/null"设备，不管写入任何信息，都是有去无回的。那么，BlackHole 存储引擎对我们有什么用呢？MySQL 提供这个存储引擎的用意何在？它虽然不能存储数据，但是 MySQL 数据库会正常记录下 Binlog（二进制日志，记录对数据发生或潜在发生更改的 SQL 语句，并以二进制的形式保存在磁盘中），而这些 Binlog 会被正常同步到 Slave 上，可以在 Slave 上对数据进行后续处理。

BlackHole 存储引擎一般用于以下场合：

❖ 验证存储文件语法的正确性

❖ 来自二进制日志记录的开销测量，通过比较，允许或禁止二进制日志功能的 BlackHole。

❖ 查找与存储和引擎自身不相关的性能瓶颈。

### 2．CSV 存储引擎

CSV 存储引擎实际上操作的是一个标准的 CSV 文件，不支持索引。其主要作用是：在通过数据库中的数据导出成一份报表文件时，CSV 文件是很多软件支持的一种标准格式，所以我们可以通过先在数据库中建立一张 CVS 表，然后将生成的报表信息插入该表，即可得到一份 CSV 报表文件。

### 3．Archive 存储引擎

Archive 存储引擎主要用于通过较小的存储空间来存放过期的很少访问的历史数据。Archive 表不支持索引，依靠.frm 文件（结构定义）、.arz 文件（数据压缩）、.arm 的 meta.信息文件。由于其存放的数据的特殊性，Archive 表不支持删除、修改操作，仅支持插入和查询操作。Archive 表的锁定机制为行级锁定。

## 6.1.4　存储引擎的选择

在选择存储引擎时应根据应用特点选择合适的存储引擎。复杂的应用系统还可以根据实际情况选择多种存储引擎的组合。

MyISAM 的适用场景如下：不需要事务支持、并发相对较低、数据修改相对较少、以读为主、数据一致性要求较高。

MyISAM 使用时，尽量索引（缓存机制），调整读写优先级，根据实际需求确保重要操作更优先，启用延迟插入改善大批量写入性能，尽量顺序操作让 insert 数据都写到尾部，减少阻塞，分解大的操作，降低单个操作的阻塞时间，降低并发数，某些高并发场景通过应用进行排队机制，相对静态的数据充分利用 Query Cache 可以极大提高访问效率。MyISAM 的 Count 只有在全表扫描时特别高效，带有其他条件的 count 都需要进行实际的数据访问。

InnoDB 的适用场景是需要事务支持、行级锁定对高并发有很好的适应能力，但需要确保查询是通过索引完成的，数据更新较为频繁

InnoDB 使用时，主键尽可能小，避免给 Secondary index 带来过大的空间负担，避免全表扫描，因为会使用表锁，尽可能缓存所有的索引和数据，提高响应速度，在大批量小插入时合理设置 innodb_flush_log_at_trx_commit 参数值，尽量自己控制事务而不使用 autocommit（自动提交），不要过度追求安全性，避免主键更新，因为这会带来大量的数据移动。

Memory 存储引擎的适用场景是需要很快的读写速度、对数据的安全性要求较低，对表的大小有要求，不能是太大的表。

## 6.2　字符集

从本质上来说，计算机只能识别二进制代码，不论是计算机程序还是要处理的数据，最终都必须转换成二进制码，计算机才能识别。为了使计算机不仅能做科学计算，也能处理文字信息，人们想出了给每个文字符号编码以便计算机识别处理的办法，这就是计算机字符集产生的原因。

20 世纪 60 年代初期，美国 ANSI 发布了第一个计算机字符集 ASCII（American Standard Code for Information Interchange），后来变成了国际标准 IS0-646。ASCII 字符集采用 7 位编码，定义了包括大/小写英文字母、阿拉伯数字、标点符号和 33 个控制符号等。虽然现在看来，这个字符集很简单，包括的符号很少，但它依然是计算机世界奠基性的标准，其后指定的各种字符集基本都兼容 ASCII 字符集。为了处理不同的语言和文字，很多组织和机构先后创建了几百种字符集，如 ISO-8859 系列、GBK 等，它们收录的字符和字符的编码规则各不相同，给计算机软件开发和移植带来了很大困难。所以，统一字符集编码成了 20 世纪 80 年代计算机行业的迫切需要和普遍共识。

### 6.2.1　MySQL 支持的字符集

默认情况下，MySQL 使用字符集为 latin1（西欧 ISO_8859_1 字符集的别名）。由于 latin1 字符集是单字符编码，而汉字是双字节编码，由此可能导致 MySQL 数据库不支持中文字符查询或者中文字符乱码等问题。因此需要对字符集及字符排序柜进行设置。

MySQL 服务器支持多种字符集，同一台服务器、同一个数据库甚至同一个表的不同字段可以使用相同的字符集，可以用 "SHOW CHARACTER SET" 命令查看所有可以使用的字符集，如图 6-5 所示。或者使用 information_schema.character_sets 命令显示所有的字符集和该字符集默认校对规则，如图 6-6 所示。

MySQL 字符集包括字符集和校对规则两个概念。字符集用来定义 MySQL 存储字符串的方式，校对规则定义比较字符串的方式。字符集和校对规则是一对多的关系，两个不同的字

| Charset | Description | Default collation | Maxlen |
|---|---|---|---|
| big5 | Big5 Traditional Chinese | big5_chinese_ci | 2 |
| dec8 | DEC West European | dec8_swedish_ci | 1 |
| cp850 | DOS West European | cp850_general_ci | 1 |
| hp8 | HP West European | hp8_english_ci | 1 |
| koi8r | KOI8-R Relcom Russian | koi8r_general_ci | 1 |
| latin1 | cp1252 West European | latin1_swedish_ci | 1 |
| latin2 | ISO 8859-2 Central European | latin2_general_ci | 1 |
| swe7 | 7bit Swedish | swe7_swedish_ci | 1 |
| ascii | US ASCII | ascii_general_ci | 1 |
| ujis | EUC-JP Japanese | ujis_japanese_ci | 3 |
| sjis | Shift-JIS Japanese | sjis_japanese_ci | 2 |
| hebrew | ISO 8859-8 Hebrew | hebrew_general_ci | 1 |
| tis620 | TIS620 Thai | tis620_thai_ci | 1 |
| euckr | EUC-KR Korean | euckr_korean_ci | 2 |
| koi8u | KOI8-U Ukrainian | koi8u_general_ci | 1 |
| gb2312 | GB2312 Simplified Chinese | gb2312_chinese_ci | 2 |
| greek | ISO 8859-7 Greek | greek_general_ci | 1 |
| cp1250 | Windows Central European | cp1250_general_ci | 1 |
| gbk | GBK Simplified Chinese | gbk_chinese_ci | 2 |
| latin5 | ISO 8859-9 Turkish | latin5_turkish_ci | 1 |

| Charset | Description | Default collation | Maxlen |
|---|---|---|---|
| armscii8 | ARMSCII-8 Armenian | armscii8_general_ci | 1 |
| utf8 | UTF-8 Unicode | utf8_general_ci | 3 |
| ucs2 | UCS-2 Unicode | ucs2_general_ci | 2 |
| cp866 | DOS Russian | cp866_general_ci | 1 |
| keybcs2 | DOS Kamenicky Czech-Slovak | keybcs2_general_ci | 1 |
| macce | Mac Central European | macce_general_ci | 1 |
| macroman | Mac West European | macroman_general_ | 1 |
| cp852 | DOS Central European | cp852_general_ci | 1 |
| latin7 | ISO 8859-13 Baltic | latin7_general_ci | 1 |
| utf8mb4 | UTF-8 Unicode | utf8mb4_general_ci | 4 |
| cp1251 | Windows Cyrillic | cp1251_general_ci | 1 |
| utf16 | UTF-16 Unicode | utf16_general_ci | 4 |
| utf16le | UTF-16LE Unicode | utf16le_general_ci | 4 |
| cp1256 | Windows Arabic | cp1256_general_ci | 1 |
| cp1257 | Windows Baltic | cp1257_general_ci | 1 |
| utf32 | UTF-32 Unicode | utf32_general_ci | 4 |
| binary | Binary pseudo charset | binary | 1 |
| geostd8 | GEOSTD8 Georgian | geostd8_general_ci | 1 |
| cp932 | SJIS for Windows Japanese | cp932_japanese_ci | 2 |
| eucjpms | UJIS for Windows Japanese | eucjpms_japanese_ | 3 |
| utf8 | UTF-8 Unicode | utf8_general_ci | 3 |
| ucs2 | UCS-2 Unicode | ucs2_general_ci | 2 |
| cp866 | DOS Russian | cp866_general_ci | 1 |
| keybcs2 | DOS Kamenicky Czech-Slovak | keybcs2_general_ci | 1 |
| macce | Mac Central European | macce_general_ci | 1 |

图 6-5　字符集列表

| Charset | Description | Default collation | Maxlen |
|---|---|---|---|
| macroman | Mac West European | macroman_general_ | 1 |
| cp852 | DOS Central European | cp852_general_ci | 1 |
| latin7 | ISO 8859-13 Baltic | latin7_general_ci | 1 |
| utf8mb4 | UTF-8 Unicode | utf8mb4_general_ci | 4 |
| cp1251 | Windows Cyrillic | cp1251_general_ci | 1 |
| utf16 | UTF-16 Unicode | utf16_general_ci | 4 |
| utf16le | UTF-16LE Unicode | utf16le_general_ci | 4 |
| cp1256 | Windows Arabic | cp1256_general_ci | 1 |
| cp1257 | Windows Baltic | cp1257_general_ci | 1 |
| utf32 | UTF-32 Unicode | utf32_general_ci | 4 |
| binary | Binary pseudo charset | binary | 1 |
| geostd8 | GEOSTD8 Georgian | geostd8_general_ci | 1 |
| cp932 | SJIS for Windows Japanese | cp932_japanese_ci | 2 |
| eucjpms | UJIS for Windows Japanese | eucjpms_japanese_ | 3 |
| gb18030 | China National Standard GB18 | gb18030_chinese_ci | 4 |

图 6-5　字符集列表（续）

```
localhost ▾  mysql      ▾ ▶运行 ▾ 停止 ▾ 解释
  1 DESC information_schema.character_sets
```

信息 Result 1 概况 状态

| Field | Type | Null | Key | Default | Extra |
|---|---|---|---|---|---|
| CHARACTER_SET_NAME | varchar(32) | NO | | | |
| DEFAULT_COLLATE_NAME | varchar(32) | NO | | | |
| DESCRIPTION | varchar(60) | NO | | | |
| MAXLEN | bigint(3) | NO | | 0 | |

图 6-6　字符集校对规则

符集不能有相同的校对规则，每个字符集有一个默认校对规则，如 GBK 默认校对规则是 gbk_chinese_ci。

对于校验规则命名约定，它们以其相关的字符集名开始，通常包括一个语言名，并且以 _ci（大小写不敏感）、_cs（大小写敏感）或 _bin（按照二进制编码值进行比较）结束。

MySQL 支持 30 多种字符集的 70 多种校对规则。每个字符集至少对应一个校对规则。可以用 "SHOW COLLATION LIKE '***'" 命令（如图 6-7 所示）或者通过系统表 information_schema.COLLATIONS 来查看相关字符集的校对规则。

```
localhost ▾  mysql      ▾ ▶运行 ▾ 停止 ▾ 解释
  1 SHOW COLLATION LIKE 'gbk%';
```

信息 Result 1 概况 状态

| Collation | Charset | Id | Default | Compiled | Sortlen |
|---|---|---|---|---|---|
| gbk_chinese_ci | gbk | 28 | Yes | Yes | 1 |
| gbk_bin | gbk | 87 | | Yes | 1 |

图 6-7　GBK 字符集校对规则

GBK 校对规则中，gbk_chinese_ci 校对规则是默认的校对规则，规定对大小写不敏感，即如果指定比较 "N" 和 "n"，认为这两个字符是相同的。gbk_bin 校对规则是对大小写敏感的，所以认为这两个字符是不同的。

## 6.2.2 MySQL 字符集的选择

对数据库来说，字符集更重要，因为数据库存储的数据大部分是各种文字、字符集对数据库的存储、处理性能，对系统的移植、推广都会有影响。MySQL 目前支持的字符集种类繁多，我们该如何选择呢？我们选择时应该从以下几点考虑：

① 满足应用支持语言的要求，如果应用要处理的语言种类多，要发布为不同语言，就应该选择 Unicode 字符集，目前 MySQL 中选择 UTF-8。

② 如果应用中涉及已有数据的导入，就要充分考虑数据库字符集对已有数据的兼容性。若已经有数据是 GBK 文字，再选择 UFT-8 作为数据库字符集，就会出现汉字无法正确导入或显示的问题。

③ 如果数据库只需支持一般中文，数据量很大，性能要求也很高，就应该选择双字 GBK。因为相对于 UTF-8 而言，GBK 比较"小"，每个汉字占用 2 字节，而 UTF-8 汉字编码需要 3 字节，这样可以减少磁盘 I/O、数据库 Cache、网络传输的时间。如果主要处理英文字符，只要少量汉字，那么选择 UTF-8 比较好。

④ 如果数据库需要做大量的字符运算，如比较、排序等，那么选择定长字符集可能更好，因为定常字符集的处理速度要比变长字符集的处理速度快。

⑤ 考虑客户端使用的字符集编码格式，如果所有客户端支持相同的字符集，则应该优先选择字符集作为数据库字符集。这样可以避免因字符集转化带来的性能开销和数据损失。

## 6.2.3 MySQL 字符集的设置

MySQL 的字符集和校对规则有 4 个级别的默认设置：服务器级、数据库级、表级和字段级，分别在不同的地方设置，作用也不同。用户可以在 MySQL 服务启动的时候确定。

### 1. 服务器级字符集和校对规则

先用"SHOW VARIABLES LIKE 'character_set_server'"命令查询当前的服务器的字符集（如图 6-8 所示），再用"SHOW VARIABLES LIKE 'collation_server'"命令查看校对规则（如图 6-9 所示）。

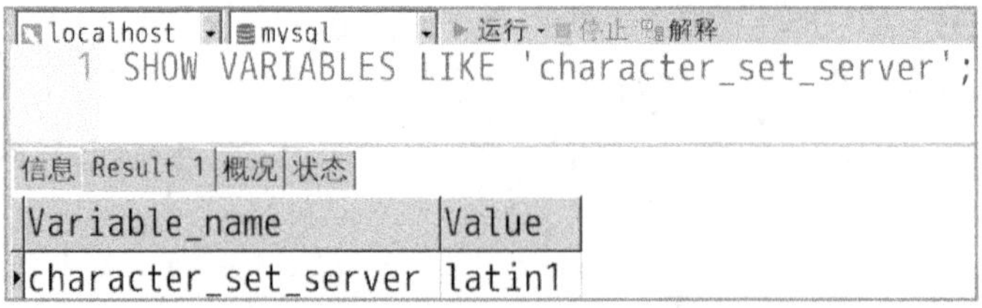

图 6-8　当前服务器字符集

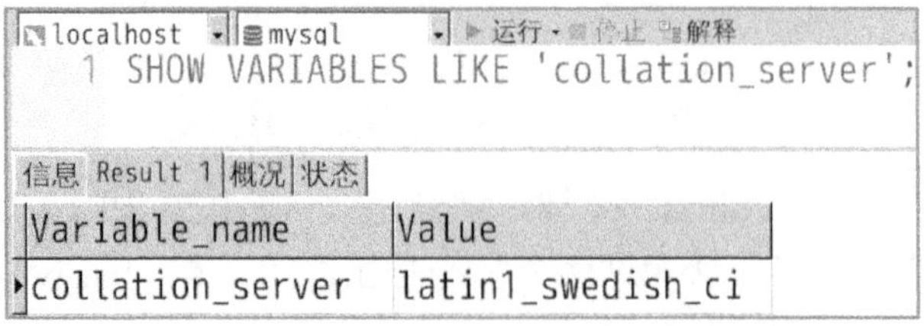

图 6-9　当前服务器校对规则

服务器级字符集和校对规则可以在 MySQL 服务启动的时候确定，在 my.cnf 配置文件中设置。例如，设置成 GBK，那么可以修改内容如下：

```
[mysqld]
character-set-server=gbk;
```

也可以在启动时指定字符集为 GBK，命令如下：

```
mysqld --character-set-server=gbk
```

以上两种方式只是指定了字符集，校验规则使用的是与其对应的默认校验规则。

### 2. 数据库级字符集和校验规则

数据库的字符集和校验规则在创建数据库时指定，也可在创建完数据库后通过"ALTER DATABASE"命令进行修改。注意，若数据库中已经存在数据，因为修改字符集并不能将已有的数据按照新的字符集进行存放，则不能通过修改数据库的字符集直接修改数据的内容。

设置数据库字符集的规则如下：

❖ 如果指定了字符集和校对规则，则使用指定的字符集和校对规则。
❖ 如果指定了字符集没有指定校对规则，则使用指定字符集的默认校对规则。
❖ 如果指定了校对规则但未指定字符集，则字符集使用与该校对规则关联的字符集。
❖ 如果没有指定字符集和校对规则，则使用服务器字符集和校对规则作为数据库的字符和校对规则。

显示当前数据库字符集和校验规可以使用以下命令：

```
SHOW VARIABLES LIKE 'character_set_database'
SHOW VARIABLES LIKE 'collation_database'
```

执行结果如图 6-10 和图 6-11 所示。

图 6-10　当前数据库字符集

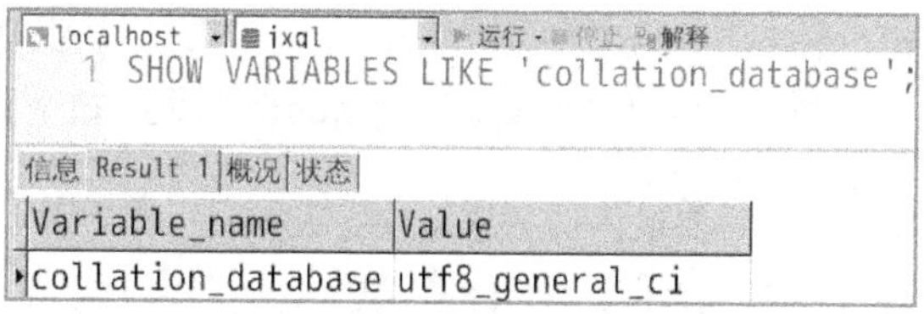

图 6-11　当前数据库校对规则

### 3. 表级字符集和校验规则

表的字符集和校对规则在创建表时指定，可以通过 ALTER TABLE 命令进行修改。同样，如果表中已有记录，修改字符集对原有的记录并没有影响，不会按照新的字符集进行存放。

设置表的字符集的规则与数据库级的类似：

❖ 如果指定了字符集和校对规则，则使用指定的字符集和校对规则。
❖ 如果指定了字符集没有指定校对规则，则使用指定字符集的默认校对规则。
❖ 如果指定了校对规则但未指定字符集，则字符集使用与该校对规则关联的字符集。
❖ 如果没有指定字符集和校对规则，则使用数据库级字符集和校对规则作为表的字符集和校对规则。

显示当前表字符集和校验规的命令如下：

```
SHOW CREATE TABLE 表名;
```

下面查询 studentInfo 数据库下的 exampleTable 的字符集和校验规则。执行结果如图 6-12 所示。

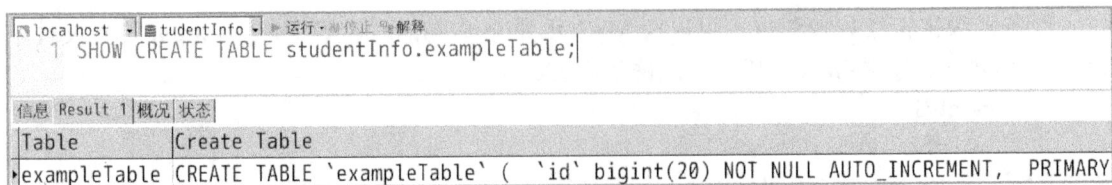

```
localhost ▾ | studentInfo ▾ | ▶运行 ▾ 操作止 ▾ 解释
  1  SHOW CREATE TABLE studentInfo.exampleTable;
```

```
信息 Result 1 概况 状态
Table              Create Table
exampleTable   CREATE TABLE `exampleTable` (  `id` bigint(20) NOT NULL AUTO_INCREMENT,    PRIMARY
```

图 6-12    特定表的字符集和校对规则

#### 4．字段级字符集和校验规则

MySQL 可以定义字段级即列级的字符集和校对规则，主要针对相同的表不同字段需要使用不同的字符集的情况。这种情况比较少见，只是 MySQL 提供的灵活设置的手段。

列级字符集和校对规则的定义可以在创建表时指定，或者在修改表时调整。如果在创建表时没有特别指定字符集和校对规则，则默认使用表的字符集和校对规则。

#### 5．连接字符集和校验规则

前 4 种设置方式连接字符集和校对规则，确定的是数据保存的字符集和校对规则，实际应用还存在客户端和服务器之间交互的字符集和校对规则的设置。

MySQL 提供了 3 个参数：character_set_client、character_set_connection 和 character_set_results，分别代表客户端、连接和返回结果的字符集。通常情况下，这 3 个字符集应该是相同的，才可以确保用户写入的数据可以正确地读出。特别对于中文字符，不同的写入字符集和返回结果字符集将导致写入的记录不能正确读出。

通常情况下，不会单个设置这 3 个参数，通过命令

```
SET NAMES ***;
```

设置连接的字符集和校验规则，可以同时修改这 3 个参数的值。这个方法修改连接的字符集和校验规则时，需要应用每次连接数据库后都执行这个命令。

另一个简单方法是在 my.cnf 中设置如下语句：

```
[mysql]
default-character-set=gbk;
```

这样服务启动后，所有连接默认使用 GBK 字符集进行连接，而不需要在程序中再执行"SET NAMES"命令。

## 6.3    创建数据库

在 MySQL 中，创建数据库是通过 SQL 语句 CREATE DATABASE 或 CREATE SCHEMA 命令来实现的。每个数据库都有一个数据库字符集和一个数据校验规则，不能为空。

语法格式如下：

```
CREATE {DATABASE | SCHEMA} [IF NOT EXISTS ]db_name
[[DEFAULT] CHARACTER SET charset_name]
[[DEFALUT] COLLATE collation_name]
```

在文件系统中，MySQL 的数据库存储区将以目录方式表示 MySQL 数据库。因此，命令中的数据库名必须符合操作系统文件夹命名规则。注意，MySQL 中不区分字母大小写，在一定程度上方便使用。

如果指定了 CHARACTER SET charset_name 和 COLLATE collation_name，那么采用指

定的字符集 charset_name 和校验规则 collation_name，否则采用默认的值。

【例 6-5】 创建一个名为 StudentInfo 的数据库。

一般情况下，在创建前要用 IF NOT EXISTS 命令先判断数据库是否存在：

```
CREATE DATABASE IF NOT EXISTS studentInfo ;
```

执行结果如图 6-13 所示。

结果显示数据库创建成功。为了检验数据库中是否已经存在名为 studentInfo 的数据库，使用 SHOW DATABASES;命令查看所有的数据库，如图 6-14 所示。

图 6-13　数据库创建结果

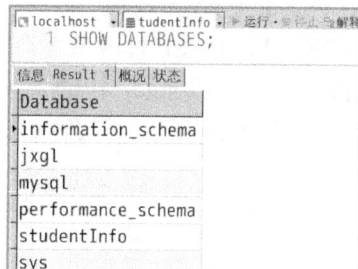

图 6-14　查看所有数据库

查询结果显示，已经存在 studentInfo 数据库。数据库创建成功。

说明：在执行"CREATE DATABASE studentInfo;"后，处理结果信息显示"Query OK, 1 rows affected(0.01 sec)"，表示创建成功，1 行受到影响，处理时间是 0.00 秒（由于精度的问题，此处理解为处理时间很短，小于 0.01 秒几乎为 0，但不是 0）。

当然，我们也可以用以下命令查看数据库的详细信息：

```
SHOW CREATE DATABASE 数据库名称
```

【例 6-6】 查看 studentInfo 数据库的详细信息。

执行结果如图 6-15 所示。

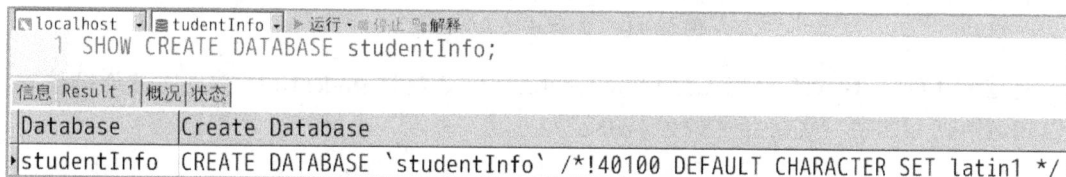

图 6-15　数据库的详细信息

【例 6-7】 建立一个使用 Big5 字符集，并带校验规则 exampleDB 的数据库（如图 6-16 所示）。创建后，使用此数据库。eampleDB 作为当前数据库：

```
USE db_name;
```

结果如图 6-17 所示。

图 6-16　创建数据库

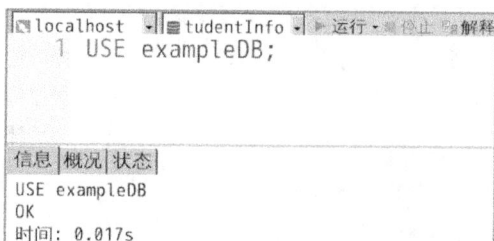

图 6-17　选择数据库

## 6.4  修改数据库名称

对数据库的名称还可以经行修改操作，如果 MySQL 数据库的存储引擎是 MyISAM，那么只要修改 DATA 目录下的数据库文件夹即可；如果存储引擎是 InnoDB，则无法修改数据库名称，只能修改字符集和校对规则。语法格式如下：

```
ALTER {DATABASE | SCHEMA} [db_name]
[DEFAULT CHARACTER SET charset_name] | [[DEFAULT] COLLATE collation_name]
```

ALTER DATABASE 用于更改数据库的全局特性，用户必须有数据库修改权限才可以使用 ALTER DATABASE 修改数据库。

【例6-8】 修改 studentInfo 数据库的字符集为 GBK。

语句如图 6-18 所示，结果如图 6-19 所示。

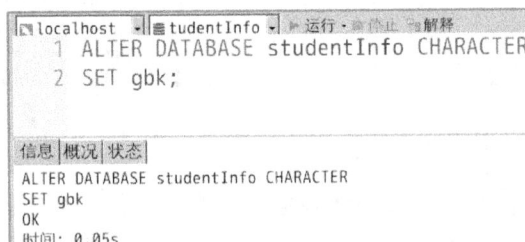

图 6-18　更改数据库字符集

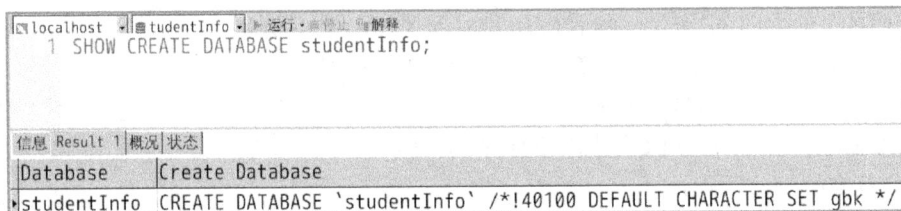

图 6-19　查看数据库详细信息

通过 SHOW CREATE DATABASE studentInfo 命令查看 studentInfo 数据库的详细信息，可以知道数据库的字符集已经更改为 GBK。

## 6.5  删除数据库

删除数据库是指在数据库系统删除已经存在的数据库，删除数据库成功后，原来分配的空间将被收回。再删除数据库时，会删除数据库中的所有的表和所有的数据。因此，删除数据库时需要慎重考虑。如果删除某个数据库，可以先将该数据库备份，再进行删除。

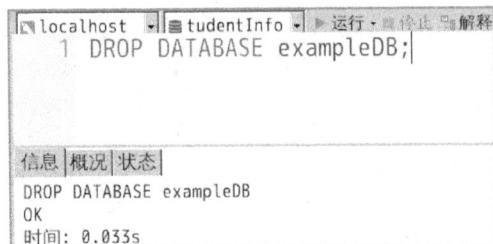

图 6-20　删除数据库

删除数据库的语法格式如下：

```
DROP DATABASE [IF EXISTS] db_name;
```

【例6-9】用"DROP DATABASE exampleDB"命令删除刚才建立的 exampleDB 数据库。

结果如图 6-20 所示。

当然，在删除前也可以用 IF EXISTS 进行判断，只有数据库存在的情况下，才执行删除数据库的动作，否则不删除。如果不做判断，直接删除，若删除的数据库不存在，就会出现错误的提示。

**【例 6-10】** 用以下两种命令再次删除 exampleDB 数据库，会有不同的提示，如图 6-20 和图 6-21 所示。

图 6-21　存在则删除数据库

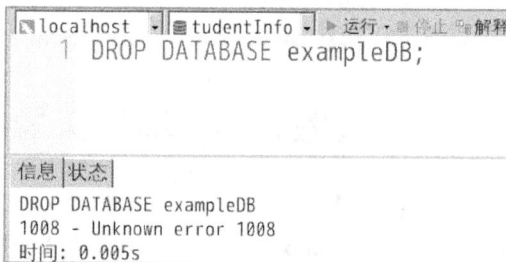

图 6-22　直接删除数据库

# 小　结

本章介绍了 MySQL 中的存储引擎的概念和几种常见的存储引擎，以及它们各自的特点和适用的场景；然后介绍了字符集和校对规则的概念、设置方法，并结合例子讲述了数据库的创建、修改和删除的命令及注意事项。

# 思考与练习 6

1. 简述存储引擎的定义和作用。
2. MySQL 中常用存储引擎有哪几种（最少三种）？每个引擎特点有什么区别？
3. MySQL 字符集的选择原则和设置规则有哪些？
4. 简述创建、删除、查看数据库的命令。
5. 一种存储引擎将数据存储在内存中，数据的访问速度快，计算机关机后数据丢失，具有临时存储数据的特点，该存储引擎是（　　）。
   A．MyISAM　　　　　　B．InnoDB　　　　　C．Memory　　　　D．Character
6. 支持主外键、索引及事务的存储引擎为是（　　）。
   A．MyISAM　　　　　　B．InnoDB　　　　　C．Memory　　　　D．Character
7. 查看 MySQL 中支持的存储引擎语句是（　　）。
   A．SHOW ENGrNES;　　和　　SHOW VARIABLES LIKE 'have%';
   B．SHOW VARIABLES;　　和　　SHOW VARIABLES LIKE 'have%';
   C．SHOW ENGINES;　　　和　　SHOW ENGINES LIKE 'have%';
   D．SHOW ENGINES;　　　和　　SHOW VARIABLES from 'have%';
8. 创建数据库的语法格式是（　　）。
   A．CREATE DATABASE 数据库名;　　　　　B．SHOW DATABASES;
   C．USE 数据库名;　　　　　　　　　　　D．DROP DATABASE 数据库名;
9. SQL 语句"USE MyDB;"的功能是（　　）。
   A．修改数据库 MyDB　　　　　　　　　　B．删除数据库 MyDB

  C. 使用数据库 MyDB       D. 创建数据库 MyDB

10. SQL 语句 "DROP DATABASE MyDB001;" 的功能是（  ）。

  A. 修改数据库名为 MyDB001   B. 删除数据库 MyDB001

  C. 使用数据库 MyDB001     D. 创建数据库 MyDB001

11. 查看系统中可用的字符集命令是（  ）。

  A. SHOW CHARACTER SET   B. SHOW COLLATION

  C. SHOW CHARACTER      D. SHOW SET

# 实验：MySQL 安装创建和维护数据库实验

## 一、实验目的

（1）掌握在 Linux 平台下安装和配置 MySQL 5.7 的方法。

（2）掌握启动服务并登录 MySQL 5.7 数据库的方法和步骤。

（3）了解手工配置 MySQL 5.7 的方法。

（4）掌握 MySQL 数据库的相关概念。

（5）掌握使用 MySQL Workbench/Navicat 等客户端工具和 SQL 语句创建数据库的方法。

（6）掌握使用 MySQL Workbench/Navicat 等客户端工具和 SQL 语句删除数据库的方法。

## 二、实验内容

（1）在 Linux 平台下安装和配置 MySQL 5.7 版。

（2）在服务对话框中，手动启动或者关闭 MySQL 服务。

（3）使用 Net 命令启动或关闭 MySQL 服务。

（4）分别用 MySQL Workbench/Navicat 等客户端工具和命令行方式登录 MySQL。

（5）在 my.cnf 文件中将数据库的存储位置改为 /home/root01（用户名）/MYSQL/DATA，重启服务。

（6）创建数据库。

① 用 MySQL Workbench/Navicat 等客户端工具创建教学管理数据库 JXGL。

② 用 SQL 语句创建数据库 MyTestDB。

（7）查看数据库属性。

① 在 MySQL Workbench/Navicat 等客户端工具中查看创建后的 JXGL 数据库和 MyTestDB 数据库的状态，查看数据库所在的文件夹。

② 用 SHOW DATABASES 命令显示当前的所有数据库。

（8）删除数据库。

① 用 MySQL Workbench/Navicat 等客户端图形工具删除 JXGL 数据库。

② 用 SQL 语句删除 MyTestDB 数据库。

③ 用 SHOW DATABASES 命令显示当前的所有数据库。

## 三、观察与思考

MySQL 的数据库文件有几种？扩展名分别是什么？

# 第 7 章　表定义与完整性约束控制

表是数据库中存储数据的基本单位，由一个或多个字段组成，每个字段都设置对应的数据类型。MySQL 数据库中表的管理包括表的作用、类型，构成、删除和修改等。本章先讲述表的基本概念、MySQL 支持的数据类型和运算符等，再讲述表的基本操作，包括创建、查看、修改、复制、删除，最后讲述 MySQL 的约束控制及如何定义、修改字段的约束条件。

## 7.1　表的基本概念

数据库与表之间的关系是数据库是由各种数据表组成的，数据表是数据库中最重要的对象，用来存储和操作数据的逻辑结构。表由列和行组成，列是表数据的描述，行是表数据的实例。一个表包含若干字段或记录。表的操作包括创建新表、修改表和删除表。这些操作都是数据库管理中最基本、最重要的操作。

### 1．建表原则

为减少数据输入错误，并使数据库高效工作，表设计应按照一定原则对信息进行分类，同时为确保表结构设计的合理性，通常要对表进行规范化设计，以消除表中存在的冗余，保证一个表只围绕一个主题，并易维护。

### 2．数据库表的信息存储分类原则

① 每个表应该只包含关于一个主题的信息：可以独立于其他主题来维护该主题的信息。例如，应将教师基本信息保存在"教师"表中，如果将这些基本信息保存在"授课"表中，则在删除某教师的授课信息时，就会将其基本信息一同删除。

② 表中不应包含重复信息：每条信息只保存在一个表中，需要时只在一处进行更新，效率更高。例如，每个学生的学号、姓名、性别等信息只在"学生"表中保存，而"成绩"中不再保存这些信息。

## 7.2　MySQL 的数据类型

为每张表的每个字段选择合适的数据类型是数据库设计过程中一个重要的步骤。合适的数据类型可以有效地节省数据库的存储空间，包括内存和外存，同时可以提升数据的计算性能，节省数据的检索时间。MySQL 数据类型如图 7-1 所示。

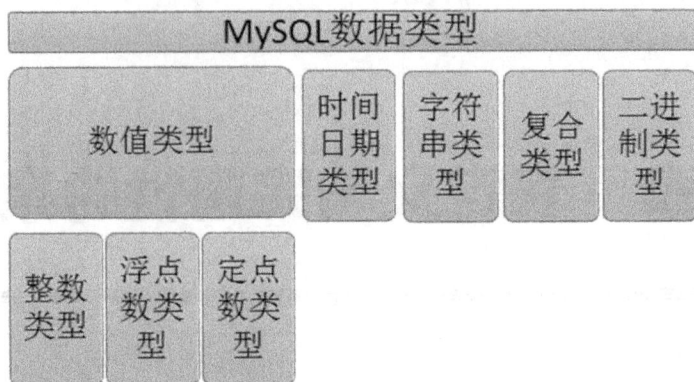

图 7-1 MySQL 数据类型

## 7.2.1 MySQL 常用的数据类型

### 1. 数值类型

MySQL 支持所有的 ANSI/ISO SQL 92 数字类型（ANSI, American National Standards Institute，美国国家标准局）。数字分为整数和小数。整数用整数类型表示，小数用浮点数类型和定点数类型表示。例如，学生的年龄设置为整数类型、学生的成绩设置为浮点数类型等。

整数类型是数据库中最基本的数据类型。标准 SQL 支持 INTEGER 和 SMALLINT 整数类型。除了支持这两种类型，MySQL 还扩展了 TINYINT、MEDIUMINT 和 BIGINT（如表 7-1 所示），其中 INT 与 INTEGER 两个整数类型是同名词，可以互换。

表 7-1  MySQL 整数类型

| 整数类型 | 字节数 | 无符号数的取值范围 | 有符号数的取值范围 |
|---|---|---|---|
| TINYINT | 1 | 0~255 | −128~127 |
| SMALLINT | 2 | 0~65535 | −32768~32767 |
| MEDIUMINT | 3 | 0~16777215 | −8388608~8388607 |
| INT 或 INTEGER | 4 | 0~4294967295 | −2147483648~2147483647 |
| BIGINT | 8 | 0~18446744073709551615 | −9233372036854775808~9223372036854775807 |

浮点数类型包括单精度浮点数 FLOAT 类型和双精度浮点数 DOUBLE 类型，如表 7-2 所示。

表 7-2  MySQL 浮点数类型和定点数类型

| 浮点数类型 | 字节数 | 负数的取值范围 | 非负数的取值范围 |
|---|---|---|---|
| FLOAT | 4 | −3.402823466E+38~−1.175494351E−38 | 0 和 1.17494351E−38~3.402823466E+38 |
| DOUBLE | 8 | 1.7976931348623157E+308~ 2.2250738585072014E−308 | 0 和 2250738585072014E−308~ 1.7976931348623157E+308 |

定点数类型是 DECIMAL 类型，DEC 和 DECIMAL 是同名词，如表 7-3 所示。

浮点数和定点数都可以在类型后面加上 "M" 或 "D"，M 表示该数值一共可以显示 M 位数字，D 表示该数值小数点后的位数。当在类型后面指定 "M" 或 "D" 时，小数点后面的数值需要按照 D 来进行四舍五入。否则，浮点数将按照实际值来存储，而 DECIMAL 默认的整数位数为 10，小数位数为 0。

创建表时，数字类型的选择应遵循如下原则：

表 7-3　MySQL 定点数类型

| 定点数类型 | 字节数 | 负数的取值范围 | 非负数的取值范围 |
|---|---|---|---|
| DEC(M, D) 和 DECIMAL(M, D) | 若 M>D，则为 M+2，否则为 D+2 | 1.7976931348623157E+308～ 2.2250738585072014E-308 | 0 和 2.2250738585072014E-308～ 1.7976931348623157E+308 |

① 选择最小的可用类型，如果改字段的值不会超过 127，则使用 TINYINT 比 INT 效果好。

② 对于完全都是数字的，即无小数点时，可以选择整数类型，如年龄。

③ 浮点类型用于可能具有的小数部分的数，如学生成绩。

④ 在需要表示金额等货币类型时，优先选择 DECIMAL 数据类型

### 2．日期时间类型

时间和日期数据被广泛使用，如新闻发布时间、商场活动的持续时间和职员的出生日期等。MySQL 主要支持 5 种日期类型：DATE、TIME、YEAR、DATATIME 和 TIMESTAMP，如表 7-4 所示。

表 7-4　MySQL 日期类型

| 时间日期类型 | 字节数 | 范　围 | 格　式 | 用　途 |
|---|---|---|---|---|
| DATE | 4 | 1000-01-01～9999-12-31 | YYYY-MM-DD | 日期值 |
| TIME | 3 | -838:59:59～838:59:59 | HH:MM:SS | 时间值 |
| YEAR | 1 | 1901～2155 | YYYY | 年份值 |
| DATETIME | 8 | 1000-01-01 00:00:00～ 9999-12-31 23:59:59 | YYYY-MM-DD HH:MM:SS | 混合日期和时间值 |
| TIMESTAMP | 4 | 19700101080001～ 2038 年的某一时刻 | YYYYMMDDHHMMSS | 时间戳 |

DATE 表示日期，默认格式为 YYYY-MM-DD。TIME 表示时间，默认格式为 HH:MM:SS。YEAR 表示年份。

DATATIME 和 TIMESTAMP 是日期和时间的混合类型，默认格式为 YYYY-MM-DD HH:MM:SS。

形式上，MySQL 日期类型的表示方法与字符串的表示方法相同（使用单引号括起来）；本质上，MySQL 日期类型的数据是一个数值类型，可以参与简单的加、减运算。

### 3．字符串类型

字符串类型可以分为定长字符串类型（CHAR）、变长字符串类型（VARCHAR）、文本字符串类型（TEXT 和 BLOB）、枚举类型（ENUM）和集合类型（SET），如表 7-5 所示。

表 7-5　MySQL 字符串类型

| 字符串类型 | 大　小 | 用　途 |
|---|---|---|
| CHAR | 0～255B | 定长字符串 |
| VARCHAR | 0～255B | 变长字符串 |
| BLOB | 0～65535B | 二进制形式的长文本数据 |
| TEXT | 0～65535B | 长文本数据 |
| TINYTEXT | 0～255B | 短文本字符串 |
| MEDIUMTEXT | 0～16777215B | 中等长度文本数据 |
| LONGTEXT | 0～4294967295B | 极大文本数据 |

CHAR 类型的长度被固定为创建表所声明的长度，取值为 1～255；VARCHAR 类型的值是变长的字符串，取值与 CHAR 一样。

TEXT 和 BLOB 类型的大小可以改变。TEXT 类型适合存储长文本，BLOB 类型适合存储二进制数据，支持任何数据，如文本、声音和图像等。

ENUM 类型的字段只允许从一个集合中取得某一个值，类似单选按钮。例如，一个人的性别从集合{'男', '女'}中取值，且只能取其中一个值。

SET 类型的字段允许从一个集合中取得多个值，类似复选框的功能。例如，一个人的兴趣爱好可以从集合{'看电影', '购物', '听音乐', '旅游', '游泳'}中取值，且可以取多个值。

ENUM 类型的数据最多可以包含 65535 个元素，SET 类型的数据最多可以包含 64 个元素。ENUM 类型只允许从一个集合中取得一个值；而 SET 类型允许从一个集合中取得任意多个值。

在 MySQL 数据库中，字符类型列，如 CHAR/VARCHAR 类，在定义长度时，长度声明的是字符长度，不是字节长度。例如，GBK 字符集的 VARCHAR(30)列中能够保存 30 个汉字，占用 60 字节空间；UTF-8 字符集的 VARCHAR(30)能保存 30 个汉字，占用 90 字节空间。即字符长度的概念是不管保存的字符占多少字节，都是按照字符数计算的，与其他常见数据库中默认定义长度为字节长度有所不同，在使用时务必注意。变长字符串类型的共同特点是最多容纳的字符数（即 $n$ 的最大值）与字符集的设置有直接联系。CHAR($n$)类型的数据在存储时会删除尾部空格，而 VARCHAR($n$)在存储数据时则会保留尾部空格。

在创建表时，使用字符串类型时应遵循以下原则：

① 从速度方面考虑，选择固定的列，可以使用 CHAR 类型。

② 节省空间，使用动态的列，可以使用 VARCHAR 类型。

③ 将列中的内容限制为一种类型，可以使用 ENUM 类型。

④ 允许在一个列中有多于一个的条目，可以使用 SET 类型。

⑤ 如果搜索的内容不区分大小写，可以使用 TEXT 类型，否则可以使用 BLOB 类型。

### 4．二进制类型

MySQL 主要支持 7 种二进制类型：BINARY、VARBINARY、BIT、TINYBLOB、MEDIUMBLOB、LONGBLOB 和 LONGTEXT，如表 7-6 所示。

表 7-6　MySQL 二进制类型

| 字符串类型 | 大　　小 | 用　　　　途 |
|---|---|---|
| BINARY($m$) | 0～255B | $m$ 字节，不超过 255 字符的定长二进制字符串 |
| VARBINARY($m$) | | $m+1$ 字节，不超过 255 字符的 0～$m$ 字节的变长二进制字符串 |
| BIT($m$) | | 不超过 64 位的 $m$ 位二进制字符串 |
| TINYBLOB | 0～255B | 不超过 255 字符的二进制字符串 |
| MEDIUMBLOB | 0～16777215B | 二进制形式的中等长度文本数据 |
| LOGNGBLOB | 0～4294967295B | 二进制形式的极大文本数据 |
| LONGTEXT | 0～4294967295B | 极大文本数据 |

二进制类型的字段主要用于存储由'0'和'1'组成的字符串，从某种意义上讲，二进制类型的数据是一种特殊格式的字符串。二进制类型与字符串类型的区别在于，字符串类型的数据以字符为单位进行存储，因此存在多种字符集、多种字符序；除了 BIT 数据类型按位为单位

进行存储，其他二进制类型的数据以字节为单位进行存储，仅存在二进制字符集 BINARY。

TEXT 和 BLOB 都可以用来存储长字符串。TEXT 用来存储文本字符串，如新闻内容、博客日志等数据；BLOB 用来存储二进制数据，如图片、音频、视频等二进制数据。在真正的项目中，很多时候需要将图片、音频、视频等二进制数据，以文件的形式存储在操作系统的文件系统中，而不会存储在数据库表中。毕竟，处理这些二进制数据并不是数据库管理系统的强项。

## 7.2.2　选择合适的数据类型

MySQL 支持各种各样的数据类型，为字段或者变量选择合适的数据类型，不仅可以有效地节省存储空间，还可以有效地提升数据的计算性能。通常，数据类型的选择遵循以下原则。

① 在符合应用要求（取值范围、精度）的前提下，尽量使用"短"数据类型。"短"数据类型的数据在外存（如硬盘）、内存和缓存中需要更少的存储空间，查询连接的效率更高，计算速度更快。例如，对于存储字符串数据的字段，建议优先选用 CHAR($n$)和 VARCHAR($n$)，长度不够时选用 text 数据类型。

② 数据类型越简单越好。与字符串相比，整数处理开销更小，因此尽量使用整数代替字符串。

③ 尽量采用精确小数类型（如 DECIMAL），而不采用浮点数类型。精确小数类型不仅能够保证数据计算更为精确，还可以节省储存空间，如百分比使用 DECIMAL(4, 2)即可。

④ MySQL 中应该用内置的日期和时间数据类型，而不是用字符串来存储日期和时间。

⑤ 尽量避免 NULL 字段，建议将字段指定为 NOT NULL 约束。这是由于在 MySQL 中，含有空值的列很难进行查询优化，NULL 值会使索引的统计信息和比较运算变得更复杂。推荐使用 0、一个特殊的值或者一个空字符串代替 NULL 值。

# 7.3　MySQL 运算符

运算符是用来连接表达式中各个操作数据的符号，其作用是用来指明对操作数所进行的运算。MySQL 数据库支持运算符的使用，通过运算符可以更加灵活地操作数据表中的数据。MySQL 主要支持算术运算符、比较运算符、逻辑运算符和位运算符四种。

### 1. 算术运算符

MySQL 数据库支持的算术运算符包括加、减、乘、除和取余运算，是最常用的、最简单的运算符，如表 7-7 所示。

表 7-7　MySQL 算术运算符

| 运算符 | 作　用 | 运算符 | 作　用 |
|:---:|---|:---:|---|
| + | 加法，返回相加后的值 | /，DIV | 取整，返回相除后的商 |
| - | 减法，返回相减后的值 | %，MOD | 取余，返回相除后的余数 |
| * | 乘法，返回相乘后的值 | | — |

### 2. 比较运算符

比较运算符如表 7-8 所示。

表 7-8  MySQL 比较运算符

| 运算符 | 作　用 | 运算符 | 作　用 |
| --- | --- | --- | --- |
| = | 等于 | IS NULL | 为 NULL |
| <> 或 != | 不等于 | IS NOT NULL | 不为 NULL |
| <=> | NULL 安全的等于 | LIKE | 通配符匹配 |
| < | 小于 | REGEXP 或 RLIKE | 正则表达式匹配 |
| <= | 小于等于 | BETWEEN min AND max | 在 min 和 max 之间 |
| > | 大于 | IN(value1, value2, …) | 在集合(value1, value2, …)中 |
| >= | 大于等于 | | |

MySQL 数据库允许用户对表达式的左边操作数和右边操作数进行比较，比较结果为真返回 1，为假返回 0，不确定返回 NULL。

运算符可以用于比较数字、字符串和表达式。数字作为浮点数比较，而字符串以不区分大小写的方式比较。

### 3．逻辑运算符

逻辑运算符，也称为布尔运算符，用来判断表达式的真假。MySQL 数据库支持 4 种逻辑运算符，如表 7-9 所示。

表 7-9  MySQL 逻辑运算符

| 运算符 | 作　用 | 运算符 | 作　用 |
| --- | --- | --- | --- |
| NOT 或 ! | 逻辑非 | OR 或 ‖ | 逻辑或 |
| AND 或 & | 逻辑与 | XOR | 逻辑异或 |

## 7.4　MySQL 表的操作

表是数据库中最重要的数据库对象。创建表前，需要根据数据库设计的结果确定表名、字段名及数据类型、约束等信息，还要为每张表选择合适的存储引擎。

### 7.4.1　表的基本操作

#### 1．创建表

SQL 命令"CREATE TABLE 表名"可以创建一个数据库表。注意：在同一个数据库中，表名不能有重名。创建数据表可使用 CREATE TABLE 命令。语法格式如下：

```
CREATE [TEMPORARY] TABLE [IF NOT EXISTS] table_name
[( [column_definition], … | [index_definition] ) ]
[table_option] [select_statement];
```

其中，"[]"表示可选的。

TEMPORARY：表示创建临时表。

IF NOT EXISTS：如果数据库中已经存在某个表，再创建一个同名的表，这时会出现错误，为了避免错误信息，可以在创建表的前面加上这个判断，只有该表目前不存在时才执行 CREATE TABLE 操作。

table_name：要创建的表名。

column_definition：字段的定义，包括指定字段名、数据类型、是否允许空值，指定默认值、主键约束、唯一性约束、注释字段名、是否为外键，以及字段类型的属性等。

```
col_name type [NOT NULL | NULL ] [DEFAULT default_value]
[AUTO_INCREMENT] [ UNIQUE [KEY] ] | [ PRIMARY] KEY ]
[COMMENT 'String'] [reference_definition]
```

其中：

❖ col_name：字段名。

❖ type：声明字段的数据类型。

❖ NOT NULL 或 NULL：表示字段是否可以为空值。

❖ DEFAULT：指定字段的默认值。

❖ AUTO_INCREMENT：设置自增属性，只有整型类型才能设置此属性。

❖ RIMARY KEY：对字段指定主键约束。

❖ UNIQUE KEY：对字段指定唯一性约束。

❖ reference_definition：指定字段外键约束

index_definition：为表的相关字段指定索引。

【例 7-1】 在 studentInfo 数据库中的创建 Student 表（学生表），包括字段：学号（sno，非空，char(10)），姓名（sname，非空，varchar(20)），性别（ssex，char(2)），出生日期（sbirth，date,非空），专业号（zno，varchar(20)），班级（sclass，varchar(10)）。

```
CREATE TABLE `Student`(
    `sno` VARCHAR(10) NOT NULL COMMENT '学号',
    `sname` VARCHAR(20) NOT NULL COMMENT '姓名',
    `ssex` ENUM('男', '女') NOT NULL DEFAULT '男' COMMENT '性别',
    `sbirth` DATE NOT NULL COMMENT '出生日期',
    `zno` VARCHAR(4) NULL COMMENT '专业号',
    `sclass` VARCHAR(10) NULL COMMENT '班级',
    PRIMARY KEY(`sno`)
) ENGINE=InnoDB DEFAULT CHARSET=utf8 COLLATE=utf8_bin;
```

结果如图 7-2 所示。

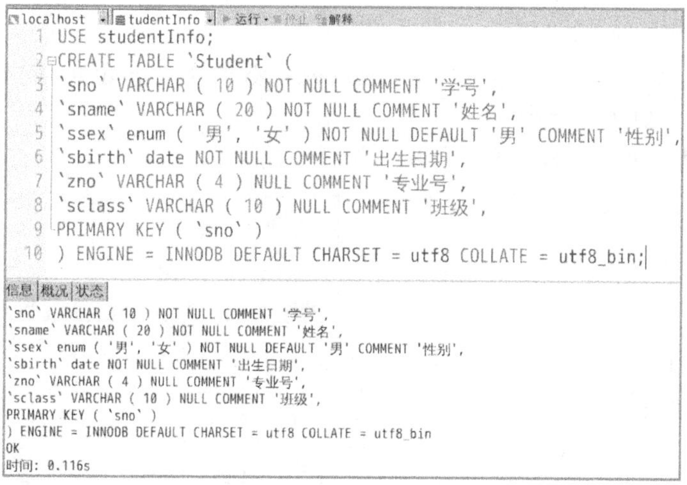

图 7-2 创建 student 表

先用 USE 命令指定数据库 studentInfo，从中建立 student 表。创建数据库表时，还可以设置表的存储引擎、默认字符集和压缩类型。

CREATE TABLE 语句末尾添加 ENGINE 选项，即设置该表的存储引擎，语法格式如下：

```
ENGINE=存储引擎类型
```

CREATE TABLE 语句末尾添加 DEFAULT CHARSET 选项，即设置该表的字符集，语法格式如下：

```
DEFAULT CHARSET=字符集类型
```

如果希望压缩索引中的关键字，使索引关键字占用更少的存储空间，那么可以通过设置 PACK_KEYS 选项实现（注意：该选项仅对 MyISAM 存储引擎的表有效），语法格式如下：

```
PACK_KEYS=压缩类型
```

对于 InnoDB 存储引擎的表而言，MySQL 服务实例会在数据库目录 StudentInfo 中自动创建一个名为表名、后缀名为 frm 的表结构定义文件 Student.frm。frm 文件记录了 Student 表的表结构定义。如果数据库表的存储引擎是 MyISAM，MySQL 服务实例除了会自动创建 frm 表结构定义文件外，还会自动创建一个文件名为表名、后缀名为 MYD（即 MYData 的简写]的数据文件以及文件名为表名、后缀名为 MYI（即 MYIndex 的简写）的索引文件，其中，MYD 文件用于存放数据，MYI 文件用于存放索引。

### 2. 查看表

（1）显示表的名称

SHOW TABLES 语句可以显示指定数据库中存放的所有表名，语法格式如下：

```
SHOW TABLES;
```

【例 7-2】 显示数据库 studentinfo 中所有的表。

结果如图 7-3 所示。

（2）显示表的结构

DESCRIBE/DESC 和 SHOW CREATE TABLE 命令可以查看表结构，有简单查询和详细查询，语法格式如下：

```
        DESCRIBE 表名;
或者     DESC 表名;
或者     SHOW CREATE TABLE 表名;
```

【例 7-3】 用以上三种命令显示数据库 studentInfo 中表 student 的结构。

结果如图 7-4～图 7-5 所示。

表中第 2 行第 2 列的内容展开后如图 7-6 所示。

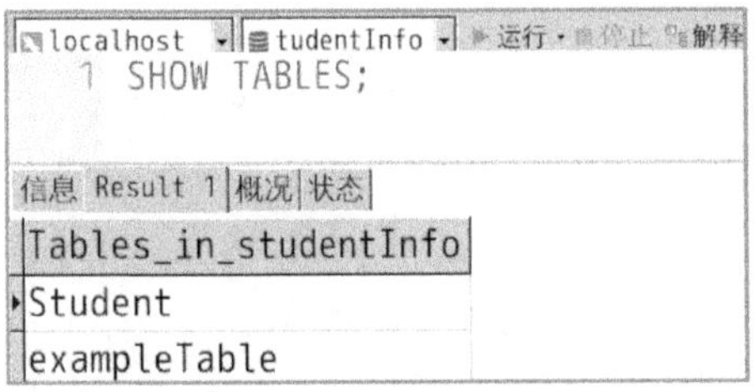

图 7-3 查询数据库中所有表

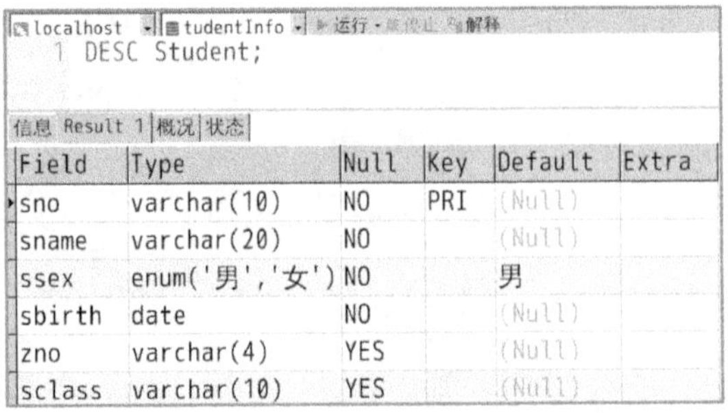

图 7-4 student 表结构

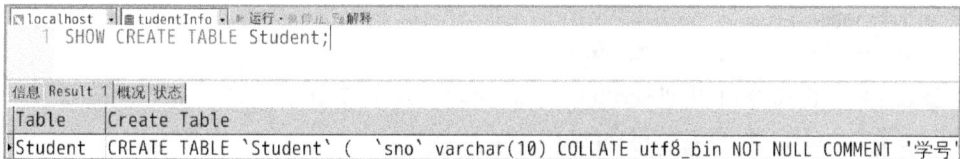

图 7-5　查看 student 表建表

图 7-6　student 表建表

## 3. 修改表

ALTER TABLE 用于更改原有的结构，如增加或删除列、重命名列或表，或者修改字符集，语法格式如下：

```
ALTER [IGNORE] TABLE table_name
    ALTER_SPECIFICATION [, alter_specification]
    ADD [column] column_definition[FIRST | AFTER col_name]          // 添加字段
    | ALTER [column] col_name {SET DEFAULT LITERAL | DROP DEFAULT}   // 修改字段
    | CHANGE [column] old_col_name column_definition [FIRST| AFTER col_name]// 重命名字段
    | MODIFY [column] column_definition [FIRST | AFTER col_name]     // 修改字段
    | DROP [column] col_name                                        // 删除列
    | RENAME [TO] new_table_name                                    // 对表重命名
    | ORDER BY col_name                                             // 按字段排序
    | CONVERT TO character SET character_name [collate collation_name] // 将字段集转化为二进制
    | [DEFAULT] character SET charset_name [collate collation_name]  // 修改字符集
```

【例 7-4】　在 Student 表的出生日期字段后添加一个数据类型为 char、长度为 20 的字段 scollege，允许为空，表示学生所在学院。

语句如图 7-8 所示，结果如图 7-9 所示。

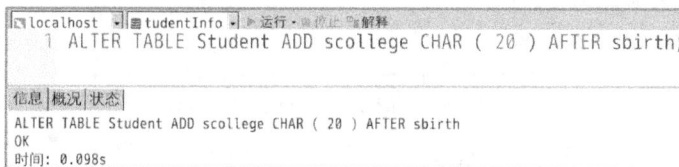

图 7-8　student 表增加新列

图 7-9　student 表新结构信息

```
ALTER TABLE student
ADD scollege CHAR(20) AFTER sbirth
```

ALTER TABLE 命令可以把 scollege 字段删除，如图 7-10 所示。

【例 7-5】 Student 表的名称改为 stu。

结果如图 7-11 所示。

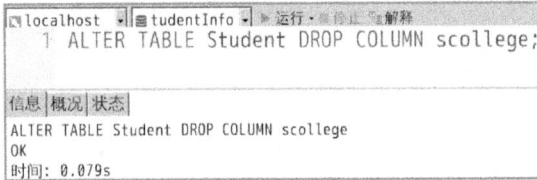

图 7-10　student 表删除指定列

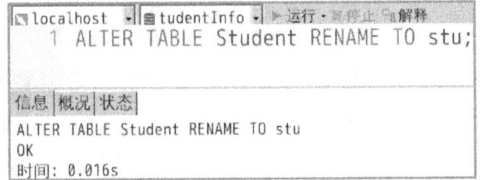

图 7-11　student 表重命名

### 4. 复制表

CREATE TABLE 命令可以复制表的结构和数据，语法格式如下：

```
CREATE [TEMPORARY] TABLE [IF NOT EXISTS] table_name
[ LIKE old_table_name [] ]
| [AS (select_statement)];
```

比如：

```
CREATE TABLE T_A LIKE T_B
```

在将表 T_B 复制到 T_A 时会将表 T_B 完整的字段结构和索引复制到表 T_A 中，而

```
CREATE TABLE T_A AS SELECT sn,sname,sage FROM T_B；
```

只会将表 T_B 的字段结构复制到表 T_A 中，不会复制表 T_B 中的索引到表 T_A 中。这种方式比较灵活，可以在复制原表表结构的同时指定要复制哪些字段，并且自身复制表也可以根据需要增加字段结构。

两种方式在复制表的时候均不会复制权限对表的设置。比如，原本对表 B 做了权限设置，复制后，表 A 不具备类似表 B 的权限。

【例 7-6】 复制 stu 表到 student 表中。

命令如下（如图 7-12 所示）：

```
CREATE TABLE student LIKE stu;
```

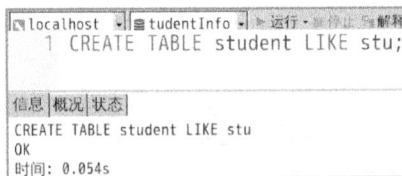

图 7-12　基于已有表结构创建新表

【例 7-7】 复制 stu 表中的学号（sno）、姓名（sname）到新的表 SnoNameTable 中。

命令如下（如图 7-13 所示）：

```
CREATE TABLE SnoNameTable
AS SELECT sno, sname  FROM stu;
```

### 5. 删除表

DROP TABLE 命令用于删除表，语法格式如下：

```
DROP TABLE [IF EXISTS] table_name1 [, table_name2] …
```

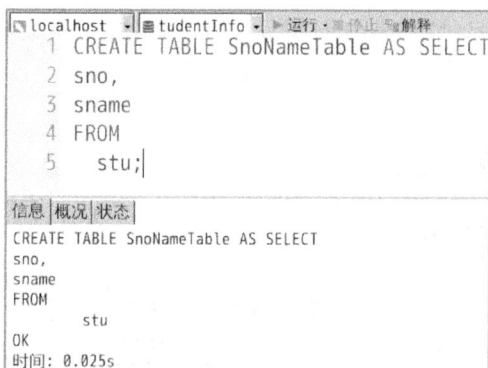

图 7-13　基于已有表结构创建新表并复制数据

【例 7-8】　删除 stu 表和 SnoNameTable 表。

命令如下（如图 7-14 所示）：

```
DROP TABLE IF EXISTS stu, SnoNameTable;
```

SHOW TABLES 命令用于查看 studentInfo 中现在剩余的表，如图 7-15 所示。

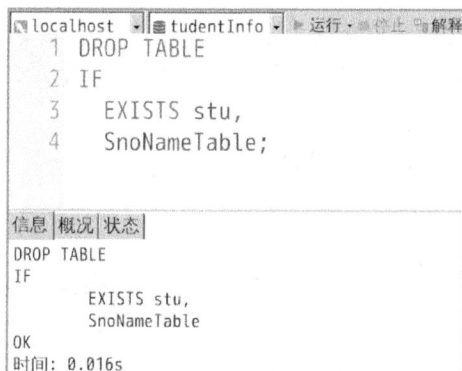

图 7-14　删除指定数据表

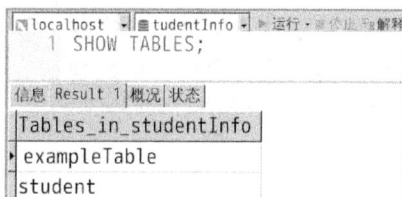

图 7-15　查看现有数据表

## 7.4.2　表管理的注意事项

（1）关于空值（NULL）的说明

空值通常用于表示未知、不可用或将在以后添加的数据，切不可将它与数字 0 或字符类型的空字符混为一谈。在向表中插入记录时，若一个列允许为空值，则可以不为该列指定具体值；若这个列不允许为空值，则必须指定该列的具体值，否则数据的插入操作会出错。

（2）关于列的标志（IDENTITY）属性

任何表都可以创建一个包含系统生成的序号值的标志列。该序号值唯一标志表中的一列，且可以作为键值。每个表中只能有一个列设置为标志属性，并且该列只能是 DECIMAL、INT、NUMERIC、SMALLINT、BIGINT 或 TINYINT 数据类型。

（3）关于列类型的隐含改变

在 MySQL 中存在以下情形，系统会隐含地改变在 CREATE TABLE 语句或 ALTER TBALE 语句中所指定的列类型。

① 长度小于 4 的 VARCHAR 类型会被改变为 CHAR 类型。

② 只要一个表中存在着任何可变长度的列，都会使表中整个数据列成为变长的，因此当

一张表含有任何变长的列时，如 VARCHAR、TEXT、BLOB 类型的列，该表中所有大于 3 个字符的其他 CHAR 类型列被改变为 VARCHAR 类型列，而这不影响用户使用这些列。

## 7.5　MySQL 约束控制

### 7.5.1　数据完整性约束

在 MySQL 中，各种完整性约束作为数据库关系模式定义的一部分，可以通过 CREATE TABLE 或 ALTER TABLE 语句定义。一旦定义了完整性约束，MySQL 服务器会随时检测处于更新状态的数据库内容是否符合相关的完整性约束，从而保证数据的一致性和正确性。如此既能有效地防止对数据库的意外破坏，又能提高完整性检测的效率，还能减轻数据库编程人员的工作负担。数据的完整性总体来说可分为 4 类：实体完整性、参照完整性、域完整性和用户自定义完整性

实体完整性：实体完整性强制表的标识符列或主键的完整性（通过约束、唯一约束、主键约束或标识列属性）。

参照完整性：在删除和输入记录时，保持表之间已定义的关系，确保键值在所有表中一致。这样的一致性要求不能引用不存在的值。如果一个键值更改了，那么在整个数据库中，对该键值的引用要一致地更改。

域完整性：限制类型（数据类型）、格式（检查约束和规则）、可能值范围（外键约束、检查约束、默认值定义、非空约束和规则）。

用户自定义完整性：用户自己定义的业务规则。

MySQL 数据库不支持检查约束，可以在语句中对字段添加检查约束，不会报错，但该约束不起作用。

### 7.5.2　字段的约束

设计数据库时，可以对数据库表中的一些字段设置约束条件，由数据库管理系统（如 MySQL）自动检测输入的数据是否满足约束条件，不满足约束条件的数据，数据库管理系统拒绝录入。MySQL 支持的常用约束条件有 7 种：主键（Primary Key）约束、外键（Foreign Key）约束、非空（Not NULL）约束、唯一性（Unique）约束、默认值（Default）约束、自增约束（Auto_Increment）和检查（Check）约束。其中，检查约束需要借助触发器或者 MySQL 复合数据类型实现。

#### 1．主键（Primary Key）约束

设计数据库时，建议为所有的数据库表都定义一个主键，用于保证数据库表中记录的唯一性。一张表中只允许设置一个主键，当然这个主键可以是一个字段，也可以是一个字段组（不建议使用复合主键）。在录入数据的过程中，必须在所有主键字段中输入数据，即任何主键字段的值不允许为 NULL。

可以在创建表的时候创建主键，也可以对表已有的主键进行修改或者增加新的主键。设置主键通常有两种方式：表级完整性约束和列级完整性约束。

如果一个表的主键是单个字段 ID，用表级完整性约束，就是用 PRIMARY KEY 命令单

独设置主键为 ID 列。语法格式如下：

      PRIMARY KEY(字段名)

【例 7-9】 创建学生 stu1 表，用表级完整性约束设置学号 sno 字段为主键。

结果如图 7-16 所示。

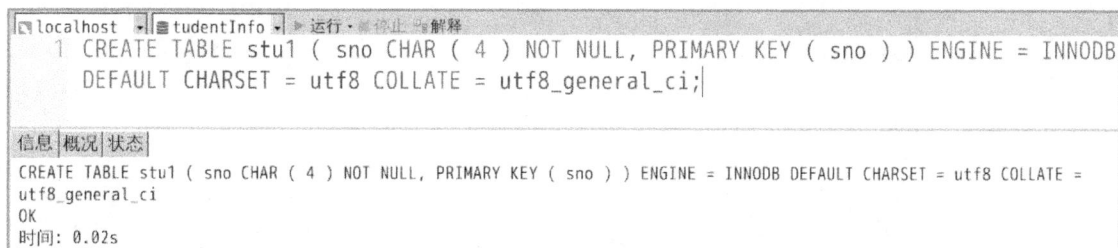

图 7-16　创建表 stu1

如果一个表的主键是单个字段 ID，用列级完整性约束，就是直接在该字段的数据类型或者其他约束条件后加上"PRIMARY KEY"关键字，即可将该字段设置为主键约束。语法格式如下：

      字段名 数据类型[其他约束条件]　PRIMARY KEY

【例 7-10】 创建学生 stu2 表，用列级完整性约束设置学号 sno 字段为主键。

结果如图 7-17 所示。

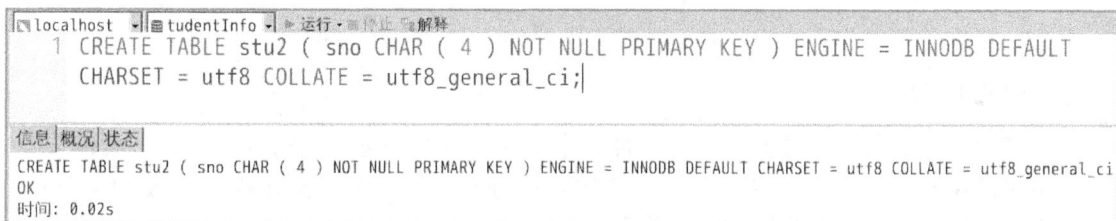

图 7-17　创建表 stu2

如果一个表的主键是多个字段的组合（如字段名 1 与字段名 2 共同组成主键），定义完所有的字段后，需要设置复合主键，语法格式如下：

      PRIMARY KEY(字段名 1, 字段名 2)

【例 7-11】 使用下面的 SQL 语句在 studentInfo 数据库中创建 SC 表，并将 sno、cno 的字段组合设置为 SC 表的主键。

语句如下（如图 7-18 所示）：

```
USE studentInfo;
CREATE TABLE SC (
    sno CHAR(10) NOT NULL,
    cno CHAR(10) NOT NULL,
    grade INT NOT NULL DEFAULT 0,
    PRIMARY KEY(sno, cno)
)ENGINE=MyISAM DEFAULT charset=utf8 COLLATE=utf8_bin;
```

我们还可以修改表的主键，如例 7-12。

【例 7-12】 修改表的 SC 的主键，删除原来的主键，增加 sno、cno 为主键。

语句如下（如图 7-19 所示）：

```
ALTER TABLE sc DROP PRIMARY KEY, ADD PRIMARY KEY(sno, cno);
```

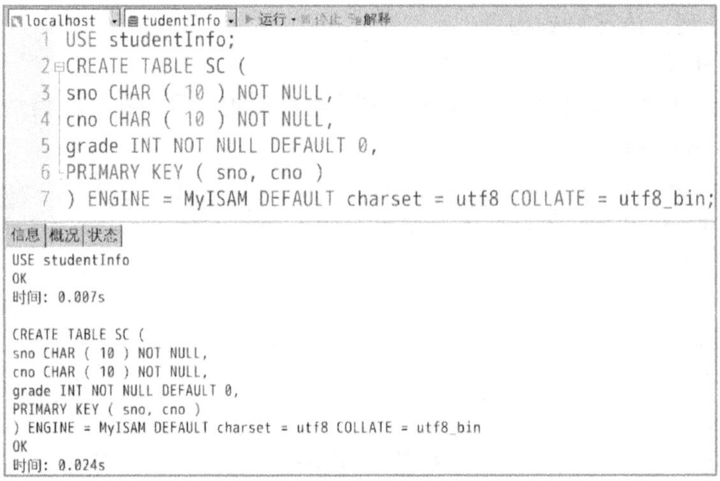

图 7-18　创建表 SC 并指定联合主键

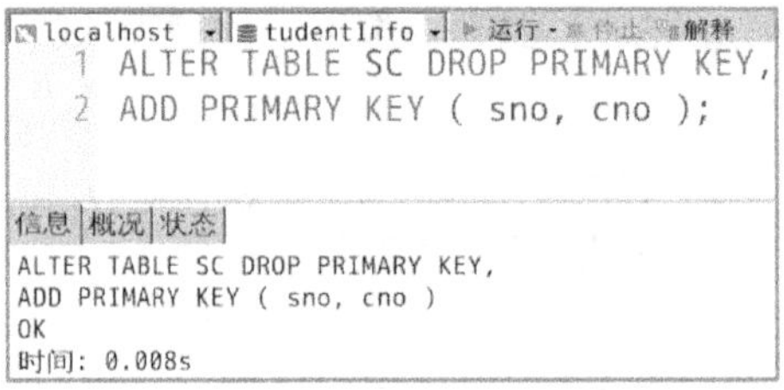

图 7-19　修改表已有主键信息

### 2．外键约束

外键约束主要用于定义表与表之间的某种关系。表 A 外键字段的取值，要么是 NULL，要么是来自表 B 主键字段的取值（此时将表 A 称为表 B 的子表，表 B 称为表 A 的父表）。

由于子表和父表之间的外键约束关系，因此：

① 如果子表的记录"参照"了父表的某条记录，那么父表这一条记录的删除（DELETE）或修改（UPDATE）操作可能以失败告终。

② 如果试图直接插入（INSERT）或者修改（UPDATE）子表的"外键值"，子表中的"外键值"必须是父表中的"主键值"，或者是 NULL，否则插入（INSERT）或者修改（UPDATE）操作失败。

例如，学生 student 表的班级号 class_no 字段的取值要么是 NULL，要么是来自班级 classes 表的 class_no 字段的取值。或者说，学生 student 表的 class_no 字段的取值必须参照（REFERENCE）班级 classes 表的 class no 字段的取值。

在表 A 中设置外键的有两种方式：一种是在表级完整性下定义外键约束，一种是在列级完整性下定义外键约束

表级完整性语法规则如下：

FOREIGN KEY（表 A 的字段名列表）　REFERENCES 表 B（字段名列表）
[ON DELETE {CASCADE| RESTRICT |SET NULL | NO ACTION} ]
[ON UPDATE {CASCADE| RESTRICT |SET NULL | NO ACTION} ]

级联选项有 4 种取值，其意义如下。

❖ CASCADE：父表记录的删除（DELETE）或者修改（UPDATE）操作，会自动删除或修改子表中与之对应的记录。

❖ SET NULL：父表记录的删除（DELETE）或者修改（UPDATE）操作，会将子表中与之对应记录的外键值自动设置为 NULL 值。

❖ NO ACTION：父表记录的删除（DELETE）或修改（UPDATE）操作，如果子表存在与之对应的记录，那么删除或修改操作将失败。

❖ RESTRICT：与 no action 功能相同，且为级联选项的默认值。

如果表已经建好，那么可以通过 ALTER TABLE 命令添加，语法格式如下：

```
ALTER TABLE table_name
    ADD [constraint 外键名] FOREGIN KEY [id] (index_col_name, …)
    REFERENCES table_name(index_col_name, …)
    [ON DELETE {CASCADE| RESTRICT |SET NULL | NO ACTION} ]
    [ON UPDATE {CASCADE| RESTRICT |SET NULL | NO ACTION} ]
```

【例 7-13】 将 SC 表的 sno 字段设置为外键，该字段的值参照（reference）班级 student 表的 sno 字段的取值。

语句如下（结果如图 7-20 所示）：

```
ALTER TABLE SC ADD FOREIGN KEY (sno) REFERENCES student(sno)
ON UPDATE RESTRICT  ON DELETE RESTRICT;
```

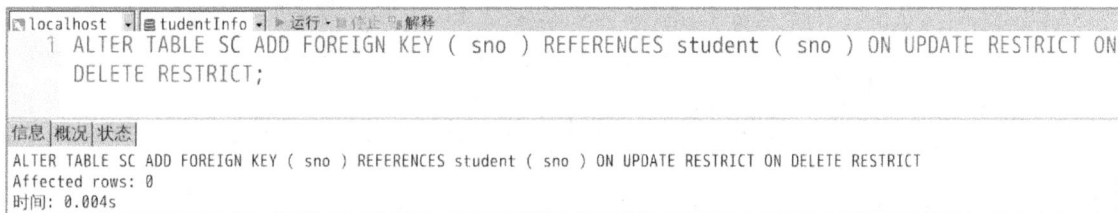

```
localhost   tudentInfo  ▶运行  作止  解释
  1 ALTER TABLE SC ADD FOREIGN KEY ( sno ) REFERENCES student ( sno ) ON UPDATE RESTRICT ON
    DELETE RESTRICT;

信息 概况 状态
ALTER TABLE SC ADD FOREIGN KEY ( sno ) REFERENCES student ( sno ) ON UPDATE RESTRICT ON DELETE RESTRICT
Affected rows: 0
时间: 0.004s
```

图 7-20　增加外键约束

如果表还没建立，那么可以在 CREATE TABLE 中指定。

【例 7-14】 在创建 SC 表时使用 SQL 语句指定外键 sno。

语句如下（结果如图 7-21 所示）：

```
DROP TABLE
IF EXISTS SC;

CREATE TABLE SC (
    sno CHAR(10) NOT NULL,
    cno CHAR(10) NOT NULL,
    grade INT NOT NULL DEFAULT 0,
    PRIMARY KEY(sno, cno),
    FOREIGN KEY(sno)  REFERENCES student(sno)
) ENGINE = MyISAM  DEFAULT CHARSET = utf8  COLLATE = utf8_bin;
```

或者在列级完整性上定义外键约束，就是直接在列的后面添加 REFERENCES 命令。语句如下（结果如图 7-22 所示）：

```
DROP TABLE IF EXISTS SC;

CREATE TABLE SC (
    sno CHAR(10) NOT NULL REFERENCES student(sno),
    cno CHAR(10) NOT NULL,
    grade INT NOT NULL DEFAULT 0,
    PRIMARY KEY(sno, cno)
) ENGINE = MyISAM  DEFAULT CHARSET = utf8  COLLATE = utf8_bin;
```

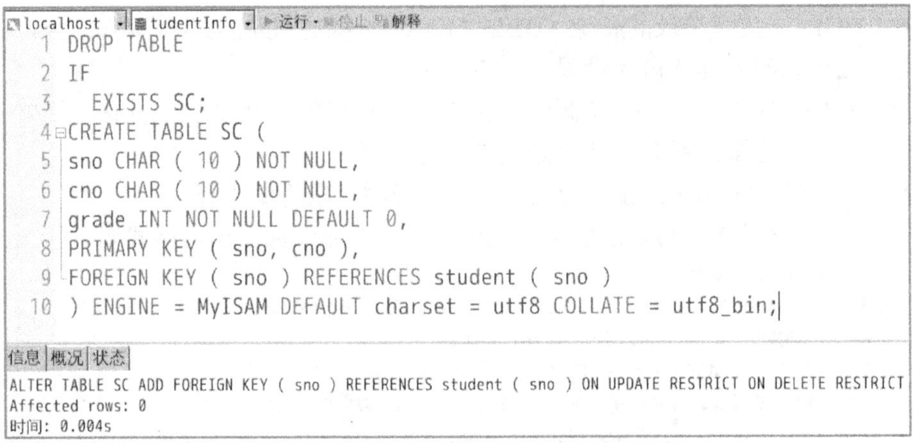

图 7-21 建表时指定外键信息

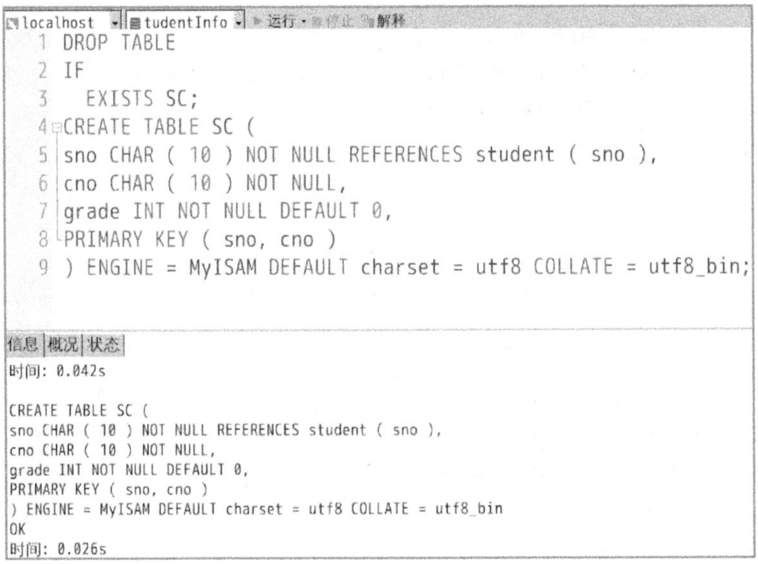

图 7-22 修改表已有主键信息

表级完整性约束和列级完整性约束都是在 CREATE TABLE 语句中定义的。另一种方式是使用完整性约束命名子句 CONSTRAINT 对完整性约束条件命名,从而可以灵活地增加、删除一个完整性约束条件。

完整性约束命名子句格式如下:

CONSTRAINT <完整性约束条件名> [PRIMARY KEY 短语| FOREIGN KEY 短语 | CHECK 短语]

【例 7-15】 创建 SC 表,将 sno 字段设置为外键。

语句如下(结果如图 7-23 所示):

```
DROP TABLE IF EXISTS SC;

CREATE TABLE SC (
    sno CHAR(10) NOT NULL,
    cno CHAR(10) NOT NULL,
    grade INT NOT NULL DEFAULT 0,
    PRIMARY KEY(sno, cno),
    CONSTRAINT sc_student_fk FOREIGN KEY(sno) REFERENCES student(sno)
) ENGINE = MyISAM  DEFAULT CHARSET = utf8  COLLATE = utf8_bin;
```

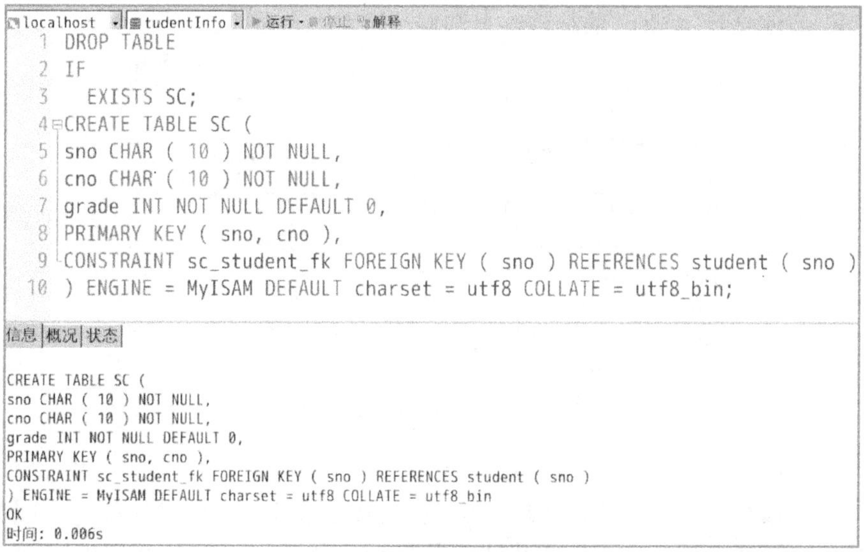

图 7-23 修改表已有主键信息

创建表时，建议先创建父表，再创建子表，并且子表的外键字段与父表的主键字的数据类型（包括长度）相似或者可以相互转换（建议外键字段与主键字数据类型相同）。

例如，选课 sc 表中 sno 字段的数据类型与学生 student 表中 sno 字段的数据类型完全相同，选课 sc 表中 sno 字段的值要么是 NULL，要么是来自学生 student 表中 sno 字段的值。选课 sc 表为学生 student 表的子表，学生 student 表为选课 sc 表的父表。

除了外键约束，主键约束和唯一性约束也可以使用"constraint 约束名约束条件"格式进行设置。

MySQL 向 InnoDB 存储引擎支持外键约束，MyISAM 存储引擎暂时不支持外键约束。如果在 MyISAM 存储引擎的表中设置外键约束，将产生类似"Can't create table 'studentinfo.SC' (erro: 150)"的错误信息。对于 MyISAM 存储引擎的表，数据库开发人员可以使用触发器"间接地"实现外键约束。

### 3．非空约束

如果某个字段满足非空约束的要求（如学生的姓名不能取 NULL 值），则可以向该字段添加非空约束。若设置某个字段的非空约束，直接在该字段的数据类型后加上"NOT NULL"关键字即可。非空约束限制该字段的内容不能为空，但可以是空白。语法格式如下：

字段名 数据类型 NOT NULL

【例 7-16】 将学生 student 表的姓名 sname 字段设置为非空约束

语句如下（结果如图 7-24 所示）：

```
ALTER TABLE student MODIFY sname CHAR (10) NOT NULL;
```

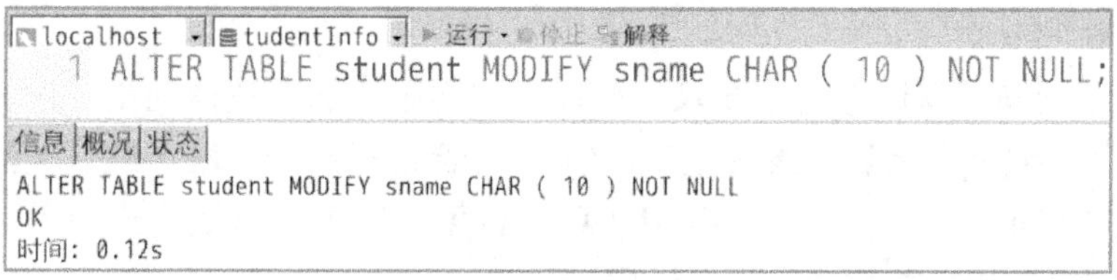

图 7-24 设置非空约束

用 DESC 命令查看 student 的结构，可知修改成功（如图 7-25 所示）。

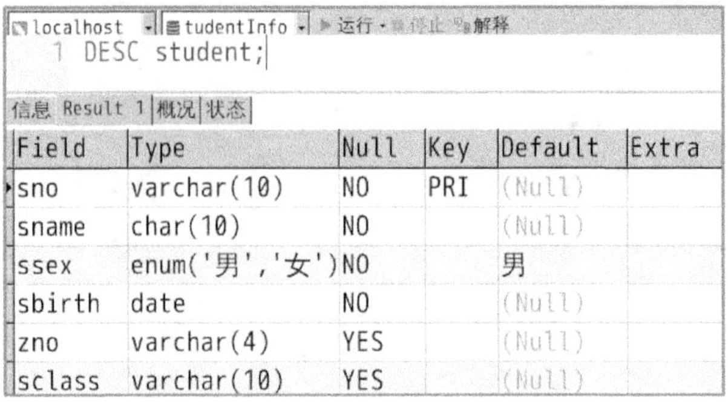


| Field | Type | Null | Key | Default | Extra |
|---|---|---|---|---|---|
| sno | varchar(10) | NO | PRI | (Null) | |
| sname | char(10) | NO | | (Null) | |
| ssex | enum('男','女') | NO | | 男 | |
| sbirth | date | NO | | (Null) | |
| zno | varchar(4) | YES | | (Null) | |
| sclass | varchar(10) | YES | | (Null) | |

图 7-25　查看 student 表结构

### 4．唯一性约束

如果某个字段满足唯一性约束要求，则可以向该字段添加唯一性约束。与主键约束不同，一张表中可以存在多个唯一性约束，并且满足唯一性约束的字段可以取 NULL 值。

例如，班级 classes 表的班级名 class_name 字段的值不能重复，class_name 字段满足唯一性约束条件。若设置某个字段为唯一性约束，直接在该字段数据类型后加上“UNIQUE”关键字即可。语法格式如下：

```
字段名 数据类型 UNIQUE
```

**【例 7-17】** 创建班级 classes 表，班级名 class_name 字段设置为非空约束和唯一性约束。

语句如下（结果如图 7-26 所示）：

```
CREATE TABLE classes (
    class_name CHAR (20) NOT NULL UNIQUE
) ENGINE = MyISAM DEFAULT charset = utf8 COLLATE = utf8_bin;
```

如果表已经存在，那么可以通过下面的语句命令进行操作：

```
ALTER TABLE classes MODIFY class_name CHAR (20) NOT NULL UNIQUE
```

如果某个字段存在多种约束条件，约束条件的顺序是随意的。唯一性约束实质上是通过唯一性索引实现的，因此唯一性约束的字段一旦创建，那么该字段将自动创建唯一性索引。如果要删除唯一性约束，只需删除对应的唯一性索引即可。

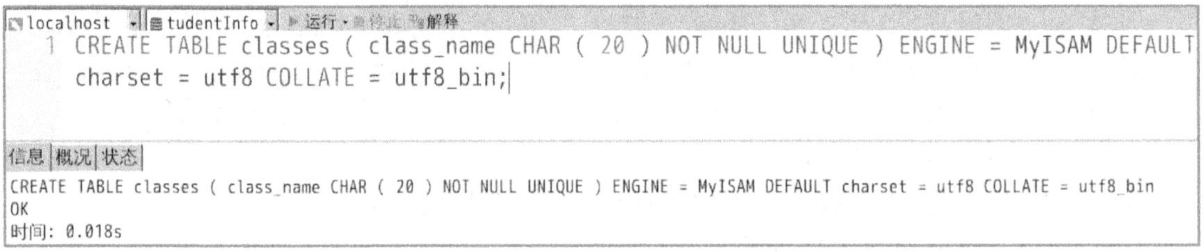


图 7-26　建表时指定非空约束

### 5．默认值约束

如果某个字段满足默认值约束要求，可以向该字段添加默认值约束。例如，可以将课程 course 表的人数上限 up_limit 字段设置默认值 60。若设置某个字段的默认值约束，直接在该字段数据类型及约束条件后加上“DEFAULT 默认值”即可。语法格式如下：

```
字段名 数据类型[其他约束条件] DEFAULT 默认值
```

【例7-18】 创建课程 course 表，其 up_limit 字段设置默认值约束，且默认值为整数 60。语句如下（如图 7-27 所示）：

```
CREATE TABLE course (
    up_limit INT DEFAULT 60
) ENGINE = MyISAM  DEFAULT CHARSET = utf8  COLLATE = utf8_bin;
```

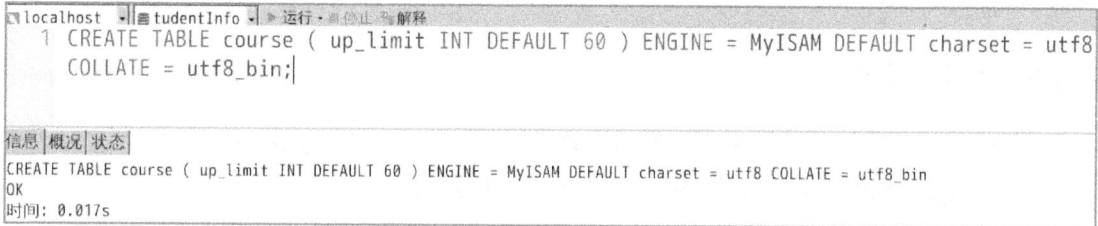

```
localhost  ▾  tudentInfo ▾ ▸运行 ▾ 停止  解释
  1 CREATE TABLE course ( up_limit INT DEFAULT 60 ) ENGINE = MyISAM DEFAULT charset = utf8
    COLLATE = utf8_bin;

信息 概况 状态
CREATE TABLE course ( up_limit INT DEFAULT 60 ) ENGINE = MyISAM DEFAULT charset = utf8 COLLATE = utf8_bin
OK
时间: 0.017s
```

图 7-27　建表时指定默认值

### 6. 自增约束

AUTO_INCREMENT 是 MySQL 唯一扩展的完整性约束，当为数据库表中插入新记录时，字段的值会自动生成唯一的 ID。在具体设置 AUTO_INCREMENT 约束时，数据库表中只能有一个字段使用该约束，该字段的数据类型必须是整型。由于设置 AUTO_INCREMENT 约束后的字段会生成唯一的 ID，因此该字段也经常会设置为 PK 主键。MySQL 中通过 SQL 语句的 AUTO_INCREMENT 来实现：

```
CREATE TABLE table_name(
    属性名 数据类型 AUTO_INCREMENT,
    ……
);
```

上述语句中，属性名参数表示要设置自动增加约束的字段名字，默认情况下，该字段的值从 1 开始增加，每增加一条记录，记录中该字段的值就会在前一条记录的基础上加 1。

【例7-19】 创建表 t_dept 时，设置 deptno 字段为 AUTO_INCREMENT 和 PK 约束。语句如下（结果如图 7-28 所示）：

```
CREATE TABLE t_dept (
    deptno INT PRIMARY KEY auto_increment
) ENGINE = INNODB  DEFAULT charset = utf8  COLLATE = utf8_bin;
```

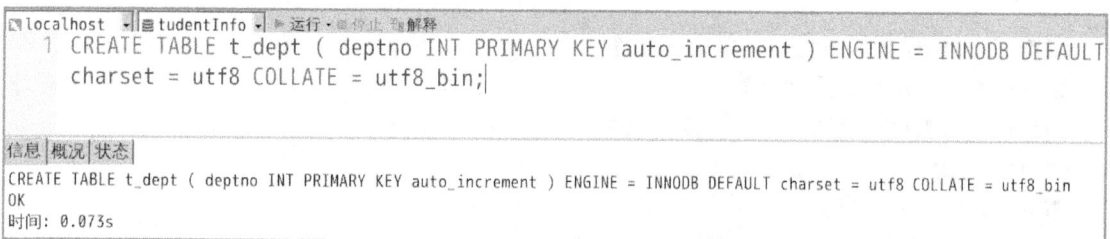

```
localhost  ▾  tudentInfo ▾ ▸运行 ▾ 停止  解释
  1 CREATE TABLE t_dept ( deptno INT PRIMARY KEY auto_increment ) ENGINE = INNODB DEFAULT
    charset = utf8 COLLATE = utf8_bin;

信息 概况 状态
CREATE TABLE t_dept ( deptno INT PRIMARY KEY auto_increment ) ENGINE = INNODB DEFAULT charset = utf8 COLLATE = utf8_bin
OK
时间: 0.073s
```

图 7-28　建表时指定自增长主键

### 7. 检查约束

检查约束是用来检查数据表中字段值的有效性的一个手段。例如，学生信息表中的年龄字段是没有负数的，并且数值也是有限制的，当前大学生的年龄一般为 15～45 岁。其中，前面讲述的默认值约束和非空约束可以看作是特殊的检查约束。

在创建表时设置列的检查约束有两种：设置列级约束和表级约束。

**【例 7-20】** 创建学生表 student 时，将 sage 年设置为 15 以上检查约束。

语句如下：

```
CREATE TABALE student (
    Sno CHAR(8),
    Sname CHAR(10), sage INT CHECK(sage >= 15)
);
```

## 7.5.3 删除约束

在 MySQL 数据库中，一个字段的所有约束都可以用 ALTER TABLE 命令删除。

**【例 7-21】** 删除表 sc 中名称为 sc_studen_fk 的约束。

语句如下（结果如图 7-29 所示）：

```
ALTER TABLE sc  DROP FOREIGN KEY sc_student_fk;
```

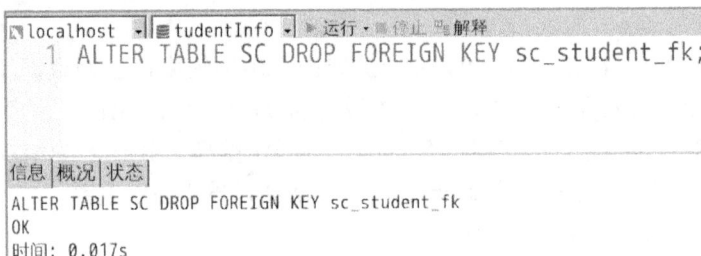

图 7-29　删除外键约束

# 小　结

本章先讲述了表的基本概念，MySQL 支持的数据类型和运算符等一些基础，再讲述了表的基本操作，包括创建、查看、修改、复制、删除，最后讲述了 MySQL 的约束控制，以及如何定义和修改字段的约束条件。

# 思考与练习 7

1. MySQL 有哪些数据类型？有哪些运算符？
2. 数据类型选择的原则是什么？
3. 如何创建数据库、使用数据库、删除数据库？
4. 如何创建表、修改表、删除表？
5. 常见的几种约束有哪些？分别代表什么意思？如何使用？
6. （　　）类型不是 MySQL 中常用的数据类型。
   A. INT　　　　　　　　　B. VAR　　　　　　　　　C. TIME　　　　　　　　　D. CHAR
7. 当选择一个数值数据类型时，不属于应该考虑的因素是（　　）。
   A. 数据类型数值的范围　　　　　　　　　B. 列值所需要的存储空间数量
   C. 列的精度与标度（适用于浮点与定点数）　　　D. 设计者的习惯
8. 用一组数据"准考证号：200701001、姓名：刘亮、性别：男、出生日期：1993-8-1"来描述某个考生信息，其中"出生日期"数据可设置为（　　）。

A. 日期/时间型   B. 数字型   C. 货币型   D. 逻辑型

9. MySQL 支持的数据类型主要分成（  ）类。

  A. 1 类     B. 2 类     C. 3 类     D. 4 类

10. 关系数据库中，外键是（  ）。

  A. 在一个关系中定义了约束的一个或一组属性

  B. 在一个关系中定义了缺省值的一个或一组属性

  C. 在一个关系中的一个或一组属性是另一个关系的主键

  D. 在一个关系中用于唯一标识元组的一个或一组属性

11. 关系数据库中，实现主键标识元组的作用是通过（  ）来实现的。

  A. 实体完整性规则       B. 参照完整性规则

  C. 用户自定义的完整性     D. 属性的值域

12. 根据关系模式的完整性规则，一个关系中的主键（  ）。

  A. 不能有两个        B. 不能成为另一个关系的外键

  C. 不允许空值        D. 可以取空值

13. 若规定工资表中基本工资不得超过 5000 元，则这个规定属于（  ）。

  A. 关系完整性约束       B. 实体完整性约束

  C. 参照完整性约束       D. 用户自定义完整性

# 实验：MySQL 表定义和完整性约束控制

## 一、实验目的

(1)掌握表的基础知识。

(2)掌握 SQL 语句创建表的方法。

(3)掌握表的修改、查看、删除等基本操作方法。

(4)掌握 MySQL 约束的创建。

## 二、实验内容

1. 创建图书信息表。

现有出版社的 publisherinfo 表，其中 pid 为主键；图书类型表 booktye 表，其中有 tid 为主键。请创建图书信息表 bookinfo，包括：图书名称、作者、出版社、出版日期、ISBN、图书类型等字段。要求如下：

（1）添加主键字段（bid），要求该字段为整数、有唯一性约束和自增约束。

（2）书名字段不能为空。

（3）出版社字段有着外键约束，引用出版社 publisherinfo 表的主键。

（4）图书类型有着外键约束，应用图书类型 booktye 表的主键。

2. 创建学生信息表

创建学生信息表，其中包括学号、姓名、性别、入学日期、身份证号等字段。要求如下：

（1）将学号作为主键。

（2）姓名字段不能为空。

（3）入学日期字段默认为当前日期。

（4）身份证号字段有唯一性约束。

### 三、观察与思考

（1）在定义基本表语句时，NOT NULL 参数的作用是什么？

（2）主键可以建立在"值可以为 NULL"的列上吗？

# 第 8 章　数据操作管理

对数据库和数据库表中的数据执行查询、添加、修改、删除操作是必不可少。查询是指从数据库中获取用户所需要的数据，在数据库操作中经常用到，也是最重要的操作之一。添加是向数据库表中添加不存在的记录。修改是对已经存在的记录进行更新。删除则是删除数据库中已存在的记录。

数据库查询是指数据库管理系统按照数据用户指定的条件，从数据库相关表中找到满足条件的记录过程。查询数据库中的记录有多种方式，可以查询所有的数据，也可以进行特定查询，还可以借助集合函数和正则表达式进行查询。不同的查询方式可以获取不同的数据。本章将介绍如何向数据库中添加记录，以及删除和修改记录，重点介绍如何查询 MySQL 数据库中的数据。

## 8.1　插入数据

插入数据是向表中插入新记录，可以为表中增加新的数据。在 MySQL 中，INSERT 语句用来插入新的数据，可以同时为表的所有字段插入数据，也可以为表的指定字段插入数据，还可以同时插入多条记录。

### 8.1.1　为表的所有字段插入数据

通常情况下，插入新记录要包含表的所有字段。INSERT 语句有两种方式可以同时为表的所有字段插入数据。第一种方式是不指定具体的字段名，第二种方式是列出表的所有字段。

#### 1. INSERT 语句中不指定具体的字段名

在 MySQL 中，可以通过不指定字段名的方式为表插入记录，语法格式如下：

```
INSERT INTO 表名  VALUES(值1, 值2, …, 值n)
```

其中，"表名"参数指定记录插入到哪个表中；"值 n"参数表示要插入的数据。"值 1"到"值 n"分别对应表中的各字段。表中定义了几个字段，INSERT 语句中就应该对应几个值，插入的顺序与表中字段的顺序相同，而且值的数据类型要与表中对应字段的数据类型一致。

【例 8-1】　向 student 表中插入记录。

语句如下：

```
INSERT INTO student VALUES('1418855233', '王一', '男', '1997-01-01', '1102', '商务1301');
```

其中，student 表包含 6 个字段，那么 INSERT 语句中的值也应该是 6 个，而且数据类型应该与字段的数据类型一致。sno、sname、ssex、sbirth、zno 和 sclass 这 6 个字段是字符串类型，值必须加上引号。如果不加引号，数据库系统会报错。结果如图 8-1 所示。

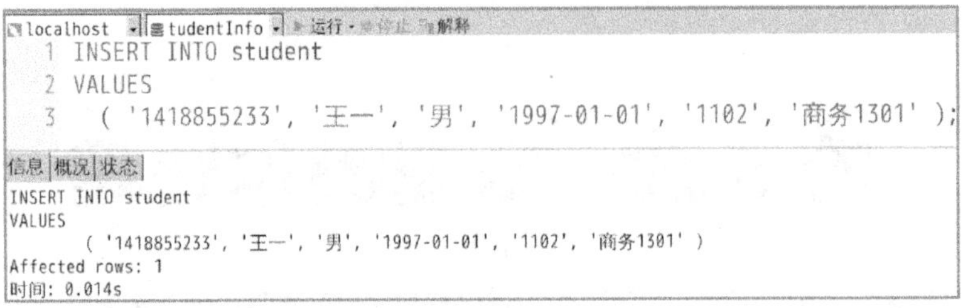

图 8-1　插入数据

### 2. INSERT 语句中列出所有字段

INSERT 语句中可以列出表的所有字段，为这些字段来插入数据，语法格式如下：

```
INSERT INTO 表名(字段名 1, 字段名 2, …, 字段名 n)
VALUES(值 1, 值 2, …, 值 n);
```

其中，"字段名 n"参数表示表中的字段名称，此处必须列出表的所有字段的名称；"值 n"参数表示每个字段的值，每个值与相应的字段对应。

【例 8-2】　向 student 表中插入一条新记录。

语句如下（结果如图 8-2 所示）：

```
INSERT INTO student(sno, sname, ssex, sbirth, zno, sclass)
VALUES('1418855234', '李三', '男', '1996-07-08', '1102', '商务1301');
```

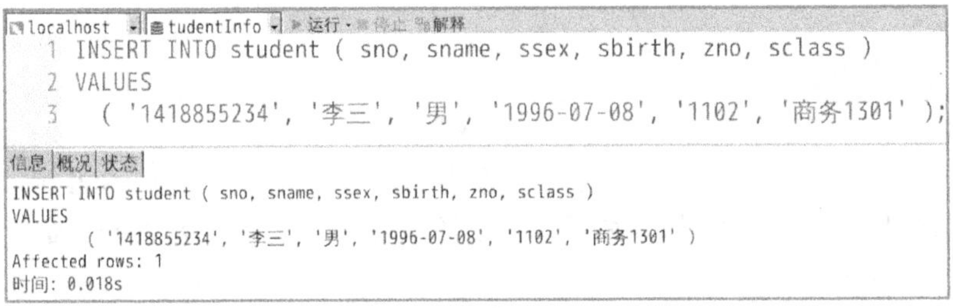

图 8-2　插入数据时指定字段

如果表的字段比较多，第二种方法比较麻烦，但是比较灵活，可以随意设置字段的顺序，而不需要按照表定义时的顺序。值的顺序必须随着字段顺序的改变而改变。

【例 8-3】　向 student 表中插入一条新记录。INSERT 语句中字段的顺序与表定义时的顺序不同。

语句如下（结果如图 8-3 所示）：

```
INSERT INTO student(sno, sname, sbirth, ssex, zno, sclass)
VALUES('1418855235', '张平', '1996-03-15', '女', '1102', '商务1301');
```

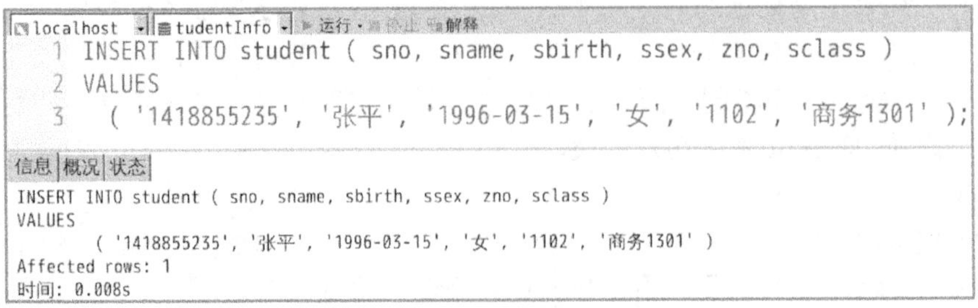

图 8-3　插入数据时打乱字段顺序

sbirth 字段和 ssex 字段的顺序发生了改变，对应值的位置也发生了改变。

## 8.1.2 为表的指定字段插入数据

8.1.1 节介绍的 INSERT 语句只是指定全部字段，下面为表中的部分字段插入数据，语法格式如下：

```
INSERT INTO 表名(字段名 1, 字段名 2, …, 字段名 n)
VALUES(值 1, 值 2, …, 值 n)
```

其中，"字段名 n"参数表示表中的字段名称，此处指定表的部分字段的名称；"值 n"参数表示指定字段的值，每个值与相应的字段对应。

【例 8-4】 向 student 表的 sno、sname 和 ssex 字段插入数据。

语句如下（结果如图 8-4 所示）：

```
INSERT INTO student(sno, sname, ssex, sbirth)
VALUES('1418855236', '张强', '男', '1996-03-15');
```

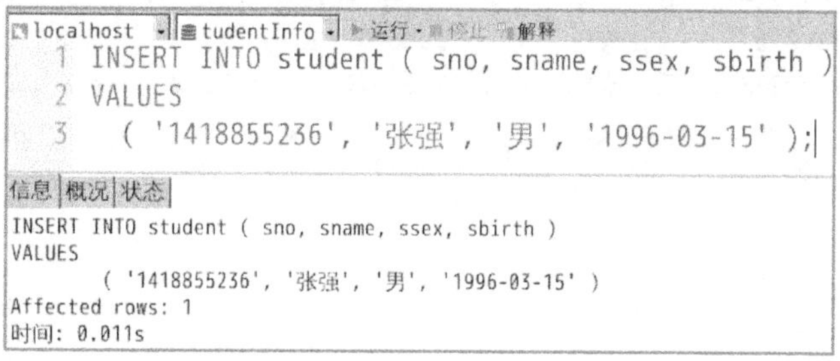

图 8-4 往指定字段插入数据

没有赋值的字段，数据库系统会为其插入默认值。这个默认值是在创建表的时候定义的，如 zno 字段和 sclass 字段的默认值为 NULL。如果某个字段没有设置默认值，而且非空，就必须为其赋值，否则数据库系统会提示"Field 'name' doesn't have a default value"错误。

这种方式也可以随意设置字段的顺序，而不需要按照表定义时的顺序。

【例 8-5】 向 student 表的 sno、sname 和 ssex 字段插入数据。

INSERT 语句中，这 3 个字段的顺序可以任意排列。例如（结果如图 8-5 所示）：

```
INSERT INTO student(sno, ssex, sname, sbirth)
VALUES('1418855237', '女', '李苹', '1996-03-15');
```

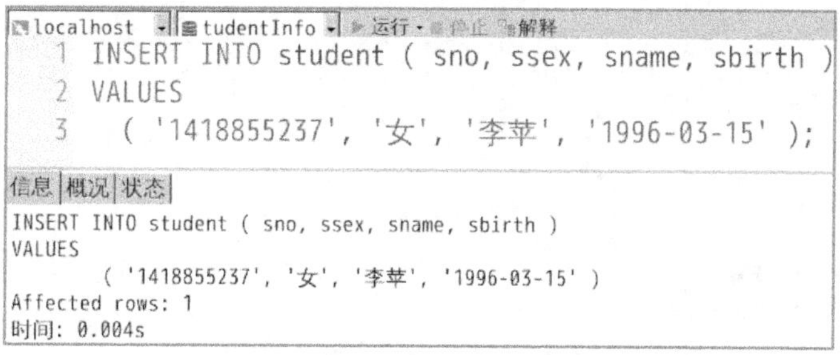

图 8-5 往指定字段插入数据时打乱字段顺序

## 8.1.3 同时插入多条记录

同时插入多条记录是指一个 INSERT 语句插入多条记录。前面的方法不断重复，可以插入多条记录，但是比较麻烦且效率很低。MySQL 中，INSERT 语句可以同时插入多条记录。
语法格式：

```
INSERT INTO 表名[(字段名列表)]
VALUES(取值列表 1), (取值列表 2), …, (取值列表 n)
```

其中，"表名"参数指明向哪个表中插入数据；"字段名列表"参数是可选参数，指定哪些字段插入数据，没有指定字段时向所有字段插入数据；"取值列表 *n*"参数表示要插入的记录，每条记录之间用","隔开。

向 MySQL 的某个表中插入多条记录时，可以使用多条 INSERT 语句逐条插入记录，也可以使用一条 INSERT 语句插入多条记录。选择哪种方式通常根据个人喜好来决定。如果插入的记录很多，那么一条 INSERT 语句插入多条记录的方式的速度会比较快。

【例 8-6】 向 student 表中插入 3 条新记录。

INSERT 语句如下（结果如图 8-6 所示）：

```
INSERT INTO `student`(`sno`, `sname`, `ssex`, `sbirth`, `zno`, `sclass`)
VALUES('1114070216', '欧阳贝贝', '女', '1997-01-08', '1407', '工商 1401'),
      ('1207040237', '郑熙婷', '女', '1996-05-23', '1214', '信管 1201'),
      ('1309070238', '孙一凯', '男', '1993-10-11', '1102', '商务 1301');
```

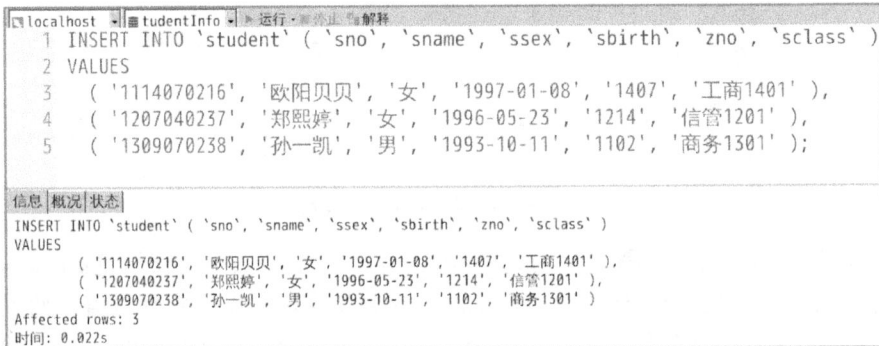

图 8-6　同时插入多条记录

不指定字段时，必须为每个字段都插入数据。如果指定字段，就只需要为指定的字段插入数据。

【例 8-7】 向 student 表的 sno、sname 和 ssex 字段插入数据，共 3 条记录。

INSERT 语句如下（结果如图 8-7 所示）：

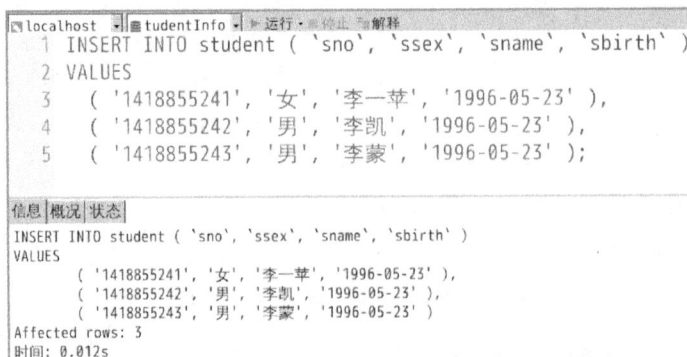

图 8-7　同时插入多条记录并指定字段

```
INSERT INTO student('sno', 'ssex', 'sname', 'sbirth')
```

```
        VALUES('1418855241', '女', '李一苹', '1996-05-23'),
              ('1418855242', '男', '李凯', '1996-05-23'),
              ('1418855243', '男', '李蒙', '1996-05-23');
```

## 8.1.4  从目标表中插入值

INSERT INTO…SELECT…语句可以从一个表或者多个表向目标表中插入记录。SELECT
语句中返回的是一个查询到的结果集，INSERT 语句将这个结果插入目标表，结果集中记录
的字段数和字段类型要与目标表的完全一致。其语法格式如下：

    INSERT INTO 表名[列名列表]  SELECT 列名列表  FROM 表名

## 8.1.5  REPLACE 语句

REPLACE 语句也可以将一条或多条记录插入表中，或将一个表中的结果集插入目标表
中。其语法格式如下：

    REPLACE [INTO] 表名  VALUES(值列表)

使用 REPLACE 语句添加记录时，如果新记录的主键值或者唯一性约束的字段值与已有
记录相同，则已有记录被删除，再添加新记录。

# 8.2  修改数据

修改数据是更新表中已经存在的记录。通过这种方式可以改变表中已经存在的数据。例
如，学生表中某个学生的家庭住址改变了，这就需要在学生表中修改该同学的家庭地址。在
MySQL 中，通过 UPDATE 语句来修改数据。本小节将详细讲解这些内容。

在 MySQL 中，UPDATE 语句的基本语法形式如下：

    UPDATE 表名  SET 字段名 1＝取值 1，字段名 2＝取值 2，…，字段名 $n$＝取值 $n$  WHERE  条件表达式

其中，"字段名 $n$"参数表示需要更新的字段的名称；"取值 $n$"参数表示为字段更新的新数
据；"条件表达式"参数指定更新满足条件的记录。

【例 8-8】  更新 student 表中 sno 值为 1418855243 的记录，sname 字段的值变为'李壮',
sbirth 字段的值变为'1996-03-23'。

语句如下（结果如图 8-8 所示）：

    UPDATE student  SET sname='李凯', sbirth='1996-03-23'  WHERE sno='1418855243';

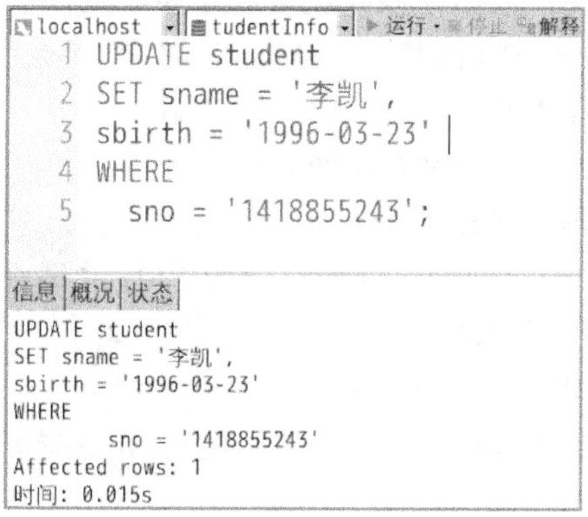

图 8-8  更新记录

表中满足条件表达式的记录可能不止一条，使用 UPDATE 语句会更新所有满足条件的记录，但在 MySQL 中是需要一条一条的执行。

**【例 8-9】** 更新 student 表中 sname 值为李凯的记录，sbirth 字段的值变为"1997-01-01"，ssex 字段的值变为"女"。

语句如下：

```
UPDATE student  SET ssex= '女', sbirth= '1997-01-01'  WHERE sname= '李凯';
```

结果如图 8-9 所示，显示更新了两条数据。

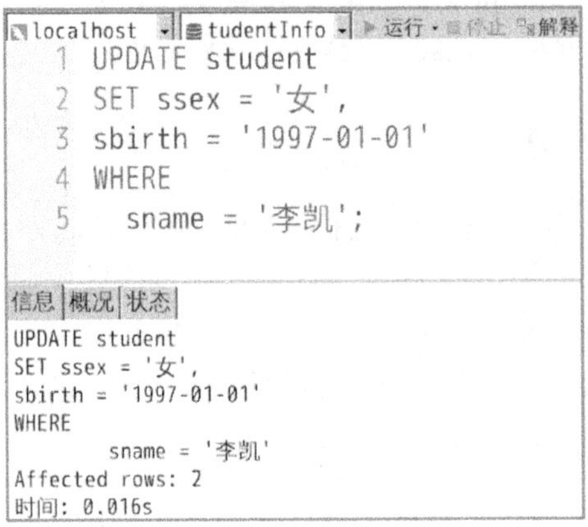

图 8-9　同时更新多条记录

## 8.3　删除数据

删除数据是删除表中已经存在的记录，可以删除表中不再使用的记录。例如，学生表中某个学生退学了，这就需要从学生表中删除该同学的信息。MySQL 中，通过 DELETE 语句来删除数据。如果完全清除某个表，可以使用 TRUNCATE 语句。

### 8.3.1　删除表数据

MySQL 中，DELETE 语句的基本语法形式如下：

```
DELETE FROM 表名  [WHERE 条件表达式]
```

其中，"表名"参数指明从哪个表中删除数据；"WIHERE 条件表达式"指定删除表中的哪些数据。如果没有该条件表达式，数据库系统就会删除表中的所有数据。

**【例 8-10】** 删除 student 表中 sno 值为 1418855243 的记录。

语句如下（结果如图 8-10 所示）：

```
DELETE FROM student  WHERE sno='1418855243';
```

DELETE 语句可以同时删除多条记录。

**【例 8-11】** 删除 student 表中 sclass 的值为'商务 1301'的记录。

语句如下（结果如图 8-11 所示）：

```
DELETE FROM student  WHERE sclass='商务1301';
```

DELETE 语句中如果不加上"WHERE 条件表达式"，数据库系统会删除指定表中的所有数据。请谨慎使用。

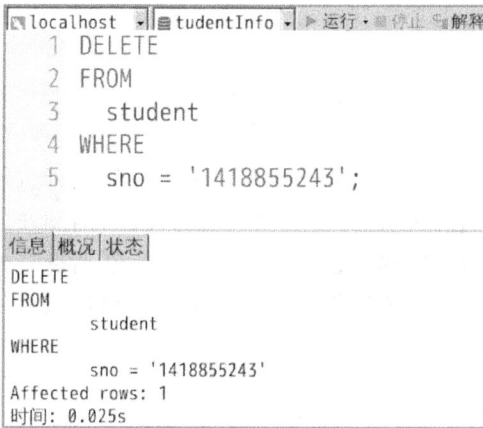

图 8-10　删除记录

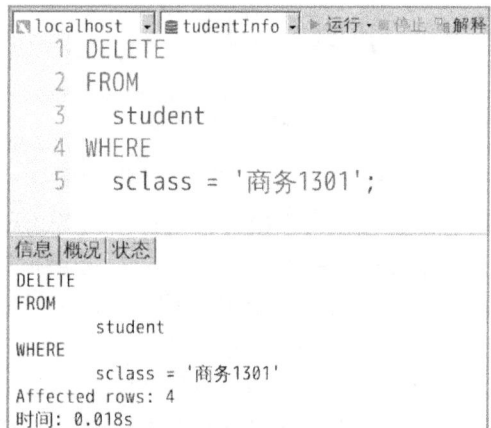

图 8-11　同时删除多条记录

## 8.3.2　清空表数据

TRUNCATE table 用于完全清空一个表，基本语法格式如下：

**TRUNCATE [table]** 表名

【例 8-12】　清除 SC 表。

语句如下（结果如图 8-12 所示）：

**TRUNCATE TABLE SC;**

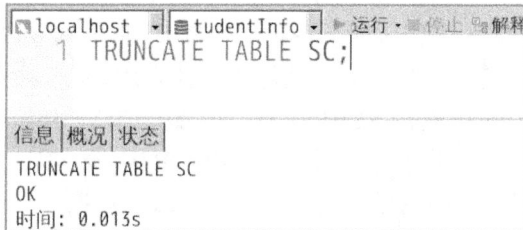

图 8-12　清空数据表

### TRUNCATE TABLE 与 DELETE 的比较

TRUNCATE TABLE 在功能上与不带 WHERE 子句的 DELETE 语句相同，二者均删除表中的全部行。但 TRUNCATE TABLE 比 DELETE 速度快，且使用的系统和事务日志资源少。

DELETE 语句每次删除一行，并在事务日志中为所删除的每行记录一项。

TRUNCATE TABLE 语句清空表记录后，会重新设置自增型字段的计数起始值为 1；而使用 DELETE 语句删除记录后自增字段的值后，并没有设置为起始值，而是依次递增。TRUNCATE TABLE 通过释放存储表数据所用的数据页来删除数据，并且只在事务日志中记录页的释放。

### TRUNCATE、DELET、DROP 的比较

TRUNCATE TABLE：删除内容、释放空间但不删除定义。

DELETE TABLE：删除内容不删除定义，不释放空间。

DROP TABLE：删除内容和定义，释放空间。

# 8.4　单表查询

## 8.4.1　SELECT 语句

SELECT 语句是在所有数据库操作中使用频率最高的 SQL 语句。SELECT 语句执行过程如下：首先数据库用户编写合适的 SELECT 语句，通过 MySQL 客户端将 SELECT 语句发送给 MySQL 服务实例，MySQL 服务器根据 SELECT 语句的要求进行解析、编译，然后选择合适的执行计划，从表中查找满足特定条件的若干条记录，最后按照规定的格式，整理成结果集，返回给 MySQL 客户端。

SELECT 语句的语法格式如下：

```
SELECT 字段列 FROM <表名或视图名> [WHERE <条件表达式>]
[GROUP BY <列名 1> ] [HAVING <条件表达式> ]
[ORDER BY <列名 2> [ASC| DESC]] [LIMIT 子句]
```

其中，[]中的内容是可选的

SELECT 子句：指定要查询的列名称，列与列之间用","隔开，还可以为列指定新的别名，显示在输出的结果中。ALL 关键字表示显示所有的行，包括重复行，系统默认的；DISTINCT 表示显示的结果要消除重复的行。

FROM 子句：指定要查询的表，可以指定两个以上的表，表与表之间用","隔开。

WHERE 子句：指定要查询的条件。如果有 WHERE 子句，就按照"条件表达式"指定的条件进行查询；如果没有 WHERE 子句，就查询所有记录。

GROUP BY：对查询结构进行分组。按照"列名 1"指定的字段进行分组；如果 GROUP BY 子句后有 HAVING 关键字，那么只有满足"条件表达式 2"中指定条件的才能够输出。GROUP BY 子句通常与 COUNT()、SUM()等聚合函数一起使用。

HAVING 子句：指定分组的条件，通常放 GROUP BY 子句后。

ORDER BY 子句：对查询结果进行排序。排序方式由 ASC 和 DESC 两个参数指出，ASC 参数表示按升序进行排序，DESC 参数表示按降序的顺序进行排序。升序表示值按从小到大的顺序排列，如{1, 2, 3}就是升序，降序则相反，如{3, 2, 1}。对记录进行排序时，如果没有指定是 ASC 还是 DESC，则默认为 ASC。

LIMIT 子句：限制查询的输出结果的行数。

## 8.4.2　简单查询

为了演示以下查询，我们需要创建几张表，如表 8-1～表 8-4 所示。

**表 8-1　专业表（specialty）**

|  | 专业号 | 专业名 |
|---|---|---|
| 列名 | zno | zname |
| 数据类型 | varchar | varchar |
| 长度 | 4 | 50 |
| 是否为空 | not null | not null |
| 是否主键 | 是 |  |
| 是否外键 |  |  |

**表 8-2　课程表（course）**

|  | 课程号 | 课程名称 | 学分 | 开课院系 |
|---|---|---|---|---|
| 列名 | cno | cname | ccredit | cdept |
| 数据类型 | varchar | varchar | int | varchar |
| 长度 | 8 | 50 | 11 | 20 |
| 是否为空 | not null | not null | not null | not null |
| 是否主键 | 是 |  |  |  |
| 是否外键 |  |  |  |  |

表 8-3　学生表（student）

| | 学号 | 姓名 | 性别 | 出生日期 | 班级 | 专业号 |
|---|---|---|---|---|---|---|
| 列名 | sno | sname | ssex | sbirth | sclass | zno |
| 数据类型 | varchar | varchar | enum | date | varchar | varchar |
| 长度 | 10 | 20 | {男，女} | | 10 | 4 |
| 是否为空 | not null | not null | not null | not null | not null | null |
| 是否主键 | 主键 | | | | | |
| 是否外键 | | | | | | 外键 |

表 8-4　选修表（sc）

| | 学号 | 课程号 | 成绩 | | 学号 | 课程号 | 成绩 |
|---|---|---|---|---|---|---|---|
| 列名 | sno | cno | grade | 是否为空 | not null | not null | not null |
| 数据类型 | varchar | varchar | float | 是否主键 | 是 | 是 | |
| 长度 | 10 | 8 | 4 | 是否外键 | 是 | 是 | |

### 1．查询所有字段

查询所有字段是指查询表中的所有字段的数据，有两种方式：一种是列出表中的所有字段，另一种是使用通配符*查询。

**【例 8-13】** 查询学生的所有信息

方式 1：

```
SELECT zno, sclass, sno, sname, ssex, sbirth  FROM student;
```

返回的结果字段的顺序与 SELECT 语句中指定的顺序一致，如图 8-13 所示。

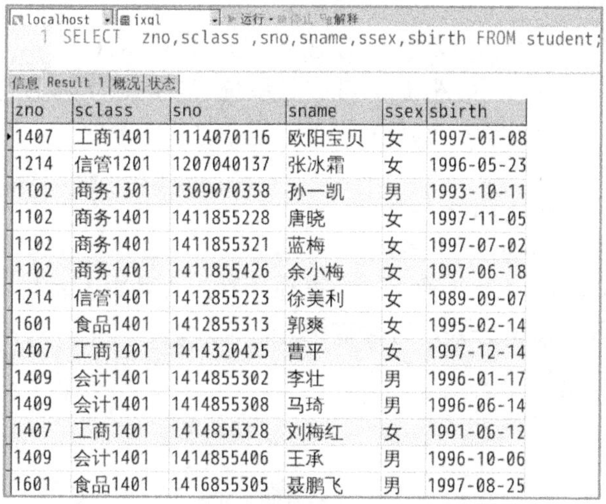


| zno | sclass | sno | sname | ssex | sbirth |
|---|---|---|---|---|---|
| 1407 | 工商1401 | 1114070116 | 欧阳宝贝 | 女 | 1997-01-08 |
| 1214 | 信管1201 | 1207040137 | 张冰霜 | 女 | 1996-05-23 |
| 1102 | 商务1301 | 1309070338 | 孙一凯 | 男 | 1993-10-11 |
| 1102 | 商务1401 | 1411855228 | 唐晓 | 女 | 1997-11-05 |
| 1102 | 商务1401 | 1411855321 | 蓝梅 | 女 | 1997-07-02 |
| 1102 | 商务1401 | 1411855426 | 余小梅 | 女 | 1997-06-18 |
| 1214 | 信管1401 | 1412855223 | 徐美利 | 女 | 1989-09-07 |
| 1601 | 食品1401 | 1412855313 | 郭爽 | 女 | 1995-02-14 |
| 1407 | 工商1401 | 1414320425 | 曹平 | 女 | 1997-12-14 |
| 1409 | 会计1401 | 1414855302 | 李壮 | 男 | 1996-01-17 |
| 1409 | 会计1401 | 1414855308 | 马琦 | 男 | 1996-06-14 |
| 1407 | 工商1401 | 1414855328 | 刘梅红 | 女 | 1991-06-12 |
| 1409 | 会计1401 | 1414855406 | 王承 | 男 | 1996-10-06 |
| 1601 | 食品1401 | 1416855305 | 聂鹏飞 | 男 | 1997-08-25 |

图 8-13　查询时指定所有字段

方式 2：

```
SELECT *  FROM student;
```

返回的结果字段的顺序是固定的，与建立表时指定的顺序一致，如图 8-14 所示。

通过通配符*可以查询表中所有字段的数据，这种方式比较简单，尤其是数据库表中的字段很多时。但是从显示结果顺序的角度来讲，使用通配符*不够灵活。如果要改变显示字段的顺序，可以选择第一种方式。

## 2．指定字段查询

虽然通过 SELECT 语句可以查询所有字段，但有时并不需要将表中的所有字段都显示，只需查询需要的字段，这时可以在 SELECT 语句中指定需要的字段。

**【例 8-14】** 查询学生的学号和姓名。

只需在 SELECT 中指定学号和姓名两个字段（结果如图 8-15 所示）：

```
SELECT sno, sname  FROM student;
```

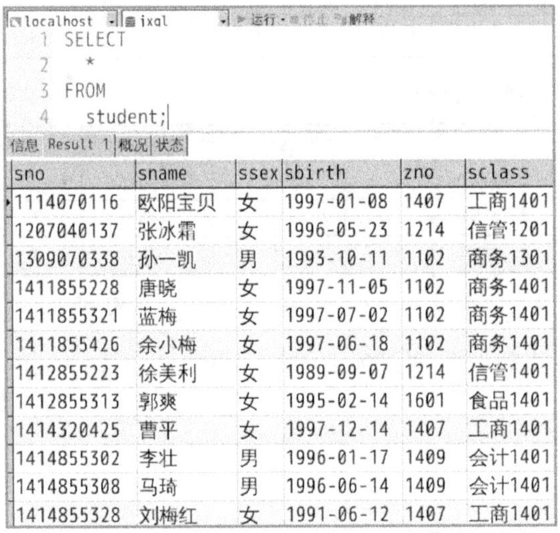


| sno | sname | ssex | sbirth | zno | sclass |
|---|---|---|---|---|---|
| 1114070116 | 欧阳宝贝 | 女 | 1997-01-08 | 1407 | 工商1401 |
| 1207040137 | 张冰霜 | 女 | 1996-05-23 | 1214 | 信管1201 |
| 1309070338 | 孙一凯 | 男 | 1993-10-11 | 1102 | 商务1301 |
| 1411855228 | 唐晓 | 女 | 1997-11-05 | 1102 | 商务1401 |
| 1411855321 | 蓝梅 | 女 | 1997-07-02 | 1102 | 商务1401 |
| 1411855426 | 余小梅 | 女 | 1997-06-18 | 1102 | 商务1401 |
| 1412855223 | 徐美利 | 女 | 1989-09-07 | 1214 | 信管1401 |
| 1412855313 | 郭爽 | 女 | 1995-02-14 | 1601 | 食品1401 |
| 1414320425 | 曹平 | 女 | 1997-12-14 | 1407 | 工商1401 |
| 1414855302 | 李壮 | 男 | 1996-01-17 | 1409 | 会计1401 |
| 1414855308 | 马琦 | 男 | 1996-06-14 | 1409 | 会计1401 |
| 1414855328 | 刘梅红 | 女 | 1991-06-12 | 1407 | 工商1401 |

图 8-14　通过通配符查询所有字段

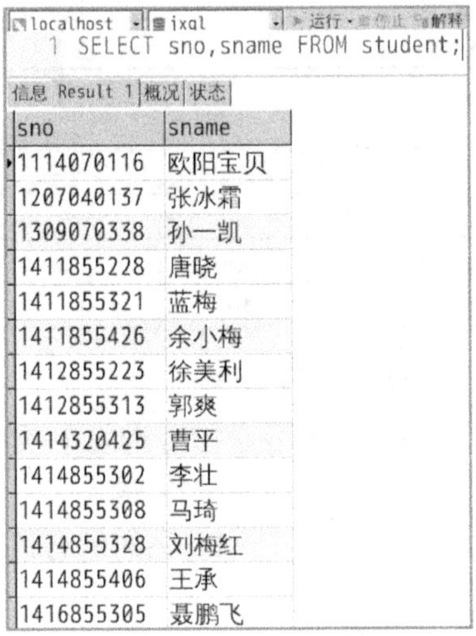


| sno | sname |
|---|---|
| 1114070116 | 欧阳宝贝 |
| 1207040137 | 张冰霜 |
| 1309070338 | 孙一凯 |
| 1411855228 | 唐晓 |
| 1411855321 | 蓝梅 |
| 1411855426 | 余小梅 |
| 1412855223 | 徐美利 |
| 1412855313 | 郭爽 |
| 1414320425 | 曹平 |
| 1414855302 | 李壮 |
| 1414855308 | 马琦 |
| 1414855328 | 刘梅红 |
| 1414855406 | 王承 |
| 1416855305 | 聂鹏飞 |

图 8-15　查询特定字段

## 3．避免重复数据查询

DISTINCT 关键字可以去除重复的查询记录。与 DISTINCT 相对的是 ALL 关键字，即显示所有的记录（包括重复的），而 ALL 关键字是系统默认的，可以省略。

**【例 8-15】** 查询 student 表中的班级。

语句如下：

```
SELECT sclass  FROM student;
SELECT DISTINCT sclass  FROM student;
```

如果使用 ALL、DISTINCT 两种关键字查询，那么结果如图 8-16 所示，DISTINCT 关键字的结果中重复的记录只保留一条，符合需求。

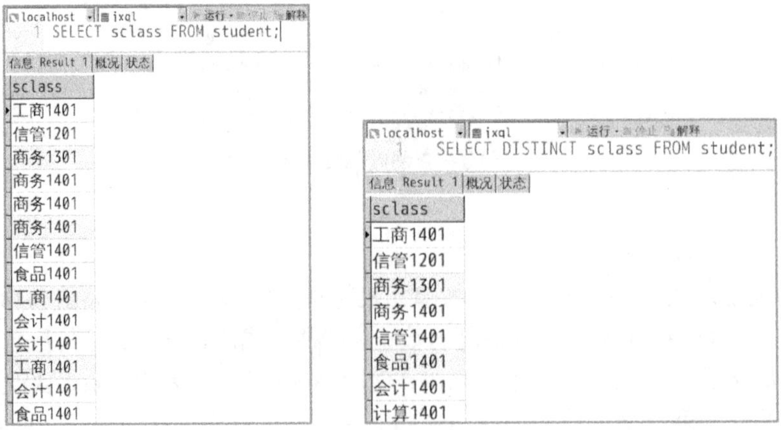


| sclass |
|---|
| 工商1401 |
| 信管1201 |
| 商务1301 |
| 商务1401 |
| 商务1401 |
| 商务1401 |
| 信管1401 |
| 食品1401 |
| 工商1401 |
| 会计1401 |
| 会计1401 |
| 工商1401 |
| 会计1401 |
| 食品1401 |

| sclass |
|---|
| 工商1401 |
| 信管1201 |
| 商务1301 |
| 商务1401 |
| 信管1401 |
| 食品1401 |
| 会计1401 |
| 计算1401 |

图 8-16　ALL、DISTINCT 关键字查询的不同返回结果

查询的字段必须包含在表中。如果查询的字段不在表中，系统会报错。例如，在 student 表中查询 weight 字段，系统会出现"ERROR 1054 (42522): Unknown column 'weight' in 'field list'"这样的错误提示信息。

#### 4. 为表和字段取别名

当查询数据时，MySQL 会显示每个输出列的名称。默认情况下，显示的列名是创建表时定义的列名。例如，student 表的列名分别是 sno、sname、ssex、sbirth、zno 和 sclass，查询 student 表时，就会相应显示这几个列名。有时为了显示结果更直观，需要自定义的名字来表示，而不是用数据库中的列名。其语法格式如下：

```
SELECT [ALL | DISTINCT] <目标列表达式> [AS] [别名] [, <目标列表达式> [AS] [别名]] …
FROM <表名或视图名> [别名] [, <表名或视图名>[别名]] …
```

【例 8-16】 查询学生的学号、成绩，并指定返回的结果中的列名为"学号"和"成绩"，而不是 sno 和 grade。

语句如下（结果如图 8-17 所示）：

```
SELECT sno '学号', grade '成绩' FROM sc;
```

在使用 SELECT 语句对列进行查询时，在结果集中可以输出对列值计算后的值。

【例 8-17】 查询 sc 表中学生的成绩，并提高 10%，对显示后的成绩列显示为"修改后成绩"。

语句如下（结果如图 8-18 所示）：

```
SELECT sno '学号', grade '成绩', grade*1.1 AS '修改后成绩' FROM sc;
```

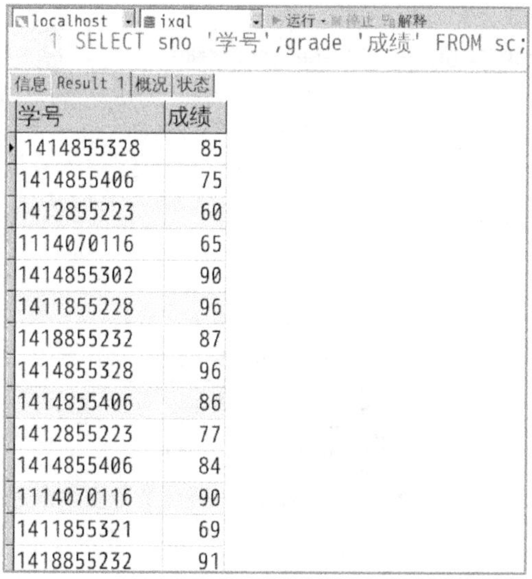

图 8-17 更改结果列名

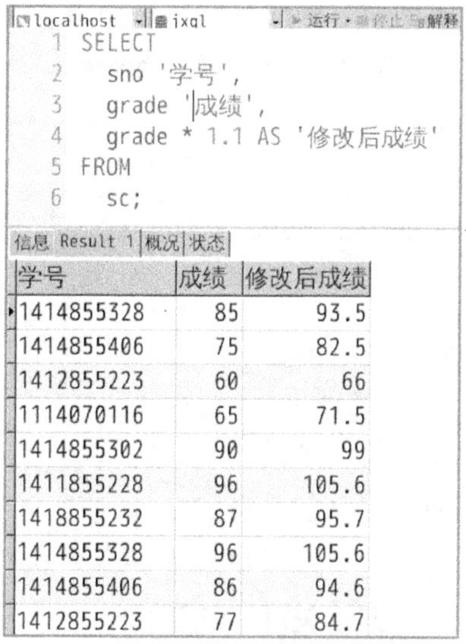

图 8-18 对返回结果进行动态计算

## 8.4.3 条件查询

条件查询主要使用关键字 WHERE 指定查询的条件 WHERE 子句常用的查询条件有很多种，如表 8-5 所示。"<>"表示不等于，其作用等价于"!="；"!>"表示不大于，等价于"<="；"!<"表示不小于，等价于">="；BETWEEN AND 指定了某字段的取值范围；"IN"指定了某字段的取值的集合；IS NULL 用来判断某字段的取值是否为空；AND 和 OR 用来连接多个查询条件。

表 8-5　查询条件

| 查询条件 | 符号或关键字 |
|---|---|
| 比较 | =, <, <=, >, >=, !=, <>, !>, !< |
| 匹配字符 | LIKE，NOT LIKE |
| 指定范围 | BETWEEN AND，NOT BETWEEN AND |
| 是否为空值 | IS NULL，IS NOT NULL |

　　条件表达式中设置的条件越多，查询的记录就会越少。因为，设置的条件越多，查询语句的限制就更多，能够满足所有条件的记录就更少。为了使查询的记录是想查询的记录，可以在 WHERE 语句中将查询条件设置得更具体。

### 1．带关系运算符和逻辑运算符的查询

　　MySQL 可以通过关系运算符和逻辑运算符编写"条件表达式"。MySQL 支持的比较运算符有>, <, !=, =（<>）, >=, <=，逻辑运算符有 AND（&&），OR（||），XOR，NOT（!）。这些运算符在第 7 章已介绍，这里不再赘述。下面重点讲解如何使用它们进行条件查询。

　　【例 8-18】　查询成绩大于 90 分的学生的学号和成绩。

　　语句如下（结果如图 8-19 所示）：

```
SELECT sno '学号', grade '成绩'  FROM sc  WHERE grade>90;
```

　　【例 8-19】　查询成绩为 70~80 分（含 70 分和 80 分）的学生的学号和成绩。

　　语句如下（结果如图 8-20 所示）：

```
SELECT sno '学号', grade '成绩'  FROM sc  WHERE grade>=70 AND grade<=80;
```

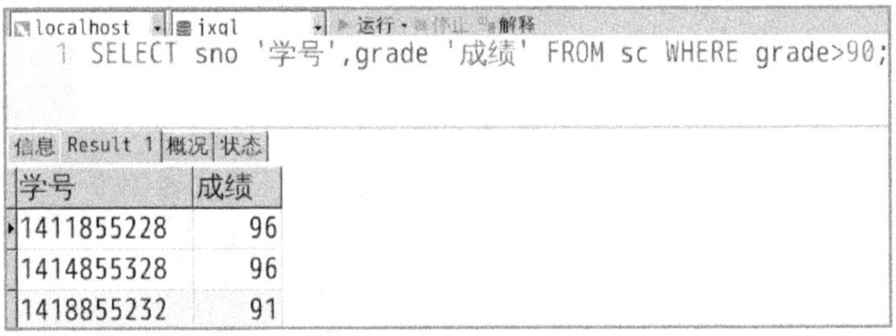

图 8-19　指定查询条件

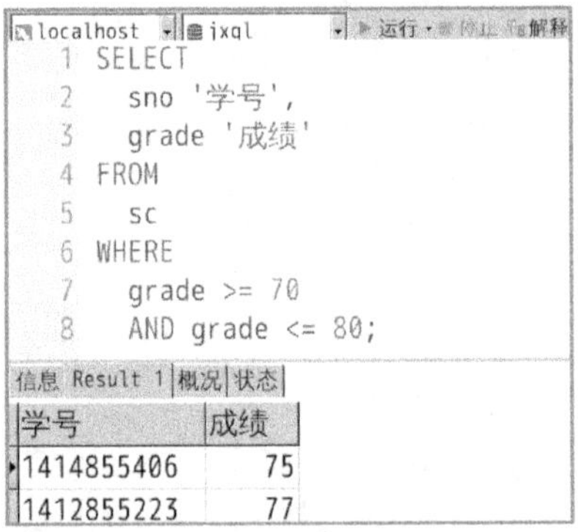

图 8-20　指定多个查询条件

### 2．带 IN 关键字的查询

　　IN 关键字可以判断某个字段的值是否在指定的集合中，如果字段的值在集合中，则满足查询条件，该记录将被查询出来；如果不在集合中，则不满足查询条件。语法格式如下：

```
[NOT] IN(元素 1, 元素 2, 元素 3, …)
```

其中，NOT 是可选参数，加上 NOT 表示不在集合内满足条件；字符型元素要加上单引号。

　　【例 8-20】　查询成绩在集合(65, 75, 85, 95)中的学生的学号和成绩

　　语句如下（结果如图 8-21 所示）：

```
SELECT sno '学号', grade '成绩'  FROM sc  WHERE grade In(65, 75, 85, 95);
```

### 3．带 BETWEEN AND 关键字的查询

BETWEEN AND 关键字可以判断某字段的值是否在指定范围内，如果在，则满足条件，否则不满足。其语法格式如下：

```
[NOT] BETWEEN 取值 1 AND 取值 2
```

其中，“NOT”是可选参数，表示不在指定范围内满足条件；“取值 1”表示范围的起始值；“取值 2”表示范围的终止值。

**【例 8-21】** 查询成绩为 75～80 分（含 75 分和 80 分）的学生的学号和成绩。

语句如下（结果如图 8-22 所示）：

```
SELECT sno '学号', grade '成绩'  FROM sc  WHERE grade BETWEEN 75 AND 80;
```

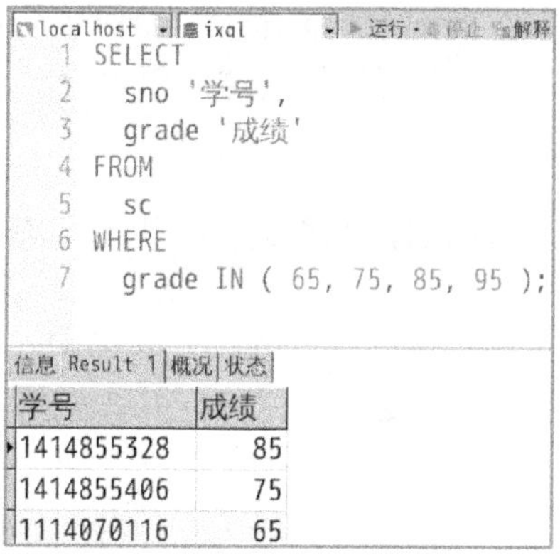


| 学号 | 成绩 |
| --- | --- |
| 1414855328 | 85 |
| 1414855406 | 75 |
| 1114070116 | 65 |

图 8-21　IN 查询条件

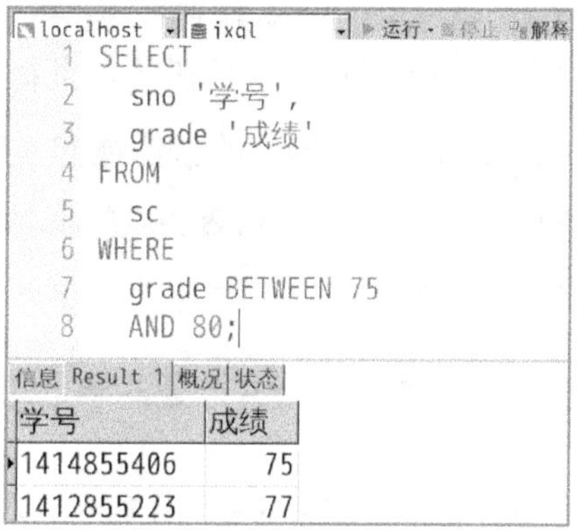


| 学号 | 成绩 |
| --- | --- |
| 1414855406 | 75 |
| 1412855223 | 77 |

图 8-22　BETWEEN 查询条件

从结果可知，“BETWEEN 75 AND 80”的返回是为 75～80 的值，等价于 grade>=75 AND grade<=80。

**【例 8-22】** 用 BETWEEN AND 关键字进行查询，查询条件是 sno 字段的取值为 1418855240～1418855242。

语句如下（结果如图 8-23 所示）：

```
SELECT *  FROM student  WHERE sno BETWEEN '1411855240' AND '1418855242';
```

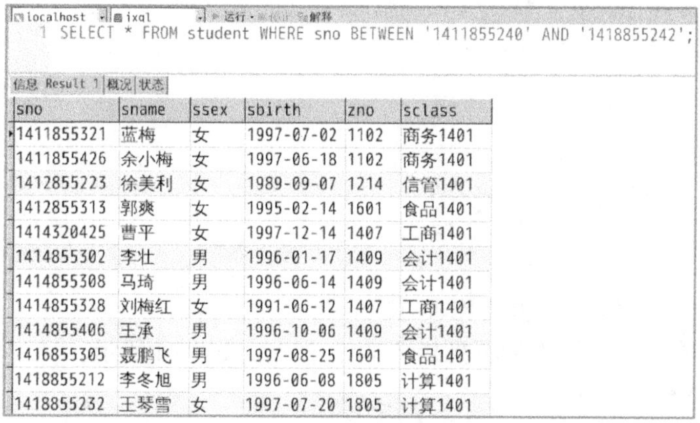


| sno | sname | ssex | sbirth | zno | sclass |
| --- | --- | --- | --- | --- | --- |
| 1411855321 | 蓝梅 | 女 | 1997-07-02 | 1102 | 商务1401 |
| 1411855426 | 余小梅 | 女 | 1997-06-18 | 1102 | 商务1401 |
| 1412855223 | 徐美利 | 女 | 1989-09-07 | 1214 | 信管1401 |
| 1412855313 | 郭爽 | 女 | 1995-02-14 | 1601 | 食品1401 |
| 1414320425 | 曹平 | 女 | 1997-12-14 | 1407 | 工商1401 |
| 1414855302 | 李壮 | 男 | 1996-01-17 | 1409 | 会计1401 |
| 1414855308 | 马琦 | 男 | 1996-06-14 | 1409 | 会计1401 |
| 1414855328 | 刘梅红 | 女 | 1991-06-12 | 1407 | 工商1401 |
| 1414855406 | 王承 | 男 | 1996-10-06 | 1409 | 会计1401 |
| 1416855305 | 聂鹏飞 | 男 | 1997-08-25 | 1601 | 食品1401 |
| 1418855212 | 李冬旭 | 男 | 1996-06-08 | 1805 | 计算1401 |
| 1418855232 | 王琴雪 | 女 | 1997-07-20 | 1805 | 计算1401 |

图 8-23　BETWEEN AND 查询条件

NOT BETWEEN AND 的取值范围是小于“取值 1”，而大于“取值 2”。

**【例 8-23】** 用 NOT BETWEEN AND 关键字查询 student 表，查询条件是 sno 字段的取值不是 1418855240～1418855242。

语句如下（结果如图 8-24 所示）：

```
SELECT * FROM student WHERE sno NOT BETWEEN '1411855240' AND '1418855242';
```

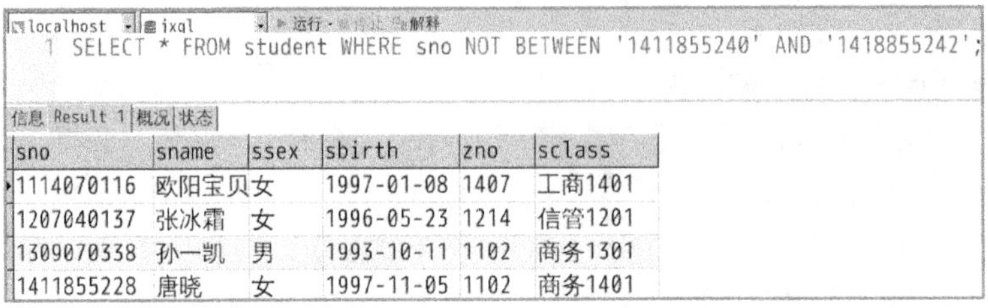

1 SELECT * FROM student WHERE sno NOT BETWEEN '1411855240' AND '1418855242';

| sno | sname | ssex | sbirth | zno | sclass |
|---|---|---|---|---|---|
| 1114070116 | 欧阳宝贝 | 女 | 1997-01-08 | 1407 | 工商1401 |
| 1207040137 | 张冰霜 | 女 | 1996-05-23 | 1214 | 信管1201 |
| 1309070338 | 孙一凯 | 男 | 1993-10-11 | 1102 | 商务1301 |
| 1411855228 | 唐晓 | 女 | 1997-11-05 | 1102 | 商务1401 |

图 8-24　NOT BETWEEN AND 查询条件

BETWEEN AND 和 NOT BETWEEN AND 关键字在查询指定范围的记录时很有用，如查询学生成绩表的年龄段、分数段等。查询员工的工资水平也可以使用这两个关键字。

### 4．带 IS NULL 关键字的空值查询（数据有问题）

IS NULL 关键字可以判断字段的值是否为空值（NULL），如果为空，则满足查询条件，否则不满足。语法格式如下：

```
IS [ NOT ] NULL
```

**【例 8-24】** 查询已经分专业的学生的学号和姓名，查询条件：已经分专业说明专业号不为空。

语句如下（结果如图 8-25 所示）：

```
SELECT sno, sname, zno FROM student WHERE zno IS NOT NULL;
```

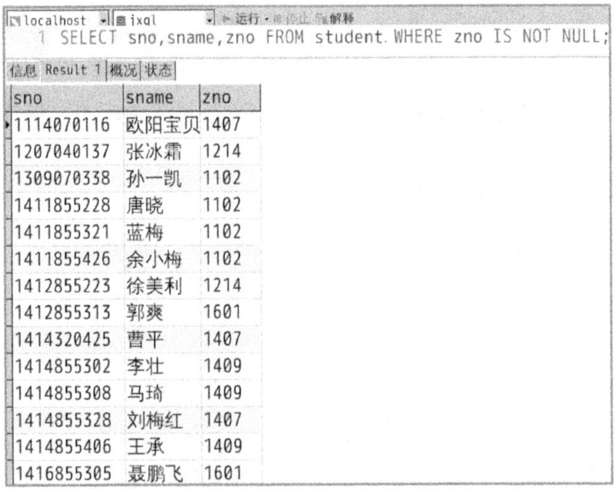

1 SELECT sno,sname,zno FROM student WHERE zno IS NOT NULL;

| sno | sname | zno |
|---|---|---|
| 1114070116 | 欧阳宝贝 | 1407 |
| 1207040137 | 张冰霜 | 1214 |
| 1309070338 | 孙一凯 | 1102 |
| 1411855228 | 唐晓 | 1102 |
| 1411855321 | 蓝梅 | 1102 |
| 1411855426 | 余小梅 | 1102 |
| 1412855223 | 徐美利 | 1214 |
| 1412855313 | 郭爽 | 1601 |
| 1414320425 | 曹平 | 1407 |
| 1414855302 | 李壮 | 1409 |
| 1414855308 | 马琦 | 1409 |
| 1414855328 | 刘梅红 | 1407 |
| 1414855406 | 王承 | 1409 |
| 1416855305 | 聂鹏飞 | 1601 |

图 8-25　NULL 查询条件

IS NULL 是一个整体，不能将 IS 换成“=”。

如果将 IS 换成“=”，将查询不到想要的结果，如图 8-26 所示。

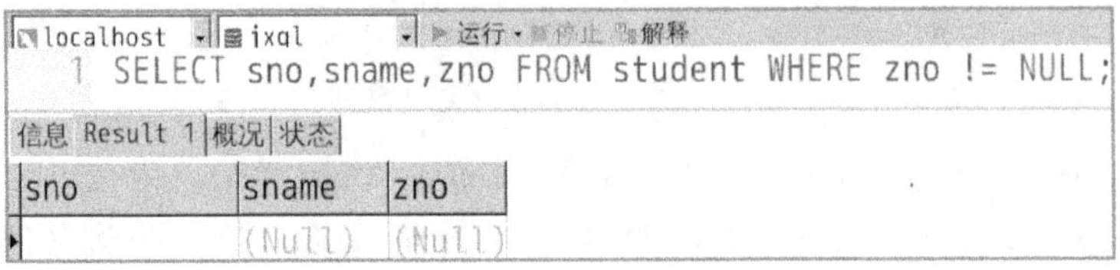

1 SELECT sno,sname,zno FROM student WHERE zno != NULL;

| sno | sname | zno |
|---|---|---|
|  | (Null) | (Null) |

图 8-26　错误的 null 查询条件

"zno=NULL" 表示要查询的 zno 的值是字符串 "NULL"，而不是空值。

当然，IS NOT NULL 中的 IS NOT 也不可以换成 "!=" 或者 "<>"。

### 5．带 LIKE 关键字的查询

LIKE 关键字可以匹配字符串是否匹配，如果匹配，则满足条件，否则不满足。语法格式如下：

```
[NOT] LIKE '字符串';
```

其中，"NOT" 是可选参数，加上 NOT 表示与指定的字符串不匹配时满足条件；"字符串" 表示指定用来匹配的字符串，该字符串必须加单引号或者双引号。"字符串" 参数的值可以是一个完整的字符串，也可以是包含 "%" 或者 "_" 的通配字符。但是它们的差别很大：

① "%" 可以代表任意长度的字符串，长度可以为 0。例如，b%k 表示以字母 b 开头，以字母 k 结尾的任意长度的字符串。该字符串可以代表 bk、buk、book、break、bedrock 等字符串。

② "_" 只能表示单个字符。例如，b_k 表示以字母 b 开头，以字母 k 结尾的 3 个字符。中间的 "_" 可以代表任意一个字符。该字符串可以代表 bok、bak 和 buk 等字符串。

【例 8-25】 用 LIKE 关键字匹配一个完整的字符'蓝梅'。

语句如下（结果如图 8-27 所示）：

```
SELECT * FROM student WHERE sname LIKE '蓝梅';
```

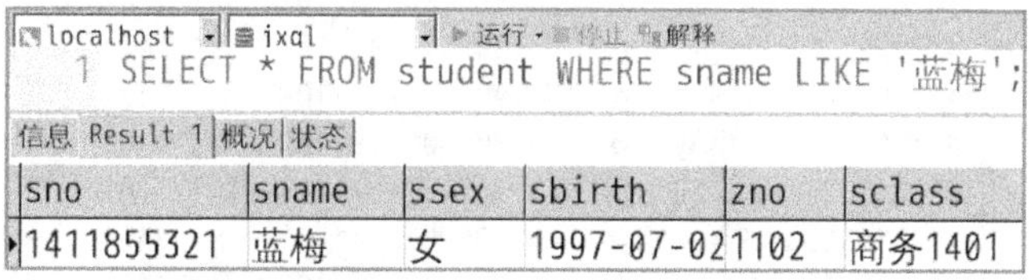

图 8-27　LIKE 查询条件

此处的 LIKE 与 "=" 是等价的，可以直接换成 "="，查询结果是一样的。例如：

```
SELECT * FROM student WHERE sname ='马小梅';
```

LIKE 关键字与 "=" 的效果是一样的，但是只对匹配一个完整的字符串情况有效。如果字符串中包含了通配符，就不能这样进行替换了。

【例 8-26】 用 LIKE 关键字匹配有通配符'%'的字符串。

语句如下（结果如图 8-28 所示）：

```
SELECT * FROM student WHERE sname LIKE '李%';
```

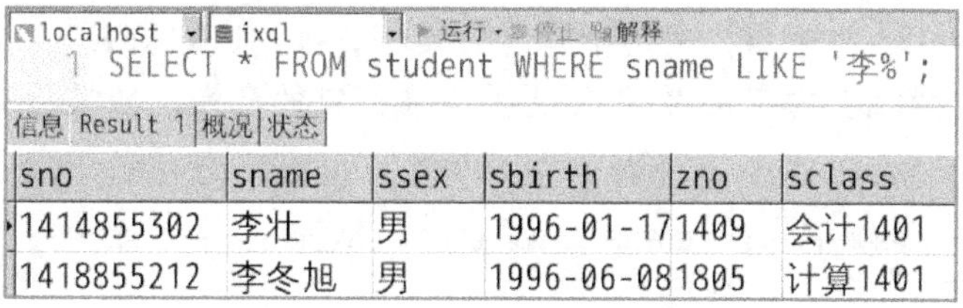

图 8-28　字符串模糊匹配条件

【例 8-27】 用 LIKE 关键字匹配有通配符'_'的字符串。

语句如下（结果如图 8-29 所示）：

```
SELECT * FROM student WHERE sname LIKE '李__';
```

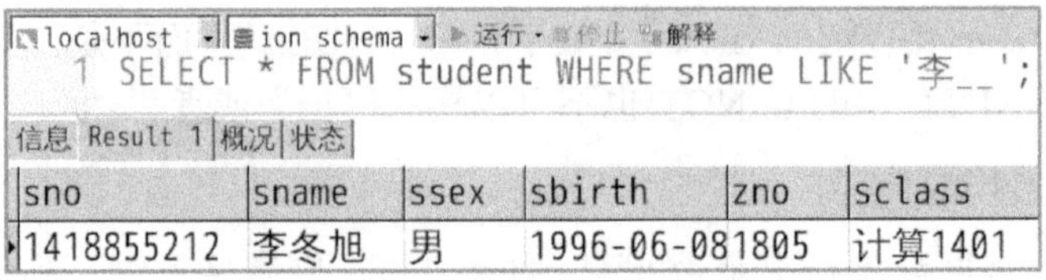
localhost | ion schema | 运行 · 停止 解释

```
1 SELECT * FROM student WHERE sname LIKE '李__';
```

信息 | Result 1 | 概况 | 状态

| sno | sname | ssex | sbirth | zno | sclass |
|---|---|---|---|---|---|
| 1418855212 | 李冬旭 | 男 | 1996-06-08 | 1805 | 计算1401 |

图 8-29　字符串模糊匹配条件

需匹配的字符串应加引号，可以是单引号，也可以是双引号。如果匹配姓“张”且名字只有两个字的人的记录，“张”字后面必须有两个“_”符号。因为一个汉字是两个字符，而一个“_”符号只能代表一个字符，因此匹配的字符串应该为“张__”。

NOT LIKE 表示字符串不匹配的情况下满足条件。

【例 8-28】 用 NOT LIKE 关键字查询不是姓'李'的所有人的记录。

语句如下（结果如图 8-30 所示）：

```
SELECT * FROM student  WHERE sname  NOT LIKE '李%';
```

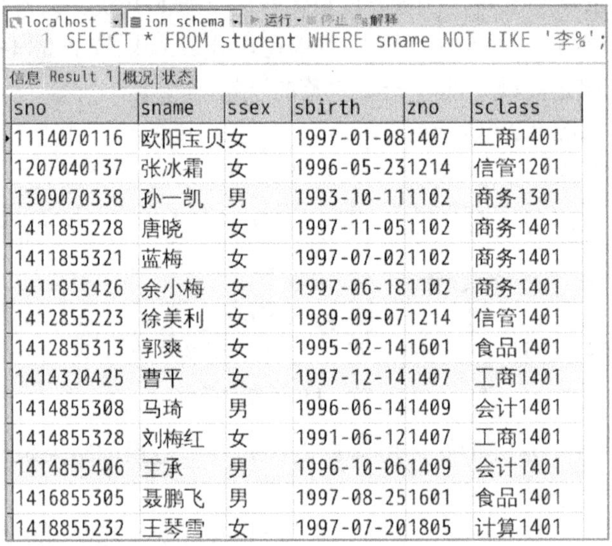
localhost | ion schema | 运行 · 停止 解释

```
1 SELECT * FROM student WHERE sname NOT LIKE '李%';
```

信息 | Result 1 | 概况 | 状态

| sno | sname | ssex | sbirth | zno | sclass |
|---|---|---|---|---|---|
| 1114070116 | 欧阳宝贝 | 女 | 1997-01-08 | 1407 | 工商1401 |
| 1207040137 | 张冰霜 | 女 | 1996-05-23 | 1214 | 信管1201 |
| 1309070338 | 孙一凯 | 男 | 1993-10-11 | 1102 | 商务1301 |
| 1411855228 | 唐晓 | 女 | 1997-11-05 | 1102 | 商务1401 |
| 1411855321 | 蓝梅 | 女 | 1997-07-02 | 1102 | 商务1401 |
| 1411855426 | 余小梅 | 女 | 1997-06-18 | 1102 | 商务1401 |
| 1412855223 | 徐美利 | 女 | 1989-09-07 | 1214 | 信管1401 |
| 1412855313 | 郭爽 | 女 | 1995-02-14 | 1601 | 食品1401 |
| 1414320425 | 曹平 | 女 | 1997-12-14 | 1407 | 工商1401 |
| 1414855308 | 马琦 | 男 | 1996-06-14 | 1409 | 会计1401 |
| 1414855328 | 刘梅红 | 女 | 1991-06-12 | 1407 | 工商1401 |
| 1414855406 | 王承 | 男 | 1996-10-06 | 1409 | 会计1401 |
| 1416855305 | 聂鹏飞 | 男 | 1997-08-25 | 1601 | 食品1401 |
| 1418855232 | 王琴雪 | 女 | 1997-07-20 | 1805 | 计算1401 |

图 8-30　字符串 NOT LIKE 查询条件

LIKE 和 NOT LIKE 关键字可以很好地匹配字符串，而且可以使用通配符“%”和“_”来简化查询。

若 LIKE '字符串'中要匹配的字符串包含通配符“%”或“_”，那么我们可以使用“ESCAPE <转化码>”短语，对通配符进行转移，如“ESCAPE '\'”表示'\'为转码字符。这样，匹配串中紧跟'\'的字符“_”不再具有通配符的含义，转义为普通字符“_”。

若查询以“DB_”开头且倒数第三个字符为'i'的课程的详细情况，可使用如下语句：

```
SELECT * FROM course  WHERE cname LIKE 'DB\_%i__' ESCAPE '\';
```

## 8.4.4　高级查询

### 1. 分组查询

GROUP BY 关键字可以将查询结果按某个字段或多个字段进行分组，字段中值相等的为一组。语法格式如下：

```
GROUP BY 字段名 [HAVING 条件表达式][WITH ROLLUP]
```

其中，"字段名"是指按照该字段的值进行分组；"HAVING 条件表达式"用来限制分组后的显示，满足条件表达式的结果将被显示；WITH ROLLUP 关键字会在所有记录的最后加上一条记录，该记录是上面所有记录的总和。

如果单独使用 GROUP BY 关键字，那么查询结果只显示一个分组的一条记录。

**【例 8-29】** 按 student 表的 ssex 字段进行分组查询。

语句如下（结果如图 8-31 所示）：

```
SELECT * FROM student GROUP BY ssex;
```

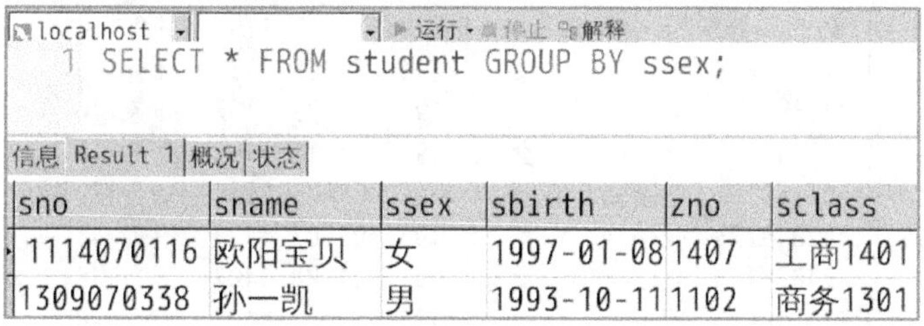

图 8-31　分组查询条件

GROUP BY 关键字加上 "HAVING 条件表达式"，可以限制输出的结果，只有满足条件表达式的结果才会显示。

**【例 8-30】** 按 student 表的 ssex 字段进行分组查询，然后显示记录数不小于 10 的分组（COUNT 函数用来统计记录的条数）。

语句如下（结果如图 8-32 所示）：

```
SELECT ssex, COUNT(ssex) FROM student GROUP BY ssex HAVING COUNT(ssex)>=10;
```

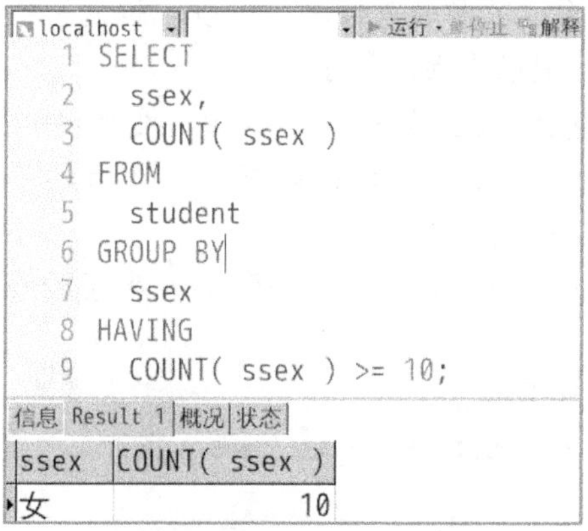

图 8-32　HAVING 过滤条件

"HAVING 条件表达式"与"WHERE 条件表达式"都是用来限制显示的，但是两者起作用的地方不一样。"WHERE 条件表达式"作用于表或者视图，是表和视图的查询条件。"HAVING 条件表达式"作用于分组后的记录，用于选择满足条件的组。

### 2．对查询结果排序

从表中查询的数据可能是无序的，或者其排列顺序不是用户所期望的顺序。为了使查询结果的顺序满足用户的要求，可以使用 ORDER BY 关键字对记录进行排序。语法格式如下：

```
ORDER BY 字段名 [ASC|DESC]
```

其中，“字段名”参数表示按照该字段进行排序；ASC 参数表示按升序的顺序进行排序；DESC 参数表示按降序的顺序进行排序。默认情况下，按照 ASC 方式进行排序。

**【例 8-31】** 查询 student 表中所有记录，按照 zno 字段进行排序。

语句如下（结果如图 8-33 所示）：

```
SELECT * FROM student  ORDER BY zno;
```

localhost ▶运行 · 停止 解释

1 SELECT * FROM student ORDER BY zno ;

信息 Result 1 概况 状态

| sno | sname | ssex | sbirth | zno | sclass |
|---|---|---|---|---|---|
| 1309070338 | 孙一凯 | 男 | 1993-10-11 | 1102 | 商务1301 |
| 1411855228 | 唐晓 | 女 | 1997-11-05 | 1102 | 商务1401 |
| 1411855321 | 蓝梅 | 女 | 1997-07-02 | 1102 | 商务1401 |
| 1411855426 | 余小梅 | 女 | 1997-06-18 | 1102 | 商务1401 |
| 1207040137 | 张冰霜 | 女 | 1996-05-23 | 1214 | 信管1201 |
| 1412855223 | 徐美利 | 女 | 1989-09-07 | 1214 | 信管1401 |
| 1114070116 | 欧阳宝贝 | 女 | 1997-01-08 | 1407 | 工商1401 |
| 1414320425 | 曹平 | 女 | 1997-12-14 | 1407 | 工商1401 |
| 1414855328 | 刘梅红 | 女 | 1991-06-12 | 1407 | 工商1401 |
| 1414855302 | 李壮 | 男 | 1996-01-17 | 1409 | 会计1401 |
| 1414855308 | 马琦 | 男 | 1996-06-14 | 1409 | 会计1401 |
| 1414855406 | 王承 | 男 | 1996-10-06 | 1409 | 会计1401 |
| 1412855313 | 郭爽 | 女 | 1995-02-14 | 1601 | 食品1401 |
| 1416855305 | 聂鹏飞 | 男 | 1997-08-25 | 1601 | 食品1401 |

图 8-33　结果集排序

如果存在一条记录 zno 字段的值为空值（NULL），那么这条记录将显示为第一条记录。因为按升序排序时，含空值的记录将最先显示，可以理解为空值是该字段的最小值。而按降序排列时，zno 字段为空值的记录将最后显示。

MySQL 中可以指定按多个字段进行排序。例如，使 student 表按照 zno 字段和 sno 字段进行排序。排序过程中，先按照 zno 字段进行排序。遇到 zno 字段的值相等的情况，再把 zno 值相等的记录按照 sno 字段进行排序。

**【例 8-32】** 查询 student 表中所有记录，按照 zno 字段的升序方式和 sno 字段的降序方式进行排序。

语句如下（结果如图 8-34 所示）：

```
SELECT * FROM student  ORDER BY zno ASC, sno DESC;
```

### 3. 限制查询结果数量

当使用 SELECT 语句返回的结果集中行数很多时，为了便于用户对结果数据的浏览和操作，可以使用 LIMIT 子句限制被 SELECT 语句返回的行数。语法格式如下：

```
LIMIT {[offset,] row_count | row_count OFFSET offset}
```

其中，offset 为可选项，默认为数字 0，用于指定返回数据的第一行在 SELECT 语句结果集中的偏移量，必须是非负的整数常量。注意，SELECT 语句结果集中第一行（初始行）的偏移量为 0 而不是 1。row_count 用于指定返回数据的行数，其也必须是非负的整数常量。若这个指定行数大于实际能返回的行数时，MySQL 只返回它能返回的数据行。row_count OFFSET offset 是 MySQL 5.0 开始支持的另一种语法，即从第 offset+1 行开始，取 row_count 行。

**【例 8-33】** 在 student 表中查找从第 3 名同学开始的 3 位学生的信息。

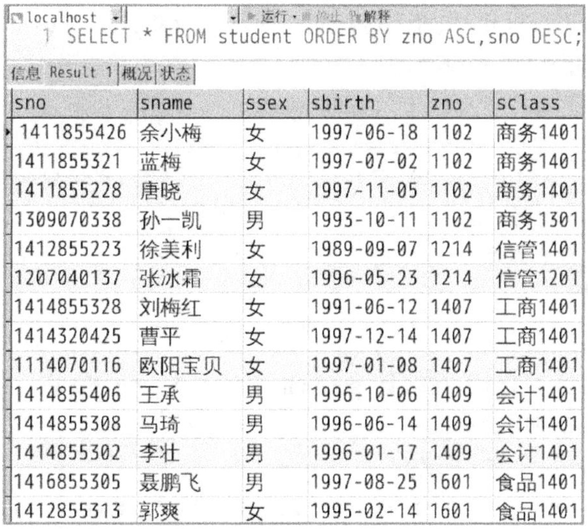

localhost | 运行 · 停止 | 解释

1 SELECT * FROM student ORDER BY zno ASC,sno DESC;

信息 | Result 1 | 概况 | 状态

| sno | sname | ssex | sbirth | zno | sclass |
|---|---|---|---|---|---|
| 1411855426 | 佘小梅 | 女 | 1997-06-18 | 1102 | 商务1401 |
| 1411855321 | 蓝梅 | 女 | 1997-07-02 | 1102 | 商务1401 |
| 1411855228 | 唐晓 | 女 | 1997-11-05 | 1102 | 商务1401 |
| 1309070338 | 孙一凯 | 男 | 1993-10-11 | 1102 | 商务1301 |
| 1412855223 | 徐美利 | 女 | 1989-09-07 | 1214 | 信管1401 |
| 1207040137 | 张冰霜 | 女 | 1996-05-23 | 1214 | 信管1201 |
| 1414855328 | 刘梅红 | 女 | 1991-06-12 | 1407 | 工商1401 |
| 1414320425 | 曹平 | 女 | 1997-12-14 | 1407 | 工商1401 |
| 1114070116 | 欧阳宝贝 | 女 | 1997-01-08 | 1407 | 工商1401 |
| 1414855406 | 王承 | 男 | 1996-10-06 | 1409 | 会计1401 |
| 1414855308 | 马琦 | 男 | 1996-06-14 | 1409 | 会计1401 |
| 1414855302 | 李壮 | 男 | 1996-01-17 | 1409 | 会计1401 |
| 1416855305 | 聂鹏飞 | 男 | 1997-08-25 | 1601 | 食品1401 |
| 1412855313 | 郭爽 | 女 | 1995-02-14 | 1601 | 食品1401 |

图 8-34　结果集多条件排序

语句如下（结果如图 8-35 所示）：

```
SELECT * FROM student  ORDER BY sno  LIMIT 2, 3;
```

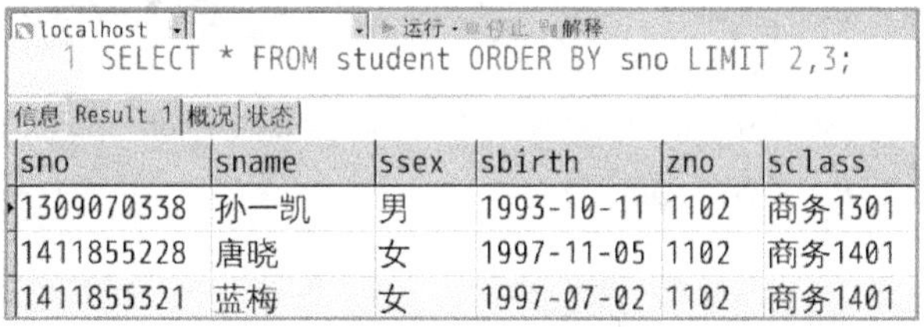

localhost | 运行 · 停止 | 解释

1 SELECT * FROM student ORDER BY sno LIMIT 2,3;

信息 | Result 1 | 概况 | 状态

| sno | sname | ssex | sbirth | zno | sclass |
|---|---|---|---|---|---|
| 1309070338 | 孙一凯 | 男 | 1993-10-11 | 1102 | 商务1301 |
| 1411855228 | 唐晓 | 女 | 1997-11-05 | 1102 | 商务1401 |
| 1411855321 | 蓝梅 | 女 | 1997-07-02 | 1102 | 商务1401 |

图 8-35　limit 返回结果集

### 4．集合函数

集合函数包括 COUNT()、SUM()、AVG()、MAX()和 MIN()。COUNT()用来统计记录的条数；SUM()用来计算字段的值的总和；AVG()用来计算字段的值的平均值；MAX()用来查询字段的最大值；MIN()用来查询字段的最小值。

当需要对表中的记录求和、求平均值、查询最大值和查询最小值等操作时，可以使用集合函数。例如，需要计算学生成绩表中的平均成绩，可以使用 AVG()函数。GROUP BY 关键字通常需要与集合函数一起使用。

SUM()、AVG()、MAX()和 MIN()函数适用以下规则：

① 如果某个给定行中的一列仅包含 NULL 值，则函数的值等于 NULL 值。

② 如果一列中的某些值为 NULL，则函数的值等于所有非 NULL 值的平均值除以非 NULL 值的数量（不是除以所有值）。

③ 对于必须计算的 SUM 和 AVG 函数，如果中间结果为空，则函数的值等于 NULL 值。

（1）COUNT()函数

COUNT()用于统计组中满足条件的行数或总行数，格式如下：

```
COUNT({[ ALL | DISTINCT]<表达式>}I*)
```

其中，ALL、DISTINCT 的含义及默认值与 SUM/AVG 函数的相同；“*”参数将统计总行数。

COUNT()用于计算列中非 NULL 值的数量，如统计 student 表中有多少条记录。

【例 8-34】 用 COUNT()函数统计 student 表的记录数。

语句如下（结果如图 8-36 所示）：

```
SELECT COUNT(*) AS '学生总人数' FROM student;
```

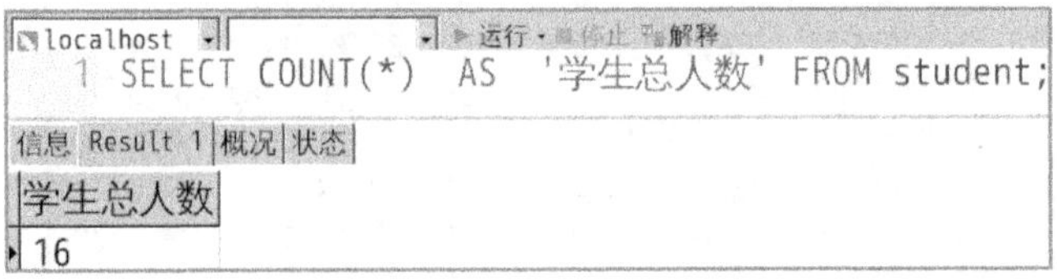

图 8-36  count 统计函数

【例 8-35】 用 COUNT()函数统计 student 表中不同 zno 值的记录数。COUNT()函数与 GROUP BY 关键字一起使用。

语句如下（结果如图 8-37 所示）：

```
SELECT zno AS '专业号', COUNT(*) AS '专业人数' FROM student GROUP BY zno;
```

（2）SUM()函数

SUM()函数是求和函数，可以计算表中某个字段取值的总和。例如，用 SUM()函数求学生的总成绩。

【例 8-36】 用 SUM()函数统计 sc 表中学号为 1414855328 的同学的总成绩。

语句如下（结果如图 8-38 所示）：

```
SELECT sno '学号',SUM(grade) '总成绩' FROM sc WHERE sno='1414855328';
```

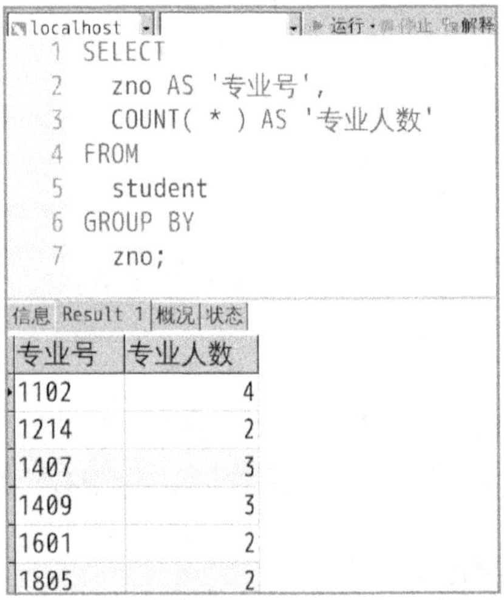

图 8-37  COUNT()函数结合 GROUP BY

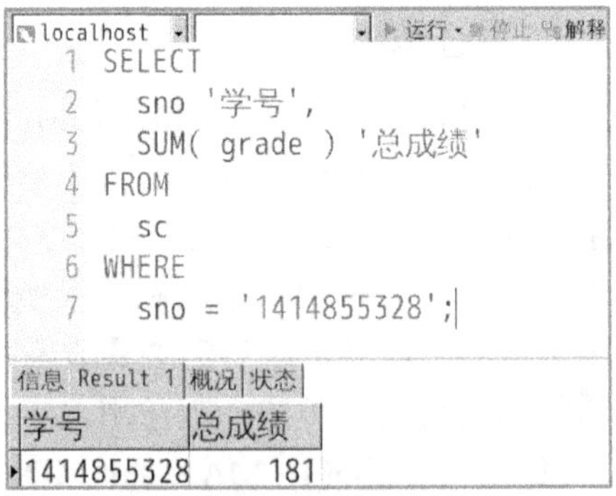

图 8-38  SUM()函数

SUM()函数通常与 GROUP BY 关键字一起使用，可以计算不同分组中某个字段取值的总和。

【例 8-37】 将 sc 表按照 sno 字段进行分组，再用 SUM()函数统计各分组的总成绩。

语句如下（结果如图 8-39 所示）：

```
SELECT sno '学号', SUM(grade) '总成绩' FROM sc GROUP BY sno;
```

SUM()函数只能计算数值类型的字段，包括 INT 类型、FLOAT 类型、DOUBLE 类型、DECIMAL 类型等。字符类型的字段不能使用 SUM()函数进行计算，如果使用 SUM()函数计算字符类型字段，那么计算结果都为 0。

（3）AVG()函数

AVG()函数是求平均值的函数，可以计算表中某个字段取值的平均值。例如，用 AVG() 函数求平均年龄或者学生的平均成绩。

**【例 8-38】** 用 AVG()函数计算 sc 表中的平均成绩。

语句如下（结果如图 8-40 所示）：

```
SELECT AVG(grade) '平均成绩' FROM sc;
```

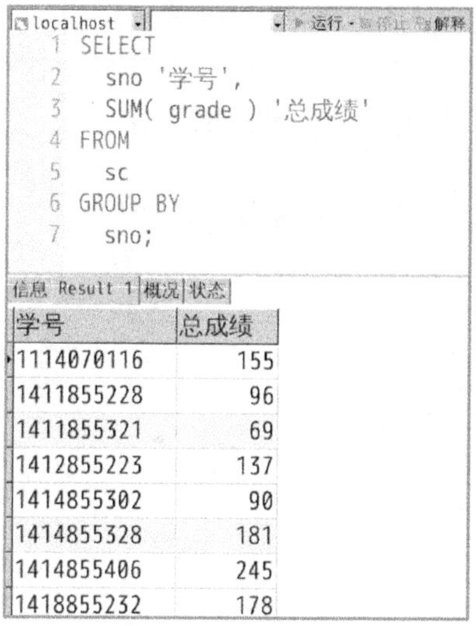

图 8-39　SUM()函数结合 GROUP BY

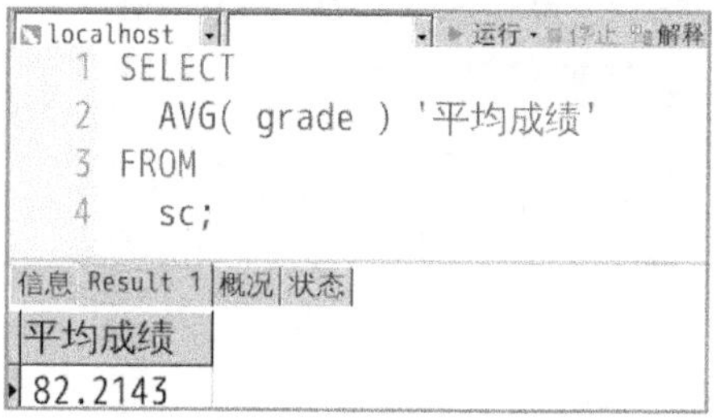

图 8-40　AVG()函数

**【例 8-39】** 用 AVG()函数计算 sc 表中不同科目的平均成绩。

语句如下（结果如图 8-41 所示）：

```
SELECT cno '课程号', AVG(grade) '平均成绩' FROM sc GROUP BY cno;
```

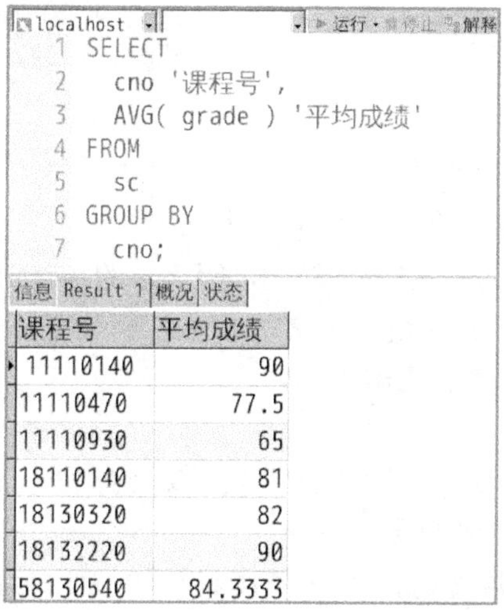

图 8-41　AVG()函数结合 GROUP BY

本例中，GROUP BY 关键字将 sc 表的记录按照 cno 字段进行分组，然后计算每组的平均成绩。可以看出，AVG()函数与 GROUP BY 关键字结合后可以灵活地计算平均值，如计算各科目的平均分数、每个人的平均分数。如果按照班级和科目两个字段进行分组，还可以计算每个班级不同科目的平均分数。

（4）MAX()函数

MAX()函数是求最大值的函数，可以计算表中某字段取值的最大值。例如，用 MAX()函数查询最大年龄或者计算各科目的最高成绩。

【例 8-40】 用 MAX()函数查询 sc 表中不同科目的最高成绩。

语句如下（结果如图 8-42 所示）：

```
SELECT cno'课程号', MAX(grade)'最高成绩'  FROM sc  GROUP BY cno;
```

本例先将 sc 表的记录按照 cno 字段进行分组，再查询每组的最高成绩。可以看出，MAX()函数与 GROUP BY 关键字结合后可以查询不同分组的最大值，如计算各科目的最高分。如果按照班级和科目两个字段进行分组，还可以计算每个班级不同科目的最高分。

MAX()不仅适用于数值类型，也适用于字符类型。

【例 8-41】 使用 MAX()函数查询 student 表中 sname 字段的最大值。

语句如下（结果如图 8-43 所示）：

```
SELECT MAX(sname)  FROM student;
```

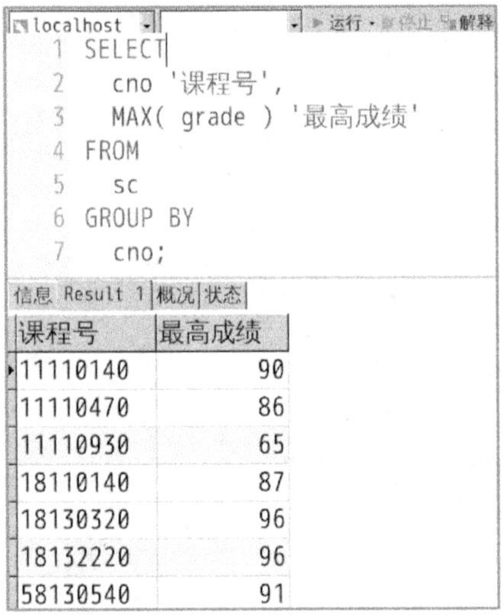

图 8-42　MAX()函数结合 GROUP BY 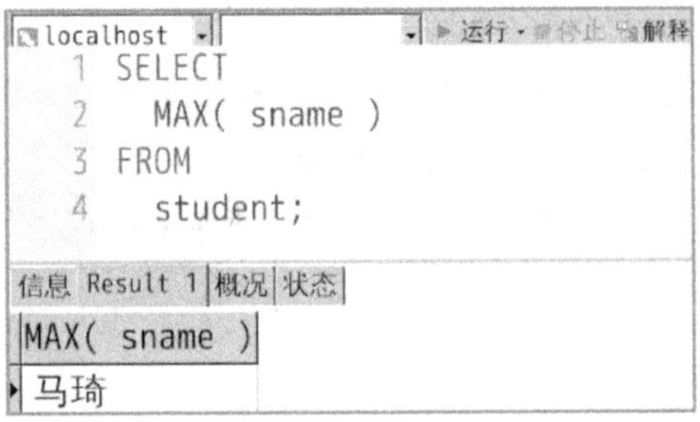　　　图 8-43　MAX()函数作用于字符类型

MAX()函数是使用字符对应的 ASCII 值进行计算的。

在 MySQL 中，字母 a 最小，字母 z 最大，因为 a 的 ASCII 值最小。用 MAX()函数进行比较时，先比较第一个字母，如果第一个字母相等，继续下一个字母的比较。例如，hhc 和 hhz 只有比较到第 3 个字母时才能比出大小。

（5）MIN()函数

MIN()函数是求最小值的函数，可以计算表中某个字段取值的最小值。例如，用 MIN()函数查询最小年龄或者计算各科的最低成绩。

【例 8-42】 用 MIN()函数查询 sc 表中不同科目的最低成绩。

语句如下（结果如图 8-44 所示）：

```
SELECT cno '课程号', MIN(grade) '最低成绩'  FROM sc  GROUP BY cno;
```

本例先将 sc 表的记录按照 cno 字段进行分组，再查询每组的最低成绩。MIN()函数也可以查询字符类型的数据，方法与 MAX()函数类似。

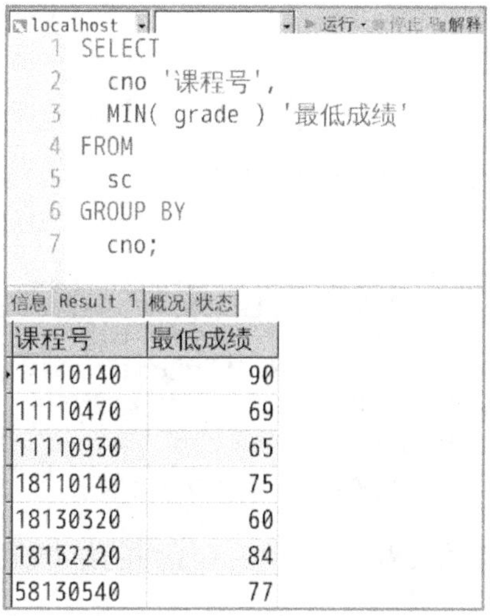

图 8-44　MIN()函数集合 GROUP BY

# 8.5　多表查询

单表查询是在关键字 WHERE 字句中只涉及一张表。具体应用中，经常需要实现一个查询语句中显示多张表的数据，即多表数据记录连接查询，简称连接查询。连接查询分为内连接查询和外连接查询，其主要区别是，内连接仅选出两张表中互相匹配的记录，而外连接会选出其他不匹配的记录。

如果需要实现多表数据记录查询，一般不使用连接查询，因为该操作效率比较低，于是 MySQL 提供了连接查询的替代操作——子查询操作。

## 8.5.1　内连接查询

内连接查询是最常用的一种查询，也称为等同查询，就是在表关系的笛卡儿积数据记录中，保留表关系中所有相匹配的数据，而舍弃不匹配的数据。按照匹配条件，内连接可以分为自然连接、等值连接和不等值连接。

### 1．等值连接（Inner Join）

用来连接两个表的条件称为连接条件。如果连接条件中的连接运算符是 "="，则称为等值连接。

【例 8-43】　对选修表和课程表做等值连接（返回的结果限制在 4 条以内）。

```
SELECT * FROM sc INNER JOIN course ON sc.cno = course.cno LIMIT 4;
```

结果如图 8-45 所示，前 3 个字段来自 sc 选修表，后 4 个字段来自 course 表，并且选修表的课程号字段 cno 和课程表的课程号字段的值是相等的。

### 2．自然连接（Natural Join）

自然连接操作就是表关系的笛卡儿积中选取满足连接条件的行。具体过程是，首先根据表关系中相同名称的字段进行记录匹配，然后去掉重复的字段。还可以理解为在等值连接中把目标列种重复的属性列去掉则为自然连接。

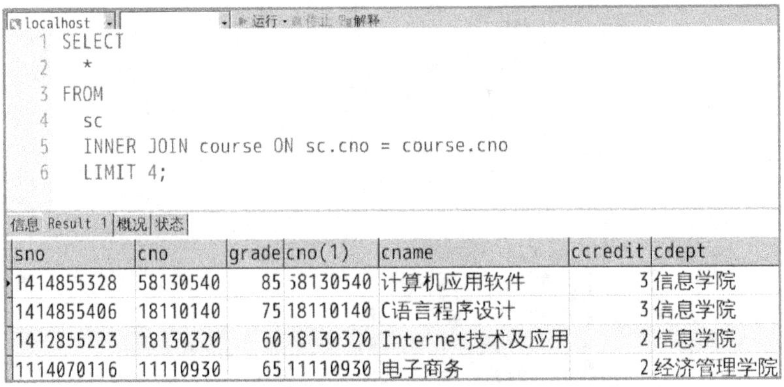

图 8-45　等值联合查询

【例 8-44】　对选修表和课程表做自然连接（返回的结果限制在 4 条以内）。

语句如下：

```
SELECT * FROM sc NATURAL JOIN course LIMIT 4;
```

结果如图 8-46 所示，cno 课程号列只出现一次。

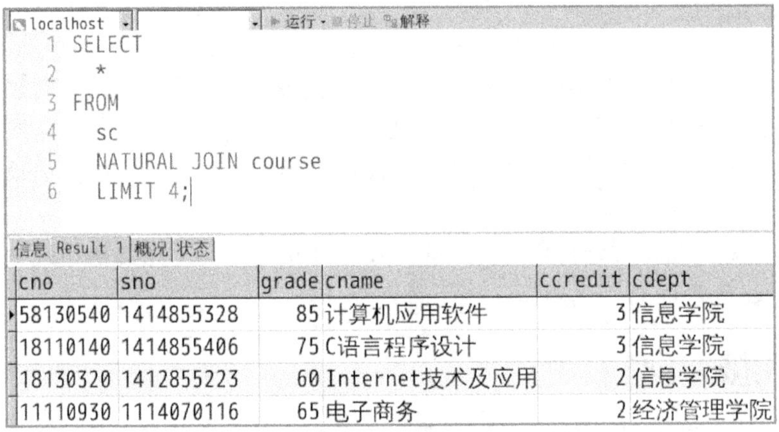

图 8-46　自然联合查询

　　自然连接时会自动判别相同名称的字段，然后进行数据的匹配。在执行完自然连接的新关系中，虽然可以指定包含哪些字段，但是不能指定执行过程中的匹配条件，即哪些字段的值进行匹配。在执行完自然连接的新关系中，执行过程中所有匹配的字段名只有一个，即会去掉重复字段。

### 3．不等值连接（Inner Join）

　　在 WHERE 字句中用来连接两个表的条件称为连接条件。如果连接条件中的连接运算符是=时，称为等值连接。如果是其他的运算符，则是不等值连接

【例 8-45】　对选修表和课程表做不等值连接(返回的结果限制在 4 条以内)

语句如下：

```
SELECT * FROM sc INNER JOIN course ON sc.cno != course.cno LIMIT 4;
```

　　结果如图 8-47 所示，可以看出前 3 个字段来自 sc 选修表，后 4 个字段来自 course 表，并且选修表的课程号字段 cno 与课程表的课程号字段的值是不相等的。本操作返回的结果数量较多，所以在这限制了返回的数量。

178 数据库原理及应用教程——基于 Linux 的 MySQL 和 NoSQL 应用

```
localhost    ▶ 运行 · ■ 停止  解释
SELECT
  *
FROM
  sc
  INNER JOIN course ON sc.cno != course.cno
  LIMIT 4;
```

信息 Result 1 概况 状态

| sno | cno | grade | cno(1) | cname | ccredit | cdept |
|---|---|---|---|---|---|---|
| 1414855328 | 18130540 | 85 | 11110140 | 管理信息系统 | 3 | 经济管理学院 |
| 1414855406 | 18110140 | 75 | 11110140 | 管理信息系统 | 3 | 经济管理学院 |
| 1412855223 | 18130320 | 60 | 11110140 | 管理信息系统 | 3 | 经济管理学院 |
| 1114070116 | 11110930 | 65 | 11110140 | 管理信息系统 | 3 | 经济管理学院 |

图 8-47　不等值联合查询

## 8.5.2　外连接查询

外连接可以查询两个或两个以上的表，外连接查询和内连接查询非常的相似，也需要通过指定字段进行连接，当该字段取值相等时，可以查询出该表的记录。而且，该字段取值不相等的记录也可以查询出来。

外连接可分为左连接和右连接。基本语法如下：

```
SELECT 字段表  FROM 表1 LEFT | RIGHT [ OUTER ]  JOIN 表2 ON 表1.字段=表2.字段
```

### 1．左外连接（LEFT JOIN）

左外连接的结果集中包含左表（JOIN 关键字左边的表）中所有的记录，然后左表按照连接条件与右表进行连接。如果右表中没有满足连接条件的记录，则结果集中右表中的相应行数据填充为 NULL。

**【例 8-46】** 利用左连接方式 查询课程表和选修表

语句如下（结果如图 8-48 所示）：

```
SELECT course.cno, course.cname, sc.cno, sc.sno
FROM course  LEFT JOIN sc ON course.cno = sc.cno  LIMIT 10;
```

```
localhost    ▶ 运行 · ■ 停止  解释
SELECT
  course.cno,course.cname,sc.cno,sc.sno
FROM
  course
  LEFT JOIN sc ON course.cno = sc.cno
  LIMIT 10;
```

信息 Result 1 概况 状态

| cno | cname | cno(1) | sno |
|---|---|---|---|
| 11110140 | 管理信息系统 | 11110140 | 1414855302 |
| 11110470 | 统计学A | 11110470 | 1414855406 |
| 11110470 | 统计学A | 11110470 | 1411855321 |
| 11110930 | 电子商务 | 11110930 | 1114070116 |
| 11111260 | 客户关系管理 | (Null) | (Null) |
| 11140260 | 网站规划与运营实训 | (Null) | (Null) |
| 18110140 | C语言程序设计 | 18110140 | 1414855406 |
| 18110140 | C语言程序设计 | 18110140 | 1418855232 |
| 18111850 | 数据库原理 | (Null) | (Null) |
| 18112820 | 网站设计与开发 | (Null) | (Null) |

图 8-48　LEFT JOIN 查询

从结果可以看出，系统查询的时候会扫描 course 表的每一条记录。每扫描一个记录 T，就开始扫描 sc 表中的每个记录 S，查找到 S 的 sno 与 T 的 cno 相等的记录，就把 S 和 T 合并成一条记录，输出。如果对于记录 T，没找到记录 S 与之对应，则输出 T，并把 S 的所有字段用 NULL 表示，就像结果中的倒数第二条和第三条记录一样。

### 2. 右外连接（RIGHT JOIN）

右外连接的结果集中包含满足连接条件的所有数据和右表（JOIN 关键字右边的表）中不满足条件的数据，左表中的相应行数据为 NULL。

【例 8-47】 利用左连接方式查询课程表和选修表

语句如下（结果如图 8-49 所示）：

```
SELECT  course.cno,course.cname,sc.cno,sc.sno  FROM course
RIGHT JOIN sc ON course.cno = sc.cno  LIMIT 10;
```

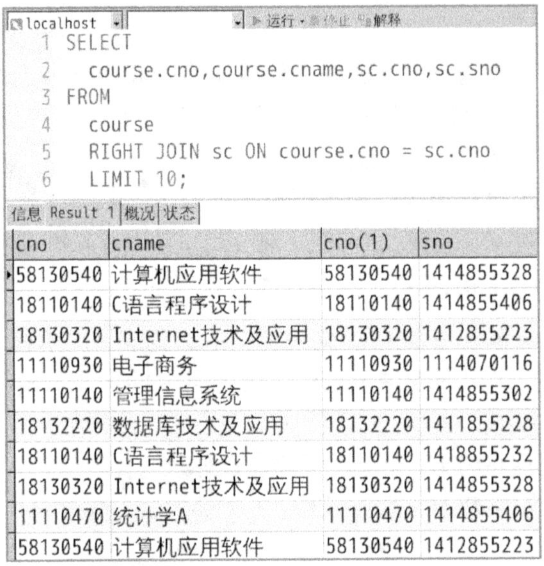


| cno | cname | cno(1) | sno |
|---|---|---|---|
| 58130540 | 计算机应用软件 | 58130540 | 1414855328 |
| 18110140 | C语言程序设计 | 18110140 | 1414855406 |
| 18130320 | Internet技术及应用 | 18130320 | 1412855223 |
| 11110930 | 电子商务 | 11110930 | 1114070116 |
| 11110140 | 管理信息系统 | 11110140 | 1414855302 |
| 18132220 | 数据库技术及应用 | 18132220 | 1411855228 |
| 18110140 | C语言程序设计 | 18110140 | 1418855232 |
| 18130320 | Internet技术及应用 | 18130320 | 1414855328 |
| 11110470 | 统计学A | 11110470 | 1414855406 |
| 58130540 | 计算机应用软件 | 58130540 | 1412855223 |

图 8-49　RIGHT JOIN 查询

## 8.5.3　子查询

查询时，需要的条件有时是另一个 SELECT 语句的结果，这时就要用到子查询。例如，需要从学生成绩表中查询计算机系学生的各科成绩，那么首先必须知道哪些课程是计算机系学生选修的。因此，必须先查询计算机系学生选修的课程，然后根据此课程来查询计算机系学生的各科成绩。子查询可以实现多表之间的查询。子查询中可能包括 IN、NOT IN、ANY、EXISTS 和 NOT EXISTS 等关键字，还可能包括比较运算符，如“=”“!=”“>”和“<”等。

### 1. 带 IN 关键字的子查询

一个查询语句的条件可能落在另一个 SELECT 语句的查询结果中，这可以通过 IN 关键字来判断。例如，查询哪些同学选择了计算机系开设的课程，必须先从课程表中查询计算机系开设了哪些课程，再从学生表中进行查询。如果学生选修的课程在前面查询的课程中，则查询出该同学的信息。这可以用带 IN 关键字的子查询来实现。

IN 关键字可以判断某个字段的值是否在指定的集合中，如果字段的值在集合中，则满足查询条件，该记录将被查询出来，否则不满足查询条件。

```
语法格式 [NOT] IN(元素1, 元素2, 元素3, …)
```

其中，NOT 是可选参数，表示不在集合内满足条件：字符型元素要加上单引号。

【例 8-48】 查询成绩在集合(65, 75, 85, 95)中的学生的学号和成绩

查询条件就是 In(65, 75, 85, 95)，语句如下（结果如图 8-50 所示）：

```
SELECT sno'学号', grade'成绩'  FROM sc  WHERE grade  IN(65, 75, 85, 95);
```

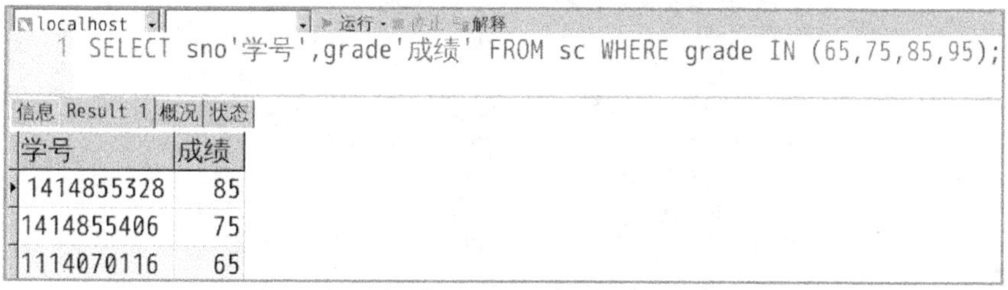


| 学号 | 成绩 |
| --- | --- |
| 1414855328 | 85 |
| 1414855406 | 75 |
| 1114070116 | 65 |

图 8-50　含有 IN 的子查询

【例 8-49】 查询还没选修过任何课程的 student 的记录。

也就是 student 符合条件记录的 sno 字段的值没有在 sc 表中出现过，语句如下（结果如图 8-51 所示）：

```
SELECT * FROM student  WHERE sno NOT IN(SELECT sno  FROM sc);
```

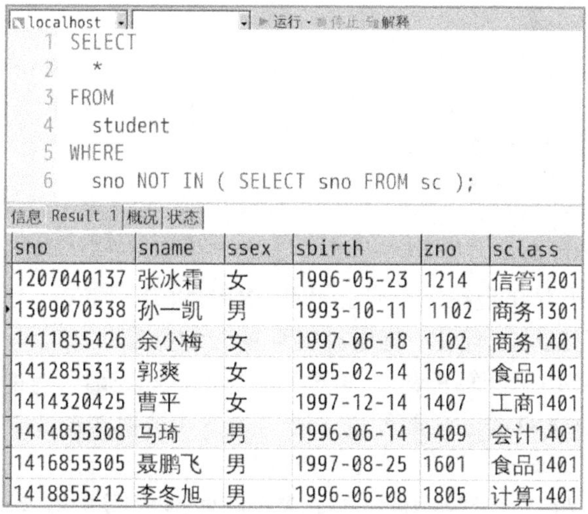


| sno | sname | ssex | sbirth | zno | sclass |
| --- | --- | --- | --- | --- | --- |
| 1207040137 | 张冰霜 | 女 | 1996-05-23 | 1214 | 信管1201 |
| 1309070338 | 孙一凯 | 男 | 1993-10-11 | 1102 | 商务1301 |
| 1411855426 | 余小梅 | 女 | 1997-06-18 | 1102 | 商务1401 |
| 1412855313 | 郭爽 | 女 | 1995-02-14 | 1601 | 食品1401 |
| 1414320425 | 曹平 | 女 | 1997-12-14 | 1407 | 工商1401 |
| 1414855308 | 马琦 | 男 | 1996-06-14 | 1409 | 会计1401 |
| 1416855305 | 聂鹏飞 | 男 | 1997-08-25 | 1601 | 食品1401 |
| 1418855212 | 李冬旭 | 男 | 1996-06-08 | 1805 | 计算1401 |

图 8-51　含有 NOT IN 的子查询

【例 8-50】 查询选修过课程的 student 的记录。

也就是 student 符合条件记录的 sno 字段的值在 sc 表中出现过，语句如下（结果如图 8-52 所示）：

```
SELECT * FROM student  WHERE sno IN(SELECT sno  FROM sc);
```

### 2. 带 EXISTS 关键字的子查询

EXISTS 关键字表示存在。使用 EXISTS 关键字时，内查询语句不返回查询的记录，而是返回一个真假值。如果内层查询语句查询到满足条件的记录，就会返回一个真值 true，否则返回 false。当返回 true 时，外查询进行查询，否则外查询不进行查询。

【例 8-51】 如果存在“金融”专业，就查询所有的课程信息。

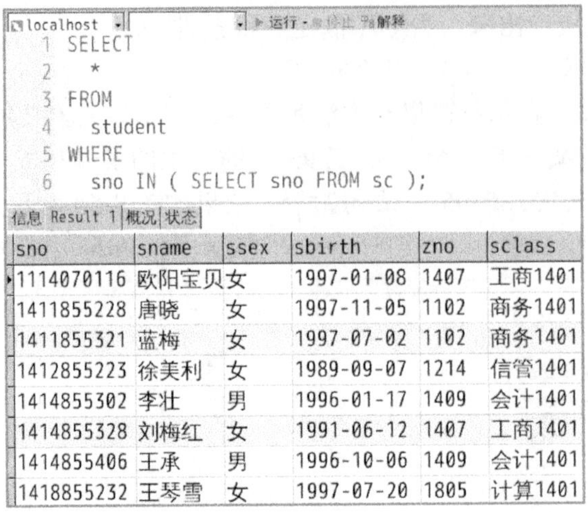


| sno | sname | ssex | sbirth | zno | sclass |
|---|---|---|---|---|---|
| 1114070116 | 欧阳宝贝 | 女 | 1997-01-08 | 1407 | 工商1401 |
| 1411855228 | 唐晓 | 女 | 1997-11-05 | 1102 | 商务1401 |
| 1411855321 | 蓝梅 | 女 | 1997-07-02 | 1102 | 商务1401 |
| 1412855223 | 徐美利 | 女 | 1989-09-07 | 1214 | 信管1401 |
| 1414855302 | 李壮 | 男 | 1996-01-17 | 1409 | 会计1401 |
| 1414855328 | 刘梅红 | 女 | 1991-06-12 | 1407 | 工商1401 |
| 1414855406 | 王承 | 男 | 1996-10-06 | 1409 | 会计1401 |
| 1418855232 | 王琴雪 | 女 | 1997-07-20 | 1805 | 计算1401 |

图 8-52　查询选修过课程的 student 的记录

涉及 specialty 专业表和 course 课程表，语句如下（结果如图 8-53 所示）：

```
SELECT * FROM course
WHERE EXISTS (SELECT * FROM specialty WHERE zname='金融');
```

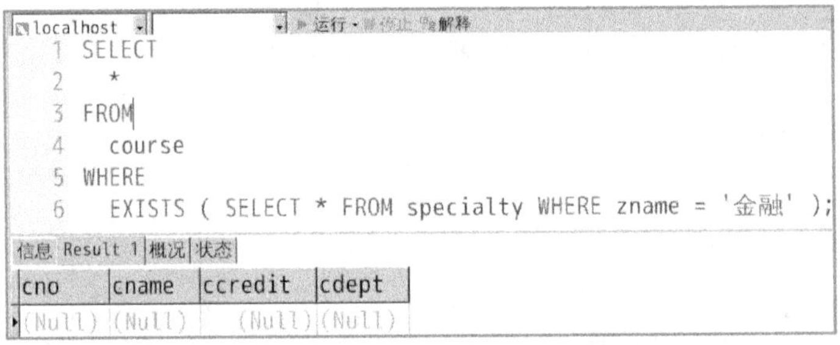


| cno | cname | ccredit | cdept |
|---|---|---|---|
| (Null) | (Null) | (Null) | (Null) |

图 8-53　如果存在“金融”专业，就查询所有的课程信息

结果返回空，说明不存在金融这个专业，即“EXISTS(SELECT * FROM specialty WHERE zname='金融')”的值是 false，所以不指定外循环的查询操作。

【例 8-52】　如果存在“计算机科学与技术”专业，就查询所有的课程信息。

涉及 specialty 专业表和 course 课程表，语句如下（结果如图 8-54 所示）：

```
SELECT * FROM course
WHERE EXISTS(SELECT * FROM specialty WHERE zname='计算机科学与技术') LIMIT 2;
```

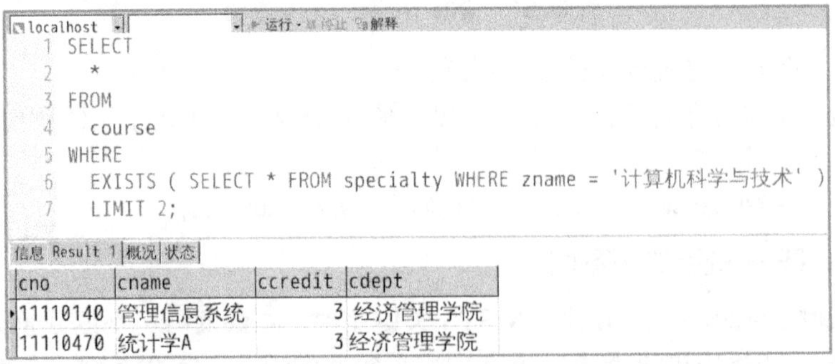


| cno | cname | ccredit | cdept |
|---|---|---|---|
| 11110140 | 管理信息系统 | 3 | 经济管理学院 |
| 11110470 | 统计学A | 3 | 经济管理学院 |

图 8-54　如果存在“计算机科学与技术”专业，就查询所有的课程信息

“计算机科学与技术”专业存在，即“EXISTS(SELECT * FROM specialty WHERE zname=

'计算机科学与技术')"的值是 true，所以继续外循环的查询操作，并把结果数量限制为 2 条。

### 3. 带 ANY 关键字的子查询

ANY 关键字表示满足其中任何一个条件，表示只要满足内查询语句返回结果中的一个，就可以通过该条件来执行外层查询语句。

【例 8-53】 查询比其他班级（如计算 1401 班级）某个同学年龄小的学生的姓名和年龄。

在 student 表中没有年龄，只有出生日期，年龄小的出生日期的值就会大，所以结合 ANY 关键字，写出以下语句（结果如图 8-55 所示）：

```
SELECT sname '姓名', (date_format(from_days(to_days(now())-to_days(sbirth)), '%Y') + 0) AS '年龄'
FROM student  WHERE sbirth > ANY (SELECT sbirth  FROM student  WHERE sclass='计算1401');
```

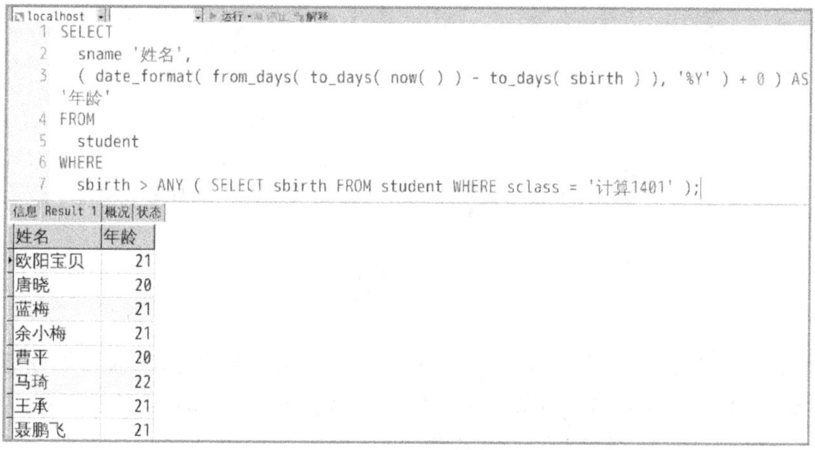

图 8-55　查询比其他班级（如计算 1401 班级）某个同学年龄小的学生的姓名和年龄

为了对照结果，计算 1401 班所有人的年龄的结果如图 8-56 所示。

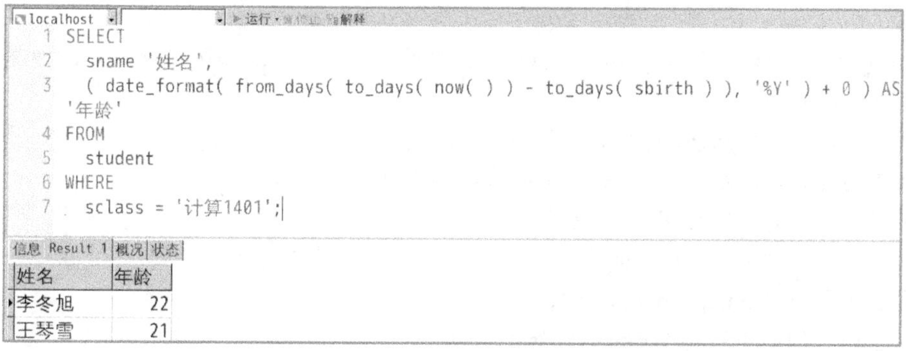

图 8-56　计算 1401 班所有人的年龄

### 4. 带 ALL 关键字的子查询

ALL 关键字表示满足所有的条件，只有满足内层查询语句返回的所有结果，才能执行外层的查询语句。>ALL 表示大于所有的值，<ALL 表示小于所有的值。

ALL 与 ANY 关键字的使用方式一样，但两者的差距很大，前者是满足所有的内层查询语句返回的所有结果，才执行外查询，后者是只需要满足其中一条记录，就执行外查询。

【例 8-54】 查询比其他班级（如计算 1401 班级）所有同学的年龄都大的学生的姓名和年龄。

语句如下（结果如图 8-57 所示）：

```
SELECT sname '姓名', (date_format(from_days(to_days(now())-to_days(sbirth)),'%Y') + 0) as '年龄'
FROM student  WHERE sbirth < ALL(SELECT sbirth  FROM student  WHERE sclass='计算1401');
```

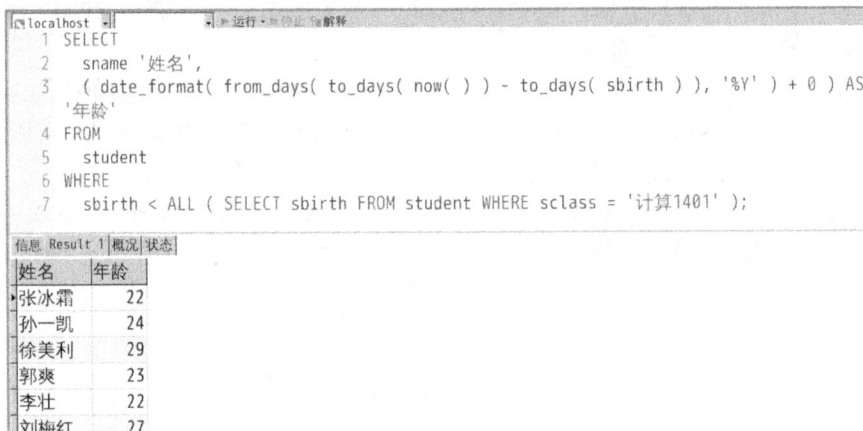

图 8-57　查询比其他班级所有同学年龄都大的学生的姓名和年龄

# 小　结

本章讲述了对数据的增、删、改、查。在 MySQL 中，对数据库的查询是使用 SELECT 语句。本章主要介绍了 SELECT 语句的使用方法及语法要素，其中灵活运用 SELECT 语句对 MySQL 数据库进行各种方式的查询是学习重点。

# 思考与练习8

1. 用 INSERT 语句向数据库 db_test 的表 content 中插入一行描述了下列留言信息的数据：
   ① 留言 ID 由系统自动生成；
   ② 留言标题为"MySQL 问题请教"。
   ③ 留言内容为"MySQL 中对表数据的基本操作有哪些？"。
   ④ 留言人姓名为"MySQL 初学者"。
   ⑤ 脸谱图标文件名为"face.jpg"。
   ⑥ 电子邮件为"tom@ gmail. com"。
   ⑦ 留言创建日期和时间为系统当前时间。
2. 用 UPDATE 语句将数据库 db_test 的表 content 中留言人姓名为"MySQL 初学者"的留言内容修改为"如何使用 INSERT 语句"。
3. 用 DELETE 语句将数据库 db_test 的表 content 中留言人姓名为"MySQL 初学者"的留言信息删除。
4. 简述 WHERE 子句与 HAVING 子句的区别。
5. 请简述 INSERT 语句与 REPLACE 语句的区别。
6. 请简述 DELETE 语句与 TRUNCATE 语句的区别。
7. 关于 SELECT 语句中，描述错误的是（　　　）。
   A. SELECT 语句用于查询一个表或多个表的数据。

B．SELECT 语句属于数据操作语言（DML）。

C．SELECT 语句的列必须是基于表的列的。

D．SELECT 语句表示数据库中一组特定的数据记录。

8．语句 "SELECT *  FROM student  WHERE s_name LIKE '%晓%';" 中的 WHERE 关键字表示的含义是（    ）。

    A．条件        B．在哪里        C．模糊查询        D．逻辑运算

9．查询 tb_book 表中 userno 字段的记录，并去除重复值，SQL 语句为（    ）。

    A．SELECT distinct userno  FROM tb_book;

    B．SELECT userno  DISTINCT FROM tb_book;

    C．SELECT distinct(userno)  FROM tb_book;

    D．SELECT userno  FROM DISTINCT tb_book;

10．查询 tb001 数据表中的前 5 条记录，并升序排列，SQL 语句为（    ）。

    A．SELECT *  FROM tb001  WHERE ORDER BY id ASC LIMIT 0,5;

    B．SELECT *  FROM tb001  WHERE ORDER BY id DESC LIMIT 0,5;

    C．SELECT *  FROM tb001  WHERE ORDER BY id GROUP BY LIMIT 0,5;

    D．SELECT *  FROM tb001  WHERE ORDER BY id ORDER LIMIT 0,5;

11．SQL 中，条件 "BETWEEN 20 AND 30" 表示年龄在 20 到 30 之间，且（    ）。

    A．包括 20 岁和 30 岁        B．不包括 20 岁和 30 岁

    C．包括 20 岁，不包括 30 岁        D．不包括 20 岁，包括 30 岁

12．SQL 中，删除 emp 表中全部数据的命令正确的是（    ）。

    A．DELETE *  FROM emp        B．DROP TABLE emp

    C．TRUNCATE TABLE emp        D．没有正确答案

13．下面正确表示 employees 表中有多少非 NULL 的 region 列的 SQL 语句是（    ）。

    A．SELECT count(*)  FROM Employees

    B．SELECT count(ALL region)  FROM employees

    C．SELECT count(Distinct region)  FROM employees

    D．SELECT sum(ALL region)  FROM employees

14．可以通过聚合函数的结果来过滤查询结果集的 SQL 子句是（    ）。

    A．WHERE 子句        B．GROUP BY 子句

    C．HAVING 子句        D．ORDER BY 子句

15．数据库管理系统中，负责数据模式定义的语言是（    ）。

    A．数据定义语言        B．数据管理语言

    C．数据操纵语言        D．数据控制语言

16．查找 S 表中姓名的第一个字为'王'的学生学号和姓名，SQL 语句为（    ）。

    A．SELECT Sno, SNAME  FROM S  WHERE SNAME = '王%'

    B．SELECT Sno, SNAME  FROM S  WHERE SNAME LIKE '王%'

    C．SELECT Sno, SNAME  FROM S  WHERE SNAME LIKE '王_'

    D．全部正确

17．查询 "选修了 3 门以上课程的学生的学生号"，SQL 语句是（    ）。

    A．SELECT Sno  FROM SC GROUP BY Sno  WHERE COUNT(*)>3;

    B．SELECT Sno  FROM SC GROUP BY Sno  HAVING(COUNT(*)>3);

C. SELECT Sno　FROM SC ORDER BY Sno　WHERE COUNT(*)>3;

D. SELECT Sno　FROM SC ORDER BY Sno　HAVING COUNT(*)>=3;

18. 对下面的查询语句描述正确的是（　　　）。

```
SELECT StudentID, Name, (SELECT count(*)  FROM StudentExam
                  WHERE StudentExam.StudentID = Student.StudentID)
AS ExamsTaken  FROM Student  ORDER BY ExamsTaken desc
```

A. 从 Student 表中查找 StudentID 和 Name，并按照升序排列

B. 从 Student 表中查找 StudentID 和 Name，并按照降序排列

C. 从 Student 表中查找 StudentID、Name 和考试次数

D. 从 Student 表中查找 StudentID、Name，并从 StudentExam 表中查找与 StudentID 一致的学生考试次数，并按照降序排列

19. 在学生选课表 SC 中查询选修课程号（CH）为 20 的学生的学号（XH）及其成绩（GD），查询结果按分数的降序排列。实现该功能的 SQL 语句是（　　　）。

A. SELECT XH, GD　FROM SC　WHERE CH='20'　ORDER BY GD DESC;

B. SELECT XH, GD　FROM SC　WHERE CH='20'　ORDER BY GD ASC;

C. SELECT XH, GD　FROM SC　WHERE CH= '20'　GROUP BY GD DESC;

D. SELECT XH, GD　FROM SC　WHERE CH='20'　GROUP BY GD ASC;

20. 从学生选课表 SC 中查找缺少学习成绩（G）的学生学号和课程号，相应的 SQL 语句如下，将其补充完整：

```
SELECT S#, C# FROM SC WHERE （　　）
```

A. G=O　　　　　B. G<=O　　　　　C. G= NULL　　　　　D. G IS NULL

21. 语句"SELECT *　FROM city　LIMIT 5, 10"描述的是（　　　）。

A. 获取第 6 条到第 10 条记录　　　　　B. 获取第 5 条到第 10 条记录

C. 获取第 6 条到第 15 条记录　　　　　D. 获取第 5 条到第 15 条记录

22. 若用如下 SQL 语句创建一个表 S：

```
CREATE TABLE S( S# char(16) NOT NULL, Sname CHAR(8)  NOT NULL, sex CHAR(2), age integer)
```

可向表 S 中插入的是（　　　）。

A. ('991001', '李明芳', 女, '23')　　　　　B. ('990746', '张民', NULL, NULL)

C. (NULL, '陈道明',　'男', 35)　　　　　D. ('992345', NULL, '女', 25)

23. 删除数据表 tb001 中 id=2 的记录，SQL 语句为（　　　）。

A. DELETE FROM tb001　VALUE id='2';　　B. DELETE INTO tb001　WHERE id='2';

C. DELETE FROM tb001　WHERE id='2';　　D. UPDATE FROM tb001　WHERE id='2';

24. "UPDATE student SET s_name ='王军'　WHERE s_id =1;"执行结果是（　　　）。

A. 添加姓名为'王军'的记录　　　　　B. 删除姓名为'王军'的记录

C. 返回姓名为'王军'的记录　　　　　D. 更新 s_id 为 1 的姓名为'王军'

25. 修改操作的语句"UPDATE student　SET s_name ='王军';"执行的结果是（　　　）。

A. 只把姓名为'王军'的记录进行更新　　　B. 只把字段名 s_name 改成'王军'

C. 表中的所有人姓名都更新为'王军'　　　D. 更新语句不完整，不能执行

26. （　　　）指令无法增加记录。

A. INSERT INTO … VALUES …　　　　　B. INSERT INTO … SELECT …

C. INSERT INTO … SET …　　　　　D. INSERT INTO … UPDATE …

27. 对于 REPLACE 语句，描述错误的是（　　　）。

A. REPLACE 语句返回一个数字以表示受影响的行，包含删除行和插入行的总和

B. 通过返回值可以判断是否增加了新行还是替换了原有行

C. 因主键重复插入失败时直接更新原有行

D. 因主键重复插入失败时先删除原有行再插入新行

28. 关于 DELETE 和 TRUNCATE TABLE 区别，错误的是（　　）。

    A. DELETE 可以删除特定范围的数据　　　　B. 两者执行效率一样

    C. DELETE 返回被删除的记录行数　　　　　　D. TRUNCATE TABLE 返回值为 0

29. 在使用 SQL 语句删除数据时，如果 DELETE 语句后没有 WHERE 条件值，那么将删除指定数据表中的（　　）数据。

    A. 部分　　　　　B. 全部　　　　　C. 指定的一条数据　　　　　D. 以上皆可

30. 若有关系 R(A, B, C, D) 和 S(C, D, E)，则与表达式 $\prod_{3,4,7}(\delta_{4<5}(R \times S))$ 等价的 SQL 语句如下：

```
SELECT （ 1 ）
FROM （ 2 ）
WHERE （ 3 ）;
```

（1）

    A. A, B, C, D, E　　　　　　　　　　　　B. C, D, E

    C. R.A, R.B, R.C, R.D, S.E　　　　　　　D. R.C, R.D, S.E

（2）

    A. R　　　　　B. S　　　　　C. R, S　　　　　D. RS

（3）

    A. D<C　　　B. R.D<S.C　　　C. R.D<R.C　　　D. S.D<R.C

31. 某销售公司数据库的零件 P(零件号, 零件名称, 供应商, 供应商所在地, 单价, 库存量)关系如表 8-6 所示。其中，同一种零件可由不同的供应商供应，一个供应商可以供应多种零件。

表 8-6　关系

| 零件号 | 零件名称 | 供应商 | 供应商所在地 | 单价（元） | 库存量 |
|---|---|---|---|---|---|
| 010023 | P2 | S1 | 北京市海淀区 58 号 | 22.8 | 380 |
| 010024 | P3 | S1 | 北京市海淀区 58 号 | 280.0 | 135 |
| 010022 | P1 | S2 | 河北省保定市雄安新区 1 号 | 65.6 | 160 |
| 010023 | P2 | S2 | 河北省保定市雄安新区 1 号 | 28.0 | 1280 |
| 010024 | P3 | S2 | 河北省保定市雄安新区 1 号 | 260.0 | 3900 |
| 010022 | P1 | S3 | 天津市塘沽区 65 号 | 66.8 | 2860 |
| ... | ... | ... | ... | ... | ... |

则零件关系的主键为（ 1 ），该关系存在冗余以及插入异常和删除异常等问题。为了解决这一问题，需要将零件关系分解为（ 2 ）。

（1）

    A. 零件号, 零件名称　　　　　　　　　　B. 零件号, 供应商

    C. 零件号, 供应商所在地　　　　　　　　D. 供应商, 供应商所在地

（2）

    A. P1(零件号, 零件名称, 单价), P2（供应商, 供应商所在地, 库存量)

    B. P1(零件号, 零件名称), P2(供应商, 供应商所在地, 单价, 库存量)

    C. P1(零件号, 零件名称), P2(零件号, 供应商, 单价, 库存量)、P3(供应商, 供应商所在地)

D. P1(零件号, 零件名称), P2（零件号, 单价, 库存量)、P3(供应商, 供应商所在地)、P4(供应商所在地, 库存量)

对零件关系 P，查询各种零件的平均单价、最高单价与最低单价之间差价的 SQL 语句为：

```
SELECT 零件号,（ 3 ） FROM P（ 4 ）;
```

（3）

A. 零件名称, AVG(单价), MAX(单价)–MIN(单价)

B. 供应商, AVG(单价), MAX(单价)–MIN(单价)

C. 零件名称, AVG 单价, MAX 单价–MIN 单价

D. 供应商, AVG 单价, MAX 单价–MIN 单价

（4）

A. ORDER BY 供应商             B. ORDER BY 零件号

C. GROUP BY 供应商             D. GROUP BY 零件号

对零件关系 P，查询库存量大于等于 100 且小于等于 500 的零件 P1 的供应商及库存量，要求供应商地址包含'雄安'。实现该查询的 SQL 语句为：

```
SELECT 零件名称, 供应商名, 库存量 FROM P WHERE （ 5 ） AND （ 6 ）;
```

（5）

A. 零件名称= 'P1' AND 库存量 BETWEEN 100 AND 500

B. 零件名称= 'P1' AND 库存量 BETWEEN 100 TO 500

C. 零件名称= 'P1' OR 库存量 BETWEEN 100 AND 500

D. 零件名称= 'P1' OR 库存量 BETWEEN 100 TO 500

（6）

A. 供应商所在地 IN '%雄安%'        B. 供应商所在地 LIKE '__雄安%'

C. 供应商所在地 LIKE '%雄安%'        D. 供应商所在地 LIKE '雄安%'

# 实验：MySQL 数据库表的数据操作

## 实验 1  MySQL 数据库表的数据插入、修改、删除操作实验

### 一、实验目的

1. 掌握 MySQL 数据库表的数据插入、修改、删除操作的语法格式。

2. 掌握数据表的数据的录入、增加和删除的方法。

### 二、实验内容

1. 学校教师管理数据库中的 teacherInfo 表，其定义如表 8-7 所示，请完成如下操作。

表 8-7  teacherInfo 表

| 字段名 | 字段描述 | 数据类型 | 主键 | 外键 | 非空 | 唯一 | 自增 |
|---|---|---|---|---|---|---|---|
| num | 教工号 | INT(10) | 是 | 否 | 是 | 是 | 否 |
| name | 姓名 | VARCHAR(20) | 否 | 否 | 是 | 否 | 否 |
| sex | 性别 | VARCHAR(4) | 否 | 否 | 是 | 否 | 否 |
| birthday | 出生日期 | DATETIME | 否 | 否 | 否 | 否 | 否 |
| address | 家庭住址 | VARCHAR(50) | 否 | 否 | 否 | 否 | 否 |

（1）向 teacherInfo 表中插入记录。写出 INSERT 语句的代码如下：

```
INSERT INTO teacherInfo  VALUES(1001, '张龙', '男', '1984-11-08', '北京市昌平区');
INSERT INTO teacherInfo  VALUES(1002, '李梅', '女', '1970-01-21', '北京市海淀区');
INSERT INTO teacherInfo  VALUES(1003, '王一丰', '男', '1976-10-30', '北京市昌平区');
INSERT INTO teacherInfo  VALUES(1004, '赵六', '男', '1980-06-05', '北京市顺义区');
```

（2）更新教工号为 1003 的记录，将生日（birthday）改为"1982-11-08"。UPDATE 语句如下：

```
UPDATE teacherInfo  SET birthday='1982-11-08'  WHERE num=1003;
```

（3）将性别（sex）为"男"的记录的家庭住址（address）都变为"北京市朝阳区"。UPDATE
语句如下：

```
UPDATE teacherInfo SET address='北京市朝阳区' WHERE sex='男';
```

（4）删除教工号（num）为 1002 的记录删除。DELETE 语句如下：

```
DELETE FROM teacherInfo  WHERE num=1002;
```

### 三、观察与思考

1．对于删除的数据，如何实现"逻辑删除"（即数据库中的数据不删除，给用户的感觉是删
除了）？

2．DROP 命令和 DELETE 命令的本质区别是什么？

3．利用 INSERT、UPDATE 和 DELETE 命令可以同时对多个表进行操作吗？

# 实验 2 MySQL 数据库表数据的查询操作实验

## 一、实验目的

1．掌握 SELECT 语句的基本语法格式。

2．掌握 SELECT 语句的执行方法。

3．掌握 SELECT 语句的 GROUP BY 和 ORDER BY 子句的作用。

## 二、实验内容

在公司的部门员工管理数据库的 bumen 表和 yuangong 表上进行信息查询。bumen 表的定义
如表 8-8 所示，yuangong 表的定义如表 8-9 所示。

### 表 8-8  bumen 表的定义

| 字段名 | 字段描述 | 数据类型 | 主键 | 外键 | 非空 | 唯一 | 自增 |
|---|---|---|---|---|---|---|---|
| d_id | 部门号 | INT(4) | 是 | 否 | 是 | 是 | 否 |
| d_name | 部门名称 | VARCHAR(20) | 否 | 否 | 是 | 是 | 否 |
| function | 部门职能 | VARCHAR(20) | 否 | 否 | 否 | 否 | 否 |
| address | 工作地点 | VARCHAR(30) | 否 | 否 | 否 | 否 | 否 |

### 表 8-9  yuangong 表的定义

| 字段名 | 字段描述 | 数据类型 | 主键 | 外键 | 非空 | 唯一 | 自增 |
|---|---|---|---|---|---|---|---|
| id | 员工号 | INT(4) | 是 | 否 | 是 | 是 | 否 |
| name | 姓名 | VARCHAR(20) | 否 | 否 | 是 | 否 | 否 |
| sex | 性别 | VARCHAR(4) | 否 | 否 | 是 | 否 | 否 |
| birthday | 年龄 | INT(4) | 否 | 否 | 否 | 否 | 否 |
| d_id | 部门号 | INT(4) | 否 | 是 | 是 | 否 | 否 |
| salary | 工资 | Float | 否 | 否 | 否 | 否 | 否 |
| address | 家庭住址 | VARCHAR(50) | 否 | 否 | 否 | 否 | 否 |

bumen 表的练习数据：

```
1001, '人事部', '人事管理', '北京'
1002, '科研部', '研发产品', '北京'
1003, '生产部', '产品生产', '天津'
1004, '销售部', '产品销售', '上海'
```

yuangong 表的练习数据：

```
8001, '韩鹏', '男', 25, 1002, 4000, '北京市海淀区'
8002, '张峰', '男', 26, 1001, 2500, '北京市昌平区'
8003, '欧阳', '男', 20, 1003, 1500, '湖南省永州市'
8004, '王武', '男', 30, 1001, 3500, '北京市顺义区'
8005, '欧阳宝贝', '女', 21,1002, 3000, '北京市昌平区'
8006, ' 呼延', '男', 28, 1003, 1800, '天津市南开区'
```

然后在 bumen 表和 yuangong 表查询记录。查询要求如下：

（1）查询 yuangong 表的所有记录。SQL 语句如下：

```
SELECT * FROM yuangong;
```

或者列出 yuangong 表的所有字段名称。SQL 语句如下：

```
SELECT id, name, sex, age, d_id, salary, address FROM yuangong;
```

（2）查询 yuangong 表的第 4～5 条记录。

```
SELECT id, name, sex, age, d_id, salary, address FROM yuangong LIMIT3, 2;
```

（3）从 bumen 表查询部门号（d_id）、部门名称（d_name）和部门职能（function）。SQL 语句如下：

```
SELECT d_id, d_name, function FROM yuangong;
```

（4）从 yuangong 表中查询人事部和科研部的员工的信息。先从 bumen 表查询人事部和科研部的部门号，然后到 yuangong 表查询员工的信息。SQL 语句如下：

```
SELECT * FROM yuangong
    WHERE d_id=ANY(SELECT d_id FROM bumen
                        WHERE d_nameIN('人事部','科研部'));
```

或者使用如下代码：

```
SELECT * FROM yuangong
    WHERE d_idIN(SELECT d_id FROM bumen
                        WHERE d_name='人事部' OR d_name='科研部');
```

（5）从 yuangong 表中查询年龄为 25～30 的员工的信息。可以通过两种方式来查询。

第一种方式的 SQL 语句如下：

```
SELECT * FROM yuangong WHERE age BETWEEN 25 AND 30;
```

第二种方式的 SQL 语句如下：

```
SELECT * FROM yuangong WHERE age>=25 AND age<=30;
```

（6）查询每个部门有多少员工。先按部门号进行分组，再用 COUNT()函数计算每组的人数。SQL 语句如下：

```
SELECT d_id, COUNT(id) FROM yuangong GROUP BY d_id;
```

或者给 COUNT(id)取名为 sum。其 SQL 语句如下：

```
SELECT d_id, COUNT(id) AS sum FROM yuangong GROUP BY d_id;
```

（7）查询每个部门的最高工资。先按部门号进行分组，然后用 MAX()函数计算最大值。SQL 语句如下：

```
SELECT d_id, MAX(salary)  FROM yuangong  GROUP BY  d_id;
```

（8）用左连接的方式查询 bumen 表和 yuangong 表。

使用 LEFT JOINON 实现左连接。SQL 语句如下：

```
SELECT bumen.d_id, d_name, function, bumen.address, id, name, age, sex, salary,
       yuangong.address  FROM bumen  LEFT JOIN yuangong ON yuangong.d_id=bumen.d_id;
```

（9）计算每个部门的总工资。先按部门号进行分组，再用 SUM()函数求和。SQL 语句如下：

```
SELECT d_id, SUM(salary)  FROM yuangong  GROUP BY d_id;
```

（10）查询 yuangong 表，按照工资从高到低的顺序排列。SQL 语句如下：

```
SELECT *  FROM yuangong  ORDER BY salary DESC;
```

（11）从 bumen 表和 yuangong 表中查询部门号，再用 UNION 合并查询结果。SQL 语句如下：

```
SELECT d_id  FROM yuangong  UNION SELECT d_id  FROM bumen;
```

（12）查询家是北京市员工的姓名、年龄、家庭住址，使用 LIKE 关键字。SQL 语句如下：

```
SELECT name, age, address  FROM yuangong  WHERE address LIKE '北京%';
```

## 三、观察与思考

1. LIKE 的通配符有哪些？分别代表什么含义？

2. 知道学生的出生日期，如何求出其年龄？

3. IS 能用"="来代替吗？如何周全地考虑"空数据"的情况？

4. 关键字 ALL 和 DISTINCT 有什么不同的含义？关键字 ALL 是否可以省略不写？

5. 聚集函数能否直接使用在 SELECT 子句、HAVING 子句、WHERE 子句、GROUP BY 子句中？

6. WHERE 子句与 HAVING 子句有何不同？

7. COUNT(*)、COUNT(列名)、COUNT(DISTINCT 列名)三者的区别是什么？通过一个实例说明。

8. 内连接与外连接有什么区别？

9. "="与 IN 在什么情况下作用相同？

# 第 9 章　索　引

索引是一种特殊的数据库结构，其作用相当于一本书的目录，可以快速查询数据库表中的特定记录。索引是提高数据库性能的重要方式。

本章将介绍索引的含义和作用、索引定义的原则和创建索引的方法，以及查看索引和删除索引的方法。

## 9.1　索引概述

在 MySQL 中，索引其实与书的目录非常相似，由数据表中的一列或多列组合而成。创建索引的目的是优化数据库的查询速度，提高性能。其中，用户创建的索引指向数据库中具体数据所在位置。当用户通过索引查询数据库中的数据时，不需要遍历所有数据库中的所有数据。

所有 MySQL 列类型都可以被索引，对相关列使用索引是提高查询操作性能的最佳途径。不同的存储引擎定义了每个表的最大索引数量和最大索引长度，所有存储引擎对每个表至少支持 16 个索引，总索引长度至少为 256 字节。

索引有两种：B 型树（BTREE）索引和哈希（HARSH）索引。其中，B 型树为系统默认索引存储类型。InnoDB 和 MyISAM 存储引擎支持 B 型树索引，而 MEMORY 存储引擎支持 HASH 类型索引。

### 9.1.1　索引的作用

为什么要创建索引呢？索引其实是对数据库表中一列或多列的值进行排序的一种结构，可以快速访问数据库表中的特定信息。

#### 1．索引的优点

数据库对象索引其实与书的目录非常相似，主要是为了提高从表中检索数据的速度。创建索引可以大大提高系统的性能，其优点如下：

① 通过创建唯一性索引，保证数据库表中每一行数据的唯一性。

② 大大加快数据的检索速度，这也是创建索引的最主要的原因。

③ 加速表与表之间的连接，特别是在实现数据的参考完整性方面特别有意义。

④ 在使用分组和排序子句进行数据检索的时候，同样可以显著减少查询中分组和排序的时间。

⑤ 在查询的过程中，结合优化隐藏器使用索引，可以提高系统的性能。

### 2．索引的缺点

索引的缺点如下：

① 创建索引和维护索引要耗费时间，这种时间随着数据量的增加而增加。

② 索引需要占物理空间，除了数据表占数据空间，每个索引还要占一定的物理空间，如果建立聚簇索引（也称为聚集索引、聚类索引、簇集索引），那么可以确定表中数据的物理顺序，但是需要的空间会更大。聚簇索引类似电话簿，后者按姓氏排列数据。由于聚簇索引规定数据在表中的物理存储顺序，因此一个表只能包含一个聚簇索引。但该索引可以包含多个列（组合索引），就像电话簿按姓氏和名字进行组织一样。汉语字典也是聚簇索引的典型应用，其索引项是字母+声调，字典正文也是按照先字母再声调的顺序排列。

③ 当对表中的数据进行增加、删除和修改的时候，索引也要动态维护，这样降低了数据的维护速度。

由于向有些索引的表中插入记录时，数据库系统会按照索引进行排序，这样降低了插入记录的速度，因此我们可以先删除表中的索引，插入数据完成后，再创建索引。

### 3．索引的特征

索引有两个特征，即唯一性和复合性。

唯一性索引保证在索引列中的全部数据是唯一的，不会包含冗余数据。如果表中已经有一个主键约束或者唯一性键约束，那么当创建表或者修改表时，MySQL 自动创建一个唯一性索引。然而，如果必须保证唯一性，那么应该创建主键约束或者唯一性键约束，而不是创建一个唯一性索引。

当创建唯一性索引时，应该认真考虑这些规则：

① 当在表中创建主键约束或者唯一性键约束时，MySQL 自动创建一个唯一性索引。

② 如果表中已经包含有数据，那么创建索引时，MySQL 会检查表中已有数据的冗余性。

③ 当使用插入语句插入数据或者使用修改语句修改数据时，MySQL 会检查数据的冗余性，如果有冗余值，那么 MySQL 会取消该语句的执行，并且返回一个错误消息。

④ 确保表中的每一行数据都有一个唯一值，这样可以确保每个实体都可以唯一确认。

⑤ 只能在可以保证实体完整性的列上创建唯一性索引。例如，不能在人事表中的"姓名"列上创建唯一性索引，因为人们可以有相同的姓名。

复合索引是一个索引创建在两个列或者多个列上。在搜索时，当两个或者多个列作为一个关键值时，最好在这些列上创建复合索引。当创建复合索引时，应该考虑如下规则：

① 最多可以把 16 个列合并成一个单独的复合索引，构成复合索引的列的总长度不能超过 900 字节，也就是说，复合列的长度不能太长。

② 在复合索引中，所有的列必须来自同一个表中，不能跨表建立复合列。

③ 在复合索引中，列的排列顺序是非常重要的，因此要认真排列列的顺序。原则上，应该先定义最唯一的列，如在(COL1, COL2)上的索引与在(COL2, COL1)上的索引是不相同的，因为两个索引的列的顺序不同；为了使查询优化器使用复合索引，查询语句中的 WHERE 子句必须参考复合索引中第一个列；当表中有多个关键列时，复合索引是非常有用的；使用复合索引可以提高查询性能，减少在一个表中创建的索引数量。

## 9.1.2 索引的分类

MySQL 的索引有普通索引、唯一性索引、全文索引等。

### 1．普通索引

在创建普通索引时，不附加任何限制条件。普通索引可以创建在任何数据类型中，其值是否唯一和非空由字段本身的完整性约束条件决定。建立索引以后，查询时可以通过索引进行查询。例如，在 student 表的 sname 字段上建立一个普通索引，查询记录时，就可以根据该索引进行查询。

### 2．唯一性索引

使用 UNIQUE 参数可以设置索引为唯一性索引。在创建唯一性索引时，限制该索引的值必须是唯一的。例如，在 student 表的 sno 字段中创建唯一性索引，那么 sno 字段的值就必须是唯一的。唯一性索引可以更快速地确定某条记录。主键就是一种特殊唯一性索引。

### 3．全文索引

使用 FULLTEXT 参数可以设置索引为全文索引。全文索引只能创建在 CHAR、VARCHAR 或 TEXT 类型的字段上。查询数据量较大的字符串类型的字段时，全文索引可以提高查询速度。例如，student 表的 information 字段是 TEXT 类型，该字段包含了很多的文字信息，在 information 字段上建立全文索引后，可以提高查询 information 字段的速度。

MySQL 从 3.23.23 版开始支持全文索引，但只有 MyISAM 存储引擎支持全文检索。直到 MySQL 5.6 版本，InnoDB 引擎才支持全文索引。在默认情况下，全文索引的搜索执行方式不区分大小写。但索引的列使用二进制排序后，可以执行区分大、小写的全文索引。

① 单列索引：在表的单个字段上创建的索引，只根据该字段进行索引。单列索引可以是普通索引，也可以是唯一性索引，还可以是全文索引。只要保证该索引只对应一个字段即可。

② 多列索引：在表的多个字段上创建的索引，指向创建时对应的多个字段，可以通过这几个字段进行查询。但是，只有查询条件中使用了这些字段中第一个字段时，多列索引才会被使用。例如，在表的 sbirth 和 ssex 字段上建立个多列索引，那么，只有查询条件使用了 sbirth 字段时该索引才会被使用。

③ 空间索引：用 SPATIAL 参数设置的索引，只能建立在空间数据类型上，这样可以提高系统获取空间数据的效率。MySQL 中的空间数据类型包括 GEOMETRY 和 POINT、LINESTRING 和 POLYGON 等。目前，只有 MyISAM 存储引擎支持空间检索，而且索引的字段不能为空值。对于初学者来说，这类索引很少会用到。

# 9.2 索引的定义和管理

## 9.2.1 创建索引

创建索引是指在某个表的一列或多列上建立一个索引。创建索引方法如下。

### 1．直接创建索引

（1）在创建表的时候创建索引。

语法格式如下：

```
CREATE TABLE table_name(
    属性名，数据类型 [完整性约束],
    属性名，数据类型 [完整性约束],
    ...
    属性名，数据类型 [完整性约束],
    INDEX | KEY [索引名] (属性名 [(长度)] [ASC | DESC])
);
```

其中，INDEX 或 KEY 参数用来指定字段为索引；"索引名"参数是用来指定要创建索引的名称；"属性名"参数用来指定索引索要关联的字段的名称；"长度"参数用来指定索引的长度；ASC 用来指定为升序，DESC 用来指定为降序。

（2）在已存在的表上创建索引

语法格式如下：

```
CREATE INDEX 索引名 ON 表名(属性名 [(长度)] [ASC | DESC]);
```

用 CREATE INDEX 语句创建索引是最基本的索引创建方式，并且具有柔性，可以定制创建符合自己需要的索引。在使用这种方式创建索引时，可以使用许多选项，例如指定数据页的充满度、进行排序、整理统计信息等，这样可以优化索引。这种方法可以指定索引的类型、唯一性和复合性，也就是说，既可以创建聚簇索引，也可以创建非聚簇索引，既可以在一个列上创建索引，也可以在两个或者两个以上的列上创建索引。

（3）用 ALTER TABLE 语句来创建索引

语法格式如下：

```
ALTER TABLE table_name
ADD INDEX | KEY [索引名] (属性名 [(长度)] [ASC | DESC])
```

### 2．间接创建索引

例如，在表中定义主键约束或者唯一性键约束时同时创建了索引，这就是间接创建索引。

通过定义主键约束或者唯一性键约束，也可以间接创建索引。主键约束是一种保持数据完整性的逻辑，限制表中的记录有相同的主键记录。在创建主键约束时，系统自动创建了一个唯一性聚簇索引。虽然在逻辑上，主键约束是一种重要的结构，但是在物理结构上，与主键约束相对应的结构是唯一性聚簇索引。换句话说，物理实现上不存在主键约束，只存在唯一性聚簇索引。同样，在创建唯一性键约束时同时创建了索引，这种索引则是唯一性非聚簇索引。因此，当使用约束创建索引时，索引的类型和特征基本上都已经确定了，由用户定制的余地比较小。

当在表上定义主键或者唯一性键约束时，如果表中已经有了用 CREATE INDEX 语句创建的标准索引时，那么主键约束或者唯一性键约束创建的索引覆盖以前创建的标准索引。也就是说，主键约束或者唯一性键约束创建的索引的优先级高于使用 CREATE INDEX 语句创建的索引。

（1）普通索引

创建一个普通索引时不需加任何 UNIQUE、FULLTEXT 或 SPARIAL 参数。

【例 9-1】 创建一个新表 newTable，包含 INT 型的 id 字段、VARCHAR(20)类型的 name 字段和 INT 型的 age 字段，在表的 name 字段的前 10 个字符上建立普通索引。

语句如下（如图 9-1 所示）：

```
CREATE TABLE newTable (
    id INT NOT NULL PRIMARY KEY,
```

```
NAME VARCHAR (20),
age INT,
INDEX name_index (NAME(10))
);
```

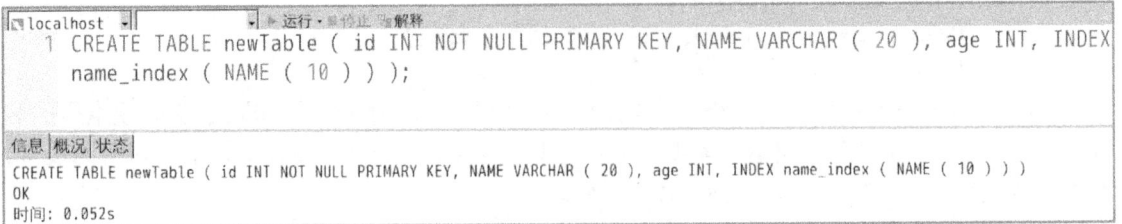
图 9-1　建立普通索引

创建完成后，通过 EXPLAIN 语句输出在表中查找 name='abc'的记录时，可以检查 name_index 索引是否被使用，如图 9-2 所示。可以看到，possible_keys 和 key 处的值都是 name_index，说明 name_index 索引被使用。

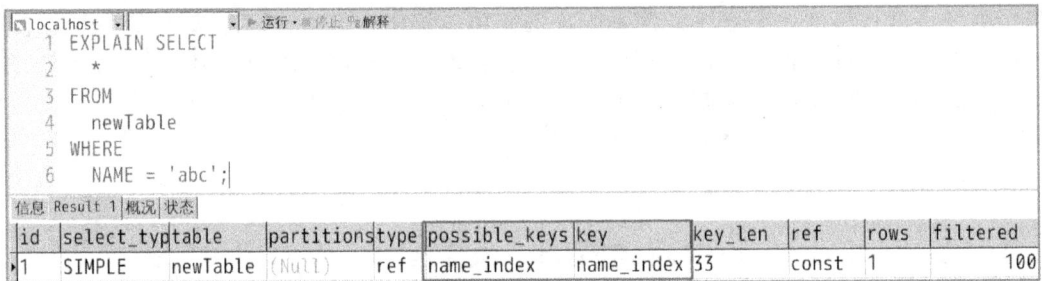
图 9-2　查询分析器

【例 9-2】　用 CREATE INDEX 命令在刚才新建的 newTable 中添加 age 索引。

语句如下（如图 9-3 所示）：

```
CREATE INDEX age_index  ON newTable (age);
```

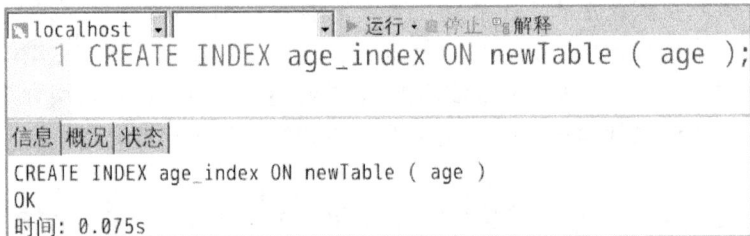
图 9-3　建立 age 索引

用"SHOW CREATE TABLE newTable"查看 newTable 的表结构，应该多了一个 age_index 索引，如图 9-4 和图 9-5 所示。

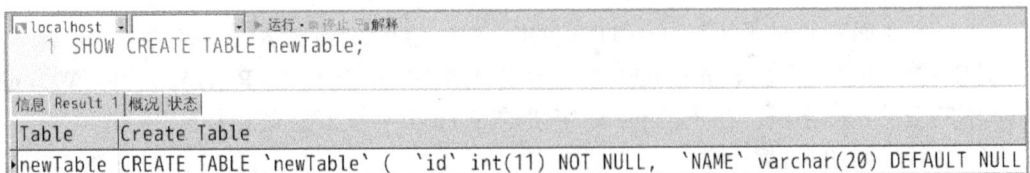
图 9-4　查看表结构信息

```
1  CREATE TABLE `newTable` (
2    `id` int(11) NOT NULL,
3    `NAME` varchar(20) DEFAULT NULL,
4    `age` int(11) DEFAULT NULL,
5    PRIMARY KEY (`id`),
6    KEY `name_index` (`NAME`(10)),
7    KEY `age_index` (`age`)
8  ) ENGINE=InnoDB DEFAULT CHARSET=utf8
```

图 9-5　表结构详细信息

【例 9-3】 用 ALTER TABLE 命令在 name 字段的前 5 字节上创建降序排序。

语句如下（如图 9-6 所示）：

```
ALTER TABLE newTable ADD INDEX name_index5 (NAME(5) DESC);
```

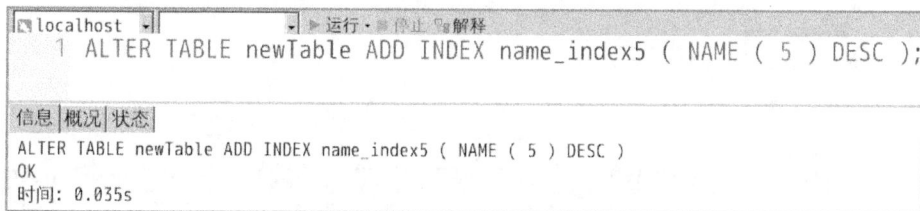

图 9-6　在 name 字段的前 5 字节上创建降序排序

查看表结构，如图 9-7 和图 9-8 所示。

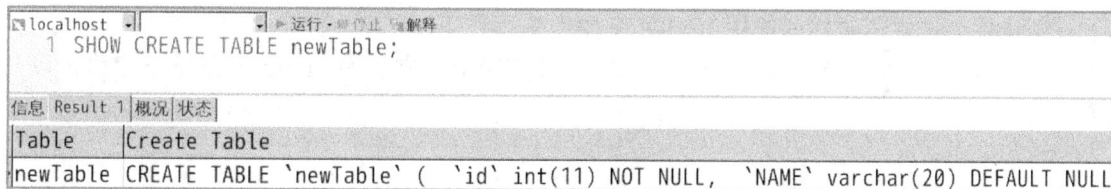

图 9-7　查看表结构信息

```
1  CREATE TABLE `newTable` (
2    `id` int(11) NOT NULL,
3    `NAME` varchar(20) DEFAULT NULL,
4    `age` int(11) DEFAULT NULL,
5    PRIMARY KEY (`id`),
6    KEY `name_index` (`NAME`(10)),
7    KEY `age_index` (`age`),
8    KEY `name_index5` (`NAME`(5))
9  ) ENGINE=InnoDB DEFAULT CHARSET=utf8
```

图 9-8　详细建表结构

现在在 newTable 的 name 字段上有两个索引，区别只是索引名称和索引长度的不同，那么查找 name='abcdefg'时将使用哪一个索引？由显示结果（如图 9-9 所示）可以看出，使用的索引有 name_index 和 name_index5，但数据库使用了 name_index 索引。

【例 9-4】 指定 name_index5 索引用于 name 查询。

语句如下：

```
SELECT * FROM newTable USE INDEX FOR JOIN (name_index5) WHERE NAME = 'abcdefg';
```

用 EXPLAIN 查看输出信息（结果如图 9-10 所示），可知使用的 name_index5 而不是 name_index。

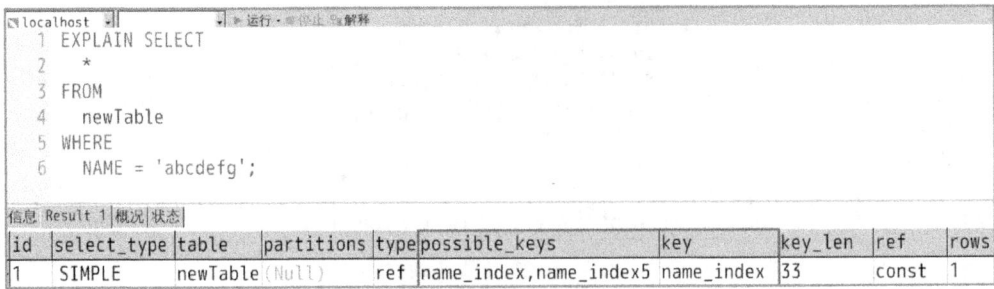

图 9-9　查询分析器

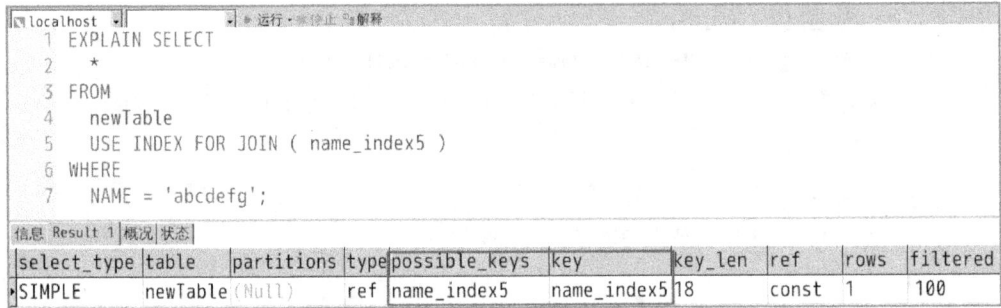

图 9-10　指定 name_index5 索引用于 name 查询

（2）唯一性索引（Unique Index）

创建唯一性索引时需要使用 UNIQUE 参数进行约束

【例 9-5】　创建新表 newTable1，在表的 id 字段上建立名为 id_index 的唯一索引，以升序排列。

语句如下：

```
CREATE TABLE newTable1 (
    id INT UNIQUE,
    NAME CHAR (20),
    age INT,
    UNIQUE INDEX id_index (id ASC)
);
```

其他两种方法与创建普通索引类似，只是要使用 UNIQUE 关键字。

【例 9-6】　用 CREATE INDEX 命令在表 newTable1 的 name 字段上创建唯一性索引。

语句如下（结果如图 9-11 所示）：

```
CREATE UNIQUE INDEX name_index  ON newTable1(NAME);
```

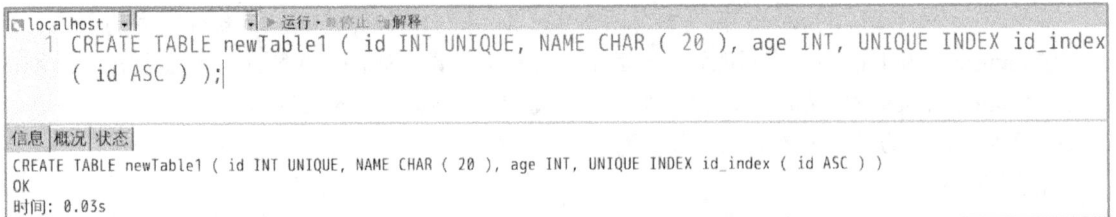

图 9-11　在 name 字段上创建唯一性索引

【例 9-7】　用 ALTER TABLE 命令在表 newTable1 的 age 上创建唯一性索引。

语句如下（结果如图 9-12 所示）：

```
ALTER TABLE newTable1 ADD UNIQUE INDEX(age);
```

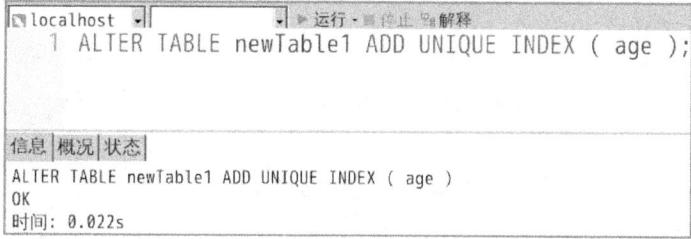

图 9-12　在 age 字段上创建唯一性索引

最后查看表的结构，应该有 4 个唯一性索引，如图 9-13 和图 9-14 所示。

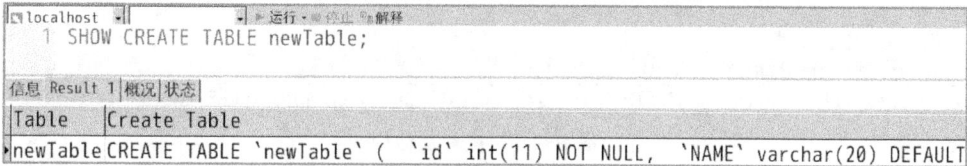

图 9-13　查看表结构

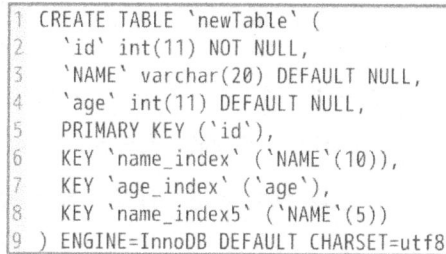

图 9-14　详细的表结构

从以上结果可以看出，第 1 个 id 索引是系统创建的（用 UNQIUE 限定 id 字段时，系统会默认创建一个唯一性索引），后面 3 个是自建的。由于在 id 字段上创建索引时，我们指定了索引名称 id_index，与系统在该字段上创建的 id 索引名称不一样，因此不会发生冲突。如果在创建表时就在 id 字段上创建了索引，则会覆盖系统在该 id 字段山创建的唯一性索引。

（3）全文索引（Fulltext Index）

全文索引只能创建在 CHAR、VARCHAR 或者 TEXT 类型的字段上。直到 MySQL 5.6 版本，InnoDB 引擎才支持全文检索，以前只有 MyISAM 存储引擎支持全文检索。

【例 9-8】 创建表 newTable2，并指定 CHAR(20)字段类型的字段 Info 为全文索引。

语句如下（结果如图 9-15 所示）：

```
CREATE TABLE newTable2 (
    id INT NOT NULL PRIMARY KEY auto_increment,
    info CHAR (20),
    FULLTEXT INDEX info_index (info)
);
```

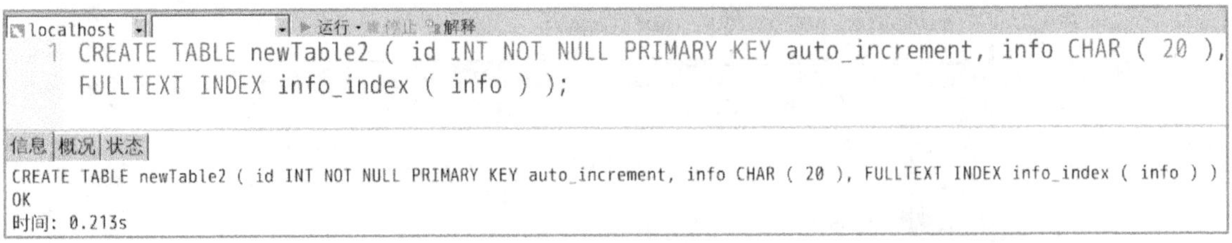

图 9-15　建立全文索引

用"SHOW CREATE TABLE newTable2"命令查看表的结构，如图 9-16 和图 9-17 所示。

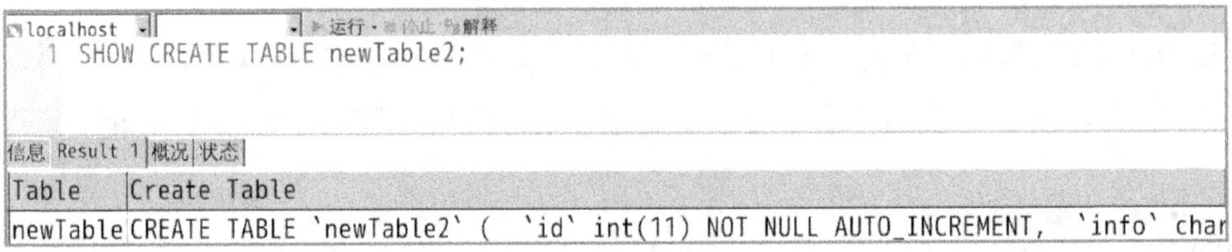

图 9-16　查看表结构

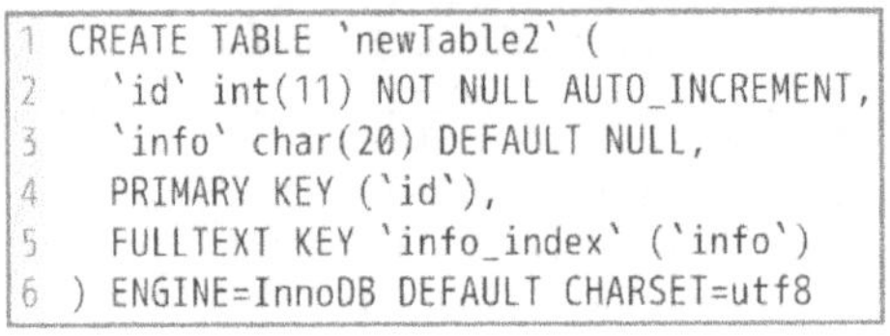

```
1  CREATE TABLE `newTable2` (
2    `id` int(11) NOT NULL AUTO_INCREMENT,
3    `info` char(20) DEFAULT NULL,
4    PRIMARY KEY (`id`),
5    FULLTEXT KEY `info_index` (`info`)
6  ) ENGINE=InnoDB DEFAULT CHARSET=utf8
```

图 9-17　详细的建表 SQL

如果 MySQL 的版本低于 5.6，就必须指明表的存储引擎为 MyISAM，否则会报错。

（4）多列索引

多列索引是在多个字段上创建一个索引

【例 9-9】　创建表 newTable3，在类型 CHAR(20)的 name 字段和 INT 类型的 age 字段上创建多列索引。

语句如下（如图 9-18 所示）：

```
CREATE TABLE newTable3 (
    id INT NOT NULL PRIMARY KEY,
    NAME CHAR (20),
    age INT,
    INDEX name_age_index (NAME, age)
);
```

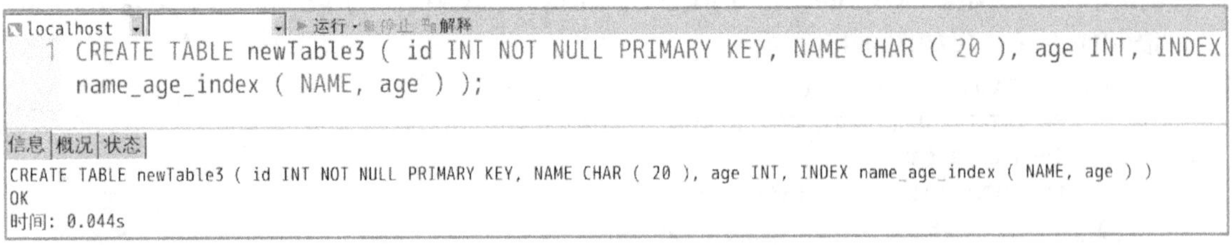

图 9-18　建立多列索引

用 EXPLAIN 命令可以查看两种查询对索引的使用情况，如图 9-19 所示。

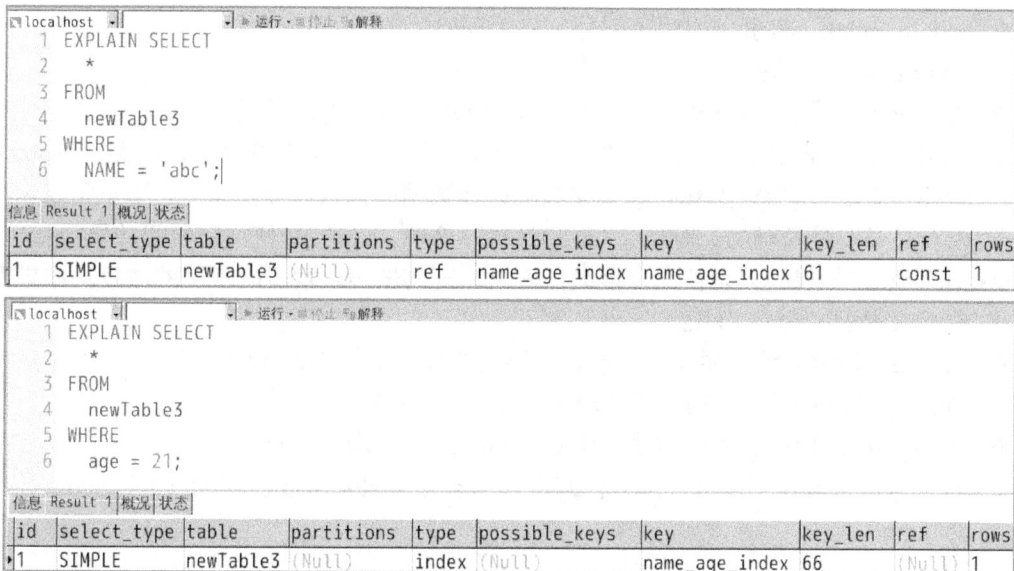

图 9-19　用 EXPLAIN 命令查看两种查询对索引的使用情况

## 9.2.2　查看索引

在实际使用索引的过程中，有时需要对表的索引信息进行查询，了解在表中曾经建立的索引。语法格式如下：

```
SHOW INDEX FROM table_name [FROM db_name]
```

下面的两个语句是等价的：

```
SHOW INDEX FROM mytable FROM mydb;
SHOW INDEX FROM mydb.mytable;
```

SHOW KEYS 是 SHOW INDEX 的同义词。也可以使用以下命令列举一个表的索引：

```
MySQLshow -k db_name table_name
```

SHOW INNODB STATUS 语法格式如下：

```
SHOW INNODB STATUS
```

【例 9-10】　查看 newTable 中索引的详细信息

语句如下（如图 9-20 所示）：

```
SHOW INDEX FROM newTable;
```

SHOW INDEX 命令会返回表索引信息，包含以下字段。

❖ Table：表的名称。

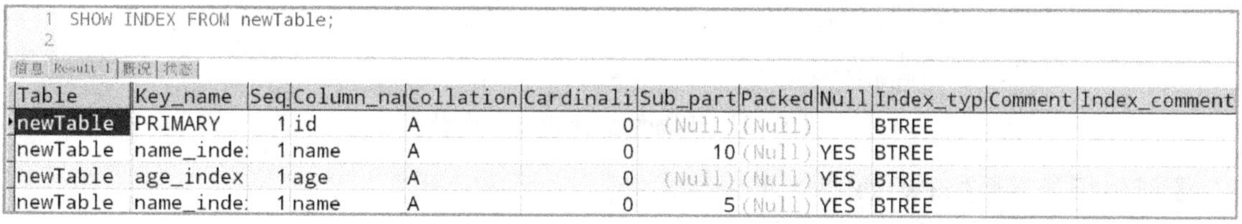

图 9-20　查看 newTable 中索引的详细信息

❖ Non_unique：索引能否包括重复词，如果能，则为 1，否则为 0。

❖ Key_name：索引的名称。

❖ Seq_in_index：索引中的列序列号，从 1 开始。

❖ Column_name：列名称。

❖ Collation：列以什么方式存储在索引中。MySQL 有值'A'（升序）或 NULL（无分类）。

❖ Cardinality：索引中唯一值的数目的估计值，运行 ANALYZE TABLE 或 myisamchk -a 可以更新。基数根据被存储为整数的统计数据来计数，所以即使对于小型表，该值也没有必要是精确的。基数越大，当进行联合时，MySQL 使用该索引的机会就越大。

❖ Sub_part：如果列只是被部分地编入索引，则为被编入索引的字符的数目；如果整列被编入索引，则为 NULL。

❖ Packed：指示关键字如何被压缩。如果没有被压缩，则为 NULL。

❖ Null：如果列含有 NULL，则为 YES，否则为 NO。

❖ Index_type：用过的索引方法（Btree、Fulltext、Hash、Rtree）。

❖ Index_comment：多种评注，可以用 db_name、table_name 作为 table_name FROM db_name。

## 9.2.3　删除索引

在 MySQL 中，创建索引后，如果用户不再使用该索引，可以删除指定表的索引。因为这些已经被建立且不经常使用的索引，一方面可能占有系统资源，另一方面可能导致更新速度下降，会极大地影响数据表的性能。所以，在用户不需要该表的索引时，可以手动删除指定索引。

删除索引可以使用 ALTER TABLE 或 DROP INDEX 语句实现。DROP INDEX 可以在 ALTER TABLE 内部作为一条语句处理。语法格式如下：

```
DROP INDEX index_name ON table_name;
ALTER TABLE table_name DROP INDEX index_name;
ALTER TABLE table_name DROP PRIMARY KEY;
```

其中，前两条语句都删除了 table_name 中的索引 index_name，最后一条语句只删除 PRIMARY KEY 索引，因为一个表只可能有一个 PRIMARY KEY 索引，不需要指定索引名。

【例 9-11】　删除 newTable 中的索引的 name_index。

语句如下（结果如图 9-21 所示）：

```
DROP INDEX name_index  ON newTable;
```

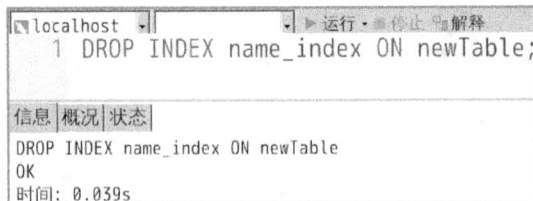

图 9-21　删除 name_index 索引

【例 9-12】　删除 newTable3 上的主键索引。

语句如下（结果如图 9-22 所示）：

```
ALTER TABLE newTable3 DROP PRIMARY KEY;
```

再使用"SHOW INDEX"命令查看 newTable3 的索引时，会发现已经没有主键索引。

图 9-22　删除主键索引

如果从表中删除某列，则索引会受影响。对于多列组合的索引，如果删除其中的某一列，则该列也会从索引中删除。如果删除组成索引的所有列，则整个索引将被删除。

# 9.3　设计原则和注意事项

### 1．索引的设计原则

① 选择唯一性索引。唯一性索引的值是唯一的，可以更快速地通过该索引来确定某条记录。例如，学生表中"学号"是具有唯一性的字段，为该字段建立唯一性索引可以很快确定某个学生的信息。如果使用"姓名"，可能存在同名现象，从而降低查询速度。

② 为经常需要排序、分组和联合操作的字段建立索引。经常需要 ORDER BY、GROUP BY、DISTINCT 和 UNION 等操作的字段，排序操作会浪费很多时间。如果为其建立索引，可以有效地避免排序操作。

③ 为常作为查询条件的字段建立索引。如果某个字段经常用来做查询条件，那么该字段的查询速度会影响整个表的查询速度。因此，为这样的字段建立索引可以提高整个表的查询速度。

④ 限制索引的数目。索引的数目不是越多越好。每个索引都需要占用磁盘空间，索引越多，需要的磁盘空间就越大。修改表时，对索引的重构和更新很麻烦。太多的索引会使更新表变得很浪费时间。

⑤ 尽量使用数据量少的索引。如果索引的值很长，那么查询速度会受到影响。例如，对一个 CHAR(100)类型的字段进行全文检索的时间比对 CHAR(10)类型的字段的时间要多。

⑥ 尽量使用前缀来索引。如果索引字段的值很长，最好使用值的前缀来索引。例如，TEXT 和 BLOC 类型的字段进行全文检索会很浪费时间。如果只检索字段的前面的若干字符，那么可以提高检索速度。

⑦ 删除不再使用或者很少使用的索引。表中的数据被大量更新，或者数据的使用方式被改变后，原有的一些索引可能不再需要。数据库管理员应当定期找出这些索引，将它们删除，从而减少索引对更新操作的影响。

### 2．合理使用索引注意事项

索引是针对数据库表中的某些列。因此，在创建索引的时候，应该仔细考虑在哪些列上可以创建索引，在哪些列上不能创建索引。一般来说，应该在如下列上创建索引：

① 在经常需要搜索的列上，可以加快搜索的速度。

② 在作为主键的列上，强制该列的唯一性和组织表中数据的排列结构。

③ 在经常用在连接的列上，这些列主要是一些外键，可以加快连接的速度。

④ 在经常需要根据范围进行搜索的列上创建索引，因为索引已经排序，其指定的范围是

连续的。

⑤ 在经常需要排序的列上创建索引，因为索引已经排序，这样查询可以利用索引的排序，加快排序查询时间。

⑥ 经常使用在 WHERE 子句的列上创建索引，加快条件的判断速度。

### 3．不合理使用索引的注意事项

一般来说，不应该创建索引的列具有如下特点：

① 对于那些在查询中很少使用或者参考的列不应该创建索引。很少使用到的列，有索引或者无索引，并不能提高查询速度。相反，由于增加了索引，反而降低了系统的维护速度和增大了空间需求。

② 对于那些只有很少数据值的列也不应该增加索引。由于列的取值很少，如学生表的"性别"列，在查询的结果中，结果集的数据行占了表中数据行的很大比例，即需要在表中搜索的数据行的比例很大。增加索引并不能明显加快检索速度。

③ 对于那些定义为 TEXT、IMAGE 和 BIT 数据类型的列不应该增加索引，因为列的数据量要么相当大，要么取值很少。

④ 当修改性能远远大于检索性能时，不应该创建索引。修改性能和检索性能是互相矛盾的，增加索引时会提高检索性能，但是会降低修改性能；减少索引时会提高修改性能，降低检索性能。因此，当修改性能远远大于检索性能时，不应该创建索引。

# 小　结

本章介绍了 MySQL 数据库的索引的基础知识、创建索引的方法和删除索引的方法。创建索引和设计索引的基本原则是本章重点。读者应该重点掌握创建索引的方法，根据本章介绍的设计索引的基本原则，结合表的实际情况进行设计。

# 思考与练习9

1．简述索引的概念及其作用。

2．列举索引的几种分类。

3．简述在 MySQL 中创建、查看和删除索引的 SQL 语句。

4．简述使用索引的弊端。

5．下面关于创建和管理索引正确的描述是（　　　）。

　A．创建索引是为了便于全表扫描

　B．索引会加快 DELETE、UPDATE 和 INSERT 语句的执行速度

　C．索引被用于快速找到想要的记录

　D．大量使用索引可以提高数据库的整体性能

6．有关索引的说法中，错误的是（　　　）。

　A．索引的目的是为增加数据操作的速度

　B．索引是数据库内部使用的对象

　C．索引建立得太多，会降低数据增加删除修改速度

　D．只能为一个字段建立索引

7. 以下不是 MySQL 索引类型的是（　　）。

　　A. 单列索引　　　　　B. 多列索引　　　　　C. 并行索引　　　　　D. 唯一索引

8. SQL 的 DROP INDEX 语句的作用是（　　）。

　　A. 删除索引　　　　　B. 更新索引　　　　　C. 建立索引　　　　　D. 修改索引

9. SQL 支持建立聚簇索引，这样可以提高查询效率。下面属性列中适宜建立聚簇索引的是（　　）。

　　A. 经常查询的属性列　　　　　　　　　B. 主属性

　　C. 非主属性　　　　　　　　　　　　　D. 经常更新的属性列

10. 在 score 数据表中给 math 字段添加名称为 math_score 索引的语句中，正确的是（　　）。

　　A. CREATE INDEX index_name　ON score (math);

　　B. CREATE INDEX score　ON score (math_score);

　　C. CREATE INDEX math_score　ON studentinfo(math);

　　D. CREATE INDEX math_score　ON score(math);

# 实验：索引创建与管理

## 一、实验目的

（1）理解索引的概念与类型。

（2）掌握创建、更改、删除索引的方法。

（3）掌握维护索引的方法。

## 二、实验内容

在 job 数据库中，有登录用户信息 userlogin 表和个人信息 information 表，如表 9-1 和表 9-2 所示。

表 9-1　USERLOGIN 表的结构

| 字段名 | 字段描述 | 数据类型 | 主键 | 外键 | 非空 | 唯一 | 自增 |
|---|---|---|---|---|---|---|---|
| id | 编号 | INT(4) | 是 | 否 | 是 | 是 | 是 |
| name | 用户名 | VARCHAR(20) | 否 | 否 | 是 | 否 | 否 |
| Password | 密码 | VARCHAR(20) | 否 | 否 | 是 | 否 | 否 |
| info | 附加信息 | TEXT | 否 | 否 | 否 | 否 | 否 |

表 9-2　information 表的结构

| 字段名 | 字段描述 | 数据类型 | 主键 | 外键 | 非空 | 唯一 | 自增 |
|---|---|---|---|---|---|---|---|
| id | 编号 | INT(4) | 是 | 否 | 是 | 是 | 是 |
| Name | 姓名 | VARCHAR(20) | 否 | 否 | 是 | 否 | 否 |
| Sex | 性别 | VARCHAR(4) | 否 | 否 | 是 | 否 | 否 |
| Birthday | 出生日期 | DATE | 否 | 否 | 否 | 否 | 否 |
| Address | 家庭地址 | VARCHAR(50) | 否 | 否 | 否 | 否 | 否 |
| Tel | 电话号码 | VARCHAR(20) | 否 | 否 | 否 | 否 | 否 |
| pic | 照片 | BLOB | 否 | 否 | 否 | 否 | 否 |

基于上述两表完成如下操作。

（1）在 name 字段创建名为 index_name 的索引。

```
CREATE INDEX index_name  ON information (name(10));
```

（2）创建名为 index_bir 的多列索引。

```
CREATE INDEX index_bir  ON information (birthday, address);
```

（3）用 ALTER TABLE 语句创建名为 index_id 的唯一性索引。

```
ALTER TABLE information ADD INDEX index_id(idASC);
```

（4）删除 userlogin 表的 index_userlogin 索引。

```
DROP INDEX index_ userlogin  ON userlogin;
```

（5）查看 userlogin 表结构。

```
SHOW CREATE TABLE userlogin
```

（6）删除 information 表的 index_name 索引。

```
DROP INDEX index_name  ON information;
```

（7）查看 information 表的结构。

```
SHOW CREATE TABLE information
```

## 三、观察与思考

（1）数据库中，索引被破坏后会产生什么结果？

（2）视图上能创建索引吗？

（3）MySQL 中，组合索引创建的原则是什么？

（4）主键约束和唯一约束是否会默认创建唯一性索引？

# 第10章 视 图

视图（View）是从一个或多个表中导出的表，是一种虚拟存在的表。视图就像一个窗口，用户可以看到系统专门提供的数据，这样用户可以不用看到整个数据表中的数据，而只关心对自己有用的数据。视图可以使操作更方便，并且可以保障数据库系统的安全性。

本章将介绍视图的含义和作用、视图定义的原则和创建视图的方法，以及修改视图、查看视图和删除视图的方法。

## 10.1 视图概述

作为常用的数据库对象，视图为数据查询提供了一条捷径；视图是一个虚拟表，其内容由查询定义，即视图中的数据并不像表、索引那样需要占用存储空间，视图中保存的仅仅是一条 SELECT 语句，其数据源来自数据库表或者其他视图。视图同真实的表一样，包含一系列带有名称的列和行数据。但是，视图并不在数据库中以存储的数据的形式存在。行和列数据来自定义视图的查询所引用的表，并且在引用视图时动态生成。当基本表发生变化是，视图的数据也会随之变化。

视图是存储在数据库中的查询的 SQL 语句，主要出于两种原因：一是安全原因，视图可以隐藏一些数据，如学生信息表可以用视图只显示学号、姓名、性别、班级，而不显示年龄和家庭住址信息等；二是可使复杂的查询易于理解和使用。

视图与基本表之间的对应关系如图 10-1 所示。

### 10.1.1 视图的优势

对所引用的基础表来说，视图的作用类似筛选。定义视图的筛选可以来自当前或其他数据库的一个或多个表，或者其他视图。视图进行查询没有任何限制，可以进行数据修改时的限制也很少。视图的优势可以体现在如下几点：

#### 1．增强数据安全性

同一个数据库表可以创建不同的视图，为不同的用户分配不同的视图，这样可以实现不同的用户只能查询或修改与之对应的数据，从而增强了数据的安全访问控制。

#### 2．提高灵活性，操作变简单

有灵活性的功能需求后，需要改动表的结构而导致工作量比较大，可以使用虚拟表的形

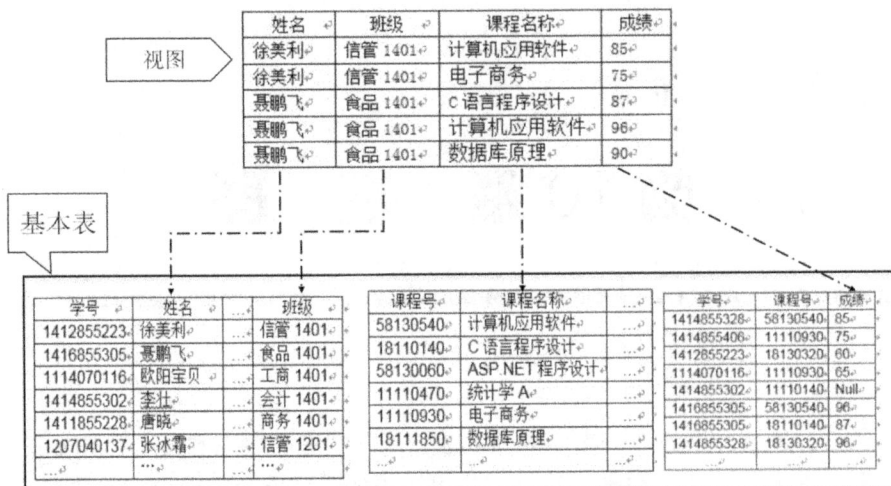

| 姓名 | 班级 | 课程名称 | 成绩 |
|------|------|----------|------|
| 徐美利 | 信管 1401 | 计算机应用软件 | 85 |
| 徐美利 | 信管 1401 | 电子商务 | 75 |
| 聂鹏飞 | 食品 1401 | C 语言程序设计 | 87 |
| 聂鹏飞 | 食品 1401 | 计算机应用软件 | 96 |
| 聂鹏飞 | 食品 1401 | 数据库原理 | 90 |

视图

基本表

| 学号 | 姓名 | ... | 班级 |
|------|------|-----|------|
| 1412855223 | 徐美利 | ... | 信管 1401 |
| 1416855305 | 聂鹏 | ... | 食品 1401 |
| 1114070116 | 欧阳宝贝 | ... | 工商 1401 |
| 1414855302 | 李壮 | ... | 会计 1401 |
| 1411855228 | 唐晓 | ... | 商务 1401 |
| 1207040137 | 张冰霜 | ... | 信管 1201 |
| ... | ... | ... | ... |

| 课程号 | 课程名称 | ... |
|--------|----------|-----|
| 58130540 | 计算机应用软件 | |
| 18110140 | C 语言程序设计 | |
| 58130060 | ASP.NET 程序设计 | |
| 11110470 | 统计学 A | |
| 11110930 | 电子商务 | |
| 18111850 | 数据库原理 | |

| 学号 | 课程号 | 成绩 |
|------|--------|------|
| 1414855328 | 58130540 | 85 |
| 1414855406 | 11110930 | 75 |
| 1412855223 | 18130320 | 60 |
| 1114070116 | 11110930 | Null |
| 1414855302 | 11110140 | Null |
| 1416855305 | 58130540 | 95 |
| 1416855305 | 18110140 | 87 |
| 1414855328 | 18130320 | 96 |

图 10-1  视图与基本表之间的对应关系

式达到少修改的效果。例如，因为某种需要，T_A 表与 T_B 表需要合并组成一个新的表 T_C，最后 T_A 表和 T_B 表都不会存在了。由于原来程序中编写 SQL 分别是基于 T_A 表和 T_B 表查询的，这就意味着需要重新编写大量的 SQL（改成向 T_C 表去操作数据）语句。

而通过视图就可以做到不修改。定义两个视图名字还是原来的基本表名 T_A 和 T_B。T_A、T_B 视图完成从 T_C 表中取出内容。

视图可以简化数据查询操作，对于经常使用但结构复杂的 SELECT 语句，建议将其封装为一个视图。

### 3．提高数据的逻辑独立性

如果没有视图，那么应用程序一定是建立在数据库表上的；有了视图，应用程序就可以建立在视图之上，从而使应用程序和数据库表结构在一定程度上逻辑分离。

视图实现了应用程序与数据逻辑的独立。

① 视图可以向应用程序屏蔽表结构，此时即便表结构发生变化（如表的字段名发生变化），只需重新定义视图或者修改视图的定义，不需修改应用程序，即可使应用程序正常运行。

② 视图可以向数据库表屏蔽应用程序，此时即便应用程序发生变化，只需重新定义视图或者修改视图的定义，不需修改数据库表结构，即可使应用程序正常运行。

## 10.1.2  视图的工作机制

调用视图的时候才会执行视图中的 SQL，进行取数据操作。视图的内容没有存储，而是在视图被引用的时候才派生出数据。这样不会占用空间，由于是即时引用，视图的内容总是与真实表的内容是一致的。

# 10.2  视图的定义和管理

## 10.2.1  创建视图

创建视图需要具有 CREATE VIEW 的权限，同时具有查询涉及的列的 SELECT 权限。例如，在 MySQL 数据库的 user 表中保存这些权限信息，可以使用 SELECT 语句查询，具体方法在第 13 章中讲述。其语法格式如下：

```
CREATE [ALGORITHM = {UNDEFINED | MERGE | TEMPTABLE}]
VIEW 视图名 [(视图列表)]
AS 查询语句
[WITH [CASCADED | LOCAL] CHECK OPTION]
```

视图名：表示要创建的视图名称。

ALGORITHM：可选参数，表示视图选择的算法。UNDEFINED 选项表示 MySQL 自动选择要使用的算法；MERGE 选项表示将使用视图的语句与视图的定义合起来，使得视图定义的某部分取代语句的对应部分；TEMPTABLE 选项表示将视图的结果存入临时表，然后使用临时表执行语句。

查询语句：一个完整的查询语句，表示从某表中查出某些满足条件的记录，将这些记录导入视图中。

CASCADED：可选参数，表示更新视图时要满足所有相关视图和表的条件，为默认值。

LOCAL：可选参数，表示更新视图时要满足该视图本身的定义条件即可。

WITH CHECK OPTION：可选参数，表示更新视图时要保证在该视图的权限范围内。

【例 10-1】 在 student 表上创建一个简单的视图，视图名为 student_view1。

语句如下（结果如图 10-2 所示）：

```
CREATE VIEW student_view1
AS SELECT * FROM student;
```

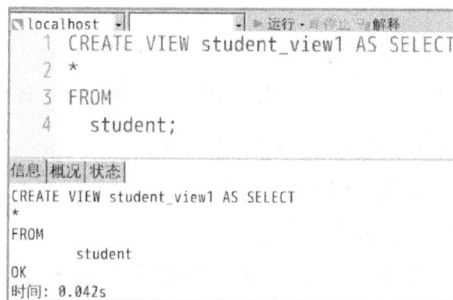

图 10-2　创建视图 student_view1

【例 10-2】 在 student 表上创建一个名为 student_view2 的视图，包含学生的姓名、课程名和对应的成绩。

语句如下（结果如图 10-3 所示）：

```
CREATE VIEW student_view2 (sname, cname, grade) AS SELECT sname, cname, grade
FROM student s, course c, sc
WHERE s.sno = sc.sno AND c.cno = sc.cno;
```

视图定义后，就可以如同查询基本表那样对视图进行查询。

【例 10-3】 查询"王琴雪"的所有已修课程的成绩时，借助视图可以方便地完成。

语句如下（结果如图 10-4 所示）：

```
SELECT* FROM student_view2 WHERE sname = '王琴雪';
```

创建视图时需要注意以下几点：

① 运行创建视图的语句需要用户具有创建视图的权限，若加了 OR REPLACE 选项，则还需要用户具有删除视图的权限。

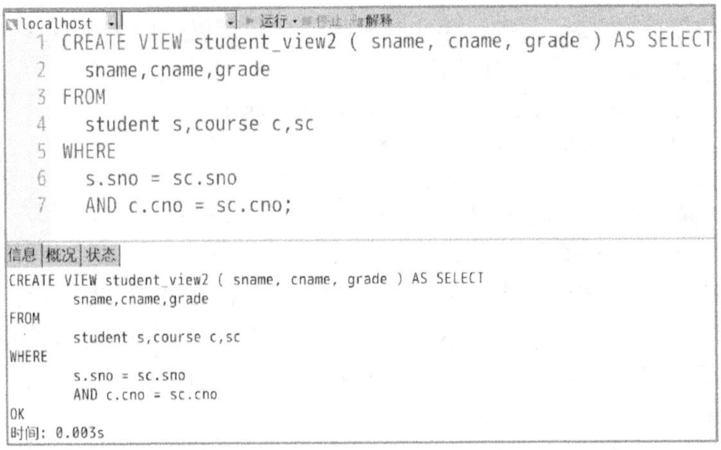

图 10-3　创建视图 student_view2

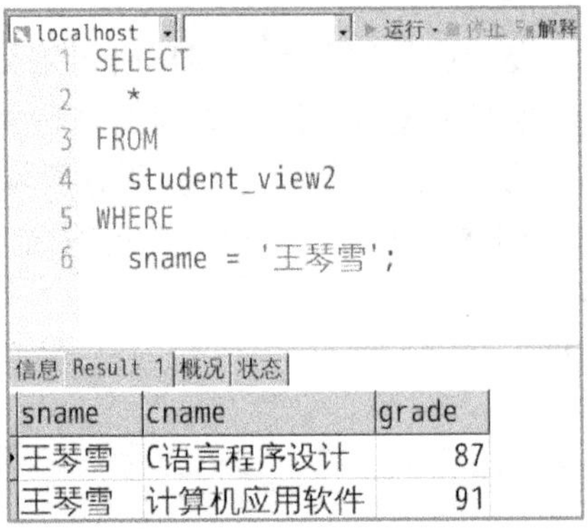

图 10-4　基于视图 student_view2 进行查询

② SELECT 语句不能包含 FROM 子句中的子查询。

③ SELECT 语句不能引用系统或用户变量。

④ SELECT 语句不能引用预处理语句参数。

⑤ 在存储子程序内，定义不能引用子程序参数或局部变量。

⑥ 在定义中引用的表或视图必须存在，但是创建视图后，能够舍弃定义引用的表或视图。要想检查视图定义是否存在，可使用 CHECK TABLE 语句。

⑦ 在定义中不能引用临时（temporary）表，不能创建临时视图。

⑧ 在视图定义中命名的表必须已存在。

⑨ 不能将触发程序与视图关联在一起。

⑩ 在视图定义中允许使用 ORDER BY 子句，但是如果从特定视图进行了选择，而该视图使用了具有自己 ORDER BY 子句，那么它将被忽略。

使用视图查询时，若其关联的基本表中添加了新字段，则该视图将不包括新字段。若与视图相关联的表或视图被删除，则该视图将不能使用。

## 10.2.2　删除视图

删除视图时，只能删除视图的定义，不会删除数据，而且用户必须拥有删除权限。语法格式如下：

```
DROP VIEW [IF EXISTS] view_name1 [, view_name2] …  [RESTRICT | CASCADE]
```

其中，view_name 是视图名，声明了 IF EXISTS，即使视图不存在，也不会出现错误信息；也可以声明为 RESTRICT 和 CASCADE，但没什么影响。DROP VIEW 语句可以一次删除多个视图。

**【例 10-4】** 删除视图 student_view1。

语句如下（结果如图 10-5 所示）：

```
DROP VIEW IF EXISTS student_view1;
```

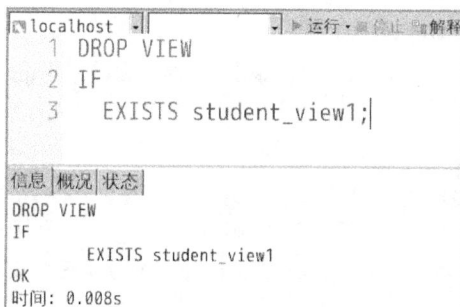

图 10-5　删除视图

## 10.2.3　查看视图定义

查看视图是指查看数据库中已经存在的视图的定义。查看视图必须有 SHOW VIEW 权限。查看视图的方法包括以下几条语句，从不同的角度显示视图的相关信息。

① DESCRIBE 语句，语法格式如下：

```
DESCRIBE 视图名称;    或者    DESC 视图名称;
```

② SHOW TABLE STATUS 语句，语法格式如下：

```
SHOW TABLE STATUS LIKE '视图名';
```

③ SHOW CREATE VIEW 语句，语法格式如下：

```
SHOW CREATE VIEW '视图名';
```

例如，查询 information_schem 数据库下的 views 表：

```
SELECT * FROM information_schema.views  WHERE table_name ='视图名'
```

**【例 10-5】** 查看 student_view2 视图的信息。

方式 1（结果如图 10-6 所示）：

```
DESCRIBE student_view2;
```

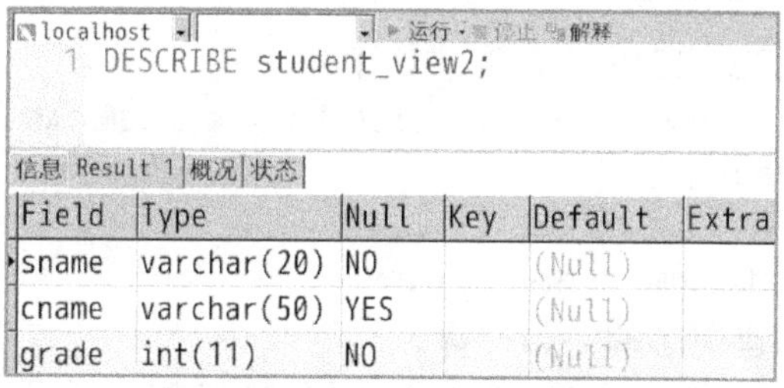

图 10-6　通过 describe 查看视图定义

方式 2（结果如图 10-7 所示）：

```
SHOW TABLE STATUS LIKE 'student_view2';
```

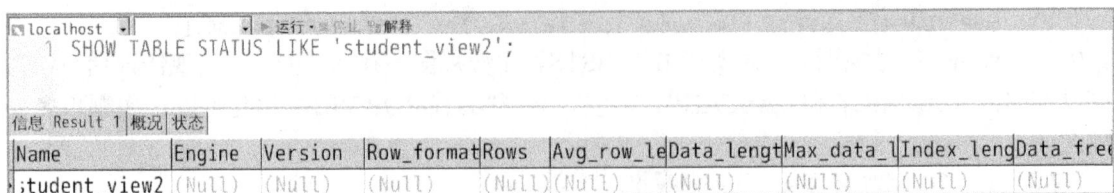

图 10-7　通过 show table 查看视图定义

方式 3（结果如图 10-8 所示）：

```
SHOW CREATE VIEW student_view2;
```

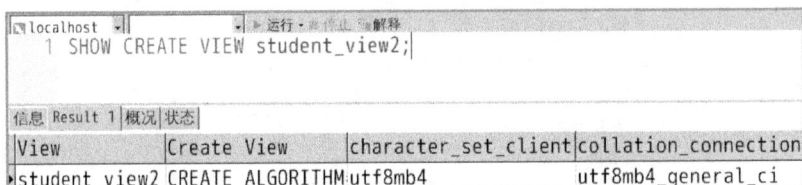

图 10-8　通过 show create 查看视图定义

方式 4（结果如图 10-9 所示）：

```
SELECT * FROM information_schema.views WHERE table_name = 'student_view2';
```

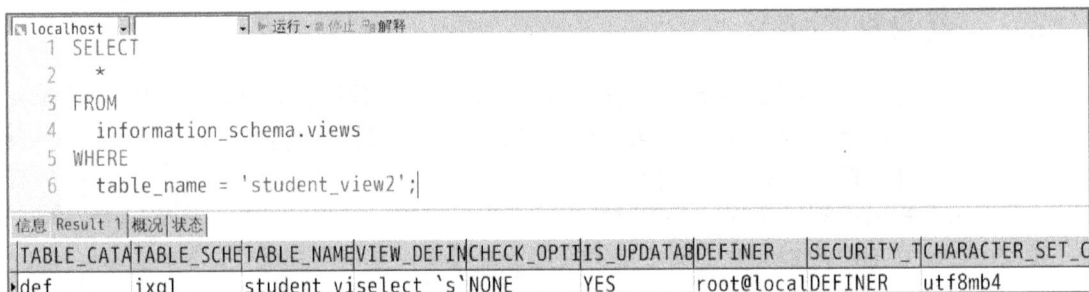

图 10-9　通过 information_schema.views 查看视图定义

## 10.2.4　修改视图定义

修改视图是指修改数据库中已经存在表的定义。当基本表的某些字段发生改变时，可以通过修改视图来保持视图与基本表之间的一致。

MySQL 中，通过 CREATE OR REPLACE VIEW 语句或者 ALTER 语句来修改视图。

### 1．CREATE OR REPLACE VIEW 语句

CREATE OR REPLACE VIEW 语句格式如下：

```
CREATE OR REPLACE [ALGORITHM = {UNDEFINED | MERGE | TEMPTABLE}]
VIEW 视图名[ { 属性清单 } ]
AS SELECT 语句
[ WITH [ CASCADED | LOCAL ] CHECK OPTION];
```

其中，所有参数与创建视图的参数一样。

【例 10-6】　用 CREATE OR REPLACE VIEW 修改视图 student_view2 的列名为姓名、选修课、成绩。

语句如下（结果如图 10-10 所示）：

```
CREATE OR REPLACE VIEW student_view2(姓名, 选修课, 成绩) AS SELECT sname, cname, grade
FROM student s, course c, sc  WHERE s.sno=sc.sno AND c.cno = sc.cno;
```

用 DESC 命令再查看 student_view2 定义, 结果如图 10-11 所示。

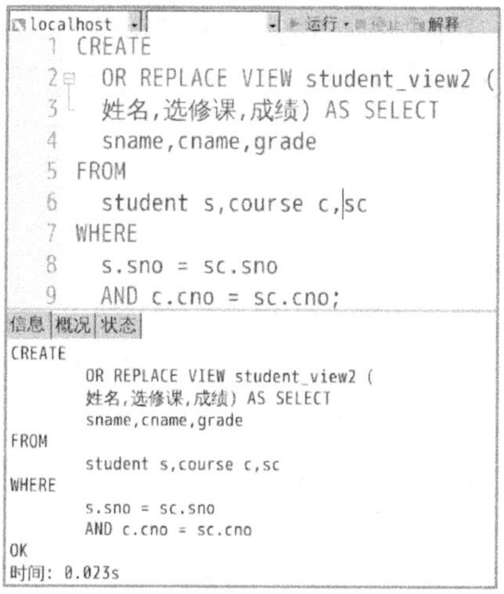

图 10-10　修改视图定义

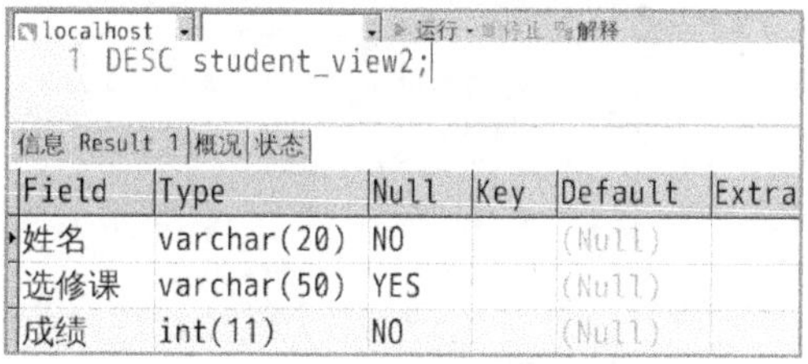

图 10-11　用 DESC 命令再查看 student_view2 定义

## 2. ALTER 语句

ALTER 语句格式如下:

```
ALTER [ALGORITHM = {UNDEFINED | MERGE | TEMPTABLE}]
VIEW 视图名[ { 属性清单 } ]
AS SELECT 语句
[WITH [CASCADED | LOCAL] CHECK OPTION];
```

其中, 所有参数与创建视图的参数一样。

【例 10-7】　用 ALTER 命令把 student_view2 的列的名称再改为 sname、cname、grade。
语句如下:

```
ALTER VIEW student_view2(sname, cname, grade)
AS SELECT sname, cname, grade
FROM student s, course c, sc
WHERE s.sno=sc.sno AND c.cno = sc.cno;
```

执行完成, 用 DESC 命令查看, 结果如图 10-12 所示。

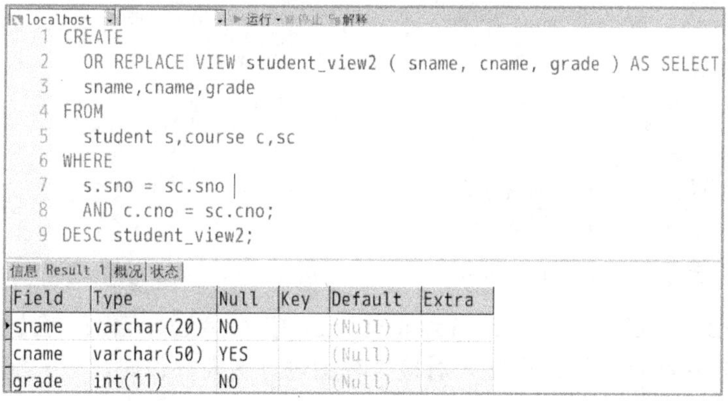

图 10-12　通过 ALTER 修改列名后视图的变化

## 10.3　更新视图数据

对视图的更新其实就是对表的更新,更新视图是指通过视图来插入(insert)、更新(update)和删除(delete)表中的数据。因为视图是一个虚拟表,其中没有数据,通过视图更新时,都是转换到基本表来更新。更新视图时只能更新权限范围内的数据。超出了范围,就不能更新。

**【例 10-8】** 在视图 student_view3 中对视图进行更新。

语句如下(结果如图 10-13 所示):

```
CREATE VIEW student_view3(sno, sname, ssex, sbirth) AS SELECT sno, sname, ssex, sbirth
FROM student  WHERE sno='1114070116';
```

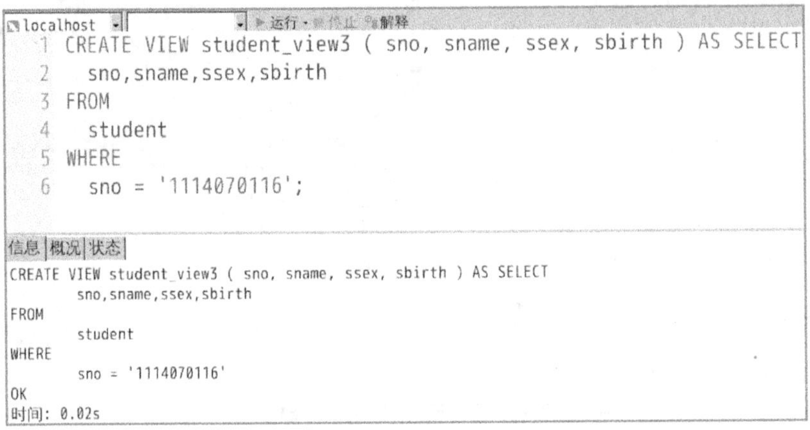

图 10-13　创建视图 student_view3

查看视图,会查询到一条数据,结果如图 10-14 所示。

通过视图对 student 表进行更新(结果如图 10-15 所示):

```
UPDATE student_view3  SET sno='1114070118', sname='张三', ssex='男', sbirth='1997-02-09';
```

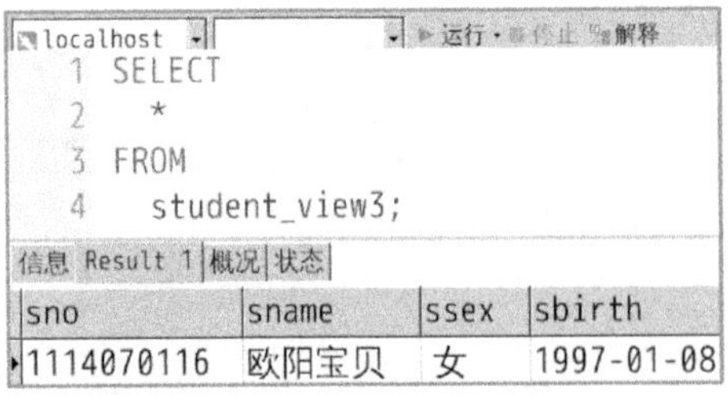

图 10-14　查询视图 student_view3 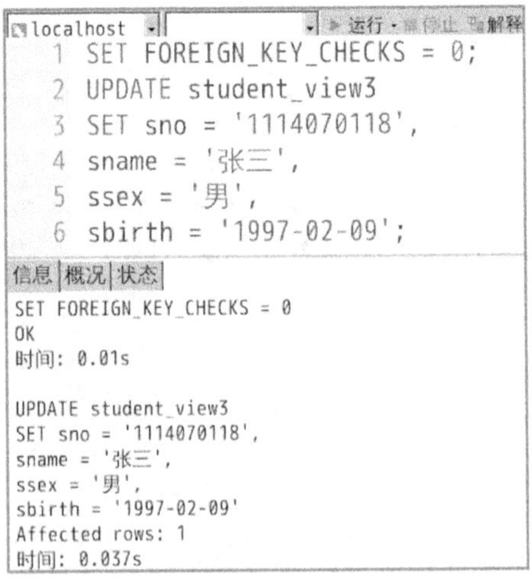　　　　图 10-15　基于视图 student_view3 更新数据

更新完成,用"SELECT *　FROM student_view3"命令进行查询,会发现没有查询到任何数据,如图 10-16 所示。为什么呢?对检查视图进行更新操作时,只有满足检查条件的更新操作才能顺利执行。

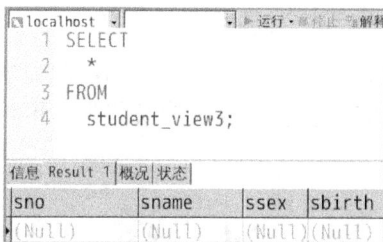

图 10-16　更新视图后再查询发现没有数据

检查视图分为 LOCAL 检查视图和 CASCADE 检查视图。with_check_option 的值为 1 时表示 LOCAL（当地视图），通过检查视图对表进行更新操作时，只有满足了视图检查条件的更新语句才能够顺利执行；值为 2 时表示 CASCADE（级联视图，在视图的基础上再次创建另一个视图），通过级联视图对表进行更新操作时，只有满足所有针对该视图的所有视图的检查条件的更新语句才能够顺利执行。

检查视图的原则：尽量不要更新视图，并且更新视图的语法与 UPDATE 语法一样，以下情况视图无法更新。

❖ 视图中包含 SUM()、COUNT()等聚集函数的。

❖ 视图中包含 UNION、UNION ALL、DISTINCT、GROUP BY、HAVING 等关键字的。

❖ 常量视图，如"CREATE VIEW view_now AS SELECT NOW()"。

❖ 视图中包含子查询。

❖ 由不可更新的视图导出的视图。

❖ 创建视图时 ALGORITHM 为 TEMPTABLE 类型。

❖ 视图对应的表上存在没有默认值的列，而且该列没有包含在视图里。

❖ WITH [CASCADED | LOCAL] CHECK OPTION 参数也将决定视图是否可以更新，LOCAL 参数表示更新视图时要满足该视图本身定义的条件即可；CASCADED 参数表示更新视图时要满足所有相关视图和表的条件，默认值。

# 10.4　对视图的进一步说明

视图是在原有的表或者视图的基础上重新定义的虚拟表，这可以从原表上选取对用户有用的信息。那些对用户没有用或者用户没有权限了解的信息，都可以直接被屏蔽。这样做既可以使应用简单化，也保证了系统的安全。视图起着类似筛选的作用。视图的作用归纳如下。

## 1．操作简单化

视图需要达到的目的就是所见即所需。也就是说，从视图看到的信息就是所需了解的信息。视图可以简化对数据的操作。例如，可以为经常使用的查询定义一个视图，用户不必为同样的查询操作指定条件。这样可以方便用户的操作。

## 2．增加数据的安全性

通过视图，用户只能查询和修改指定的数据。指定数据以外的信息，用户根本接触不到。数据库授权命令可以限制用户的操作权限，但不能限制到特定行和列上。视图可以简单方便地将用户的权限限制到特定的行和列上。这样可以保证敏感信息不会被没有权限的人看到，可以保证一些机密信息的安全。

### 3．提高表的逻辑独立性

视图可以屏蔽原有表结构变化带来的影响。例如，原有表增加列和删除未被引用的列，对视图不会造成影响。同样，如果修改了表中的某些列，可以使用修改视图来解决这些列带来的影响。

# 小 结

本章介绍了 MySQL 数据库中视图的含义和作用，讲解了创建视图、修改视图和删除视图的方法。创建视图和修改视图是本章的重点。读者应该根据本章介绍的基本原则，结合表的实际情况，重点掌握创建视图的方法。尤其是在创建视图和修改视图后，一定要查看视图的结构，以确保创建和修改的操作是否正确。

# 思考与练习 10

1．简述视图与表的区别。
2．简述使用视图的优点。
3．创建视图时应注意哪些问题？
4．如何通过视图更新表？应该注意哪些问题？
5．在数据库系统中，视图是一个（　　）。
　　A．真实存在的表，并保存了待查询的数据
　　B．真实存在的表，只有部分数据来源于基本表
　　C．虚拟表，查询时只能从一个基本表中导出
　　D．虚拟表，查询时可以从一个或者多个基本表或视图中导出
6．下面关于视图概念的优点中，叙述错误的是（　　）。
　　A．视图对于数据库的重构造提供了一定程度的逻辑独立性
　　B．简化了用户观点
　　C．视图机制方便不同用户以同样的方式看待同一数据
　　D．对机密数据提供了自动的安全保护功能
7．在下列关于视图的叙述中，正确的是（　　）。
　　A．当某一视图被删除后，由该视图导出的其他视图也将被删除
　　B．若导出某视图的基本表被删除了，但该视图不受任何影响
　　C．视图一旦建立，就不能被删除
　　D．当修改某一视图时，导出该视图的基本表也随之被修改
8．创建视图需要具有（　　）权限。
　　A．CREATE VIEW　　　B．SHOW VIEW　　　C．DROP VIEW　　　D．DROP
9．不可对视图执行的操作有（　　）。
　　A．SELECT　　　　　B．INSERT　　　　C．CREATE INDEX　　D．DELETE
10．在 tb_name 表中创建一个名为 name_view 的视图，并设置视图的属性为 name、pwd、user，那么执行语句是（　　）。
　　A．CREATE VIEW name_view(name, pwd, user) AS SELECT name, pwd, user FROM tb_name;
　　B．SHOW VIEW name_view(name, pwd, user) AS SELECT name, pwd, user FROM tb_name;

C.  DROP VIEW name_view(name, pwd, user) AS SELECT name, pwd, user FROM tb_name;

D.  SELECT *  FROM name_view(name, pwd, user) AS SELECT name, pwd, user FROM tb_name;

11. （    ）语句创建的视图是不可以更新的。

A.  CREATE VIEW book view1(a_sort, a_book) AS SELECT sort, books, count(name) FROM tb_book;

B.  CREATE VIEW book view1(a_sort, a_book) AS SELECT sort, books, FROM tb_book;

C.  CREATE VIEW book view1(a_sort, a_book) AS SELECT sort, books, WHERE FROM tb_book;

D.  以上都不对

12. 已知关系模式：图书(图书编号，图书类型，图书名称，作者，出版社，出版日期,ISBN)，图书编号唯一识别一本图书。建立"计算机"类图书的视图 Computer_book，并在进行修改、插入操作时保证该视图只有"计算机"类的图书。实现上述要求的 SQL 语句如下：

```
CREATE （ 1 ）
AS SELECT 图书编号, 图书名称, 作者, 出版社, 出版日期
FROM 图书  WHERE 图书类型='计算机'
（ 2 ）;
```

（1）

A.  TABLE Computer_book          B.  VIEW Computer_book

C.  Computer_book TABLE          D.  Computer_bookVIEW

（2）

A.  FORALL                       B.  PUBLIC

C.  WITH CHECK OPTION            D.  WITH GRANT OPTION

# 实验：视图的创建与管理

## 一、实验目的

（1）理解视图的概念。

（2）掌握创建、更改、删除视图的方法。

（3）掌握使用视图来访问数据的方法。

## 二、验证性实验

在 job 数据库中，有聘任人员信息表 work_Info，其结构如表 10-1 所示。

表 10-1  work_Info 表

| 字段名 | 字段描述 | 数据类型 | 主键 | 外键 | 非空 | 唯一 | 自增 |
|---|---|---|---|---|---|---|---|
| id | 编号 | INT(4) | 是 | 否 | 是 | 是 | |
| name | 名称 | VARCHAR(20) | 否 | 否 | 是 | 否 | |
| sex | 性别 | VARCHAR(4) | 否 | 否 | 是 | 否 | |
| age | 年龄 | INT(4) | 否 | 否 | 否 | 否 | |
| address | 家庭地址 | VARCHAR(50) | 否 | 否 | 否 | 否 | |
| tel | 电话号码 | VARCHAR(20) | 否 | 否 | 否 | 否 | |

其中表中练习数据如下：

```
1,'张明','男',19,'北京市朝阳区','1234567'
2,'李广','男',21,'北京市昌平区','2345678'
3,'王丹','女',18,'湖南省永州市','3456789'
```

```
4,'赵一枚','女',24,'浙江宁波市','4567890'
```

按照下列要求进行操作：

（1）创建视图 info_view，显示年龄大于 20 岁的聘任人员 id、name、sex、address 信息。

```
CREATE ALGORITHM=MERGE VIEW info_view(id, name, sex, address)
AS SELECT id, name, sex, address
FROM work_info  WHERE age>20  WITH LOCAL CHECK OPTION;
```

（2）查看视图 info_view 的基本结构和详细结构。

查看基本结构：

```
DESC info_view;
```

查看详细结构：

```
SHOW CREATE VIEW info_view;
```

（3）查看视图 info_view 的所有记录

```
SELECT * FROM info_view;
```

（4）修改视图 info_view，满足年龄小于 20 岁的聘任人员 id、name、sex、address 信息：

```
ALTER ALGORITHM=MERGE VIEW info_view(id, name, sex, address)
AS SELECT id, name, sex, address
FROM work_info WHERE age<20 WITH LOCAL CHECK OPTION;
```

（5）更新视图，将 id 号为 3 的聘任员的性别，由"男"改为"女"：

```
UPDATE info_view  SET sex='女'  WHERE id=3;
```

（6）删除 info_view 视图：

```
DROP VIEW info_view;
```

## 三、设计性试验

在学生管理系统中，有学生信息表 student_info 表，其结构如表 10-2 所示。

### 表 10-2  student_info 表

| 字段名 | 字段描述 | 数据类型 | 主键 | 外键 | 非空 | 唯一 | 自增 |
| --- | --- | --- | --- | --- | --- | --- | --- |
| number | 学号 | INT(4) | 是 | 否 | 是 | 是 | 否 |
| name | 姓名 | VARCHAR(20) | 否 | 否 | 是 | 否 | 否 |
| major | 专业 | VARCHAR(20) | 否 | 否 | 否 | 否 | 否 |
| age | 年龄 | INT(4) | 否 | 否 | 否 | 否 | 否 |

请完成如下操作。

（1）使用 CREATE VIEW 语句创建视图 college_view，显示 student_info 表中的 number、name、age、major，并将字段名显示为：student_num、student_name、student_age、department。

（2）执行 SHOW CREATE VIEW 语句来查看视图的详细结构。

（3）更新视图。向视图中插入如下 3 条记录：

```
0901,'张三',20,'外语'
0902,'李四',22,'计算机'
0903,'王五',19,'计算机'
```

（4）修改视图，使视图中只显示专业为"计算机"的信息。

（5）删除视图。

## 四、观察与思考

1. 通过视图中插入的数据能进入到基本表中吗？

2．WITH CHECK OPTION 能起什么作用？

3．修改基本表的数据会自动反映到相应的视图中吗？

4．视图中的哪些数据不可以增、删、改操作？

# 第 11 章　存储过程和存储函数

存储过程（stored procedure）和存储函数是数据库中一些被用户定义的 SQL 语句集合，可以被存储在服务器中，可以被程序、触发器或另一个存储过程调用。

存储过程和存储函数可以避免开发人员重复地编写相同的 SQL 语句，而且存储过程和存储函数是在 MySQL 服务器中存储和执行的，可以减少客户端与服务器的数据传输，同时具有执行速度快和提高系统性能、确保数据库安全等优点。

本章将介绍存储过程和存储函数的含义、作用，以及创建、使用、查看、修改、删除存储过程和函数的方法。

## 11.1　存储过程与存储函数概述

### 1．概念

SQL 语句在执行的时候需要先编译再执行，而存储过程是一组为了完成特定功能的 SQL 语句，经编译后存储在数据库中，用户通过指定存储过程的名字并给定参数（如果该存储过程带有参数）来调用它。

存储过程是一个可编程的函数，在数据库中创建并保存。存储过程可以由 SQL 语句和一些特殊的控制结构组成。当希望在不同的应用程序或平台上执行相同的函数，或者封装特定功能时，存储过程是非常有用的。数据库中的存储过程可以看作对编程中面向对象方法的模拟，允许控制数据的访问方式。

存储过程的优点如下：

① 存储过程增强了 SQL 的功能和灵活性，可以用流控制语句编写，灵活性好，可以完成复杂的判断和较复杂的运算。

② 存储过程允许标准组件被编程。存储过程被创建后，可以在程序中被多次调用，而不必重新编写该存储过程中的 SQL 语句。数据库专业人员可以随时对存储过程进行修改，对应用程序源代码毫无影响。

③ 存储过程能实现较快的执行速度。如果某操作包含大量的 transaction-SQL 代码或分别被多次执行，那么存储过程比批处理的执行速度快很多。因为存储过程是预编译的。在首次运行一个存储过程时查询，优化器对其进行分析、优化，并且给出最终被存储在系统表中的执行计划。而批处理的 transaction-SQL 语句在每次运行时都要进行编译和优化，速度慢。

④ 存储过程能够减少网络流量。针对同一个数据库对象的操作（如查询、修改），如果该操作涉及的 transaction-SQL 语句被组织成存储过程，那么当在客户计算机上调用该存储过

程时，网络中传输的只是该调用语句，从而大大增加了网络流量并降低了网络负载。

⑤ 存储过程可被作为一种安全机制来充分利用。系统管理员通过执行某存储过程的权限进行限制，能够实现对相应的数据的访问权限的限制，避免了非授权用户对数据的访问，保证了数据的安全。

存储过程是数据库存储的一个重要功能，但是 MySQL 在 5.0 以前并不支持存储过程。MySQL 5.0 开始已经支持存储过程，这样既可以大大提高数据库的处理速度，也可以提高数据库编程的灵活性。

存储过程是用户定义的一系列 SQL 语句的集合，涉及特定表或其他对象的任务，用户可以调用存储过程，而函数通常是数据库已定义的方法，接收参数并返回某种类型的值且不涉及特定用户表。

### 2．存储过程与存储函数的区别

存储过程与存储函数存在以下区别：

① 一般来说，存储过程实现的功能更复杂，而存储函数的实现功能针对性比较强。存储过程的功能强大，可以执行包括修改表等一系列数据库操作；存储函数不能用于执行一组修改全局数据库状态的操作。

② 存储过程可以返回参数，如记录集，而存储函数只能返回值或者表对象；存储过程可以返回多个变量，而存储函数只能返回一个变量。存储过程的参数可以有 IN、OUT、INOUT 三种，而存储函数只能有 IN 类型；存储过程声明时不需要返回类型，而存储函数声明时需要描述返回类型，且函数体中必须包含一个有效的 return 语句。

③ 存储过程可以使用非确定函数，而存储函数体中不允许内置非确定函数。

④ 存储过程一般作为一个独立的部分来执行（EXECUTE 语句执行），而存储函数可以作为查询语句的一部分来调用（SELECT 调用），由于存储函数可以返回一个表对象，因此它可以在查询语句中位于 FROM 关键字的后面。SQL 语句中不可以使用存储过程，可以使用存储函数。

# 11.2  存储过程和存储函数的操作

## 11.2.1  创建存储过程或存储函数

### 1．创建存储过程

创建存储过程的语法格式如下：

```
CREATE PROCEDURE sp_name([proc_parameter[, …]])
[CHARACTERISTIC …] routine_body
```

其中，sp_name 是存储过程的名称；proc_parameter 表示存储过程的参数列表；CHARACTERISTIC 指定存储过程的特性；routine_body 是 SQL 代码的内容，可以用 BEGIN…END 来标记 SQL 代码的开始和结束。

proc_parameter 中的每个参数由 3 部分组成，分别是输入输出类型、参数名称和参数类型。其语法格式如下：

```
[IN | OUT | INOUT] param_name TYPE
```

其中，IN 表示输入参数；OUT 表示输出参数；INOUT 表示既可以是输入，也可以是输出；

param_name 是存储过程的参数名称；TYPE 指定存储过程的参数类型，可以是 MySQL 数据库支持的任意数据类型。

CHARACTERISTIC 参数有多个取值。

❖ language SQL：说明 routine_body 部分是由 SQL 语句组成的，数据库系统默认。
❖ [NOT] DETERMINISTIC：指明存储过程的执行结果是否是确定的。DETERMINISTIC 表示结果是确定的。每次执行存储过程时，相同的输入会得到相同的输出。NOT DETERMINISTIC 表示结果是非确定的，相同的输入可能得到不同的输出。默认情况下，结果是非确定的。
❖ {contains SQL | no SQL | reads SQL data | modifies SQL data}：指明子程序使用 SQL 限制。contains SQL 表示子程序包含 SQL 语句，但不包含读或写数据的语句；no SQL 表示子程序中不包含 SQL 语句；reads SQL data 表示子程序中包含读数据的语句；modifies SQL data 表示子程序中包含写数据的语句。默认为 contains SQL。
❖ SQL security {DEFINER | INVOKER}：指明谁有权限来执行。DEFINER 表示只有定义者自己才能够执行；INVOKER 表示调用者可以执行。默认权限是 DEFINER。
❖ COMMENT 'string'：注释信息。

创建存储过程时，系统默认指定 contains SQL，表示存储过程中使用了 SQL 语句。但是如果存储过程中没有使用 SQL 语句，最好设置为 no SQL，而且存储过程中最好在 COMMENT 部分对存储过程进行简单的注释，以方便以后阅读存储过程的代码。

调用存储过程的语法格式如下：

```
CALL sp_name([[parameter[, …]]])
```

其中，sp_name 为存储过程的名称，如果调用某个特定数据库的存储过程，则需要在前面加上该数据库的名称；parameter 为调用该存储过程所用的参数，这条语句中的参数个数必须总是等于存储过程的参数个数。

### 2．创建存储函数

创建存储函数语法格式如下：

```
CREATE FUNCTION sp_name ([func_parameter[, …]])
RETURNS TYPE
[CHARACTERISTIC …] routine_body
```

其中，sp_name 是存储函数的名称；func_parameter 表示存储函数的参数列表；returns type 指定返回值的类型；CHARACTERISTIC 指定存储函数的特性，其值与存储过程中的取值是一样的（见 13.1.2 节）；routine_body 是 SQL 代码的内容，可以用 BEGIN…END 标志 SQL 代码的开始和结束。

func_parameter 可以由多个参数组成，其中每个参数由参数名称和参数类型组成，其形式如下：

```
param_name TYPE
```

其中，param_name 是存储函数的参数名称；TYPE 指定存储函数的参数类型，可以是 MySQL 数据库支持的任意数据类型。

调用存储函数的语法格式如下：

```
SELECT sp_name([func_parameter[, …]])
```

在 MySQL 中，存储函数的使用方法与 MySQL 内部函数的使用方法是一样的。换言之，用户自己定义的存储函数与 MySQL 内部函数的性质相同，区别在于，存储函数是用户自己定义的，而内部函数是 MySQL 开发者定义的。

### 3．DELIMITER 命令

在 MySQL 命令行的客户端中，服务器处理语句默认是以"；"结束标志，如果遇到"；"，那么回车后，MySQL 会执行该命令。但在存储过程中，可能输入较多的语句，语句中包含"；"，如果还以"；"作为结束标志，那么执行完第一条语句后，就会认为程序结束了。这显然不符合我们的要求。那么，DELIMITER 命令用来改变默认的结束标志。

DELIMITER 语法格式如下：

```
DELIMITER $$
```

其中，"$$"是用户定义的结束符，通常使用一些特殊的符号。使用 DELIMITER 命令时应避免使用"\"字符，因为它是 MySQL 转移字符。

【例 11-1】 把结束符改为"##"，执行"SELECT 1+1##"。

结果如图 11-1 所示。

图 11-1　更改结束符

【例 11-2】 存储过程的简单例子，根据学号查询学生的姓名。

语句如下（结果如图 11-2 所示）：

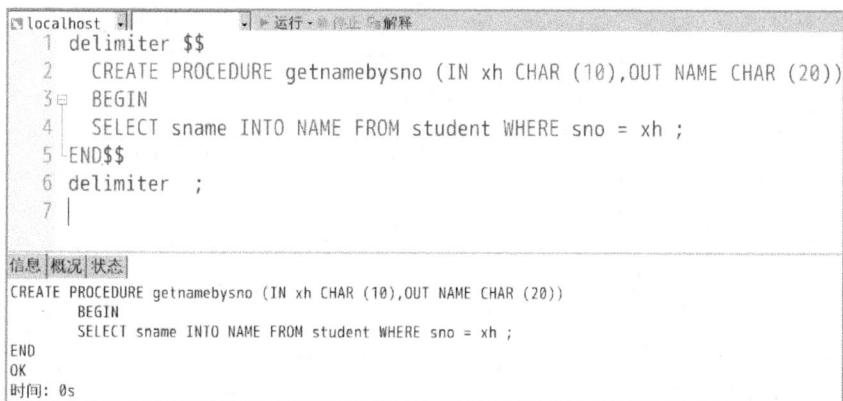

图 11-2　根据学号查询学生的姓名

```
DELIMITER $$
    CREATE PROCEDURE getnamebysno (IN xh CHAR(10), OUT NAME CHA (20))
    BEGIN
    SELECT sname INTO NAME  FROM student  WHERE sno = xh ;
```

```
        END$$
    DELIMITER ;
```

说明：MySQL 默认的语句结束符为"；"，存储过程中的 SQL 语句也需要"；"来结束，为了避免冲突，先用"DELIMITER $$"命令将 MySQL 的结束符设置为"$$"，再用"DELIMITER ;"命令将结束符恢复成"；"。这类似创建触发器。

下面调用存储过程 getnamebysno。先定义一个用户变量@name，再调用存储过程 getnamebysno，结果放到@name 中，最后输出@name 的值，结果如图 11-3 和图 11-4 所示。

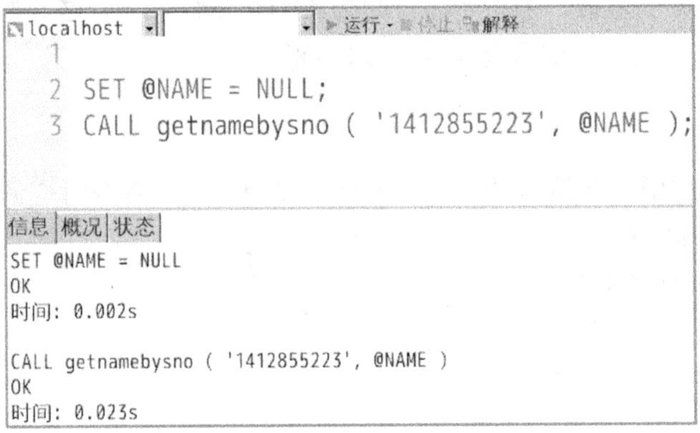

图 11-3  定义 name 变量

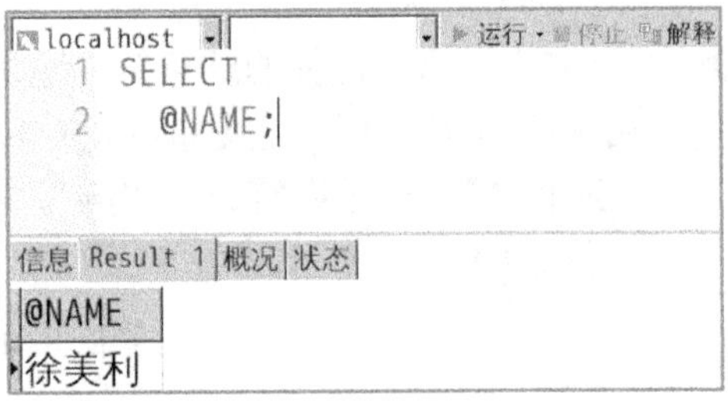

图 11-4  获取 name 变量的值

【例 11-3】 创建一个名为 numofstudent 的存储函数。

语句如下（结果如图 11-5 所示）：

```
DELIMITER $$
    CREATE FUNCTION numofstudent()
    RETURNS INTEGER
    BEGIN
        RETURN(SELECT COUNT(*)  FROM student);
    END$$
DELIMITER ;
```

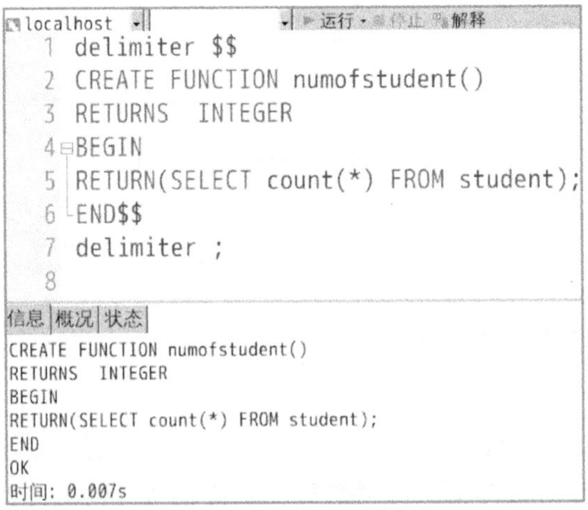

图 11-5  创建一个名为 name_from_student 的存储函数

说明：RETURN 子句包含 SELECT 语句时，SELECT 语句的返回结果只能是一行且只有一列值。存储函数的使用与 MySQL 内部函数的使用方法一样。

我们可以像调用系统函数一样直接调用存储函数，如图 11-6 所示。

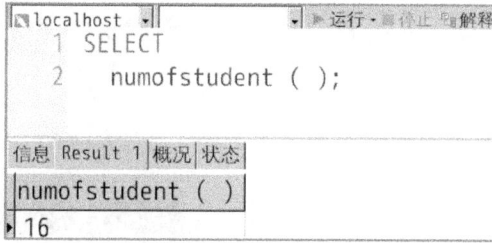

图 11-6　调用 numofstudent() 函数

## 11.2.2　变量

### 1．DECLARE 语句声明局部变量

存储过程和存储函数可以定义、使用变量，变量可以用来存储临时结果。用户可以使用 DECLARE 关键字来定义变量，然后可以为变量赋值。DECLARE 语句声明局部的变量只适用于 BEGIN…END 程序段中。DECLARE 语法格式如下：

```
DECLARE var_name1 [, var_name2] … TYPE [DEFAULT value]
```

其中，var_name1、var_name2 参数是声明的变量的名称，变量可以定义多个；TYPE 参数用来指明变量的类型；DEFALUT value 子句将变量默认值设置为 value，没有使用 DEFAULT 子句，则默认是 NULL；

例如，声明两个字符型变量：

```
DECLARE str1, str2 VARCHAR(6);
```

### 2．用 SET 语句给变量赋值

SET 语句格式如下：

```
SET var_name = exper[, var_name = exper]
```

其中，var_name 是变量的名称；exper 参数是赋值的表达式，可以为多个变量赋值，用 "," 隔开。

例如，在存储过程中给局部变量赋值：

```
SET str1='abc', str2='123';
```

SET 可以直接声明用户变量，不需要声明类型，DECLARE 必须指定类型；SET 位置可以任意，DECLARE 必须在复合语句的开头，在任何其他语句之前；DECLARE 定义的变量的作用范围是 BEGIN…END 块内，只能在块中使用，SET 定义的变量为用户变量。SET 在变量定义时，变量名称前使用 "@" 修饰，如 "SET @var=12"。

### 3．用 SELECT 语句给变量赋值

其语法格式如下：

```
SELECT col_name[, …]  INTO var_name[, …] table_expr
```

其中，col_name 是列名，var_name 是要赋值的变量名称，table_var 是 SELECT 语句的 FROM 子句及后面的部分。

【例 11-4】　定义一个存储过程，作用是输出两个字符串拼接后的值。

语句如下（结果如图 11-7 所示）：

```
CREATE PROCEDURE myconcat()  SELECT concat(@str1, @str2);
```

如果直接调用它，会输出 Null，因为我们没有定义@str1 和@str2，结果如图 11-8 所示。

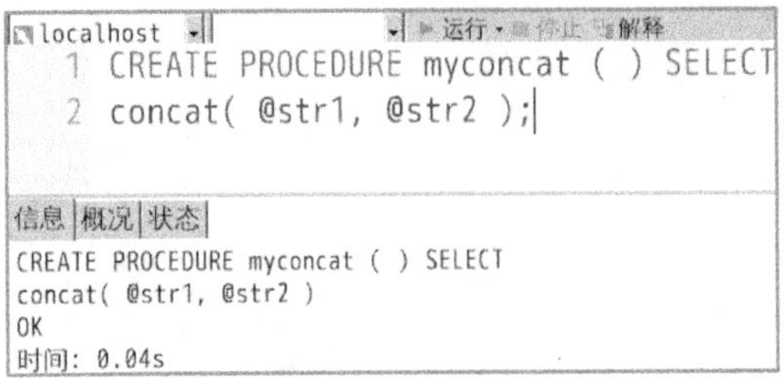

图 11-7　定义存储过程

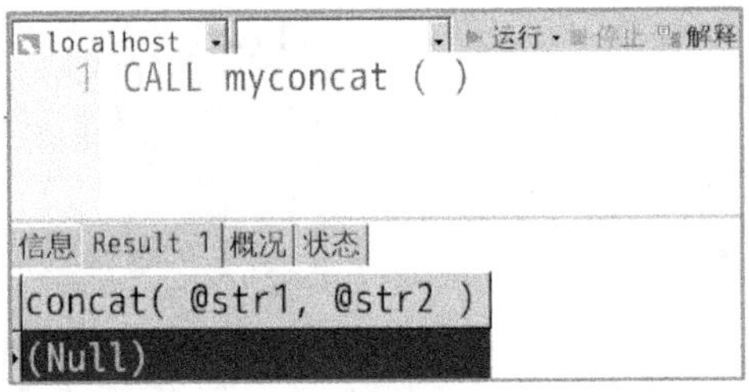

图 11-8　调用存储过程

如果定义@str1 和@str2 后再调用，就可以了，结果如图 11-9 和图 11-10 所示。

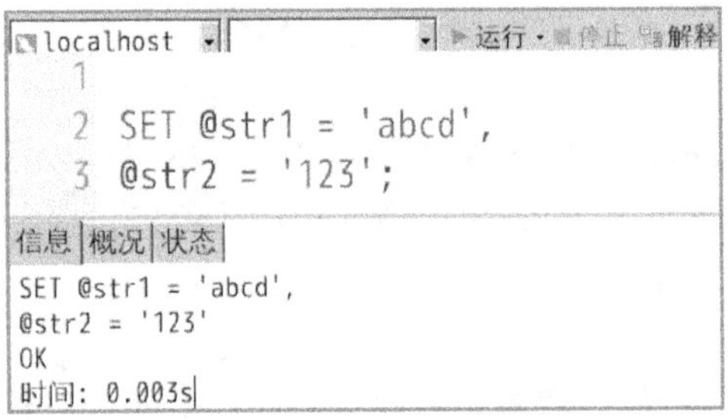

图 11-9　定义@str1 和@str2

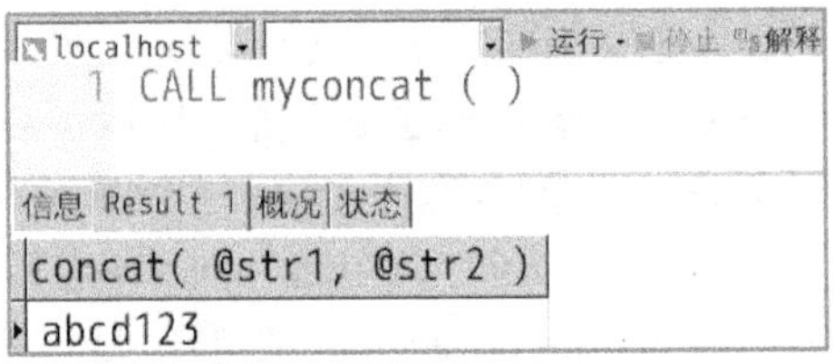

图 11-10　再调用存储过程

## 11.2.3　定义条件和处理

高级编程语言为了提高语言的安全性，提供了异常处理机制。MySQL 也提供了一种机制来提高安全性，就是条件。条件的定义和处理主要用于定义在处理过程中遇到问题时，相应的处理步骤。

### 1．定义条件

定义条件的语法格式如下：

```
DECLARE condition_name CONDITION FOR condition_value
    SQLstate[value] SQLstate_value | MySQL_error_code
```

其中，condition_name 表示所有定义的条件，condition_value 是实现设置条件的类型，SQLstate_value 和 MySQL_error_code 设置条件的错误。

【例 11-5】　定义"error 1111(13d12)"错误，名称为 can_not_find。

可以用两种方法来定义。方法一，使用 SQLstate_value：

```
DECLARE can_not_find CONDITION FOR SQLSTATE '13d12';
```

方法二，使用 MySQL_error_code：

```
DECLARE can_not_find CONDITION FOR 1111;
```

### 2．定义处理程序

MySQL 中可以使用 DECLARE 关键字定义处理程序，语法格式如下：

```
DECLARE handler_type HANDLER FOR condition_value[, …] sp_statement
handler_type:
    CONTINUE | EXIT | UNDO
condition_value:
    SQLstate [value] SQLstate_value | condition_name | SQLwarning
```

其中，handler_type 指明错误的处理方式，有 3 个取值，分别是 CONTINUE、EXIT 和 UNDO。CONTINUE 表示遇到错误不进行处理，继续向下执行；EXIT 表示遇到错误后马上退出；UNDO 表示遇到错误后撤回之前的操作，MySQL 暂时还不支持这种处理方式。

通常情况下，执行过程中遇到错误应该立刻停止执行下面的语句，并且撤回前面的操作。但是，MySQL 现在不支持 UNDO 操作，因此遇到错误时最好执行 EXIT 操作。如果事先能够预测错误类型，并且进行相应处理，那么可以执行 CONTINUE 操作。

condition_value 参数指明错误类型，有 6 个取值。SQLstate_value 和 MySQL_error_code 与条件定义中的意义相同。condition_name 是 DECLARE 定义的条件名称。SQLwarning 表示所有以 01 开头的 SQLstate_value 值。NOT found 表示所有以 02 开头的 SQLstate_value 值。SQLexception 表示所有没有被 SQLwarning 或 not found 捕获的 SQLstate_value 值。sp_statement 表示一些存储过程或函数的执行语句。

下面是定义处理程序的几种方式。

方法 1，捕获 SQLstate_value：

```
DECLARE CONTINUE HANDLER FOR SQLSTATE '42s02'
SET @info = 'can not find';
```

方法 2，捕获 MySQL_error_code：

```
DECLARE CONTINUE HANDLER FOR 1146
SET @info = 'can not find';
```

方法 3，先定义条件，再调用：

```
DECLARE can_not_find CONDITION FOR 1146;
DECLARE CONTINUE HANDLER FOR can_not_find
SET @info = 'can not find';
```

方法 4，使用 SQLwarning：

```
DECLARE EXIT HANDLER FOR SQLwarning
SET @info = 'error';
```

方法 5，使用 NOT FOUND：

```
DECLARE EXIT HANDLER FOR NOT FOUND
SET @info = 'can not find';
```

方法 6，使用 SQLexception：

```
DECLARE EXIT HANDLER FOR SQLexception
SET @info = 'error';
```

上述代码是 6 种定义处理程序的方法。

方法 1 是捕获 SQLstate_value 值。如果遇到 SQLstate_value 值为 42s02，则执行 CONTINUE 操作，并且输出"can not find"信息。

方法 2 是捕获 MySQL_error_code 值。如果遇到 MySQL_error_code 值为 1146，执行 CONTINUE 操作，并且输出"can not find"信息。

方法 3 是先定义条件，再调用条件。这里先定义 can_not_find 条件，遇到 1146 错误就执行 CONTINUE 操作。

方法 4 是使用 SQLwarning。SQLwarning 捕获所有以 01 开头的 SQLstate_value 值，然后执行 EXIT 操作，并且输出"error"信息。

方法 5 是使用 NOT FOUND。NOT FOUND 捕获所有以 02 开头的 SQLstate_value 值，然

后执行 EXIT 操作，并且输出"can not find"信息。

方法 6 是使用 SQLexception。SQLexception 捕获所有没有被 SQLwarning 或 NOT FOUND 捕获的 SQLstate_value 值，然后执行 EXIT 操作，并且输出"error"信息。

## 11.2.4　游标的使用

MySQL 5.5 开始将 Innodb 作为默认存储引擎。Innodb 作为支持事务的存储引擎，拥有 RDBMS 特性，包括 ACID 事务支持、数据完整性（外键）、灾难恢复能力等。

在 MySQL 中需要存储过程、存储函数等，游标是必不可少的。

游标（cursor）就是一个标识，用来标识数据取到什么地方了，可以理解为数组中的下标。

游标具有以下特性：① 只读的，不能更新的；② 不滚动的；③ 不敏感的，意为服务器可以或不可以复制它的结果表。

游标必须在声明处理程序前被声明，且变量和条件必须在声明游标或处理程序前被声明。

### 1．声明游标

声明游标的语法格式如下：

```
DECLARE cursor_name CURSOR FOR select_statement
```

其中，cursor_name 是游标的名称，游标名称使用与表名同样的规则；select_statement 是一个 SELECT 语句，返回的是一行或多行的数据。

这个语句声明一个游标，也可以在存储过程中定义多个游标，但是块中的每个游标必须有唯一的名字。特别提醒，这里的 SELECT 子句不能有 INTO 子句。

### 2．打开游标

声明游标后，要使用游标从中提取数据，就必须先打开游标。在 MySQL 中使用 OPEN 语句打开游标，语法格式如下：

```
OPEN cursor_name
```

在程序中，一个游标可以打开多次，其他用户或程序本身已经更新了表，所以每次打开的游标结果可能不同。

### 3．读取数据

游标打开后，就可以使用 FETCH…INTO 语句从中读取数据，语法格式如下：

```
FETCH cursor_name INTO var_name [, var_name] …
```

其中，var_name 是存放数据的变量名。FETCH…INTO 语句与 SELECT…INTO 语句具有相同的意义，FETCH…INTO 语句是将游标指向的一行数据赋给一些变量，其变量的数目必须等于声明游标时 SELECT 子句中列的数目。

### 4．关闭游标

游标使用完以后，要及时关闭。关闭游标使用 CLOSE 语句，语法格式如下：

```
CLOSE cursorname
```

其中，参数的含义与 OPEN 语句中的相同。

例如，关闭游标 scur2：

```
CLOSE scur2;
```

【例 11-6】 利用游标读取 student 表的总人数（可以直接使用 COUNT 函数完成，本例主要演示游标的使用方法）。

语句如下（结果如图 11-11 所示）：

```
DELIMITER $$
    CREATE PROCEDURE studentcount(OUT num INTEGER)
    BEGIN
        DECLARE temp CHAR(20);
        DECLARE done INT DEFAULT FALSE;
        DECLARE cur CURSOR FOR SELECT sno  FROM student;
        DECLARE CONTINUE HANDLER FOR NOT found SET done=TRUE;
        SET num=0;
        OPEN cur;
        read_loop: LOOP
            FETCH cur INTO temp;
            IF done THEN
                LEAVE read_loop;
            END IF;
            SET num=num+1;
        END LOOP;
        CLOSE cur;
    END$$
    DELIMITER;
```

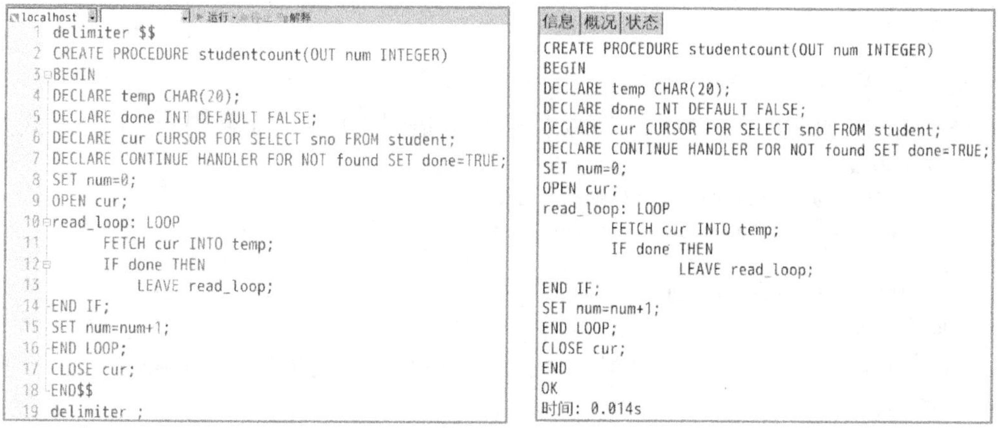

图 11-11　利用游标读取 student 表的总人数

注意：游标只能在存储过程或存储函数中使用，其语句无法单独运行。

调用和结果如图 11-12 和图 11-13 所示。

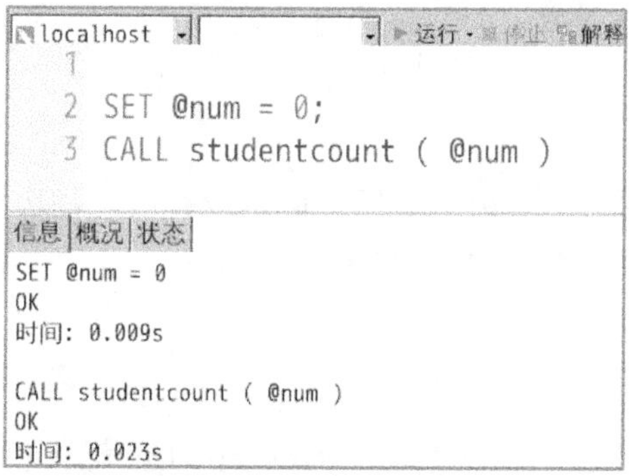

图 11-12　游标只能在存储过程或存储函数中使用

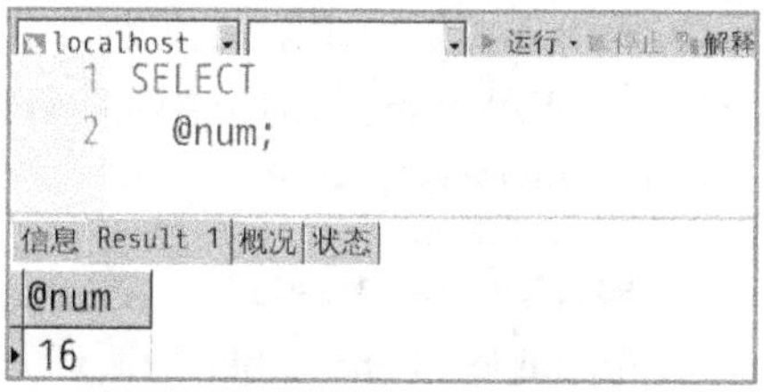

图 11-13　从变量中获取结果

### 11.2.5 流程的控制

存储过程和存储函数可以使用流程控制来控制语句的执行。MySQL 可以使用 IF 语句、CASE 语句、LOOP 语句、LEAVE 语句、ITEBATE 语句、REPEAT 语句和 WHILE 语句来进行流程控制。

#### 1. IF 语句

IF 语句用来进行条件判断。根据是否满足条件，将执行不同的语句，语法形式如下：

```
IF search_condition THEN statement_list
[ELSEIF search_condition THEN statement_list]
...
[ELSE search_condition THEN statement_list]
END IF
```

其中，search_condition 表示条件判断语句；statement_list 表示不同条件的执行语句。

【例 11-7】 IF 语句的应用。

语句如下：

```
IF age>20 THEN SET @count=@count+1;
ELSEIF age=20 THEN @count2=@count2+1;
ELSE @count3=@count3+1;
END IF
```

#### 2. CASE 语句

CASE 语句用来进行条件判断，可以实现比 IF 语句更复杂的条件判断，语法格式如下：

```
CASE case_value
    WHEN when_value THEN statement_list
    [WHEN when_value THEN statement_list]
    ...
    [ELSE statement_list]
END CASE
```

其中，case_value 表示条件判断的变量；when_value 表示变量的取值；statement_list 表示不同条件的执行语句

【例 11-8】 CASE 语句的应用。

语句如下：

```
CASE age
    WHEN 20 THEN SET @count1 =@count1 + 1;
    ELSE SET @count2 =@count2 + 1;
END CASE
```

#### 3. LOOP 语句

LOOP 语句可以使用某些特定的语句重复执行，实现简单循环，但是没有停止循环的语句，要结合 LEAVE 离开退出循环或 ITERATE 继续迭代。其语法格式如下：

```
[begin_label:] LOOP
    statement_list
END LOOP [end_label]
```

其中，begin_lable 和 end_label 是循环开始和结束标志，可以省略；statement_list 表示不同条件的执行语句

【例 11-9】 LOOP 语句的应用。

语句如下：

```
add_num: LOOP
    SET @count=@count+1;
END LOOP add_num
```

### 4．LEAVE 语句

LEAVE 语句主要用于跳出循环，语法格式如下：

```
LEVEL label
```

其中，label 参数表示循环标志

【例 11-10】 LEAVE 语句的应用。

语句如下：

```
add_num: LOOP
    SET @count=@count+1;
    IF @count=10 THEN level add_num;
END LOOP add_num
```

### 5．ITEBATE 语句

ITEBATE 语句主要用于跳出本次循环，然后进入下一轮循环。其语法格式如下：

```
ITEBATE label
```

其中，label 参数表示循环标志

【例 11-11】 ITEBATE 语句的应用。

语句如下：

```
add_num: LOOP
    SET @count=@count+1;
    IF @count=10 THEN LEVEL add_num;
    ELSEIF MOD(@count, 2)=0 THEN ITERATE add_num;
END LOOP add_num
```

### 6．REPEAT 语句的应用

REPATE 语句是有条件控制的循环语句，当满足特定条件时，就会跳出循环语句。其语法格式如下：

```
[begin_label:] REPEAT
    statement_list
        UNTIL search_confition
END REPEAT [end_label]
```

其中，search_condition 表示条件判断语句；statement_list 表示不同条件的执行语句。

【例 11-12】 REPEAT 语句的使用。

语句如下：

```
REPEAT
    SET @count=@count+1;
    UNTIL @count=10;
END REPEAT
```

### 7．WHILE 语句的应用

WHILE 语句也是有条件控制的循环语句，当满足条件时执行循环内的语句。其语法格式如下：

```
[begin_label:] WHILE search_condition DO
    statement_list
END WHILE [end_label]
```

其中，search_condition 表示条件判断语句满足该条件时循环执行；statement_list 表示循环时
执行的语句。

**【例 11-13】** WHILE 语句的使用。

语句如下：

```
WHILE @count<10 DO
    SET @count=@count+1;
END WHILE
```

## 11.2.6  查看存储过程或存储函数

创建存储过程或存储函数后，用户可以查看存储过程或存储函数的状态和定义，下面介
绍查看存储过程或存储函数的语句。

### 1. 查看存储过程或存储函数的状态

SHOW STATUS 语句可以查看存储状态，还可以查看自定义函数的状态，语法格式如下：

```
SHOW {PROCEDURE | FUNCTION} STATUS [LIKE 'pattern'];
```

其中，PROCEDURE 表示查询存储过程；FUNCTION 表示查询存储函数；LIKE 'pattern'用来
匹配存储过程或自定义函数的名称，如果不指定，则会查看所有的存储过程或存储函数。

**【例 11-14】** 查看存储过程 studentcount 的状态（表单查看）。

语句如下（结果如图 11-14 所示）：

```
SHOW PROCEDURE STATUS LIKE 'studentcount';
```

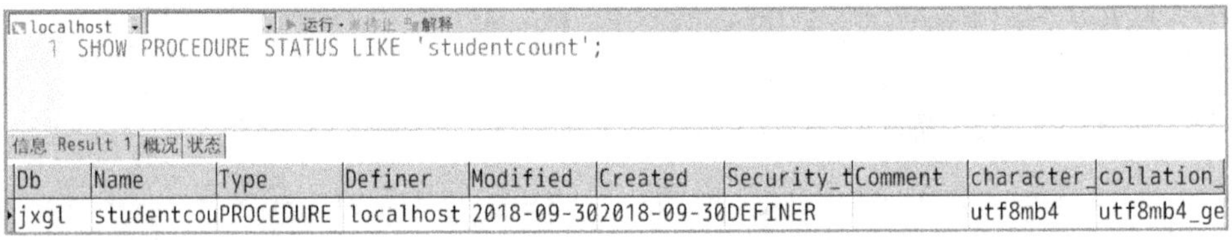

图 11-14　查看存储过程 studentcount 的状态

### 2. 查看存储过程或函数的具体信息

SHOW CREATE 语句用于查看存储过程或函数的详细信息，语法格式如下：

```
SHOW CREATE {PROCEDURE | FUNCTION} sp_name;
```

其中，procedure 表示查询存储过程，function 表示查询自定义函数，参数 sp_name 表示存储
过程或自定义函数的名称。

**【例 11-15】** 查看存储函数 numofstudent 的具体信息，包括函数的名称、定义、字符集
等信息（表单查看）。

语句如下（结果如图 11-15 所示）：

```
SHOW CREATE FUNCTION numofstudent;
```

### 3. 查看所有的存储过程

创建存储过程或存储函数后，这些信息会存储在 information_schema 数据库的 routines 表

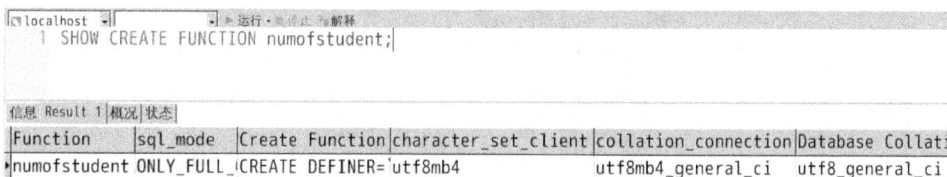

图 11-15　查看存储函数 numofstudent 的具体信息

中，存储所有存储过程和存储函数的信息。用户可以通过执行 SELECT 语句查询 routines 表中的所有记录，也可以查看单条记录的信息。查询单条记录的信息要用 routine_name 字段指定存储过程或自定义函数的名称，否则会查询出所有存储过程和存储函数的内容。其语法格式如下：

```
SELECT * FROM information_schema.routines  [WHERE routine_name = '名称'];
```

【例 11-16】　通过 SELECT 语句查询存储过程 studentcount 的信息。

语句如下（结果如图 11-16 所示）：

```
SELECT * FROM information_schema.routines  WHERE routine_name = 'studentcount';
```

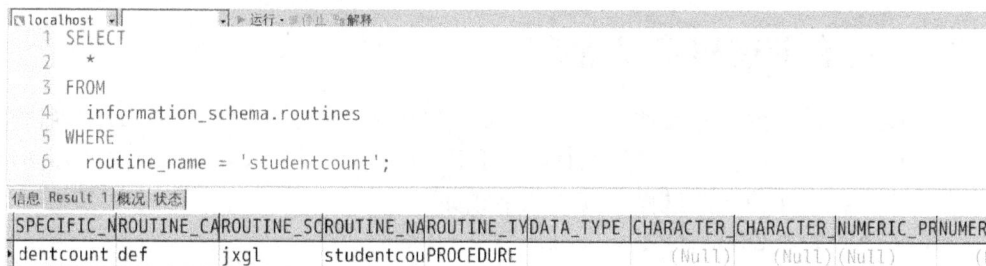

图 11-16　通过 SELECT 语句查询存储过程 studentcount 的信息

### 4．修改存储过程或函数

修改存储过程或存储函数是指修改已经定义好的存储过程和函数。MySQL 中通过 ALTER PROCEDURE 语句修改存储过程，语法格式如下：

```
ALTER PROCEDURE sp_name [CHARACTERISTIC …]
CHARACTERISTIC:
{contains SQL | NO SQL | READS SQL data | MODIFIES SQL data}
            | SQL security {DEFINER | INVOKER} | COMMENT 'string'
```

其中，sp_name 表示存储过程的名称；CHARACTERISTIC 指定存储函数的特性。

contains SQL 表示子程序包含 SQL 语句，但不包含读或写数据的语句；NO SQL 表示子程序中不包含 SQL 语句；READS SQL data 表示子程序中包含读数据的语句；MODIFIES SQL data 表示子程序中包含写数据的语句。

SQL security {DEFINER | INVOKER}指明谁有权限来执行。DEFINER 表示只有定义者自己才能够执行；INVOKER 表示调用者可以执行。

COMMENT 'string'是注释信息。

【例 11-17】　修改存储过程 studentcount 的定义，将读写权限改为 modifies SQL data，并指明调用者可以执行。

语句如下（结果如图 11-17 所示）：

```
ALTER PROCEDURE studentcount
MODIFIES SQL data
SQL security INVOKER;
```

第 11 章　存储过程和存储函数　▶▶▶　233

图 11-17　修改存储过程 studentcount 的定义

【例 11-18】　用先删除后修改的方法修改存储过程。

语句如下（结果如图 11-18 所示）：

```
DROP PROCEDURE IF EXISTS studentcount;
DELIMITER $$
   CREATE PROCEDURE studentcount()
   BEGIN
       SELECT COUNT(*) FROM student;
   END$$
DELIMITER ;
```

## 11.2.7　删除存储过程或存储函数

存储过程创建后需要删除时使用 DROP PROCEDURE 语句。在此之前，必须确认该存储过程没有任何依赖关系，否则会导致其他与之管理的存储过程无法运行。删除的存储过程指删除数据库中已经存在的存储过程。其语法格式如下：

```
DROP PROCEDURE [IF EXISTS] sp_name;
```

其中，sp_name 表示存储过程的名称；IF EXISTS 是 MySQL 的扩展，如果程序或函数不存在，则防止删除命令发生错误。

【例 11-19】　删除存储过程 studentcount。

语句如下（结果如图 11-19 所示）：

```
DROP PROCEDURE IF EXISTS studentcount;
```

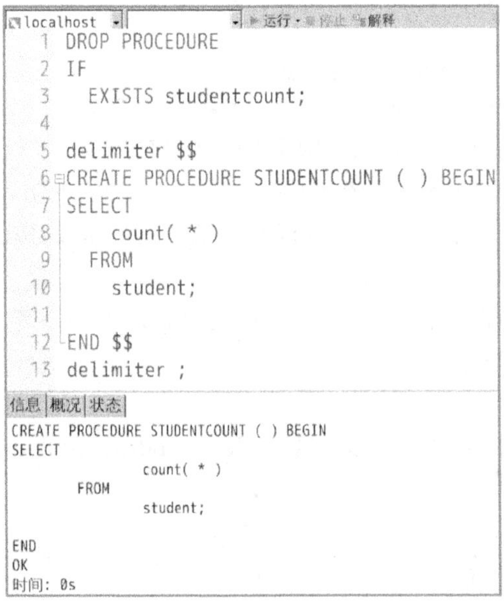

图 11-18　使用先删除后修改的方法修改存储过程

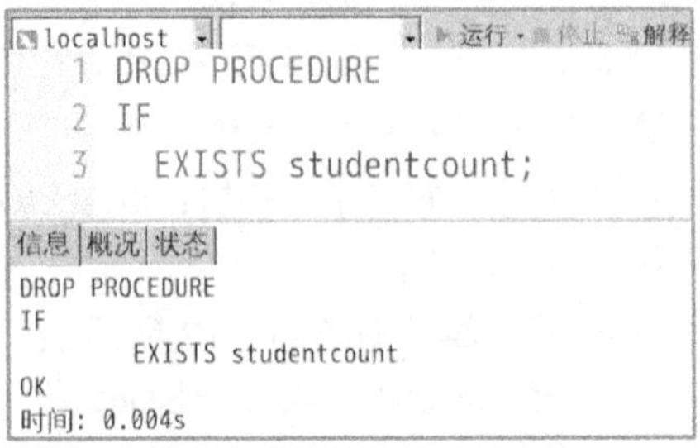

图 11-19　删除存储过程

# 11.3 系统函数

MySQL 数据库中提供了丰富的函数，包括数学函数、字符串函数、日期和时间函数、系统信息函数、加密函数等。这些函数可以简化用户操作。数学函数是 MySQL 中的常用函数，主要用于处理数字，包括整型、浮点型等。数学函数包括绝对值、正弦函数、余弦函数等，如表 11-1 所示。

表 11-1　数学函数

| 函　数 | 功　能 |
|---|---|
| ABS(n) | 返回 n 的绝对值 |
| SIGN(n) | 返回参数的符号（-1、0 或 1） |
| MOD(n,m) | 取模运算,返回 n 被 m 除的余数（同%操作符） |
| FLOOR(n) | 返回不大于 n 的最大整数值 |
| CEILING(n) | 返回不小于 n 的最小整数值 |
| ROUND(n, d) | 返回 n 的四舍五入值，保留 d 位小数（d 的默认值为 0） |
| EXP(n) | 返回值 e 的 n 次方（自然对数的底） |
| LOG(n) | 返回 n 的自然对数 |
| LOG10(n) | 返回 n 以 10 为底的对数 |
| POW(x, y)或 POWER(x, y) | 返回值 x 的 y 次幂 |
| SQRT(n) | 返回非负数 n 的平方根 |
| PI() | 返回圆周率 |
| COS(n) | 返回 n 的余弦值 |
| SIN(n) | 返回 n 的正弦值 |
| TAN(n) | 返回 n 的正切值 |
| ACOS(n) | 返回 n 反余弦（n 是余弦值，-1～1，否则返回 NULL） |
| ASIN(n) | 返回 n 反正弦值 |
| ATAN(n) | 返回 n 的反正切值 |
| ATAN2(x,y) | 返回 2 个变量 x 和 y 的反正切（类似 y/x 的反正切，符号决定象限） |
| COT(n) | 返回 x 的余切 |
| RAND()或 RAND(n) | 返回 0～1.0 范围内的随机浮点值（可以用 n 作为初始值） |
| DEGREES(n) | 从弧度变换为角度并返回 |
| RADIANS(n) | 从角度变换为弧度并返回 |
| TRUNCATE(n, d) | 保留数字 n 的 d 位小数并返回 |
| LEAST(x, y,…) | 返回最小值。如果返回值被用在整数（实数或大小写敏感字串）上下文或所有参数都是整数（实数或大小写敏感字串），则作为整数（实数或大小写敏感字串）比较，否则按忽略大小写的字符串被比较 |
| GREATEST(x, y, …) | 返回最大值（其余同 LEAST()） |

字符串函数如表 11-2 所示。

表 11-2　字符串函数

| 函　数 | 功　能 |
|---|---|
| ASCII(char) | 返回字符的 ASCII 值 |
| BIT_LENGTH(str) | 返回字符串的位长 |
| CONCAT(s1, s2, …, sn) | 将 s1,s2, …, sn 连接成字符串 |

| 函　　数 | 功　　能 |
|---|---|
| CONCAT_WS(sep, s1, s2, …, sn) | 将 s1,s2,…, sn 连接成字符串，并用 sep 字符间隔 |
| INSERT(str, x, y, instr) | 将字符串 str 从第 x 位置开始，y 个字符长的子串替换为字符串 instr，返回结果 |
| FIND_IN_SET(str, list) | 分析"，"分隔的 list 列表，如果发现 str，则返回 str 在 list 中的位置 |
| LCASE(str)或 LOWER(str) | 返回将字符串 str 中所有字符改变为小写后的结果 |
| LEFT(str, x) | 返回字符串 str 中最左边的 x 个字符 |
| LENGTH(s) | 返回字符串 str 中的字符数 |
| LTRIM(str) | 从字符串 str 中切掉开头的空格 |
| POSITION(substr, str) | 返回子串 substr 在字符串 str 中第一次出现的位置 |
| QUOTE(str) | 用"\"转义 str 中的单引号 |
| REPEAT(str, srchstr, rplcstr) | 返回字符串 str 重复 x 次的结果 |
| REVERSE(str) | 返回颠倒字符串 str 的结果 |
| RIGHT(str, x) | 返回字符串 str 中最右边的 x 个字符 |
| RTRIM(str) | 返回字符串 str 尾部的空格 |
| STRCMP(s1, s2) | 比较字符串 s1 和 s2 |
| TRIM(str) | 去除字符串首部和尾部的所有空格 |
| UCASE(str)或 UPPER(str) | 返回将字符串 str 中所有字符转变为大写后的结果 |
| LOWER(str) | 返回字符串 str 所有字符转换为小写后的字符串 |

日期和时间函数如表 11-3 所示。

表 11-3　日期和时间函数

| 函　　数 | 功　　能 |
|---|---|
| CURDATE()或 CURRENT_DATE() | 返回当前的日期 |
| CURTIME()或 CURRENT_TIME() | 返回当前的时间 |
| DATE_ADD(date, interval int keyword) | 返回日期 date 加上间隔时间 int 的结果（int 必须按照关键字进行格式化） |
| DATE_FORMAT(date, fmt) | 依照指定的 fmt 格式格式化日期值 date |
| DATE_SUB(date, interval int keyword) | 返回日期 date 加上间隔时间 int 的结果（int 必须按照关键字进行格式化），如 SELECT　DATE_SUB(current_date, interval 6 month) |
| DAYOFWEEK(date) | 返回 date 所代表的一星期中的第几天（1～7） |
| DAYOFMONTH(date) | 返回 date 是一个月的第几天（1～31） |
| DAYOFYEAR(date) | 返回 date 是一年的第几天（1～366） |
| DAYNAME(date) | 返回 date 的星期名，如 SELECT　DAYNAME(current_date) |
| FROM_UNIXTIME(ts, fmt) | 根据指定的 fmt 格式，格式化 UNIX 时间戳 ts |
| HOUR(time) | 返回 time 的小时值（0～23） |
| MINUTE(time) | 返回 time 的分钟值（0～59） |
| MONTH(date) | 返回 date 的月份值（1～12） |
| NOW() | 返回当前的日期和时间 |
| QUARTER(date) | 返回 date 在一年中的季度（1～4） |
| WEEK(date) | 返回日期 date 为一年中的第几周（0～53） |
| YEAR(date) | 返回日期 date 的年份（1000～9999） |

系统信息函数如表 11-4 所示。

加密函数如表 11-5 所示。

**表 11-4　系统信息函数**

| 函　数 | 功　能 |
|---|---|
| DATABASE() | 返回当前数据库名 |
| BENCHMARK(count, expr) | 将表达式 expr 重复运行 count 次 |
| CONNECTION_ID() | 返回当前客户的连接 id |
| FOUND_ROWS() | 返回最后一个 SELECT 查询进行检索的总行数 |
| USER()或 SYSTEM_USER() | 返回当前登录用户名 |
| VERSION() | 返回 MySQL 服务器的版本 |

**表 11-5　加密函数**

| 函　数 | 功　能 |
|---|---|
| AES_ENCRYPT(str, key) | 返回用密钥 key 对字符串 str 利用高级加密标准算法加密后的结果，结果是一个二进制字符串，以 BLOB 类型存储 |
| AES_DECRYPT(str,key) | 返回用密钥 key 对字符串 str 利用高级加密标准算法解密后的结果 |
| DECODE(str, key) | key 作为密钥解密加密字符串 str |
| ENCRYPT(str, salt) | 用 UNIXCRYPT()函数和关键词 salt（可以唯一确定口令的字符串，就像钥匙）加密字符串 str |
| ENCODE(str, key) | key 作为密钥加密字符串 str，结果是一个二进制字符串，以 BLOB 类型存储 |
| MD5() | 计算字符串 str 的 md5 校验和 |
| PASSWORD(str) | 返回字符串 str 的加密版本，这个加密过程是不可逆转的，与 UNIX 密码加密过程使用不同的算法 |
| SHA() | 计算字符串 str 的安全散列算法（SHA）校验和 |

# 小　结

本章详细地讲述了存储过程和存储函数，及其优点、缺点和区别。存储过程和存储函数都是用户自定义的 SQL 语句的集合，都存储在服务器上，被调用后执行。创建存储过程或存储函数过程中涉及变量、游标的定义和使用，以及对流程的控制，这些都是本章的重点。本章还介绍了如何查看、修改、删除存储过程或存储函数，最后列举了常用的系统函数。

# 思考与练习 11

1. 什么是存储过程、存储函数？两者有何异同点？
2. 举例说明存储过程和存储函数的定义和调用。
3. 存储过程有哪些优点？
4. 查看存储函数状态的方法有哪些？
5. 简述游标在存储过程中的作用。
6. 游标有什么用？有什么特性？如何声明、打开、关闭游标？
7. 在数据库 db_test 中创建一个存储过程，实现功能为：给定表 content 中一个留言人的姓名，即可修改表 content 中该留言人的电子邮件地址为一个给定的值。
8. 在 MySQL 中创建存储过程，以下正确的是（　　　）。
   A. CREATE PROCEDURE　　　　　　　B. CREATE FUNCTION
   C. CREATE DATABASE　　　　　　　　D. CREATE TABLE

9. 以下游标的使用步骤中，正确的是（　　）。

    A. 声明游标 使用游标 打开游标 关闭游标

    B. 打开游标 声明游标 使用游标 关闭游标

    C. 声明游标 打开游标 选择游标 关闭游标

    D. 声明游标 打开游标 使用游标 关闭游标

10. MySQL 存储过程的流程控制中，IF 必须与（　　）成对出现。

    A. ELSE        B. ITERATE        C. LEAVE        D. ENDIF

11. 下列控制流程中，MySQL 存储过程不支持(　　)。

    A. WHILE        B. FOR        C. LOOP        D. REPEAT

# 实验：存储过程与存储函数的创建和管理

## 一、实验目的

（1）理解存储过程和函数的概念。

（2）掌握创建存储过程和函数的方法。

（3）掌握执行存储过程和函数的方法。

（4）掌握游标的定义、使用方法。

## 二、实验内容

某超市的食品管理的数据库的 food 表，其定义如表 11-6 所示。

表 11-6　food 表

| 字段名 | 字段描述 | 数据类型 | 主键 | 外键 | 非空 | 唯一 | 自增 |
|---|---|---|---|---|---|---|---|
| foodid | 食品编号 | INT(4) | 是 | 否 | 是 | 是 | 是 |
| name | 食品名称 | VARCHAR(20) | 否 | 否 | 是 | 否 | 否 |
| company | 生产厂商 | VARCHAR(30) | 否 | 否 | 是 | 否 | 否 |
| price | 价格（单位：元） | FLOAT | 否 | 否 | 是 | 否 | 否 |
| product_tim | 生产年份 | YEAR | 否 | 否 | 否 | 否 | 否 |
| validity_tim | 保质期（单位：年） | INT(4) | 否 | 否 | 否 | 否 | 否 |
| address | 厂址 | VARCHAR(50) | 否 | 否 | 否 | 否 | 否 |

各列有如下数据：

```
'QQ 饼干', 'QQ 饼干厂', 2.5, '2008', 3, '北京'
'MN 牛奶', 'MN 牛奶厂', 3.5, '2009', 1, '河北'
'EE 果冻', 'EE 果冻厂', 1.5, '2007', 2, '北京'
'FF 咖啡', 'FF 咖啡厂', 20, '2002', 5, '天津'
'GG 奶糖', 'GG 奶糖', 14, '2003', 3, '广东'
```

（1）在 food 表上创建名为 pfood_price_count 的存储过程，有 3 个参数。输入参数为 price_info1 和 price_info2，输出参数为 count。存储过程满足：查询 food 表中食品单价高于 price_info1 且低于 price_info2 的食品种数，然后由 count 参数来输出，并且计算满足条件的单价的总和。

代码如下：

```
// 用 "DELIMITER &&" 将 SQL 语句的结束符号变成&&
DELIMITER &&
    CREATE PROCEDURE pfood_price_count(IN price_info1 FLOAT, IN price_info2 FLOAT, OUT count INT)
```

```
    READS SQL data
    BEGIN
        // 定义变量 temp
        DECLARE temp FLOAT;
        // 定义游标 match_price
        DECLARE match_price CURSOR FOR SELECT price  FROM food;
        // 定义条件处理。如果没有遇到关闭游标，则退出存储过程
        DECLARE EXIT HANDLER FOR NOT FOUND CLOSE match_price;
            // 为临时变量 sum 赋值
            SET @sum=0;
            // 用 SELECT…INTO 语句为输出变量 count 赋值
            SELECT  COUNT(*)  INTO  count  FROM  food
            WHERE  price>price_info1 AND price<price_info2 ;
            // 打开游标
            OPEN match_price;
            // 执行循环
            REPEAT
                // 使用游标 match_price
                FETCH match_price INTO temp;
                // 执行条件语句
                IF temp>price_info1 AND temp<price_info2
                    THEN SET @sum=@sum+temp;
                END IF;
            // 结束循环
            UNTIL 0 END REPEAT;
        // 关闭游标
        CLOSE match_price;
    END &&
    // 将 SQL 语句的结束符号变成 “；”
    DELIMITER ;
```

（2）用 CALL 语句调用存储过程，查询价格为 2～18 的食品种数。

```
CALL pfood_price_count(2, 18, @count) ;
```

（3）用 SELECT 语句查看结果。

```
SELECT @count, @sum;
```

其中，count 是存储过程的输出结果：sum 是存储过程中的变量，sum 中的值是满足条件的单价的总和。

（4）用 DROP 语句删除存储过程 pfood_price_count。

```
DROP PROCEDURE pfood_price_count;
```

（5）用存储函数来实现（1）的要求。存储函数的代码如下：

```
DELIMITER &&
    CREATE  FUNCTION  pfood_price_count1(price_info1 FLOAT, price_info2 FLOAT)
    RETURNS INT READS SQL data
    BEGIN
        RETURN (SELECT  COUNT(*)  FROM  food
        WHERE  price>price_info1 AND price<price_info2);
    END &&
DELIMITER ;
```

（6）调用存储函数。

```
SELECT pfood_price_count1(2, 18);
```

（7）删除存储函数。

```
DROP FUNCTION pfood_price_count1;
```

存储函数只能返回一个值，所以只实现了计算满足条件的食品种数。RETURN 将计算的食品种数返回。调用存储函数与调用 MySQL 内部函数的方式是一样的。

## 三、观察与思考

（1）什么时候适合通过创建存储过程来实现？

（2）功能相同的存储过程和存储函数的不同点有哪些？

（3）使用游标对于数据检索的好处有哪些？

# 第12章　触发器和事件调度器

MySQL 数据库管理系统中关于触发器、事件调度器的操作主要包括触发器和事件的创建、使用、查看和删除。触发器是由事件来触发某个操作。这些事件包括 INSERT 语句、UPDATE 语句和 DELETE 语句。当数据库系统执行这些事件时，会激活触发器执行相应的操作，本章将介绍触发器的含义、作用，创建触发器、查看触发器和删除触发器的方法，以及各种事件的触发器的执行情况。事件调度器（event scheduler）可以用于定时执行某些特定任务（如删除记录、汇总数据等），来取代原先只能由操作系统的计划任务来执行的工作。

## 12.1　触发器

### 12.1.1　触发器概述

触发器是一种特殊的存储过程，在插入，删除或修改特定表中的数据时触发执行，比数据库本身标准的功能有更精细和更复杂的数据控制能力。数据库中触发器的作用如下。

#### 1．安全性

触发器可以基于数据库的值，使用户具有操作数据库的某种权利；可以基于时间限制用户的操作，如不允许下班后和节假日修改数据库数据；可以基于数据库中的数据限制用户的操作，如不允许学生的分数大于满分。

#### 2．审计

触发器可以跟踪用户对数据库的操作，审计用户操作数据库的语句，把用户对数据库的更新写入审计表。

#### 3．实现复杂的数据完整性规则

触发器可以实现非标准的数据完整性检查和约束，产生比规则更复杂的限制。与规则不同，触发器可以引用列或数据库对象。例如，触发器可回退任何企图吃进超过自己保证金的期货。触发器可以提供可变的默认值。

#### 4．实现复杂的非标准的数据库相关完整性规则

触发器可以对数据库中相关的表进行连环更新。
在修改或删除时，级联修改或删除其他表中的与之匹配的行。
在修改或删除时，把其他表中与之匹配的行设成 NULL 值。

在修改或删除时，把其他表中与之匹配的行级联设成默认值。

触发器能够拒绝或回退那些破坏相关完整性的变化，取消试图进行数据更新的事务。当插入一个与其主键不匹配的外部键时，这种触发器会起作用。

触发器可以同步实时地复制表中的数据。

触发器可以自动计算数据值，如果数据的值达到一定要求，那么进行特定的处理。

## 12.1.2　创建使用触发器

触发程序是与表有关的命名数据库对象，当表上出现特定事件时，将激活该对象。在 MySQL 中，创建触发器的语法格式如下：

```
CREATE TRIGGER trigger_name trigger_time trigger_event
ON tbl_name FOR EACH ROW trigger_stmt
```

触发程序与命名为 tbl_name 的表相关。tbl_name 必须引用永久性表，不能将触发程序与临时表或视图关联。

trigger_time 是触发程序的动作时间，可以是 BEFORE 或 AFTER，以指明触发程序是在激活它的语句之前或之后触发。

trigger_event 指明了激活触发程序的语句的类型，可以是下述值之一。

- ❖ INSERT：将新行插入表时激活触发程序，如通过 INSERT、LOAD DATA 和 REPLACE 语句。
- ❖ UPDATE：更改某一行时激活触发程序，如通过 UPDATE 语句。
- ❖ DELETE：从表中删除某一行时激活触发程序，如通过 DELETE 和 REPLACE 语句。

trigger_event 与以表操作方式激活触发程序的 SQL 语句并不类似。例如，关于 INSERT 的 BEFORE 触发程序不仅能被 INSERT 语句激活，也能被 LOAD DATA 语句激活。可能造成混淆的例子之一是 INSERT INTO…ON DUPLICATE UPDATE…语法：BEFORE INSERT 触发程序对于每一行将激活，后跟 AFTER INSERT 触发程序，或 BEFORE UPDATE 和 AFTER UPDATE 触发程序，具体情况取决于行上是否有重复键。

具有相同触发程序动作时间和事件的给定表不能有两个触发程序。例如，某表不能有两个 BEFORE UPDATE 触发程序，但可以有一个 BEFORE UPDATE 触发程序和一个 BEFORE INSERT 触发程序，或一个 BEFORE UPDATE 触发程序和一个 AFTER UPDATE 触发程序。

trigger_stmt 是当触发程序激活时执行的语句。如果希望执行多个语句，可使用 BEGIN… END 复合语句结构，这样就能使用存储子程序中允许的相同语句。

【例 12-1】 创建一个表 tb，其中只有一列 a。在表上创建一个触发器，每次插入操作时，将用户变量 count 的值自增。

语句如下（结果如图 12-1 所示）：

```
CREATE TABLE tb(a INT);
SET @count =0;
CREATE TRIGGER tb1_insert AFTER INSERT  ON tb FOR EACH ROW
SET @count =@count+1;
```

向表 tb 中插入一行数据（结果如图 12-2 所示）：

```
INSERT INTO tb VALUES(11);
SELECT @count;
```

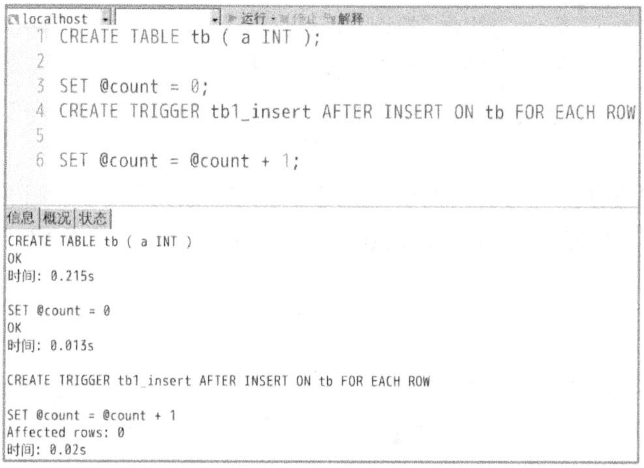

图 12-1　在表上创建触发器

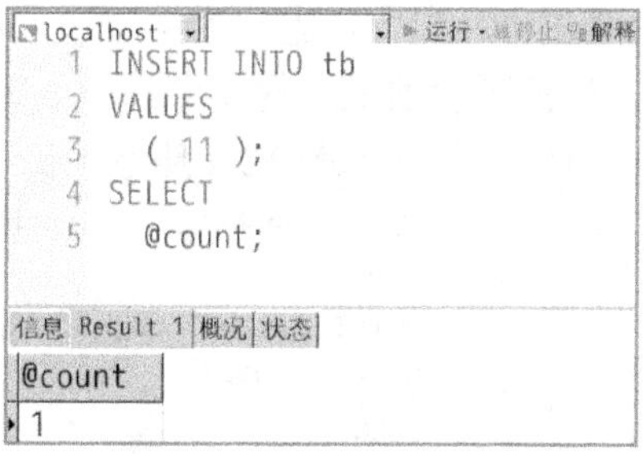

图 12-2　向表中插入数据

再向表 tb 中插入一行数据（结果如图 12-3 所示）：

```
INSERT INTO tb VALUES(21);
SELECT @count;
```

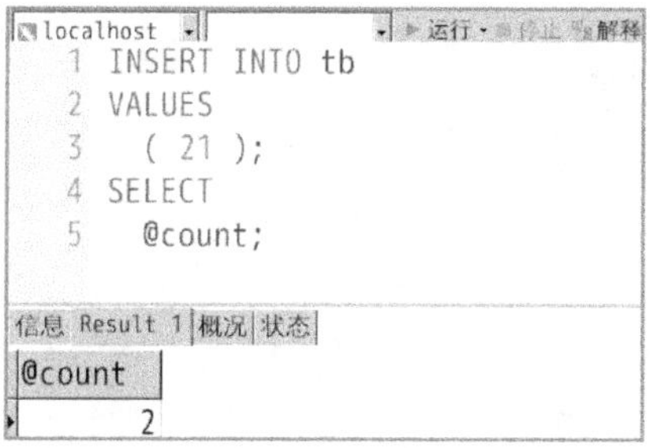

图 12-3　插入数据并获取计数器

可以看出，每次插入数据都会触发"SET @count =@count+1;"语句，使得@count 自增。触发器的使用比较简单，不过需要我们注意一些地方：

① 触发程序不能调用将数据返回客户端的存储程序，也不能使用采用 CALL 语句的动态 SQL（允许存储程序通过参数将数据返回触发程序）。

② 触发程序不能使用以显式或隐式方式开始或结束事务的语句，如 START TRANSACTION、COMMIT 或 ROLLBACK。OLD 和 NEW 关键字（不区分大小写）能够访问受触发程序影响的行中的列。

③ 在 INSERT 触发程序中，仅能使用 NEW.col_name，没有旧行。在 DELETE 触发程序中，仅能使用 OLD.col_name，没有新行。

④ 在 UPDATE 触发程序中，可以使用 OLD.col_name 引用更新前的某一行的列，也能使用 NEW.col_name 引用更新后的行中的列。用 OLD 命名的列是只读的，可以被引用，但不能被更改。对于用 NEW 命名的列，如果具有 SELECT 权限，可引用它。

⑤ 在 BEFORE 触发程序中，如果用户具有 UPDATE 权限，可使用"SET NEW.col_name = value"更改它的值。这意味着，触发程序可以更改将要插入新行中的值，或用于更新行的值。在 BEFORE 触发程序中，AUTO_INCREMENT 列的 NEW 值为 0，不是实际插入新记录时将自动生成的序列号。

⑥ BEGIN…END 结构能够定义执行多条语句的触发程序。BEGIN 块中还能使用存储子程序中允许的其他语法，如条件和循环等。但是，正如存储子程序那样，定义执行多条语句的触发程序时，如果使用 MySQL 程序输入触发程序，需要重新定义语句分隔符，以便在触发程序定义中使用字符";"。

【例 12-2】 创建一个由 DELETE 触发多个执行语句的触发器 tb_delete，每次删除记录时，都把删除的记录的 a 字段的值赋值给用户变量@old_value。@count 记录删除的个数。

语句如下（如图 12-4 所示）：

```
SET @old_value=NULL, @count=0;
delimiter //
    CREATE TRIGGER tb_update  AFTER UPDATE ON tb
    FOR EACH ROW
    BEGIN
        SET @old_value=OLD.a;
        SET @count=@count+1;
    END;//
delimiter ;
```

用 DELETE 删除所有数据 a=21 后，查看@old_value 和@count 如下：

```
DELETE FROM tb  WHERE a=21;
SELECT @old_value, @count;
```

结果如图 12-5 所示，符合我们预期结果。

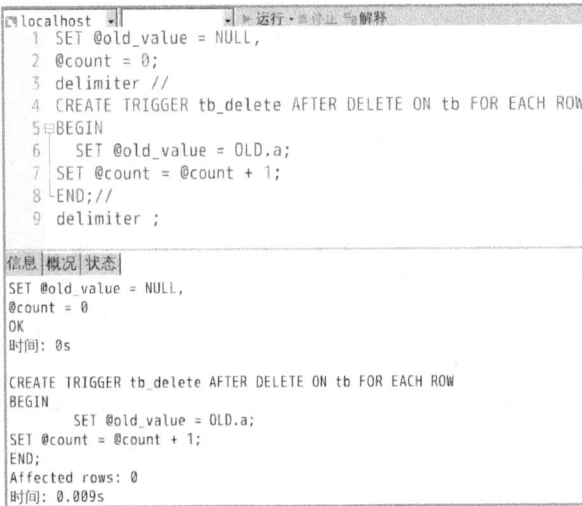

图 12-4　创建多个执行语句的触发器　　图 12-5　执行 delete 操作并获取触发器变量的值

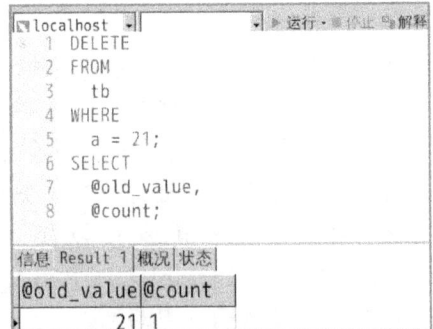

【例 12-3】 定义一个 UPDATE 触发程序，用于检查更新每一行时将使用的新值，并更改值，使之位于 0～100 范围。它必须是 BEFORE 触发程序，这是因为需要在将值用于更新行之前对其进行检查。

语句如下（如图 12-6 所示）：

```
delimiter //
    CREATE TRIGGER upd_check  BEFORE UPDATE ON tb
    FOR EACH ROW
    BEGIN
        IF new.a < 0 THEN
```

```
               SET new.a = 0;
         ELSEIF new.a > 100 THEN
               SET new.a = 100;
         END IF;
      END;//
   delimiter ;
```

把数据都更新为 102：

```
UPDATE tb  SET a=102 ;
SELECT *  FROM tb;
```

查看数据，应该都是 100，结果如图 12-7 所示。

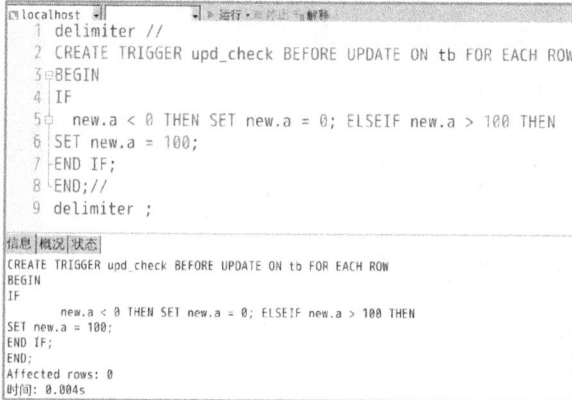

图 12-6　定义一个 update 的触发器

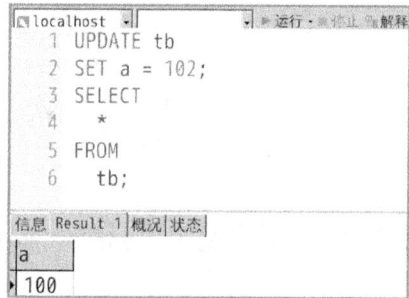

图 12-7　执行操作并获取触发器中变量的值

## 12.1.3　查看触发器

执行以下命令，可以执行命令查看触发器的状态、语法等信息：

```
SHOW TRIGGERS
```

但是因为不能查看指定的触发器，所以每次不会返回所有的触发器信息，使用起来不是很方便。另一种方法是查询系统表 information_schema.triggers 表，可以查询指定触发器的指定信息，操作更方便。

【例 12-4】　查询名称为 tb1_insert 的触发器。

语句如下（结果如图 12-8 所示）：

```
SELECT *  FROM information_schema.TRIGGERS
WHERE trigger_name = 'tb1_insert';
```

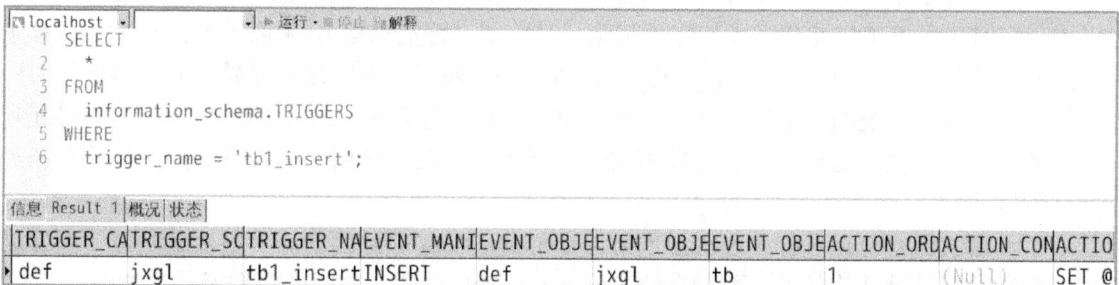

图 12-8　查询名称为 tb1_insert 的触发器

## 12.1.4 删除触发器

在 MySQL 中，删除触发器的基本形式如下：

```
DROP TRIGGER [schema_name.]trigger_name 触发程序
```

其中，schema_name（数据库）是可选的。如果省略了 schema，将从当前数据库中删除触发程序。

【例 12-5】 删除触发器 tb1_insert。

语句如下（结果如图 12-9 所示）：

```
DROP TRIGGER tb1_insert;
```

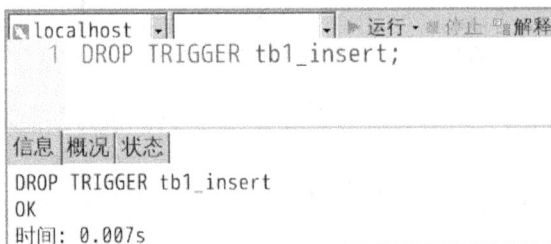

```
localhost ▼      ▼    ▶ 运行 ▼ ■停止  解释
    1  DROP TRIGGER tb1_insert;


信息 概况 状态

DROP TRIGGER tb1_insert
OK
时间: 0.007s
```

图 12-9 删除触发器

## 12.1.5 对触发器的进一步说明

下面是使用触发器的一些限制：

① 触发器不能调用将数据返回客户端的存储过程，也不能采用 CALL 语句的动态 SQL（允许存储过程通过参数将数据返回触发器）。

② 触发器不能使用以显式或隐式方式开始或结束事务的语句，如 START TRANSACTION、COMMIT 或 ROLLBACK。

③ MySQL 触发器针对行来操作，因此当处理大数据集的时候可能效率很低。

④ 触发器不能保原子性。例如在 MyISAM 中，当一个更新触发器在更新一个表后，触发对另一个表的更新，若触发器失败，不会回滚到第一个表的更新。Innodb 中的触发器和操作则是在一个事务中完成的，是原子操作。

# 12.2 事件调度器

自 MySQL 5.1.0 起，增加了一个非常有特色的功能：事件调度器（event scheduler），可以用于定时执行某些特定任务（如删除记录、对数据进行汇总等），来取代原先只能由操作系统的计划任务来执行的工作。值得一提的是，MySQL 的事件调度器可以精确到每秒钟执行一个任务，而操作系统的计划任务（如 Linux 下的 Cron 或 Windows 下的任务计划）只能精确到每分钟执行一次。这对于一些对数据实时性要求比较高的应用（如股票、赔率、比分等）就非常适合。

事件调度器有时也可称为临时触发器（temporal trigger），因为事件调度器是基于特定时间周期触发来执行某些任务，而触发器（trigger）是基于某个表所产生的事件触发的。

## 12.2.1　创建事件

在 MySQL 中，创建事件的基本形式如下：

```
CREATE EVENT event_name
ON SCHEDULE schedule
[ON COMPLETION [NOT] PRESERVE]
[ENABLE | DISABLE | DISABLE ON SLAVE]
[COMMENT 'comment']
DO event_body;
SCHEDULE:
    at timestamp
INTERVAL:
    quantit
```

DEFINER：定义事件执行的时候检查权限的用户。

ON SCHEDULE SCHEDULE：定义执行的时间和时间间隔。

ON COMPLETION [NOT] PRESERVE：定义事件是一次执行还是永久执行，默认为一次执行，即 NOT PRESERVE。

ENABLE | DISABLE | DISABLE ON SLAVE：定义事件创建以后是开启还是关闭。如果是从服务器自动同步主服务上创建事件语句，会自动加上 DISABLE ON SLAVE。

COMMENT 'comment'：定义事件的注释。

【例 12-6】 创建一个立即启动的事件，然后查看学生信息。

语句如下（结果如图 12-10 所示）：

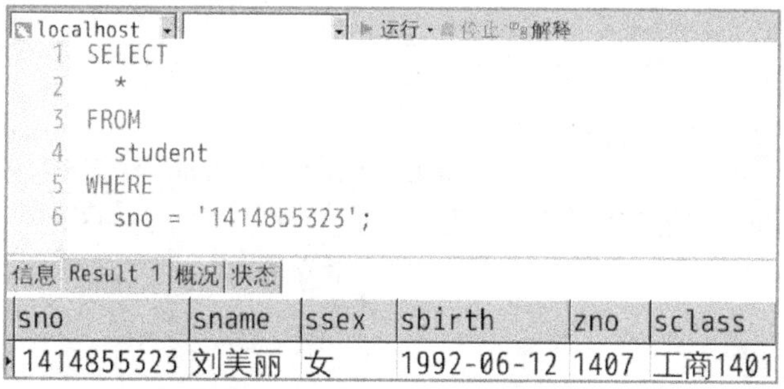

图 12-10　创建一个立即启动的事件

```
CREATE EVENT direct
ON SCHEDULE AT now()
DO INSERT INTO student
VALUES('1414855323', '刘美丽', '女', '1992-06-12', '1407', '工商1401');
SELECT * FROM student WHERE sno='1414855323';
```

使用时间调度器之前必须确保 event_scheduler 已开启，可执行"SET global event_scheduler = 1;"，或者在配置 my.ini 文件中加上"event_scheduler = 1"或"SET global event_scheduler = ON;"来开启，也可以直接在启动命令加上"-event_scheduler=1"。

【例 12-7】 创建一个 30 秒后启动的事件，然后查看学生信息。

语句如下（结果如图 12-11 所示）：

```
CREATE EVENT thirtyseconds
ON SCHEDULE AT CURRENT_TIMESTAMP + INTERVAL 30 SECOND DO
INSERT INTO student
```

```
VALUES('1414855329', '刘红', '女', '1993-06-12', '1407', '工商1401');
SELECT *
FROM student
WHERE sno = '1414855329';
```

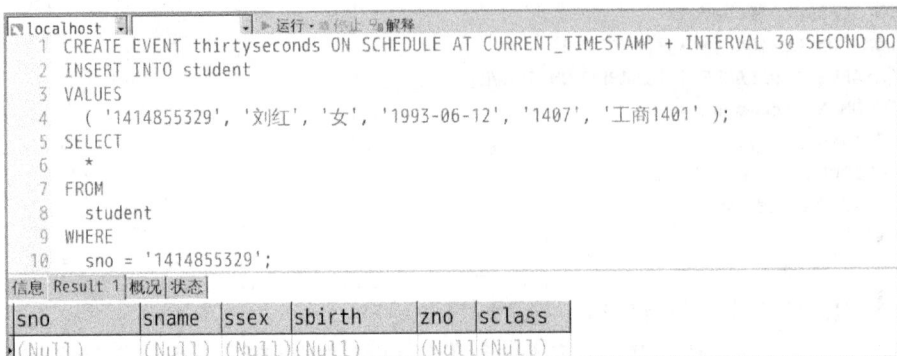

图 12-11　创建一个 30 秒后启动的事件

30 秒后再查询：

```
SELECT * FROM student  WHERE sno='1414855329';
```

结果如图 12-12 所示。

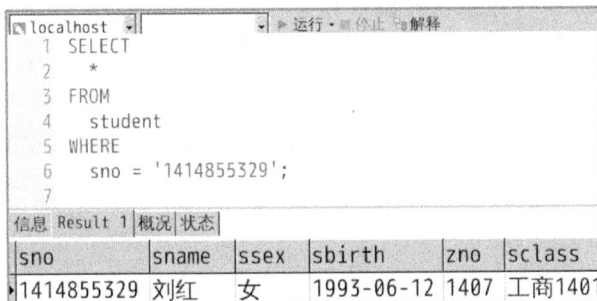

图 12-12　30 秒后查询数据

## 12.2.2　修改事件

在 MySQL 中，修改事件的语法格式如下：

```
ALTER EVENT event_name [ON SCHEDULE schedule]
    [RENAME TO new_event_name] [ON COMPLETION [NOT] PRESERVE]
    [COMMENT 'comment'] [ENABLE | DISABLE] [DO sql_statement]
```

临时关闭事件：

```
ALTER EVENT event_name DISABLE;
```

如果将 event_name 执行了临时关闭命令，那么重新启动 MySQL 服务器后，该 event_name 将被删除。

开启事件：

```
ALTER EVENT event_name ENABLE;
```

【例 12-8】　将事件 direct 的名字改成 firstdirect。

语句如下（结果如图 12-13 所示）：

```
ALTER EVENT direct RENAME TO firstdirect;
```

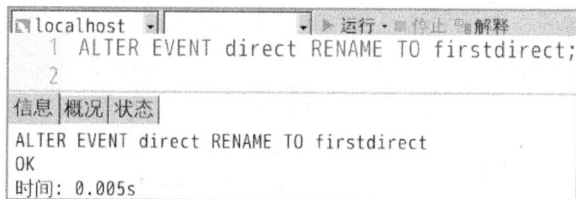

图 12-13　修改事件名称

## 12.2.3　删除事件

删除事件的语法格式如下：

```
DROP EVENT [IF EXISTS] event_name
```

如果事件不存在，会产生 error 1513 (hy000): unknown event 错误，因此最好加上 IF EXISTS。

【例 12-9】　删除名为 thirtyseconds 的事件。

语句如下（结果如图 12-14 所示）：

```
DROP EVENT thirtyseconds;
```

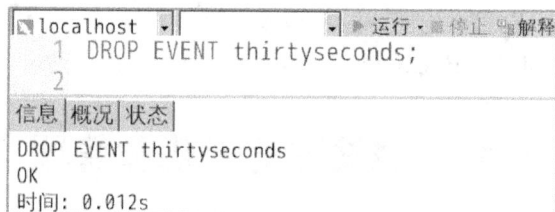

图 12-14　删除事件

# 小　结

本章介绍了在 MySQL 数据库管理系统中触发器、事件调度器的操作，主要包括触发器和事件的创建、使用、查看和删除。通过本章的学习，读者不仅可以掌握触发器和事件的基本概念，还能通过练习对其进行各种熟练的操作。

# 思考与练习 12

1. 什么是触发器？
2. 如何定义、删除和查看触发器？
3. 使用触发器有哪些限制？
4. 简述什么是事件。
5. 简述事件的作用。
6. 如何创建、修改和删除事件？
7. 简述事件与触发器的区别。
8. 在数据库 db_test 的表 content 中创建一个触发器 content_delete_trigger，每次删除表 content 中一行数据时，将用户变量 str 的值设置为"old content deleted"。

9.  数据库 db_test 中创建一个事件，用于每个月将表 content 中姓名为"MySQL 初学者"的留言人所发的全部留言信息删除，该事件开始于下个月并且在 2025 年 12 月 31 日结束。

10. 关于 CREATE TRIGGER 的作用，描述正确的是（　　）。
    A. 创建触发器　　　　　　　　　　　B. 查看触发器
    C. 应用触发器　　　　　　　　　　　D. 删除触发器

11. 下列语句中，（　　）用于查看触发器。
    A. SELECT *　FROM TRIGGERS
    B. SELECT *　FROM information_schema;
    C. SHOW TRIGGERS
    D. SELECT *　FROM students.triggers;

12. 删除触发器的指令是（　　）。
    A. CREATE TRIGGER 触发器名称　　　　B. DROP DATABASE 触发器名称
    C. DROP TRIGGERS 触发器名称　　　　　D. SHOW TRIGGERS 触发器名称

13. 应用触发器按（　　）顺序执行。
    A. 表操作、BEFORE 触发器、AFTER 触发器
    B. BEFORE 触发器、表操作、AFTER 触发器
    C. BEFORE 触发器、AFTER 触发器、表操作
    D. AFTER 触发器、BEFORE 触发器、表操作

# 实验：触发器的创建和管理

## 一、实验目的

1. 理解触发器的概念与类型。
2. 理解触发器的功能及工作原理。
3. 掌握创建、更改、删除触发器的方法。
4. 掌握利用触发器维护数据完整性的方法。

## 二、验证性实验

某同学定义产品信息 product 表，主要信息有产品编号、产品名称、主要功能、生产厂商、厂商地址。

生成 product 表的 SQL 语句如下：

```
CREATE TABLE product (
    id INT(10) NOT NULL UNIQUE PRIMARY KEY,
    name VARCHAR(20) NOT NULL,
    function VARCHAR(50),
    company VARCHAR(20) NOT NULL,
    address VARCHAR(50)
);
```

在对 product 表进行数据操作时，需要对操作的内容和时间进行记录。于是定义了 operate 表，其表生成 SQL 语句如下：

```
CREATE TABLE operate (
    op_id INT(10) NOT NULL UNIQUE PRIMARY KEY AUTO_INCREMENT,
    op_name VARCHAR(20) NOT NULL,
    op_tiem TIME NOT NULL
```

```
        );
```

完成如下任务：

1. 在 product 表上分别创建 BEFORE INSERT、AFTER UPDATE 和 AFTER DELETE 三个触发器，触发器的名称分别为 Tproduct_bf_insert、Tproduct_af_update 和 Tproduct_af_del。执行语句都是向 operate 表插入操作方法和操作时间。

（1）创建 Tproduct_bf_insert 触发器 SQL：

```
CREATE TRIGGER Tproduct_bf_insert  BEFORE INSERT
    ON product  FOR EACH ROW
    INSERT INTO operate  VALUES(null, 'Insert product', now());
```

（2）创建 Tproduct_af_update 触发器：

```
CREATE TRIGGER Tproduct_af_update  AFTER UPDATE
    ON product  FOR EACH ROW
    INSERT INTO operate  VALUES(null, 'Update product', now());
```

（3）创建 Tproduct_af_del 触发器：

```
CREATE  TRIGGER  Tproduct_af_del  AFTER  DELETE
    ON  product  FOR EACH ROW
    INSERT INTO operate  VALUES(null, 'delete product', now());
```

2. 对 product 表分别执行 INSERT、UPDATE 和 DELETE 操作，分别查看 operate 表。

（1）对 product 表中插入一条记录：

```
1, 'abc','治疗感冒', '北京abc制药厂','北京市昌平区'
```

SQL 语句如下：

```
INSERT INTO product VALUES(1, 'abc','治疗感冒', '北京abc制药厂', '北京市昌平区');
```

（2）更新记录，将产品编号为 1 的厂商住址改为"北京市海淀区"：

```
UPDATE product SET address='北京市海淀区'  WHERE id=1;
```

（3）删除产品编号为 1 的记录：

```
DELETE FROM product WHERE id=1;
```

3. 删除 Tproduct_bf_update 触发器。

```
DROP TRIGGER Tproduct_bf_insert;
```

## 三、设计性实验

1. 在 product 表上分别创建 AFTER INSERT、BEFORE UPDATE 和 BEFORE DELETE 三个触发器，触发器的名称分别为 product_af_insert、product_bf_update 和 Tproduct_bf_del。执行语句部分都是向 operate 表中插入操作方法和操作时间。

2. 查看 product_bf_del 触发器的基本结构。

3. 对 product 表分别执行如下操作，分别查看 operate 表。

```
INSERT INTO product VALUES(2, '止血灵','止血', '北京止血灵制药厂','北京市昌平区');
UPDATE product SET address='天津市开发区'  WHERE id=2;
DELETE FROM product  WHERE id=2;
```

4. 删除 product_bf_update 触发器。

## 四、观察与思考

1. 能否在当前数据库中为其他数据库创建触发器？

2. 触发器何时被激发？

# 第 13 章　权限管理

对于任何一种数据库来讲，安全性在实际应用中最重要。如果安全性得不到保证，那么数据库将面临各种各样的威胁，如数据丢失，严重时会导致系统瘫痪。为了保证数据库的安全，MySQL 数据库提供了完善的管理机制和操作手段。MySQL 数据库中的用户分为普通用户和 root 用户，用户类型不同，其权限也不同。root 用户是超级管理员，拥有所有权限；普通用户只能拥有创建用户时赋予它的权限。

本章介绍 MySQL 数据库的用户权限管理，主要包括权限管理表、用户管理和权限管理。

## 13.1　访问控制

MySQL 提供了访问控制，以便确保 MySQL 服务器的安全访问，即用户应该对他们需要的数据具有适当的访问权，既不能多，也不能少。换句话说，用户不能对过多的数据具有过多的访问权。因此，MySQL 的访问控制实际是为用户提供且仅提供他们所需的访问权。

为了满足 MySQL 服务器的安全基础，考虑以下内容：

❖ 多数用户只需对表进行读和写，但少数用户需要创建表和删除表。
❖ 某些用户需要读表，但可能不需要更新表。
❖ 可能允许用户添加数据，但不允许他们删除数据。
❖ 某些用户（管理员）可能需要处理用户账号的权限，但多数用户不需要。
❖ 可能允许用户通过存储过程访问数据，但不允许他们直接访问数据。
❖ 可能需要根据用户登录的地点限制对某些功能的访问。

以上各种情况需要给用户提供所需的访问权，且仅提供所需的访问权。这就是"访问控制"，管理访问控制需要创建和管理用户账号。因此，访问控制不仅可以防止用户的恶意企图，还可以保证用户不出现无意的错误。

特别提醒：在执行数据库操作时，需要登录 MySQL，会通过 root 用户对整个 MySQL 服务器具有完全控制。建议严肃对待 root 用户登录，即在绝对需要的时候使用，不应该在日常的 MySQL 操作中使用。

## 13.2　权限表

MySQL 服务器通过 MySQL 权限控制用户对数据库的访问。MySQL 数据库安装成功后，会自动安装多个数据库。MySQL 权限表存放在名称为 mysql 的数据库。常用的表有 user、 db、table_priv、columns_priv、column_priv 和 procs_priv。

## 13.2.1 user 表

use 表是 MySQL 中最终的权限表。DESC 语句可以查看 user 表的基本结构，主要包括 4 部分：用户列、权限列、安全列和资源控制列。

通常用得较多的是用户列和权限列。权限又分为普通权限和管理权限。普通权限主要用于对数据库的操作，而管理权限主要用于对数据库进行管理的操作。

当用户进行连接时，权限表的存取过程如下：

① 从 user 的 host、user 和 password 字段判断连接的 IP、用户名和密码是否存于表中，如果存在，则通过身份验证，否则拒绝连接。

② 通过身份验证后，按照以下权限的顺序得到数据库权限：user、db、table_priv、colums_priv。这几个表的权限依次递减，全局权限覆盖局部权限。

### 1. 用户字段

user 表中的 host、user 和 password 字段都属于用户字段。

【例 13-1】 查询 user 表的相关用户字段

```
SELECT host, user, authentication_string  FROM mysql.user;
```

从如图 13-1 可知，user 字段的值为 root 的用户有 3 个，但是主机名称有所不同。localhost 主机下有两个用户，一个是 root，一个是 lili。当添加、删除或修改用户信息时，就是对 user 进行操作。

```
mysql> select host,user,authentication_string from mysql.user;
+-----------+---------------+-------------------------------------------+
| host      | user          | authentication_string                     |
+-----------+---------------+-------------------------------------------+
| localhost | root          | *6EE26EB177BF73EC8587AB905FB883464AD09CA4 |
| localhost | mysql.session | *THISISNOTAVALIDPASSWORDTHATCANBEUSEDHERE |
| localhost | mysql.sys     | *THISISNOTAVALIDPASSWORDTHATCANBEUSEDHERE |
| localhost | lili          | *3691428C664CBCC3C4F63732B928B6F0BE9348FB |
+-----------+---------------+-------------------------------------------+
4 rows in set (0.00 sec)
```

图 13-1 查询 user 表的用户字段

### 2. 权限字段

user 表中包含几十个与权限有关的以 priv 结尾的字段，这些权限字段决定了用户的权限，不仅包括基本权限、修改和添加权限等，还包括关闭服务器权限、超级权限和加载权限等。不同用户拥有的权限可能不同。这些字段的值只有 Y 或 N，表示有权限和无权限，默认为 N。GRANT 命令为用户赋予一些权限

【例 13-2】 查看 localhost 主机下用户的 SELECT、INSERT、UPDATE 和权限。

语句如下（结果如图 13-2 所示）：

```
SELECT select_priv, insert_priv, update_priv, user, host
FROM mysql.user
WHERE host = 'localhost';
```

### 3. 安全列

安全列只有 6 个字段，2 个与 SSL 相关：ssl_type 和 ssl_cipher，2 个与 X509 相关：x509_issuer 和 x509_subject，另 2 个与授权插件相关。

图 13-2　查询用户的 SELECT、INSERT、UPDATE 和权限

SSL 用于加密；X509 标准可用于标识用户；plugin 字段标识可以用于验证用户身份的插件，如果该字段为空，那么服务器使用内建授权验证机制验证用户身份。

【例 13-3】　用"SHOW variables LIKE 'have_openssl';"语句查看 have_openssl 是否具有 SSL 功能。

结果如图 13-3 所示。明显支持此功能。

图 13-3　查看 have_openssl 是否具有 SSL 功能

### 4．资源控制列

资源控制列的字段用来限制用户使用的资源，包含 4 个字段。

❖ max_questions：用户每小时允许执行的查询操作次数。
❖ max_updates：用户每小时允许执行的更新操作次数。
❖ max_connections：用户每小时允许执行的连接操作次数。
❖ max_user_connections：单个用户可以同时具有的连接次数。

这些字段的默认值为 0，表示没有限制。

一个小时内，如果用户查询或者连接数量超过资源控制限制，那么用户将被锁定，直到下一个小时，才可以再执行对应的操作。

## 13.2.2　db 表和 host 表

db 表和 host 表也是 MySQL 数据库中非常重要的权限表。db 表中存储了用户对某个数据库的操作权限，决定用户能从哪个主机存取哪个数据库；host 表中存储了某个主机对数据库的操作权限，配合 db 表对给定主机上数据库级操作权限做更细致的控制。

这两个权限表不受 GRANT 和 REVOKE 语句的影响。db 表比较常用，host 表一般很少使用。db 表与 host 表的结构相似，可以用 DESC 语句查看这两个表的基本结构。字段大致可以分为两类：用户列和权限列。

### 1．用户列

db 表的用户列有 3 个字段：host、db 和 user，分别表示主机名、数据库名和用户名。host 表的用户列有两个字段：host 和 db，分别表示主机名和数据库名。

host 表是 db 表的扩展。如果 db 表中找不到 host 字段的值，就需要到 host 表中寻找。但是 host 表很少用到，通常 db 表的设置已经可以满足权限控制要求了。

### 2．权限列

db 表和 host 表的权限列大致相同，其 create_routine_priv 和 alter_routine_priv 字段表明用户是否有创建和修改存储过程的权限。

user 表中的权限是针对所有数据库的。如果 user 表中的 select_priv 字段取值为 Y，那么该用户可以查询所有数据库中的表；如果为某个用户只设置了查询 test 表的权限，那么 user 表的 select_priv 字段的取值为 N，其 SELECT 权限记录在 db 表中。db 表中 select_priv 字段的取值会是 Y。

由此可知，用户先根据 user 表的内容获取权限，再根据 db 表的内容获取权限。

user 表中的权限是针对所有数据库的，所以，如果希望用户只对某个数据库有操作权限，那么需要将 user 表中对应的权限设置为 N，然后在 db 表中设置对应数据库的操作权限。例如，名为 lili 的用户分别从 www.test1.com 和 www.test2.com 两个主机连接到数据库，并需要操作 student 数据库。这时可以将用户名称 lili 添加到 db 表中，而 db 表中的 host 字段值为空，然后将两个主机地址分别作为两条记录的 host 字段值添加到 host 表中，并将两个表的数据库字段设置为相同的值 student。当有用户连接到 MySQL 服务器时，db 表中没有用户登录的主机名称，则 MySQL 会从 host 表中查找相匹配的值，并根据查询的结果决定用户的操作是否被允许。

## 13.2.3　tables_priv 表

tables_priv 表可以对单个表进行权限设置 ,用来指定表级权限。这里指定的权限适用于一个表的所有列。用户可以用 DESC 语句查看表结构。

tables_priv 表有 8 个字段：host、db、user、table_name、grantor、timestamp、table_priv 和 column_priv。

host、db、user 和 table_name 字段分别表示主机名、数据库名、用户名和表名。

grantor 字段表示修改该记录的用户。

timestamp 字段表示修改该记录的时间。

table_priv 字段表示对表进行操作的权限，这些权限包括 SELECT、INSERT、UPDATE、DELETE、CREATE、DROP、GRANT、REFERENCES、INDEX 和 ALTER。

column_priv 字段表示对表中的列进行操作的权限，这些权限包括 SELECT、INSERT、UPDATE 和 REFERENCES。

【例 13-4】　用"DESC tables_priv"命令查看表结构。

结果如图 13-4 所示。

## 13.2.4　columns_priv 表

columns_priv 表可以对表中的某一列进行权限设置。columns_priv 表只有 7 个字段，分别是 host、db、user、table_name、column_name、timestamp 和 column_priv。其中，column_name 用来指定对哪些数据列具有操作权限。

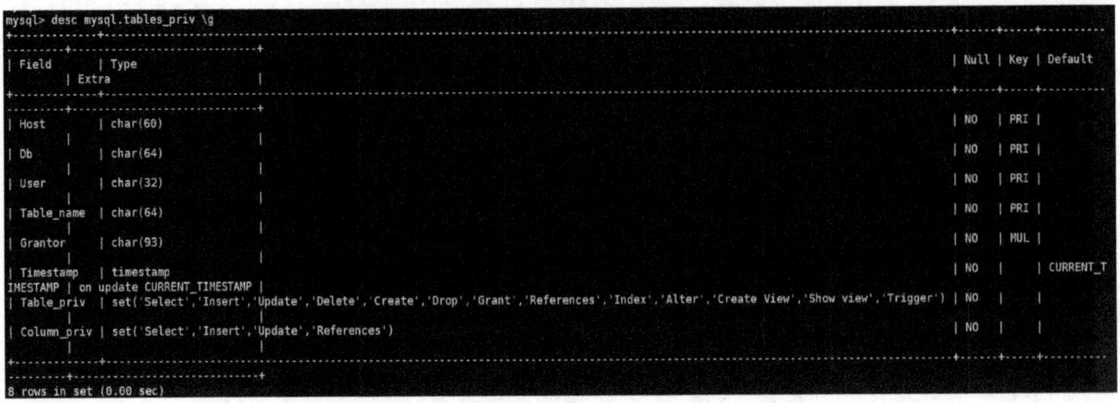

图 13-4　查看 tables_priv 表结构

MySQL 中权限的分配是按照 user 表、db 表、tables_priv 表和 columns_priv 表的顺序进行分配的，先判断 user 表中的值是否为 Y，如果为 Y，就不需要检查后面的表了；如果为 N，则依次检查 db 表、tables_priv 表和 columns_priv 表。

### 13.2.5　procs_priv 表

procs_priv 表可以对存储过程和存储函数进行权限设置。DESC 语句可以查看 procs_priv 表的基本结构。procs_priv 表包含 8 个字段：host、db、user、routine_name、routine_type、grantor、proc_priv 和 timestamp 等。

host、db 和 user 字段分别表示主机名、数据库名和用户名。

routine_name 字段表示存储过程或存储函数的名称。

routine_type 字段表示存储过程或存储函数的类型。该字段有两个值，分别是 function 和 procedure。function 表示是一个存储函数，procedure 表示是一个存储过程。

grantor 字段存储插入或修改该记录的用户。

proc_priv 字段表示拥有的权限，包括 EXECUTE、ALTER ROUTINE、GRANT 种。

timestamp 字段存储记录更新的时间。

## 13.3　用户管理

MySQL 用户账号和信息存储在名为 mysql 的数据库中。该数据库有一个名为 user 的数据表，包含了所有用户账号，并且用一个名为 user 的列存储用户的登录名。一般不需要直接访问 MySQL 数据库和表，但有时需要直接访问。在需要获得所有用户账号列表时，可使用以下语句实现：

```
USE mysql;
SELECT user FROM user;
```

### 13.3.1　添加用户

作为一个新安装的系统，当前只有一个名为 root 的用户。这个用户是在成功安装 MySQL 服务器后由系统创建的，并且被赋予了操作和管理 MySQL 的所有权限。因此，root 用户有对整个 MySQL 服务器完全控制的权限。

在对 MySQL 的日常管理和实际操作中，为了避免恶意用户冒名使用 root 账号操控数据库，通常需要创建一系列具备适当权限的账号，而尽可能地不用或少用 root 账号登录系统，以此来确保数据的安全访问。因此，日常对 MySQL 管理时需要对用户账号严格管理。

### 1. 用 CREATE USE 创建用户

CREATE USER 语句用来创建一个或多个用户，并设置相应的口令，语法格式如下：

```
CREATE USER user IDENTIFIED BY [PASSWORD] 'password'
[, user IDENTIFIED BY [PASSWORD] 'password'] …
```

user：指定创建用户账号，其格式为'user_name'@'host name'。这里，user_name 是用户名，host_name 为主机名，即用户连接 MySQL 时所在主机的名字。如果在创建的过程中只给出了用户名，而没指定主机名，则主机名会默认为是 "%"，表示一组主机。

IDENTIFIED BY 子句：用于指定用户对应的口令，若无口令，则可省略此子句。

PASSWORD（可选项）：用于指定散列（hash，或称为 "哈希"）口令，即若使用明文设置口令时，则需忽略 PASSWORD 关键字；如果不想以明文设置口令，且知道 password () 函数返回给密码的散列值，则可以在此口令设置语句中指定此散列值，但需加上关键字 PASSWORD。

散列，就是把任意长度的输入（又称为预映射，pre-image），通过散列算法，变换成固定长度的输出。该输出就是散列值。

password：指定用户的口令，在 IDENTIFIED BY 子句或 PASSWORD 关键字后。口令值可以是由字母和数字组成的明文，也可以是通过 password() 函数得到的散列值。

【例 13-5】 在 MySQL 服务器中添加新的用户，用户名为 zhangmei，主机名为 localhost，口令设置为明文 123。

语句如下（结果如图 13-5 所示）：

```
create user 'zhangmei'@'localhost' identified by '123';
```

```
mysql> create user 'zhangmei'@'localhost' identified by '123';
Query OK, 0 rows affected (0.00 sec)
```

图 13-5 添加新的用户

CREATE USER 语句的说明如下。

① 要使用 CREATE USER 语句，必须拥有 mysql 数据库的 INSERT 权限或全局 CREATE USER 权限。

② 用 CREATE USER 语句创建一个用户账号后，会在系统的 mysql 数据库的 user 表中添加一条新记录。如果创建的账号已经存在，则语句执行会出现错误。

③ 如果两个用户有相同的用户名和不同的主机名，那么 MySQL 会将他们视为不同的用户，并允许为这两个用户分配不同的权限集合。

④ 如果 CREATE USER 语句中没有为用户指定口令，那么 MySQL 允许该用户可以不使用口令登录系统，然而从安全角度不推荐这种做法。

⑤ 新创建的用户拥有的权限很少。他们可以登录到 MySQL，只允许进行不需要权限的操作，如使用 SHOW 语句查询所有存储引擎和字符集的列表等，不能使用 USE 语句让其他用户已经创建的任何数据库成为当前数据库，因而无法访问相关数据库的表。

### 2. 用 INSERT 语句新建普通用户

INSERT 语句可以直接将用户信息添加到 mysql.user 表中，但需要对 user 表的插入权限。

由于 user 表中的字段非常多，插入数据时要保证没有默认值的字段一定要给出值，因此插入数据时至少要插入以下 6 个字段的值，即：host，user，password，ssl_cipher，x09_issuer，x509_subject。

【例 13-6】 插入 xiaohong 用户，主机名为 localhost，密码是 password(123)。

语句如下（结果如图 13-6 所示）：

```
INSERT INTO mysql.user(host, user, password, ssl_cipher, x509_issuer, x509_subject)
VALUES('localhost', 'xiaohong', password(123), '', '', '');
```

```
mysql> insert into mysql.user(host,user,authentication_string,ssl_cipher,x509_issuer,x509_subject)
    -> values('localhost', 'xiaohong', password(123), '', '', '');
Query OK, 1 row affected, 1 warning (0.00 sec)
```

图 13-6  插入 xiaohong 用户

执行后，必须使用 "FLUSH PRIVILEGES" 命令使用户生效，而这个命令需要 RELOAD 权限，结果如图 13-7 所示。

```
mysql> flush privileges;
Query OK, 0 rows affected (0.01 sec)
```

图 13-7  RELOAD 权限

### 3．用 GRANT 语句新建普通用户

GRANT 语句也可以创建新的用户，在创建用户时可以为用户授权。GRANT 语句是 MySQL 非常重要的一个命令，不仅可以创建用户、授予权限，还可以修改密码，将 13.4 节中具体讲解。

## 13.3.2  查看用户

查看用户的语法格式如下：

```
SELECT * FROM mysql.user
WHERE host='host_name' AND user='user_name'
```

其中，"*" 代表 mysql 数据库中 user 表的所有列，也可以指定特定的列。常用的列名有 host、user、password、select_priv、insert_priv、update_priv、delete_priv、create_priv、drop_priv、grant_priv、references_priv、index_priv 等。

WHERE 后面紧跟的是查询条件，该语句可选，视情况而定，这里列举的条件是 host 和 user 两列。

【例 13-7】 查看本机上的所有用户名。

语句如下（结果如图 13-8 所示）：

```
SELECT host, user, authentication_string  FROM mysql.user;
```

```
mysql> select host,user ,authentication_string from mysql.user;
+-----------+---------------+-------------------------------------------+
| host      | user          | authentication_string                     |
+-----------+---------------+-------------------------------------------+
| localhost | root          | *6EE26EB177BF73EC8587AB905FB883464AD09CA4 |
| localhost | mysql.session | *THISISNOTAVALIDPASSWORDTHATCANBEUSEDHERE |
| localhost | mysql.sys     | *THISISNOTAVALIDPASSWORDTHATCANBEUSEDHERE |
| localhost | lili          | *3691428C664CBCC3C4F63732B928B6F0BE9348FB |
| localhost | zhangmei      | *23AE809DDACAF96AF0FD78ED04B6A265E05AA257 |
| localhost | xiaohong      | *23AE809DDACAF96AF0FD78ED04B6A265E05AA257 |
+-----------+---------------+-------------------------------------------+
6 rows in set (0.00 sec)
```

图 13-8  查看本地主机上的所有用户名

### 13.3.3　修改用户账号

RENAME USER 语句可以修改一个或多个已经存在的 mysql 数据库的用户。若系统中旧用户不存在或者新用户已存在，则语句执行会出现错误。要使用 RENAME USER 语句，必须拥有 mysql 数据库的 UPDATE 权限或全局 CREATE USER 权限。

RENAME USER 的语法格式如下：

```
RENAME USER old_user TO new_user [, old_user TO new_user] …
```

其中，old_user 表示系统中已经存在的用户，new_user 表示新的用户。

【例 13-8】　将前面例子中用户 zhangmei 的名字修改成 wangwu。

语句如下（结果如图 13-9 所示）：

```
RENAME USER 'zhangmei'@'localhost' TO 'wangwu'@'localhost';
```

图 13-9　将用户 zhangmei 的名字改成 wangwu

### 13.3.4　修改用户口令

#### 1．用 MYSQLADMIN 命令修改密码

用 MYSQLADMIN 命令修改密码的语法格式如下：

```
MYSQLADMIN –u username –p PASSWORD
```

其中，PASSWORD 为关键字。

【例 13-9】　修改 root 密码为"Cau@123456"。

输入命令"MYSQLADMIN –u root -p PASSWORD"后，先根据提示输入旧密码，再输入新密码并确认（结果如图 13-10 所示）。

图 13-10　修改 root 密码

#### 2．用 SET 语句修改密码

用 SET 语句修改密码的语法格式如下：

```
SET PASSWORD [FOR 'username'@'hostname'] = password('new_password');
```

如果不加"[FOR 'username'@'hostname']"，则修改当前用户密码。

【例 13-10】　修改用户 xiaohong 的密码为'123'。

语句如下（结果如图 13-11 所示）：

```
SET PASSWORD FOR 'xiaohong'@'localhost' = password('123');
```

```
mysql> set password for 'xiaohong'@'localhost' = password('123');
Query OK, 0 rows affected, 1 warning (0.00 sec)
```
图 13-11　用 SET 语句修改密码

修改 mysql 数据库的 user 表，需要具有对 mysql.user 表的修改权限，而 root 用户的权限最高，所以一般使用 root 用户登录，然后修改自己或普通用户的密码。

```
UPDATE mysql.user
SET authentication_string =password('new_password')
WHERE user='user_name' AND host = 'host_name';
```

【例 13-11】　用 update 语句修改用户 xiaohong 的密码为'123456'。

语句如下（结果如图 13-12 所示）：

```
UPDATE mysql.user
SET password = password('123456')
WHERE user = 'xiaohong' AND host = 'localhost';
```

```
mysql> update mysql.user
    -> set authentication_string=password('123456')
    -> where user='xiaohong' and host='localhost';
Query OK, 1 row affected, 1 warning (0.00 sec)
Rows matched: 1  Changed: 1  Warnings: 1
```
图 13-12　用 UPDATE 语句修改密码

修改后，还是需要用 flush 命令重新加载权限。

当使用 SET PASSWORD、INSERT 或 UPDATE 指定用户的密码时，必须用 password() 函数对它进行加密，唯一的特例是，如果密码为空，则不需要使用 password()。之所以加密，是因为当用户登录服务器时，密码值会被加密后会与 user 表中相应的密码比较，如果 user 表中的密码不加密，那么比较的结果会导致服务器拒绝连接。

### 13.3.5　删除用户

在 MySQL 数据库中，DROP USER 语句可以删除普通用户，也可以直接在 mysql.user 表中删除用户。

#### 1．用 DROP USER 语句删除普通用户

DROP USER 语句可以删除用户，但是必须具有 DROP USER 权限。

```
DROP USER user[, user]…
```

其中，user 是需要删除的用户，由用户名和主机组成。DROP USER 语句可以同时删除多个用户，各用户用 "," 隔开。

【例 13-12】　删除 xiaohong 用户，其 host 值为 localhost。

语句如下（结果如图 13-13 所示）：

```
DROP USER xiaohong @localhost;
```

#### 2．用 DELETE 语句删除普通用户

【例 13-13】　删除 wangwu 用户，主机名为 localhost。

语句如下：

```
DELETE FROM mysql.user
WHERE user = 'wangwu' AND host = 'localhost';
```

执行后，显示操作成功（结果如图 13-14 所示）。

```
mysql> drop user xiaohong @localhost;
Query OK, 0 rows affected (0.00 sec)

mysql> select host,user ,authentication_string from mysql.user;
+-----------+--------------+-------------------------------------------+
| host      | user         | authentication_string                     |
+-----------+--------------+-------------------------------------------+
| localhost | root         | *6EE26EB177BF73EC8587AB905FB883464AD09CA4 |
| localhost | mysql.session| *THISISNOTAVALIDPASSWORDTHATCANBEUSEDHERE |
| localhost | mysql.sys    | *THISISNOTAVALIDPASSWORDTHATCANBEUSEDHERE |
| localhost | lili         | *3691428C664CBCC3C4F63732B928B6F0BE9348FB |
| localhost | wangwu       | *23AE809DDACAF96AF0FD78ED04B6A265E05AA257 |
+-----------+--------------+-------------------------------------------+
5 rows in set (0.00 sec)
```

图 13-13　用 DROP 语句删除用户

```
mysql> delete from mysql.user where user='wangwu' and host='localhost';
Query OK, 1 row affected (0.00 sec)

mysql> select host,user ,authentication_string from mysql.user;
+-----------+--------------+-------------------------------------------+
| host      | user         | authentication_string                     |
+-----------+--------------+-------------------------------------------+
| localhost | root         | *6EE26EB177BF73EC8587AB905FB883464AD09CA4 |
| localhost | mysql.session| *THISISNOTAVALIDPASSWORDTHATCANBEUSEDHERE |
| localhost | mysql.sys    | *THISISNOTAVALIDPASSWORDTHATCANBEUSEDHERE |
| localhost | lili         | *3691428C664CBCC3C4F63732B928B6F0BE9348FB |
+-----------+--------------+-------------------------------------------+
4 rows in set (0.00 sec)
```

图 13-14　用 DELETE 语句删除用户

再用 flush 命令重新装载权限（结果如图 13-15 所示）。

```
mysql> flush privileges;
Query OK, 0 rows affected (0.00 sec)
```

图 13-15　用 flush 命令重新装载权限

# 13.4　账户权限管理

## 13.4.1　权限授予

新建的 MySQL 用户必须被授权，可以用 GRANT 语句实现，其语法格式如下：

```
GRANT priv_type[(column_list)] [, priv_type[(column_list)]]…
ON [object_type] priv_level TO user_specification[, user_specification]…
[WITH with_option …]
```

priv_type：用于指定权限的名称，如 SELECT、UPDATE、DELETE 等数据库操作。

column_list：用于指定权限要授予该表中哪些具体的列。

ON 子句：用于指定权限授予的对象和级别，如可在 ON 关键字后给出要授予权限的数据库名或表名等。

object_type（可选项）：用于指定权限授予的对象类型，包括表、函数和存储过程，分别用关键字 TABLE、FUNCTION 和 PROCEDURE 标识。

priv_level：用于指定权限的级别。可以授予的权限如下：

① 列权限，与表中的一个具体列相关。例如，UPDATE 语句可以更新表 student 中 cust_name 列的值的权限。

② 表权限，与一个具体表中的所有数据相关。例如，SELECT 语句可以查询表 customers 的所有数据的权限。

③ 数据库权限，与一个具体的数据库中的所有表相关。例如，在已有数据库 studentinfo

中可以创建新表的权限。

④ 用户权限，与 mysql 中所有的数据库相关。例如，可以删除已有的数据库或者创建一个新的数据库的权限。

对应地，GRANT 语句中可用于指定权限级别的值如下。

❖ *：表示当前数据库中的所有表。

❖ *.*：表示所有数据库中的所有表。

db_name.*：表示某个数据库中的所有表，db_name 指定数据库名。

db_name.tbl_name：表示某个数据库中的某个表或视图，db_name 指定数据库名，tbl_name 指定表名或视图名。

tbl_name：表示某个表或视图，tbl_name 指定表名或视图名。

db_name.routine_name：表示某个数据库中的某个存储过程或函数，routine_name 指定存储过程名或函数名。

TO 子句：用来设定用户的口令，以及指定被授予权限的用户 user。若在 TO 子句中为系统中存在的用户指定口令，则新密码会将原密码覆盖；如果权限被授予给一个不存在的用户，则会自动执行一条 CREATE USER 语句创建这个用户，但同时必须为该用户指定口令。由此可见，GRANT 语句亦可以用于创建用户账号。

user_specification：TO 子句的具体描述，与 CREATE USER 语句中的 user_specification 部分一样。

WITH 子句（可选项）：用于实现权限的转移或限制。

GRANT 子句要求至少提供以下信息：要授予的权限，被授予访问权限的数据库或表，以及用户名。

【例 13-14】 授予用户 lili 在数据库 studentinfo 的表 student 上拥有对列 sno 和列 sname 的 SELECT 权限。

语句如下（结果如图 13-16 所示）：

```
GRANT SELECT (sno, sname) ON student TO 'lili'@'localhost';
```

```
mysql> use jxgl;
Database changed
mysql> grant select (sno, sname) on student to 'lili'@'localhost';
Query OK, 0 rows affected (0.00 sec)
```

图 13-16　授予用户 SELECT 权限

这条权限授予语句成功执行后，用户 lili 登录服务器，可以使用 SELECT 语句查看表 student 中列 sno 和列 sname 的数据了，而且目前仅能执行这项操作，如果执行其他数据库操作，则会出现错误。例如：

```
SELECT * FROM student ;
```

则出现如下错误提示：

```
error 1142 (42000) : SELECT command denied to user 'lili'@'localhost' for table 'student'
```

【例 13-15】 当前系统中不存在用户 liming 和用户 huang，要求创建这两个用户，并设置对应的系统登录口令，同时授予他们在数据库 studentInfo 的表 student 上拥有 SELECT 和 UPDATE 的权限。

语句如下（结果如图 13-17 所示）：

```
GRANT SELECT, UPDATE ON studentInfo.student
TO 'liming'@'localhost' IDENTIFIED BY 'Liming@123',
    'huang'@'localhost' IDENTIFIED BY 'Huang@789';
```

```
mysql> grant select,update on studentInfo.student
    -> to 'liming'@'localhost' identified by 'Liming@123',
    -> 'huang'@'localhost' identified by 'Huang@789';
Query OK, 0 rows affected, 2 warnings (0.03 sec)
```

图 13-17　授予用户 SELECT 和 UPDATE 权限

语句成功执行后，即可分别使用 liming 和 huang 的账户登录服务器，验证这两个用户是否具有了对表 student 可以执行 SELECT 和 UPDATE 操作的权限。

【例 13-16】　授予系统中已存在用户 lili 可以在数据库 studentinfo 中执行所有数据库操作的权限。

语句如下（结果如图 13-18 所示）：

```
GRANT ALL  ON studentInfo.*  TO 'lili'@'localhost';
```

```
mysql> grant all on studentInfo.* to 'lili'@'localhost';
Query OK, 0 rows affected (0.01 sec)
```

图 13-18　授予用户所有权限

GRANT 语句中，priv_type 的使用说明如下。

授予表权限时，priv_type 可以指定为以下值。

❖ SELECT：表示授予用户可以使用 SELECT 语句访问特定表的权限。

❖ INSERT：表示授予用户可以使用 INSERT 语句向一个特定表中添加数据行的权限。

❖ DELETE：表示授予用户可以使用 DELETE 语句从一个特定表中删除数据行的权限。

❖ UPDATE：表示授予用户可以使用 UPDATE 语句修改特定数据表中值的权限。

❖ REFERENCES：表示授予用户可以创建一个外键来参照特定数据表的权限。

❖ CREATE：表示授予用户可以使用特定的名字创建一个数据表的权限。

❖ ALTER：表示授予用户可以使用 ALTER TABLE 语句修改数据表的权限。

❖ INDEX：表示授予用户可以再表上定义索引的权限。

❖ DROP：表示授予用户可以删除数据表的权限。

❖ ALL 或 ALL PRIVILEGES：表示所有的权限名。

授予列权限时，priv_type 的值只能指定为 SELECT、INSERT 和 UPDATE，同时权限的后面还需加上列名列表 colimn_list。

授予数据库权限时，priv_type 可以指定为 SELECT、INSERT、DELETE、UPDATE 等。

## 13.4.2　权限的转移和限制

权限的转移与限制可以通过 GRANT 语句中使用 WITH 子句来实现。

### 1. 转移权限

如果将 WITH 子句指定为 WITH GRANT OPTION，则表示 TO 子句中所指定的所有用户都具有把自己所拥有的权限授予其他用户的权利，而无论那些其他用户是否拥有该权限。

【例 13-17】　授予当前系统中一个不存在的用户 zhou 在数据库 studentInfo 的表 student 上拥有 select 和 update 的权限，并允许其可以将自身的这个权限授予其他用户。

用 root 用户登录 MySQL 服务器，并在 MySQL 的命令行客户端输入如下 SQL 语句（结果如图 13-19 所示）：

```
GRANT SELECT, UPDATE ON studentInfo.student
TO 'zhou'@'localhost' IDENTIFIED BY 'Zhou@123'
WITH GRANT OPTION;
```

```
mysql> grant select,update
    -> on studentInfo.student
    -> to 'zhou'@'localhost' identified by 'Zhou@123'
    -> with grant option;
Query OK, 0 rows affected, 1 warning (0.01 sec)
```

图 13-19  转移用户权限

这条语句成功执行后，会在系统中创建一个新用户 zhou，其口令为 Zhou@123。该用户登录 MySQL 服务器，即可根据需要，将其自身的权限授予其他指定的用户。

### 2．限制权限

如果 WITH 子句中 WITH 关键字后面紧跟的是 MAX_QUERIES_PER_HOUR count、MAX_UPDATES_PER_HOUR count、MAX_CONNECTIONS_PER_HOUR count 或 MAX_USER_CONNECTIONS count 之一，则该 GRANT 语句可用于限制权限。

❖ MAX_QUERIES_PER_HOUR count 表示限制每小时可以查询数据库的次数。
❖ MAX_UPDATES_PER_HOUR count 表示限制每小时可以修改数据库的次数。
❖ MAX_CCCONNECTIONS_PER_HOUR count 表示限制每小时可以连接数据库的次数。
❖ MAX_USER_CONNECTIONS count 表示限制同时连接 MySQL 的最大用户数。

count 用于设置一个数值，对于前三个指定，count 如果为 0，则表示不起限制作用。

【例 13-18】授予系统中的用户 huang 在数据库 studentinfo 的表 student 上每小时只能处理 1 条 DELETE 语句的权限。

用 root 用户登录 MySQL 服务器，并在命令行客户端输入如下 SQL 语句（结果如图 13-20 所示）：

```
GRANT DELETE ON studentInfo.student TO 'huang'@'localhost'
WITH MAX_QUERIES_PER_HOUR 1;
```

```
mysql> grant delete on studentInfo.student to 'huang'@'localhost'
    -> with max_queries_per_hour 1 ;
Query OK, 0 rows affected, 1 warning (0.06 sec)
```

图 13-20  限制用户 DELETE 权限

## 13.4.3  权限的撤销

当需要撤销一个用户的权限又不希望将该用户从系统 user 表中删除时，可以用 REVOKE 语句实现，语法格式如下：

```
REVOKE priv_type [(column_list)] [, priv_type[(column_list)]]…
ON [object_type] priv_level
FROM user[, user]…
```

或者

```
REVOKE ALL PRIVILEGES, GRANT OPTION
FROM user[, user]…
```

REVOKE 语句与 GRANT 语句的语法格式相似，但具有相反的效果。第一种语法格式用于回收某些特定的权限。第二种语法格式用于回收特定用户的所有权限。

要使用 REVOKE 语句，必须拥有数据库的全局 CREATE USER 权限或 UPDATE 权限。

【例 13-19】 回收系统中已存在的用户 zhou 在数据库 studentInfo 的表 student 上的 SELECT 权限。

用 root 用户登录 MySQL 服务器，并在命令行客户端输入如下 SQL 语句（结果如图 13-21 所示）：

```
REVOKE SELECT ON studentInfo.student
FROM 'zhou'@'localhost';
```

```
mysql> revoke select
    -> on studentInfo.student
    -> from 'zhou'@'localhost' ;
Query OK, 0 rows affected (0.06 sec)
```

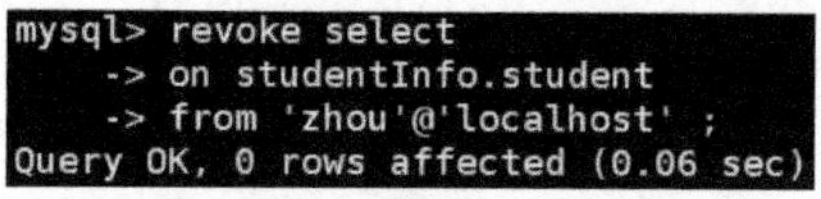

图 13-21  撤销用户权限

# 小　结

本章介绍了 MySQL 数据库中数据访问的安全控制机制，主要包括支持 MySQL 访问控制的用户账号管理和账号权限管理。

# 思考与练习 13

1. 如何登录和退出 MySQL 服务器？
2. 与用户权限管理有关的授权表有哪些？
3. MySQL 可以授予的权限有哪几组？
4. 数据库角色分为哪几类？每类又有哪些操作权限？
5. 如何添加、查看和删除用户信息？
6. 如何修改用户密码？
7. 如何对权限进行授予、查看和收回？
8. MySQL 采用哪些措施实现数据库的安全管理？
9. 忘记 MySQL 管理员 root 的密码将如何解决？写出步骤和指令。
10. 若当前系统中不存在用户 wanming，请编写 SQL 语句，创建这个新用户，并为其设置对应的系统登录口令"123"，同时授予该用户在数据库 db_test 的表 content 上拥有 SELECT 和 UPDATE 的权限。
11. MySQL 中存储用户全局权限的表是（　　）。
    A. table_priv　　　B. procs_priv　　　C. columns_priv　　　D. user
12. 删除用户的命令是（　　）。
    A. DROP USER　　B. DELETE USER　　C. DROP ROOT　　D. TRUNCATE USER
13. 创建用户的命令是（　　）。
    A. JOIN USER　　B. CREATE USER　　C. CREATE ROOT　　D. MySQL USER
14. 修改自己的 MySQL 服务器密码的命令是（　　）。
    A. MYSQL　　　　B. SET PASSWORD　　C. GRANT　　　D. CHANGEPASSWORD
15. CREATE USER 命令可以用来（　　）。
    A. 修改用户权限　B. 删除用户　　　C. 创建一个新用户　D. 以上皆可

# 实验：数据库的安全机制和管理

## 一、实验目的

（1）理解 MySQL 的权限系统的工作原理。

（2）理解 MySQL 账户及权限的概念。

（3）掌握管理 MySQL 账户和权限的方法。

（4）掌握创建和删除普通用户的方法和密码管理的方法。

（5）掌握权限管理的方法。

## 二、验证性实验

（1）使用 root 用户创建 testuser1 用户，初始密码设置为 123456；该用户对所有数据库拥有 SELECT、CREATE、DROP、SUPER 权限。

```
GRANT SELECT, CREATE, DROP, SUPER ON *.*
TO Testuser1@localhost identified by '123456' with grant option;
```

（2）创建 testuser2 用户，该用户没有初始密码。

```
CREATE USER testuser2@localhost;
```

（3）用 testuser2 用户登录，将其密码修改为 000000。

```
SET PASSWORD = PASSWORD('000000');
```

（4）用 testuser1 用户登录，为 testuser2 用户设置 CREATE 和 DROP 权限。

```
GRANT CREATE, DROP ON *.* TO testuser2@localhost;
```

（5）用 testuser2 用户登录，验证其拥有的 CREATE 和 DROP 权限。

```
CREATE TABLE jxgl.t1(id int);
DROP TABLE jxgl.t1;
```

（6）用 root 用户登录，收回 testuser1 用户和 testuser2 用户的所有权限（在 Workbench 中验证时，必须重新打开这两个用户的连接窗口）。

```
REVOKE ALL ON *.* FROM testuser1@localhost, testuser2@localhost;
```

（7）删除 testuser1 用户和 testuser2 用户。

```
DROP USER testuser1@localhost,testuser2@localhost;
```

（8）修改 root 用户的密码。

```
UPDATE mysql.user SET password=PASSWORD("000000") WHERE user='root';
```

## 三、设计性实验

（1）用 root 用户创建 exam1 用户，初始密码设置为 123456；该用户对所有数据库拥有 SELECT、CREATE、DROP、SUPER 和 GRANT 权限。

（2）创建用户 exam2，该用户没有初始密码。

（3）用 exam2 登录，将其密码设置为 686868。

（4）用 exam1 用户登录，为 exam2 设置 CREATE 和 DROP 权限。

（5）用 root 用户登录，收回 exam1 和 exam2 的所有权限。

（6）删除 exam1 用户和 exam2 用户。

（7）修改 root 用户的密码。

## 四、观察与思考

新创建的 MySQL 用户能否在其他机器上登录 MySQL 数据库？

# 第 14 章　事务和多用户并发控制

数据库在数据管理方面优势是实现了数据的一致性和并发性。对于数据库管理系统而言，事务和锁是实现数据一致性和并发性的基础。本章主要介绍 MySQL 数据库中事务和锁的必要性，介绍在数据库中如何使用事务和锁实现数据的一致性和并发性，让读者掌握使用事务和锁实现多用户并发访问的方法。

## 14.1　事务

### 14.1.1　事务的概念

在现实生活中，事务（transaction）就在我们周围，如银行交易、股票交易、网上购物、库存品控制等。在这些例子中，事务的成功取决于这些相互依赖的行为是否能够被成功地执行，是否互相协调。其中的任何一个失败将取消整个事务，系统返回到事务处理之前的状态。

例如，向公司添加一名新雇员，过程由三个步骤组成：第一步，在雇员数据库中为雇员创建一条记录；第二步，为雇员分配部门；第三步，建立雇员的工资记录。如果这三步中的任何一步失败，如为新成员配的雇员 ID 已经被其他人使用或者输入到工资系统中的值太大，系统就必须撤销在失败之前所有的变化，删除所有不完整记录的踪迹，避免出现不一致和计算失误。这三项任务构成了一个事务。任何一个任务的失败都会导致整个事务被撤销，系统回滚到以前的状态。

在 MySQL 操作过程中，简单的业务逻辑或中小型程序不需考虑应用事务。但在比较复杂的情况下，用户在执行某些数据操作过程中，往往需要通过一组 SQL 语句执行多项并行业务逻辑或程序，这样就必须保证所有命令执行的同步性，使执行序列中产生依靠关系的动作，能够同时操作成功或同时返回初始状态。这就需要考虑使用事务进行处理。

事务通常包含一系列更新操作（UPDATE、INSERT 和 DELETE 等），这些更新操作是不可分割的逻辑工作单元。如果事务成功执行，那么该事务等中所有的更新操作都会成功执行，并将执行结果提交到数据库文件，成为数据库永久的组成部分。如果事务中某个更新操作执行失败，那么事务中的所有更新操作均被撤销，所有影响到的数据将恢复到事务开始之前的状态。简言之，事务中的更新操作要么都执行，要么都不执行，这个特征称为事务的原子性。

并不是所有的存储引擎都支持事务（InnoDB 和 BDB 支持），如 MyISAM 和 MEMORY 不支持。MySQL 4.1 开始支持事务，事务是构成多用户使用数据库的基础。

## 14.1.2  事务的 ACID 特性

ACID 是一个简称，即每个事务的处理必须满足原子性（Atomicity）、一致性（Consistency）、隔离性（Isolation）和持久性（Durability）。

### 1．原子性（A）

原子性意味着每个事务都必须被认为是一个不可分割的单元。假设一个事务由两个或者多个任务组成，其中的语句必须同时成功才能认为事务是成功的。如果事务失败，系统将恢复到事务之前的状态。

在添加雇员的例子中，原子性指如果没有创建雇员相应的工资表和部门记录，就不可能向雇员数据库添加雇员。

原子性执行是一个或者全部发生或者什么也没有发生的命题。在一个原子性操作中，如果事务中的任何一个语句失败，那么前面执行的语句都将返回，以保证数据的整体性没有受到影响。这在一些关键系统中尤其重要，现实世界的应用程序（如金融系统）执行数据输入或更新，必须保证不出现数据丢失或数据错误，以保证数据安全性。

### 2．一致性（C）

不管事务是完全成功完成还是中途失败，当事务使系统处于一致性状态时存在一致性。例如，一致性是指如果从系统中删除了一个雇员，则所有与该雇员相关的数据，包括工资数据和组的成员资格也要被删除。

在 MySQL 中，一致性主要由日志机制处理，它记录了数据库的所有变化，为事务恢复提供了跟踪记录。如果系统在事务处理中间发生错误，MySQL 恢复过程将使用这些日志来发现事务是否已经完全成功地执行，是否需要返回。因而，一致性保证了数据库从不返回一个未处理完的事务。

### 3．隔离性（I）

隔离性是指每个事务在它自己的空间发生，与其他发生在系统中的事务隔离，而且事务的结果只有在它完全被执行时才能看到。即使在系统中同时发生了多个事务，隔离性保证某个特定事务在完全完成之前，其结果是看不见的。

当系统支持多个同时存在的用户和连接时（如 MySQL），这就尤其重要。如果系统不遵循这个基本原则，就可能导致大量数据的破坏，如每个事务的各自空间的完整性很快被其他冲突事务所侵犯。

获得绝对隔离性的唯一方法是保证在任意时刻只能有一个用户访问数据库。当处理像 MySQL 这样多用户的 RDBMS 时，这不是一个实际的解决方法。但是，大多数事务系统使用页级锁定或行级锁定隔离不同事务之间的变化，这是以降低性能为代价的。例如，MySQL 的 BDB 表处理程序使用页级锁定来保证处理多个同时发生的事务的安全，InnoDB 表处理程序使用更好的行级锁定。

### 4．持久性（D）

持久性是指即使系统崩溃，提交的事务仍然存在。当一个事务完成，数据库的日志已经被更新时，持久性就开始发生作用。大多数 RDBMS 产品通过保存所有行为的日志来保证数据的持久性，这些行为是指在数据库中以任何方法更改数据。数据库日志记录了所有对于表的更新、查询、报表等。

如果系统崩溃或者数据存储介质被破坏，通过使用日志，系统能够恢复在重启前进行的最后一次成功的更新，反映了在崩溃时处于过程的事务的变化。

MySQL 通过保存一条记录事务过程中系统变化的二进制事务日志文件来实现持久性。如果遇到硬件破坏或者突然的系统关机，在系统重启时，通过使用最后的备份和日志就可以容易地恢复丢失的数据。

默认情况下，InnDB 表是 100%持久的（所有在崩溃前系统所进行的事务在恢复过程中都可以可靠地恢复）；MyISAM 表提供部分持久性，所有在最后一个 FLUSH TABLES 命令前进行的变化都能保证被存盘。

例如，数据有两个域 A 和 B，存放在两个记录里。一个完整约束需要 A 值和 B 值必须相加为 100。下面以 SQL 语句创建上面描述的表：

```
CREATE TABLE acidtest(A integer b integer check(A+B = 100));
```

一个事务从 A 减 10 并且加 10 到 B，如果成功，它将有效。因为数据继续满足约束。假设从 A 减去 10 后，这个事务中断而不去修改 B。如果这个数据库保持 A 的新值和 B 的旧值，原子性和一致性都被违反。原子性要求这两部分事务都完成或两者都不完成。

一致性要求数据符合所有的验证规则。在本例中，验证是要求 A+B=100。同样，它可能暗示两者 A 和 B 必须是整数。一个对 A 和 B 有效的范围也可能是可取的。所有验证规则必须被检查，以确保一致性。假设另一个事务尝试从 A 减 10 而不改变 B。因为一致性，在每个事务后被检查，事务开始之前 A+B=100。如果这个事务从 A 转移 10 成功，原子性将符合。然而，一个验证将显示 A+B=90。而这是不一致的。

下面再解释隔离性。为了展示隔离，假设两个事务在同一时间执行，每个都是尝试修改同一个数据。这两个中的一个必须为保证隔离，必须等待，直到另一个完成。

考虑两个事务，T1 从 A 转移 10 到 B，T2 从 B 转移 10 到 A，则有 4 个步骤：从 A 减10；加 10 到 B；从 B 减 10；加 10 到 A。如果 T1 在一半的时候失败，那么数据库会消除 T1 的效果，并且 T2 只能看见有效数据。

事务的执行可能交叉，实际执行顺序可能是：A-10，B-10，B+10，A+10。

如果 T1 失败，T2 不能看到 T1 的中间值，因此 T1 必须回滚。

## 14.1.3　事务控制语句

MySQL 中可以使用 BEGIN 开始事务，使用 COMMINT 结束事务，中间可以使用 ROLLBACK 回滚事务。MySQL 通过 SET AUTOCOMMINT、START TRANSACTION、COMMIT 和 ROLLBACK 等语句支持本地事务。语法格式如下：

```
START TRANSACTION | BEGIN [work]
COMMIT [work] [and [no] CHAIN] [[no] RELEASE]
ROLLBACK [work] [and [no] CHAIN] [[no] RELEASE]
SET autocommit = {0 | 1}
```

默认情况下，MySQL 是自动提交的，如果需要通过明确的 COMMIT 和 ROLLBACK 参数来提交和回滚事务，那么需要通过事务控制命令来控制。

START TRANSACTION 或 BEGIN 语句可以开始一项新的事务。

COMMIT 和 ROLLBACK 用来提交或者回滚事务。

CHAIN 和 RELEASE 子句分别用来定义在事务提交或者回滚之后的操作。CHAIN 会立即启动一个新事务，并且与刚才的事务具有相同的隔离级别，RELEASE 则会断开与客户端的连接。

SET autocommit 可以修改当前连接的提交方式，如果设置了 SET autocommit=0，则设置后的所有事务都需要通过明确的命令进行提交或者回滚。

如果只是对某些语句需要进行事务控制，则使用 START TRANSACTION 开始一个事务比较方便，这样事务结束后可以自动回到自动提交的方式；如果希望所有的事务都不是自动提交的，那么通过修改 autocommit 来控制事务比较方便，这样不用在每个事务开始时再执行 START TRANSACTION。

## 14.1.4 事务的隔离性级别

每个事务都有隔离级，它定义了用户彼此之间隔离和交互的程度。前面曾提到，事务型 RDBMS 的重要属性是它可以“隔离”在服务器上正在处理的不同的会话。在单用户的环境中，这个属性无关紧要：因为在任意时刻只有一个会话处于活动状态。但是在多用户环境中，许多会话在任一给定时刻都可能是活动的。在这种情况下，RDBMS 能够隔离事务是很重要的，这样它们不会互相影响，同时保证数据库性能不受到影响。

为了了解隔离的重要性，下面介绍如果不强加隔离会发生什么。如果没有事务的隔离性，不同的 SELECT 语句会在同一个事务的环境中检索到不同的结果，因为期间的一些数据已经被其他事务修改了。这将导致不一致性，同时很难相信结果集，从而不能利用查询结果作为计算的基础。因而，隔离性强制对事务进行某种程度的隔离，保证应用程序在事务中看到一致的数据。

基于 ANSI/ISO SQL 规范，MySQL 提供了 4 种隔离级：序列化（serializable）、可重复读（repeatable read）、提交读（read committed）、未提交读（read uncommitted）。

只有支持事务的和存储引擎（如 InnoDB）才可以定义一个隔离级。SET TRANSACTION 语句可以定义隔离级。语句中如果指定 GLOBAL，那么定义的隔离级将适用于所有数据库用户；如果指定 SESSION，则隔离级只适用于当前运行的会话和连接。MySQL 默认为 repeatable read 隔离级。

### 1. 序列化

序列化（serializable）的语法格式如下：

```
SET [GLOBAL | SESSION] TRANSACTION ISOLATION LEVEL seriaizable
```

如果隔离级为序列化（serializable），那么用户之间通过一个一个顺序地执行当前的事务提供了事务之间最大程度的隔离。

### 2. 可重复读

可重复读（repeatable read）的语法格式如下：

```
SET [GLOBAL | SESSION] TRANSACTION ISOLATION LEVEL repeatable read
```

在可重复读（repeatable read）隔离级上，事务不会被看成一个序列。不过，当前在执行事务的变化仍然不能看到，也就是说，如果用户在同一个事务中执行同一条 SELECT 语句数次，结果总是相同的。

### 3．提交读

提交读（read committed）的语法格式如下：

```
SET [GLOBAL | SESSION] TRANSACTION ISOLATION LEVEL read committed
```

read committed 隔离级的安全性比 repeatable read 隔离级的安全性要差。处于这一级的事务可以看到其他事务添加的新记录，而且其他事务对现存记录做出的修改一旦被提交，也可以看到。也就是说，这意味着在事务处理期间，如果其他事务修改了相应的表，那么同一个事务的多个 SELECT 语句可能返回不同的结果。

### 4．未提交读

未提交读（read uncommitted）的语法格式如下：

```
SET [GLOBAL | SESSION] TRANSACTION ISOLATION LEVEL read uncommitted
```

未提交读（read uncommitted）隔离级提供了事务之间最小限度的隔离。除了容易产生虚幻的读操作和不能重复的读操作，处于这个隔离级的事务可以读到其他事务还没有提交的数据，如果这个事务使用其他事务不提交的变化作为计算的基础，然后那些未提交的变化被它们的父事务撤销，这就导致了大量的数据变化。

系统变量 tx_isolation 存储事务的隔离级，可以使用 SELECT 语句随时获得当前隔离级的值。例如：

```
SELECT @@tx_isolation;
```

结果如下：

```
@@tx_isolation
repeatable-read
```

默认情况下，系统变量 tx_isolation 的值是基于每个会话设置的，但是可以通过向 SET 中添加 GLOBAL 关键字修改该全局系统变量的值。

当用户从无保护的 read uncommitted 隔离级别转移到更安全的 serializable 级别时，RDBMS 的性能也会受到影响。原因很简单：用户要求系统提供越强的数据完整性，就需要做更多的工作，运行的速度就越慢。因此，需要在 RDBMS 的隔离需求和性能之间协调。

MySQL 默认为 repeatable read 隔离级，适用于大多数应用程序，只有在应用程序有具体的对于更高或更低隔离级的要求时才需要改动。没有一个标准公式来决定哪个隔离级适用于应用程序——大多数情况下这是一个主观的决定，是基于应用程序的容错能力和应用程序开发者对于潜在数据错误的影响的判断。隔离级的选择对于每个应用程序也是没有标准的。例如，同一个应用程序的不同事务基于执行的任务需要不同的隔离级。

## 14.2　并发控制

在单处理机系统中，事务的并行执行实际上是这些并行事务轮流交叉进行，这种并行执行方式称为交叉并发方式。在多处理机系统中，每个处理机可以运行一个事务，多个处理机可以同时运行多个事务，实现事务真正的并发运行，这种并发执行方式称为同时并发方式。

### 14.2.1　并发概述

当多个用户并发地存取数据库时，就会产生多个事务同时存取同一数据的情况。若对并发操作不加控制可能会存取和存储不正确的数据，就会出现数据的不一致问题。

**1．丢失更新（lost update）问题**

当两个或多个事务选择同一行，再基于最初选定的值更新该行时，由于每个事务都不知道其他事务的存在，就会发生丢失更新问题——最后的更新覆盖了由其他事务所做的更新。例如，两个编辑人员制作同一文档的电子副本，每个编辑人员独立地更改其副本，然后保存更改后的副本，这样就覆盖了原始文档。最后保存其更改副本的编辑人员覆盖另一个编辑人员所做的更改。如果在一个编辑人员完成并提交事务前，另一个编辑人员不能访问同一文件，则可避免此问题。

**2．脏读（dirty read）问题**

一个事务正在对一条记录做修改，在这个事务完成并提交前，这条记录的数据就处于不一致状态；这时，另一个事务也来读取同一条记录，如果不加控制，第二个事务读取了这些"脏"数据，并据此做进一步的处理，就会产生未交的数据依赖关系。这种现象被形象地称为"脏读"。

**3．不可重复读（unrepeatable read）问题**

当一个事务多次访问同一行而且每次读取不同的数据时，会发生不可重复读问题。不可重复读与脏读相似，因为该事务也是正在读取其他事务正在更改的数据。当一个事务访问数据时，其他事务也访问该数据并对其进行修改，因此发生了由于第二个事务对数据的修改而导致第一个事务两次读到的数据不一样的情况。

**4．幻读（phantom read）问题**

当一个事务对某行执行插入或删除操作，而该行属于某个事务正在读取的行的范围时，会发生幻读问题。事务第一次读的行范围显示出其中一行已不复存在于第二次读或后续读中，因为该行已被其他事务删除。同样，由于其他事务的插入操作，事务的第二次读或后续读显示有一行已不存在于原始读中。

## 14.2.2 锁概述

当用户对数据库并发访问时，为了确保事务完整性和数据库一致性，需要使用锁，它是实现数据库并发控制的主要手段。锁可以防止用户读取正在由其他用户更改的数据，并可以防止多个用户同时更改相同数据。如果不使用锁，则数据库中的数据可能在逻辑上不正确，并且对数据的查询可能会产生意想不到的结果。具体地说，锁可以防止丢失更新、脏读、不可重复读和幻读。

锁是一种用来防止多个客户端同时访问数据而产生问题的机制。相对其他数据库而言，MySQL 的锁机制比较简单，显著特点是不同的存储引擎支持不同的锁机制。比如，MyISAM 和 MEMORY 存储引擎采用的是表级锁（table-level locking）；BDB 存储引擎采用的是页面锁（page-level locking），但支持表级锁；InnoDB 存储引擎既支持行级锁（row-level locking），也支持表级锁，但默认采用行级锁。

**1．表级锁**

表级锁是特殊类型的访问，整个表被客户锁定。根据锁的类型，其他客户不能向表中插入记录，甚至从中读数据也受到限制。其特点是：开销小，加锁快；不会出现死锁；锁定力度大，发生锁冲突的概率最高，并发度最低。

### 2．页面锁

页面锁是锁定表中的某些行，即页。被锁定的行只对锁定最初的线程是可行的。如果其他线程向这些行写数据，它必须等到锁被释放。不过，其他页的行仍然可以使用。其特点是：开销和加锁时间界于表级锁和行级锁之间；会出现死锁；锁定力度界于表级锁和行级锁之间，并发度一般。

### 3．行级锁

行级锁比表级锁或页面锁对锁定过程提供了更精细的控制，只有线程使用的行是被锁定的。表中的其他行对于其他线程都是可用的。在多用户的环境中，行级锁降低了线程间的冲突，可以使多个用户同时从一个相同表读数据甚至写数据。其特点是：开销大，加锁慢；会出现死锁；锁定力度最小，发生锁冲突的概率最低，并发度也最高。

因此，很难笼统地说哪种锁更好，只能就具体应用的特点来说哪种锁更合适！仅从锁的角度来说：表级锁更适合以查询为主，只有少量按索引条件更新数据的应用，如 Web 应用；行级锁则更适合有大量按索引条件并发更新少量不同数据同时有并发查询的应用，如在线事务处理（OLTP）系统。BDB 已经被 InnoDB 取代，在此不做进一步讨论。

## 14.2.3  MyISAM 表的表级锁

MyISAM 在执行查询语句前，会自动给涉及的所有表加读锁，在执行更新操作（UPDATE、DELETE、INSERT 等）前，会自动给涉及的表加写锁。这个过程并不需要用户干预，因此用户一般不需要直接用 LOCK TABLES 命令给 MyISAM 表显示加锁。

所以对 MyISAM 表进行操作，会有以下情况：

① 对 MyISAM 表的读操作（加读锁），不会阻塞其他进程对同一张表的读请求，但会阻塞对同一张表的写请求。只有读锁被释放后，才会执行其他进程的写操作。

② 对 MyISAM 表的写操作（加写锁），会阻塞其他进程对同一张表的读和写操作，只有写锁被释放后，才会执行其他进程的读写操作。

### 1．查询表级锁争用情况

例如，查看系统上的表锁定情况：

```
SHOW STATUS LIKE 'table%'
```

可以通过查看 table_locks_waited 和 table_locks_immediate 状态变量的值，来分析系统上的表锁定情况，如果 table_locks_waited 的值比较高，则说明存在着较严重的表级锁争用情况。

### 2．MySQL 表级锁的锁模式

MySQL 的表级锁有两种：表共享读锁（tableread lock）和表独占写锁（tablewrite lock）。

### 3．表级锁的加锁方法

因为 MyISAM 不支持 InnoDB 格式的 COMMIT 和 ROLLBACK 语句，所以每次数据库的变化都被立即保存在磁盘上。在单用户的环境中，这没有问题，但是在多用户的环境中就会导致很多问题。因为它不能创建事务来使用户所做的变化隔离于其他用户所做的变化。在这种情况下，唯一一种保证不同用户能够看到一致数据的方法是强制方法：在变化的过程中阻止其他用户访问正在变化的表（通过锁定表），只在变化完成后才允许访问。

MySQL 提供了 LOCK TABLES 语句来锁定当前线程：

```
LOCK TABLES tbl_name [[AS] alias] read[local] | [low_priority] write
[, tbl_name [[as] alias] read [local] | [low_priority] write]…
UNLOCK TABLES
```

表锁定支持以下类型的锁定。

read：读锁定，确保用户可以读取表，但是不能修改表，加上 LOCAL 后，允许表锁定后用户可以进行非冲突的 INSERT 语句，只适用于 MyISAM 类型的表。

write：写锁定，只有锁定该表的用户可以修改表，其他用户无法访问该表。加上 low_priority 后，允许其他用户读取表，但是不能修改它。

当用户在一次查询中多次用到一个锁定了的表时，需要在锁定表的时候用 AS 子句为表定义一个别名，alias 表示表的别名。

表锁定只用于防止其他客户端进行不正当地读取和写入。保持锁定（即使是读取锁定）的客户端可以进行表层级的操作，如 DROP TABLE。

在对一个事务表使用表锁定的时候需要注意以下几点：

① 在锁定表时会隐式地提交所有事务，在开始一个事务时，如 START TRANSACTION，会隐式解开所有表锁定。

② 在事务表中，系统变量 autocommit 值必须设为 0，否则 MySQL 会在调用 LOCK TABLES 后立刻释放表锁定，并且容易形成死锁。

## 14.2.4　InnoDB 表的行级锁

InnoDB 与 MyISAM 的最大不同有两点：一是支持事务，二是采用了行级锁。行级锁与表级锁本来有许多不同，事务的引入也带来了一些新问题。

### 1．获取 InnoDB 行级锁争用情况

通过检查 InnoDB_row_lock 状态变量可以分析系统的行级锁的争用情况。例如，查看系统上的行级锁的争夺情况：

```
SHOW STATUS LIKE 'innoDB_rowiock%';
```

如果发现 innoDB_row_lock_waits 和 innoDB_row_lock_time_avg 的值比较高，则说明锁定争用比较严重。

### 2．InnoDB 的行级锁的锁模式

InnoDB 实现了两种行级锁。

共享锁（S）：允许一个事务去读一行，阻止其他事务获得相同数据集的排他锁。

排他锁（X）：允许获得排他事务更新数据，阻止其他事务取得相同数据集的共享读锁和排他写锁。

另外，为了允许行级锁和表级锁共存，实现多粒度锁定机制，InnoDB 还有两种内部使用的意向锁（intention lock），这两种意向锁都是表级锁。

意向共享锁（IS）：事务在给一个数据行加共享锁前必须先取得该表的意向共享锁。

意向排他锁（IX）：事务在给一个数据行加排他锁前必须先取得该表的意向排他锁。

如果一个事务请求的锁模式与当前的锁兼容，InnoDB 就将请求的锁授予该事务；否则，该事务就要等待锁释放。

意向锁是 InnoDB 自动加的，不需用户干预。对于 UPDATE、DELETE 和 INSERT 语句，InnoDB 会自动给涉及数据集加排他锁；对于 SELECT 语句，InnoDB 不会加任何锁。

共享锁的语法格式如下：

```
SELECT * FROM table_name WHERE… LOCK IN SHARE MODE
```

排他锁的语法格式如下：

```
SELECT * FROM table_name WHERE… FOR UPDATE
```

SELECT…IN SHARE MODE 语句获得共享锁，主要在需要数据依存关系时确认某行记录是否存在，并确保没有用户对这个记录进行 UPDATE 或者 DELETE 操作。但是如果当前事务也需要对该记录进行更新操作，则很有可能造成死锁。锁定行记录后需要进行更新操作的应用应该使用 SELECT…FOR UPDATE 方式获得排他锁。

### 3．InnoDB 行级锁的加锁方法

InnoDB 行级锁是通过给索引上的索引项加锁来实现的，这在 MySQL 上与 Oracle 不同，后者是通过在数据块中对相应数据行加锁来实现的。InnoDB 行级锁意味着：只有通过索引条件检索数据，InnoDB 才使用行级锁，否则使用表级锁。在实际应用中要特别注意 InnoDB 行级锁的这个特性，否则可能导致大量的锁冲突，从而影响并发性。

## 14.2.5　死锁

如果事务 T1 封锁了数据 R1，T2 封锁了数据 R2，然后 T1 请求封锁 R2，因 T2 已封锁了 R2，于是 T1 等待 T2 释放 R2 上的锁。接着 T2 申请封锁 R1，因 T1 已封锁了 R1，T2 只能等待 T1 释放 R1 上的锁。这样就出现了 T1 在等待 T2 而 T2 又在等待 T1 的局面，T1 和 T2 两个事务永远不能结束，形成死锁。

通常，死锁都是应用设计的问题，通过调整业务流程、数据库对象设计、事务大小，以及访问数据库的 SQL 语句，绝大部分死锁都可以避免。下面介绍几种避免死锁的常用方法。

① 在应用中，如果不同的程序会并发存取多个表，应尽量约定以相同的顺序来访表，这样可以大大降低产生死锁的机会。

② 在程序以批量方式处理数据的时候，如果事先对数据排序，保证每个线程按固定的顺序来处理记录，也可以大大降低出现死锁的可能。

③ 在事务中，如果更新记录，应该直接申请足够级别的锁，即排他锁，而不应先申请共享锁，更新时再申请排他锁，因为当用户申请排他锁时，其他事务可能已经获得了相同记录的共享锁，从而造成锁冲突，甚至死锁。

④ 在 repeatable read 隔离级下，如果两个线程同时对相同条件记录用 SELECT…FOR UPDATE 加排他锁，在没有符合该条件记录情况下，两个线程都会加锁成功。程序发现记录尚不存在，就试图插入一条新记录，如果两个线程都这样做，就会出现死锁。这种情况下，将隔离级别改成 read committed，就可避免问题。

⑤ 当隔离级为 read committed 时，如果两个线程都先执行 SELECT…FOR UPDATE，判断是否存在符合条件的记录，如果没有，就插入记录。此时只有一个线程能插入成功，另一个线程会出现锁等待，当第 1 个线程提交后，第 2 个线程会因主键重出错，虽然这个线程出

错了，却会获得一个排他锁，这时如果有第 3 个线程申请排他锁，也会出现死锁。这种情况可以直接做插入操作，再捕获主键重异常，或者在遇到主键重错误时，总是执行回滚，释放获得的排他锁。

# 小　结

本章讲述了事务的概念、事务的 ACID 特性及其隔离级，然后讲述了 MySQL 对并发事务的控制、死锁的概念以及如何避免死锁的方法。

# 思考与练习 14

1. 什么是事务？
2. MySQL 的哪些引擎支持事务？
3. 事务的 ACID 特性是什么？
4. 事务的开始和结束命令分别是什么？
5. 事务的隔离性级别有哪些？
6. 如果没有并发控制会出现什么问题？
7. MySQL 创建事务的一般步骤分为哪些？
8. 如何查看行级锁、表级锁争用情况？
9. 怎么预防死锁？
10. （　　）是数据库管理系统的基本单位，是用户定义的一组逻辑一致的程序序列。
    A. 程序　　　　　　　　B. 命令　　　　　　　　C. 事务　　　　　　　　D. 文件
11. 事务是数据库进行的基本工作单位。如果一个事务执行成功，则全部更新提交；如果一个事务执行失败，则已做过的更新被恢复原状，好像整个事务从未有过这些更新，这样保持了数据库处于（　　）状态。
    A. 安全性　　　　　　　B. 一致性　　　　　　　C. 完整性　　　　　　　D. 可靠性
12. 对并发操作若不加以控制，可能带来数据的（　　）问题。
    A. 不安全　　　　　　　B. 死锁　　　　　　　　C. 死机　　　　　　　　D. 不一致
13. 事务中能实现回滚的命令是（　　）。
    A. TRANSACTION　　　B. COMMIT　　　　　　C. ROLLBACK　　　　　D. SAVEPOINT
14. 下面选项中，（　　）不是 RDBMS 必须具有的特征。
    A. 原子性　　　　　　　B. 一致性　　　　　　　C. 孤立性　　　　　　　D. 适时性
15. 对事务的描述中不正确的是（　　）。
    A. 事务具有原子性　　　　　　　　　　　　　　B. 事务具有隔离性
    C. 事务回滚使用 COMMIT 命令　　　　　　　　D. 事务具有可靠性
16. MySQL 创建事务的一般步骤是（　　）。
    A. 初始化事务、创建事务、应用 SELECT 查看事务、提交事务
    B. 初始化事务、应用 SELECT 查看事务、应用事务、提交事务
    C. 初始化事务、创建事务、应用事务、提交事务
    D. 创建事务、应用事务、应用 SELECT 查看事务、提交事务

17. 事务的开始和结束命令分别是（　　）。
    A. START TRANSACTION…ROLLBACK
    B. START TRANSACTION…COMMIT
    C. START TRANSACTION…END
    D. START TRANSACTION…BREAK
18. 若事务 T1 对数据 A 已加排他锁，那么其他事务对数据（　　）。
    A. 加共享锁成功，加排他锁失败
    B. 加排他锁成功，加共享锁失败
    C. 加共享锁、加排他锁都成功
    D. 加共享锁、加排他锁都失败

# 第 15 章　数据备份和还原

为了保证数据的安全，需要定期对数据进行备份。备份的方式有多种，效果也不一样。如果数据库中的数据出现了错误，就需要使用备份好的数据进行数据还原，这样可以将损失降至最低，而且可能涉及数据库之间的数据导入和导出。本章将对数据备份和还原的方法，以及 MySQL 数据库的备份与恢复的方法等内容进行讲解。

数据是数据库管理系统的核心。为了避免数据丢失，或者发生数据丢失后将损失降到最低，需要定期对数据库进行备份。MySQL 数据库备份的方法多种多样（如完全备份、增量备份等），无论使用哪一种方法，都要求备份期间的数据库必须处于数据一致状态，即数据备份期间尽量不要对数据进行更新操作。

## 15.1　备份与还原概述

为保证数据库的可靠性和完整性，数据库管理系统通常会采取各种有效的措施来进行维护。尽管如此，在数据库的实际使用过程中仍然存在着一些不可预计的因素，会造成数据库运行事务的异常中断，从而影响数据的正确性，甚至破坏数据库，使数据库中的数据部分或全部丢失。这些因素可能包括：

① 计算机硬件故障。由于用户使用不当，或者硬件产品自身的质量问题等原因，计算机硬件可能出现故障，甚至不能使用，如硬盘损坏会导致其存储的数据丢失。

② 计算机软件故障。由于用户使用不当，或者软件设计缺陷，计算机软件可能误操作数据，从而引起数据破坏。

③ 病毒。破坏性病毒会破坏计算机硬件、软件和数据。

④ 人为误操作。例如，用户误用了 DELETE、UPDATE 等语句而引起数据丢失或破坏；DROP TABLE 或者 DROP DATABASE 语句可能让数据表化为乌有；更危险的是，DELETE * FROM table_name 能轻易地清空数据表。

⑤ 自然灾害。火灾、洪水、地震等不可抵挡的自然灾害会对人类生活造成极大的破坏，也会毁坏计算机系统及其数据。

⑥ 盗窃。一些重要数据可能被窃或人为破坏。

面对这些可能的因素会造成数据丢失或被破坏的风险，数据库系统提供了备份和恢复策略，来保证数据库中数据的可靠性和完整性。

数据库备份是指通过导出数据或者复制表文件的方式来制作数据库的副本。

数据库的恢复（也称为数据库的还原）是将数据库从某种"错误"状态（如硬件故障、

操作失误、数据丢失、数据不一致等状态）恢复到某已知的"正确"状态。

数据库的恢复是以备份为基础的，它是与备份相对应的系统维护和管理操作。系统进行恢复操作时，先执行一些系统安全性的检查，包括检查要恢复的数据库是否存在、数据库是否变化、数据库文件是否兼容等，然后根据所采用的数据库备份类型采取相应的恢复措施。在 MySQL 数据库中具体实现备份数据库的方法很多，可以分为以下几种。

### 1．完全备份

完全备份是将数据库中的数据及所有对象全部备份。完全备份是最简单也是最快速的方式，是复制数据库文件，在复制时对 MySQL 数据库会有一些要求。只要服务器不是在进行更新，就可以复制所有文件（\*.frm、\*.myd、\*.myi）。InnoDB 表可以进行在线备份，不需要对表进行锁定。

### 2．表备份

表备份是仅将一张或多张表中的数据进行备份，可以使用 SELECT INTO…OUTFILE 或 BACKUP TABLE 语句，只提取数据库中的数据，而不备份表的结构和定义。LOAD DATA INFILE 语句就是 SELECT INTO…OUTFILE 语句的逆操作，能够将 SELECT INTO…OUTFILE 语句所备份的文件重新放回表中。

### 3．增量备份

增量备份是在某次完全备份的基础上，只备份其后数据的变化，可用于定期备份和自动恢复。系统的二进制日志文件中提供了执行 mysqldump 命令后对数据库的更改进行复制所需的信息。增量备份使用 mysqlbinlog 命令处理二进制日志文件。通过增量备份，当出现操作系统崩溃或电源故障时，InnoDB 可以完成所有数据恢复的工作。

另外，通过备份和恢复数据库，也可以实现将数据库从一个服务器移动或复制到另一个服务器。

## 15.2　通过文件备份和还原

由于 MySQL 服务器中的数据文件是基于磁盘的文本文件，因此最简单、最直接的备份操作就是把数据库文件直接复制。MySQL 服务器的数据文件在服务运行期间总是处于打开和使用状态，因此文本文件的副本备份不一定总是有效。为了解决该问题，在复制数据库文件时，需要先停止 MySQL 数据库服务器。

为了保证所备份数据的完整性，在停止 MySQL 数据库服务器前，需要先执行 FLUSH TABLES 语句，将所有数据写入数据文件的文本文件。

虽然停止 MySQL 数据库服务器，可以解决复制数据库文件实现数据备份的问题，但是这种方法不是最好的备份方法。因为实际情况下，MySQL 数据库服务器不允许被停止，同时该方式对 InnoDB 存储引擎的表不适合，只适合 MyISAM 引擎。

通过复制文件实现数据还原，除了保证存储类型为 MyISAM，还必须保证 MySQL 数据库的主版本号一致，因为只有 MySQL 数据库主版本号相同，才能保证两个 MySQL 数据库的文件类型是相同的。

## 15.3 通过 mysqldump 备份和还原

MySQL 提供了许多免费的客户端实用程序，存放于 MySQL 安装目录的 bin 子目录中。这些客户端实用程序可以连接到 MySQL 服务器进行数据库的访问，或者对 MySQL 执行不同的管理任务。其中，mysqldump 程序和 mysqlimport 程序分别是两个常用的实现 MySQL 数据库备份和恢复的实用工具。

### 15.3.1 备份

#### 1．使用 MySQL 客户端实用程序的方法

打开计算机的 Bash 终端，若成功配置好 MySQL 环境，则可以直接输入"mysqldump"命令，此命令位于 /usr/bin 下。

#### 2．使用 mysqldump 程序备份数据

客户端实用程序 mysqldump 可以实现 mysql 数据库的备份，除了可以与前面使用 SQL 语句备份表数据一样导出备份的表数据文件，还可以在导出的文件中包含数据库中表结构的 SQL 语句。因此，mysqldump 程序可以备份数据库表的结构，还可以备份一个数据库，甚至整个数据库系统，只需在 MySQL 客户端实用程序的运行界面中输入"mysqldump -help"命令，即可查看 mysqldump 程序对应的命令。

（1）备份表

备份表的语法格式如下：

```
mysqldump [options] database [tables] > filename
```

options：通过执行"mysqldump -help"命令可得到 mysql-dump 选项表和更多帮助信息。

database：指定数据库的名称，其后可以加上需要备份的表名。若在命令中没有指定表名，则该命令会备份整个数据库。

filename：指定最终备份的文件名，如果语句中指定了需要备份的多个表，那么备份后都会保存在这个文件中。文件默认的保存地址是 MySQL 安装目录的 bin 子目录。如果需要保存在特定位置，可以指定其具体路径。需要注意的是，文件名在目录中不能已经存在，否则新的备份文件会将原文件覆盖。

与其他 MySQL 客户端实用程序一样，使用 mysqldump 备份数据时，需要使用一个用户账号连接到 MySQL 服务器，这可以通过用户手工提供参数或在选项文件中修改有关值的方式来实现。其参数的格式如下：

```
-h[hostname] -u[username] -p[password]
```

其中，-h 选项后是主机名，如果是本地服务器，则可以省略；-u 选项后是用户名；-p 选项后是用户密码，该选项与密码之间不能有空格。

【例 15-1】 用 mysqldump 备份数据库 mysql_test 中的表 customers。

```
mysqldump -hlocalhost -uroot -p153456 mysql_test customers > C:\backup\file.sql ;
mysqldump -hlocalhost -uroot -p153456 mysql_test customers >/home/root01/ database_bak/
customers.sql;
```

成功执行完毕，会在指定的目录/home/root01/database_bak 下生成表 customers 的备份文件 customers.sql，其中存储了创建表 customers 的一系列 SQL 语句和该表中所有的数据。

（2）备份数据库

mysqldump 程序还可以将一个或多个数据库备份到一个文件中，语法格式如下：

```
mysqldump [options] –databases [options] db1 [db2 db3 ...] > filename
```

例如，备份数据库 mysql_test 和数据库 MySQL 到/home/root01/database_bak 目录下：

```
mysqldump –hlocalhost-uroot –p153456 –databases MySQL_test MySQL
> /home/root01/ database_bak/data.sql;
```

回车即可执行该命令，会在指定目录/home/root01/database_bak 下生成包含 mysql_test 和 mysql 数据库的备份文件 data.sql，其中存储了创建这两个数据库及其内部数据表的全部 SQL 语句、两个数据库中所有的数据。

（3）备份整个数据库系统

mysqldump 程序还能备份整个数据库系统，即系统中的所有数据库，语法格式如下：

```
mysqldump[options] –all-databases[options] > filename;
```

【例 15-2】 备份 MySQL 服务器的所有数据库。

语句如下：

```
mysqldump –u root –p153456 –all-databases >/home/root01/ database_bak/alldata.sql;
```

注意，尽管使用 mysqldump 程序可以有效地导出表的结构，但在恢复数据的时候，若需恢复的数据量很大，则备份文件中众多的 SQL 语句会使恢复的效率降低。因此，可以在 mysqldump 命令中使用 "--tab=" 选项来分开数据和创建表的 SQL 语句。"--tab =" 选项会在选项中 "=" 后指定的目录中分别创建存储数据内容的 .txt 文件和包含创建表结构的 SQL 语句的 .sql 文件。另外，该选项不能与--databases 选项或--all-databases 选项同时使用，并且 mysqldump 必须运行在服务器的主机上。

【例 15-3】 将数据库 mysql_test 中所有表的表的结构和数据分别备份到 /home/root01/ database_bak 目录下。

语句如下：

```
mysqldump –u root –p153456–tab=/home/root01/ database_bak/mysql_test;
```

由于数据库 mysql_test 中仅包含表 customers 和表 cus-tomers_copy，那么该命令成功执行后，会在 /home/root01/database_bak 目录中生成4个文件，分别是 customers.txt、customers.sql、customers_copy.txt 和 customuers_copy.sql。

## 15.3.2 还原

### 1. 用 mysql 命令将 mysqldump 程序备份的文件中全部 SQL 语句还原到 MySQL

【例 15-4】 假设数据库 mysql_test 遭遇损坏，用该数据库的备份文件 mysql_test.sql 将其恢复。

语句如下：

```
mysql –u root –p153456 mysql_test< mysql_test.sql;
```

如果是数据库中表的结构发生了损坏，也可以使用 MySQL 命令对其单独做恢复处理，但是表中原有的数据会全部被清空。

【例 15-5】假设数据库 mysql_test 中表 customers 的表结构被损坏，试将存储表 customers 结构的备份文件 customers.sql 恢复到服务器，其中该备份文件存放在 Linux 的 /home/root01/ database_bak 目录中。

语句如下：

```
mysql -u root -p153456 customers < /home/root01/database_bak/customers.sql;
```

### 2. 用mysqlimport程序恢复数据

若只是为了恢复数据表中的数据，可以使用 mysqlimport 客户端实用程序来完成。mysqlimport 提供了 LOAD data…INFILE 语句的命令行接口，发送 LOAD DATA INFILE 命令到服务器运作，大多数选项直接对应 LOAD data…INFILE 语句。

运行 mysqlimport 程序的语法格式如下：

```
mysqlimport [options] database textfile … ;
```

options：可以通过执行"mysqlimport -help"命令查看这些选项的内容和作用。常用的选项有：

❖ -d，--delete：在导入文本文件前清空表中所有的数据行。
❖ -l，--lock-tables：在处理任何文本文件前锁定所有的表，以保证所有的表在服务器上同步，但对于 innoDB 类型的表则不必进行锁定。
❖ --low-priority，--local，--replace，--ignore：分别对应 LOAD data…INFILE 语句中的 LOW_PRIORITY、LOCAL、REPLACE 和 IGNORE 关键字。

database：指定欲恢复的数据库名称。

textfile：存储备份数据的文本文件名。用 mysqlimport 命令恢复数据时，会剥离这个文件名的扩展名，并决定向数据库中哪个表导入文件的内容。例如，"file.txt""file.sql""file"都会被导入名为 file 的表中，因此备份的文件名应根据需要恢复表命名。另外，该命令中需要指定备份文件的具体路径，若没有指定，则选取文件的默认位置，即 MySQL 安装目录的 DATA 目录。

与 mysqldump 程序一样，使用 mysqlimport 恢复数据时，也需要提供-h、-u、-p 选项来连接 MySQL 服务器。

【例 15-6】 用存放在/home/root01/database_bak/目录下的备份数据文件 customers.txt，恢复数据库 mysql_test 中表 customers 的数据。

语句如下：

```
mysqlimport -hlocalhost -uroot -p153456 -low-priority -replace mysql_test /home/root01/
database_bak /customers.txt;
```

## 15.4  表的导入和导出

在 MySQL 中，SELECT INTO…OUTFILE 语句可以把表数据导出到一个文本文件中进行备份，并可使用 LOAD data…INFILE 语句恢复先前备份的数据。这种方法的不足是只能导出或导入数据的内容，不包括表的结构，若表的结构文件损坏，则必须先设法恢复原来表的结构。

### 1. 导出备份语句

导出备份语句 SELECT INTO…OUTFILE 语法格式如下：

```
SELECT *  INTO OUTFILE 'file_name' [character set charset_name] export_options |
INTO DUMPFILE 'file_name'
```

其中，export_options 的格式为：

```
[FIELDS
 [TERMINATED BY 'string']
 [[optionally] ENCLOSED BY 'char']
 [ESCAPED BY 'char']
 ]
 [LINES TERMINATED BY 'string']
```

这个语句的作用是将表中 SELECT 语句选中的所有数据行写入一个文件，file_name 指定数据备份文件的名称。文件默认在服务器主机上创建，并且文件名不能是已经存在的，否则可能将原文件覆盖。如果将该文件写入一个特定的位置，则要在文件名前加上具体的路径。在文件中，导出的数据行会以一定形式存放，其中空值用 "\N" 表示。

导出语句中使用关键字 OUTFILE 时，可以在 export_options 中加入以下两个可选的子句，它们的作用是决定数据行在备份文件中存放的格式。

① FIELDS 子句：分别包括 TERMINATED BY、[OPTIONAL-BY] ENCLOSED BY 和 ESCAPED BY 三个亚子句。如果指定了 FIELDS 子句，则亚子句至少要求指定一个。其中，TERMINATED BY 用来指定字段值之间的符号，如 "TERMINATED BY ','" 指定 ","作为两个字段值之间的标志；ENCLOSED BY 用来指定包裹文件中字符值的符号，如 "ENCLOSED BY''"" 表示文件的字符值放在 """"之间，再加上关键字 OPTIONALLY，则表示所有的值放在 """"之间；ESCAPED BY 用来指定转义字符，如 "ESCAPED BY '*'" 将 "*" 指定为转义字符，取代 "\"，如空格被表示为 "*n"。

② LINES 子句：用 TERMINATED BY 指定一个数据行结束的标志，如 "LINES TERMINATED BY '?'" 表示一个数据行以 "?" 作为结束标志。

如果 FIELDS 和 LINES 子句都不指定，则默认声明如下：

```
FIELDS TERMINATED BY '\t' ENCLOSED BY '' ESCAPED BY '\ \'
LINES TERMINATED BY '\n'
```

导出语句中使用的是关键字 DUMPFILE 而非 OUTFILE 时，导出的备份文件中所有的数据行都会彼此紧邻放置，即值与行之间没有任何标记。

### 2．导入恢复语句

导入恢复语句 LOAD data…INFILE 的语法格式如下：

```
LOAD data [low_priority | concurrent] [local] infile 'file_name.txt'
[replace | ignore]
into table tbl_name
[fields
 [terminated by 'string']
 [[optionally] enclosed by 'char']
 [escaped by 'char' ]
 ]
[lines
 [starting by 'string']
 [terminated by 'string']
 ]
[ignore number lines]
[(col_name_or_user_var,…)]
[set col_name = expr,…)]
```

low_priority|concurrent：若指定 low_priority，则延迟该语句的执行；若指定 concurrent，则在 load data 正在执行时，其他线程可以同时使用该表的数据。

local：表示文件会被客户端读取，并被发送到服务器，文件会被给予一个完整的路径名称，以指定确切的位置。如果给定的是一个相对路径，则会被理解为相对于启动客户端时所在的目录。若没有指定 local，则文件必须位于服务器上，并被服务器直接读取。与让服务器直接读取文件相比，指定 local 的执行速度会略慢，这是由于文件的内容必须通过客户端发送到服务器。

file_name：待导入的数据库备份文件名，文件中保存了待载入数据库的所有数据行。输入文件可以手动创建，也可以使用其他程序创建。导入文件时可以指定文件的绝对路径，如 "/home/root01/database_bak/backupfile.txt"，则服务器会根据该路径搜索文件。若不指定路径，如 "backupfile.txt"，则服务器在默认数据库的数据库目录中读取。若文件为 "./backupfile.txt"，则服务器会直接在数据目录下读取，也就是 MySQL 的安装目录下的 data 目录。出于安全考虑，当读取位于服务器中的文本文件时，文件必须位于数据库目录中，或者是全体可读的。注意，这里给出的路径为 Linux 下的路径。

tbl_name：指定需要导入数据的表名，该表在数据库中必须存在，表结构必须与导入文件的数据行一致。

replace|ignore：如果指定 replace，则当导入文件中出现与数据库中原有行相同的唯一关键字值时，输入行会替换原有行；如果指定 ignore，则把与原有行有相同的唯一关键字值的输入行跳过。

FIELDS 子句：与 SELECT…INTO OUTFILE 语句中的类似，判断字段之间和数据行之间的符号。

LINES 子句：terminated by 亚子句指定一行结束的标志；starting by 亚子句指定一个前缀，导入数据行时，忽略数据行中的该前缀和前缀之前的内容。如果某行不包括该前缀，则整个数据行被跳过。

ignore number lines：用于忽略文件的前几行。例如，可以用 ignore1 lines 跳过数据备份文件中的第一行。

col_name_or_user_var：如果需要载入一个表的部分列，或者文件中字段值顺序与原表中列的顺序不同，就必须指定一个列清单，其中可以包含列名或用户变量，例如：

```
LOAD data INFILE 'backupfile.txt'
INTO TABLE backupfile(cust_id, cust_name, cust_address);
```

SET 子句：可以在导入数据时修改表中列的值。

【例 15-7】 备份数据库 mysql_test 中表 customers 的全部数据到 /home/root01/database_bak/backupfile.txt 文件中，要求字段值如果是字符则用 """ 标注，字段值之间用 "," 隔开，每行以 "?" 为结束标志。然后，将备份后的数据导入一个与 customers 表结构相同的空表 customers_copy。

首先，使用如下语句导出数据：

```
SELECT * FROM mysql_test.customers
INTO OUTFILE '/home/root01/database_bak/backupfile.txt'
FIELDS TERMINATED BY '.'
OPTIONALLY ENCLOSED BY '"'
LINES TERMINATED BY '?';
```

导出成功后，可以查看/home/root01/database_bak/backupfile.txt 文件，文件内容如下：

"张三","北京",1,"M","朝阳区","李四","武汉",2,"F","武昌区"？"王五","广州",3,"F","越秀区"？

然后，使用如下语句，将备份数据导入数据库 mysql_test 中与 customers 表结构相同的空表 customers_copy：

```
LOAD data INFILE '/home/root01/database_bak/backupfile.txt'
INTO TABLE mysql_test.customers_copy
FIELDS TERMINATED BY ','
OPTIONALLY ENCLOSED BY '"'
LINES TERMINATED BY '?';
```

在导入数据时，必须根据数据备份文件中数据行的格式来指定判断的符号。例如，在 backupfile.txt 文件中字段值是以"，"隔开的，导入数据时就一定要使用"TERMINATEDBY ''"子句指定"，"为字段值之间的分隔符，即与 SELECT…INTO OUTFILE 语句相对应。

另外，在多个用户同时使用 MySQL 数据库时，为了得到一致的备份，需要在指定的表上用 LOCK TABLES table_name READ 语句设置读锁定，以防止在备份过程中表被其他用户更新；而当恢复数据时，则需要使用 LOCK TABLES table_name WRITE 语句设置写锁定，以避免发生数据冲突。数据库备份或恢复完毕，需要用 UNLOCK TABLES 语句解锁。

# 小　结

本章主要讲述了备份数据库、还原数据库、导入表和导出表的内容。数据库的备份和还原是本章的重点内容。实际应用中通常使用 mysqldump 备份数据库。

# 思考与练习 15

1. 为什么在 MySQL 中需要进行数据库的备份和还原操作？
2. 备份的方法有哪些？
3. 完全备份需要注意什么？
4. 还原的基础是什么？
5. mysqldump、mysqlimport 实用工具如何使用？
6. 加载数据最快的方法是什么？
7. 使用直接复制方法实现数据库备份与恢复时，需要注意哪些？
8. 用 SELECT INTO…OUTFILE 语句备份数据库 db_test 中表 content 的全部数据到 C:/BACKUP/backupcontent.txt 的文件中，字段值如果是字符，则用"""标注，字段值之间用 "，"隔开，每行以"?"为结束标志。
9. MySQL 中，备份数据库的命令是（　　）。
   A. mysqldump　　　　　B. mysql　　　　　C. backup　　　　　D. copy
10. 实现批量数据导入的命令是（　　）。
   A. mysqldump　　　　　B. mysql　　　　　C. backup　　　　　D. return
11. 软件和硬件故障常造成数据库中的数据破坏。数据库恢复就是（　　）。
   A. 重新安装数据库管理系统和应用程序
   B. 重新安装应用程序，并将数据库做镜像

C. 重新安装数据库管理系统，并将数据库做镜像

D. 在尽可能短的时间内，把数据库恢复到故障发生前的状态

12. MySQL 中，还原数据库的命令是（　　　）。

A. mysqldump　　　　　B. MySQL　　　　　C. backup　　　　　D. return

13. （　　　）备份是在某次完全备份的基础上，只备份其后数据的变化。

A. 比较　　　　　B. 检查　　　　　C. 增量　　　　　D. 二次

14. 导出数据库正确的方法为（　　　）。

A. mysqldump 数据库名>文件名　　　　　B. mysqldump 数据库名>>文件名

C. mysqldump 数据库名文件名　　　　　D. mysqldump 数据库名=文件名

# 第 16 章　日志管理

日志是数据库的重要组成部分，日志文件记录着数据库运行期间发生的变化。数据库出现错误时可以通过查看日志文件找出原因。MySQL 数据库包含不同类型的日志文件，这些文件记录了 MySQL 数据库的日常操作和错误信息，分析这些日志文件可以了解 MySQL 数据库的运行情况、日常操作、错误信息以及哪些地方需要进行优化。本章将介绍 MySQL 数据库中常见的日志文件，包括错误日志、二进制日志、慢查询日志和通用查询日志文件。

## 16.1　MySQL 支持的日志

MySQL 日志是记录 MySQL 数据库的日常操作和错误信息的文件。日志是 MySQL 数据库的重要组成部分，日志文件中记录着 MySQL 数据库运行期间发生的变化。如果数据库遭到意外的损害，日志文件可以提供出错原因，可以进行数据恢复。分析这些日志文件，管理员可以了解 MySQL 数据库的运行情况、日常操作、错误信息和哪些地方需要进行优化。

MySQL 日志用来记录 MySQL 数据库的客户端连接情况、SQL 语句的执行情况、错误信息等。例如，用户 cau 登录到 MySQL 服务器，日志中就会记录这个用户的登录时间、执行的操作等。再如，MySQL 服务在某个时间出现异常，异常信息会被记录到日志文件中。

MySQL 日志分为 4 种，分别是错误日志、二进制日志、慢查询日志和通用查询日志。

❖ 错误日志：记录 MySQL 服务器的启动、关闭、运行错误等信息。

❖ 二进制日志：以二进制文件的形式记录数据库中的操作，但不记录查询语句。

❖ 慢查询日志：记录执行时间超过指定时间的操作。

❖ 通用查询日志：记录用户登录和记录查询的信息。

除了二进制日志，其他日志都是文本文件。日志文件通常存储在 MySQL 数据库的数据目录下。MySQL 数据库默认只启动了错误日志，其他日志需要数据库管理员进行设置。

如果 MySQL 数据库系统意外停止服务，可以通过错误日志查看出现错误的原因，并且可以通过二进制日志文件来查看用户执行了哪些操作、对数据库文件做了哪些修改，然后修复数据库。

但是，启动日志功能会降低 MySQL 数据库的执行速度。例如，一个查询操作比较频繁的 MySQL 数据库中，记录通用查询日志和慢查询日志要花费很多时间，日志文件也会占用大量的硬盘空间。对于用户量非常大、操作非常频繁的数据库，日志文件需要的存储空间甚至比数据库文件需要的存储空间还要大。

## 16.2　错误日志

错误日志是 MySQL 数据库中最常用的一种日志，主要用来记录 MySQL 服务的开启、关闭和错误信息。

### 1．启动错误日志

在 MySQL 数据库中，错误日志功能是默认开启的，而且无法被禁止。默认情况下，错误日志存储在 MySQL 数据库的数据文件夹下。错误日志文件通常的名称为 hostname.err。其中，hostname 表示 MySQL 服务器的主机名。错误日志的存储位置可以通过"log-error"选项设置，将 log-error 选项加入/etc/my.cnf 文件的[mysqld]组，语法格式如下：

```
log-error[=DIR / [filename]]
```

其中，DIR 参数指定错误日志的路径，filename 参数是错误日志的名称，没有该参数时默认为主机名。重启 MySQL 服务后，这个参数开始生效，可以在指定路径下看到 filename.err 文件。如果没有指定 filename，那么错误日志默认为 hostname.err。

cat /etc/my.cnf 命令可以查看与错误日志配置的相关信息。由图 16-1 可知，错误日志位于/var/log/mysqld.log 文件中。

```
[root01@localhost ~]$ cat /etc/my.cnf
# For advice on how to change settings please see
# http://dev.mysql.com/doc/refman/5.7/en/server-configuration-defaults.html

[mysqld]
#
# Remove leading # and set to the amount of RAM for the most important data
# cache in MySQL. Start at 70% of total RAM for dedicated server, else 10%.
# innodb_buffer_pool_size = 128M
#
# Remove leading # to turn on a very important data integrity option: logging
# changes to the binary log between backups.
# log_bin
#
# Remove leading # to set options mainly useful for reporting servers.
# The server defaults are faster for transactions and fast SELECTs.
# Adjust sizes as needed, experiment to find the optimal values.
# join_buffer_size = 128M
# sort_buffer_size = 2M
# read_rnd_buffer_size = 2M
datadir=/var/lib/mysql
socket=/var/lib/mysql/mysql.sock

# Disabling symbolic-links is recommended to prevent assorted security risks
symbolic-links=0

log-error=/var/log/mysqld.log
pid-file=/var/run/mysqld/mysqld.pid
```

图 16-1　错误日志文件的位置

### 2．查看错误日志

错误日志记录着开启和关闭 MySQL 服务的时间，以及服务运行过程中出现哪些异常等信息。如果 MySQL 服务出现异常，可以到错误日志中查找原因。错误日志是以文本文件形式存储的，可以直接使用普通文本工具就可以查看，也可以用 cat/var/log/MySQLd.log 查看。

**【例16-1】** 查看 MySQL 服务器的错误日志 cat/var/log/mysqld.log 的部分内容。

结果如图 16-2 所示，其中包含了一些事件计划的操作执行结果和一些失败的操作。

```
2018-09-30T09:20:29.714941Z 9 [Note] Event Scheduler: scheduler thread started with id 9
2018-09-30T09:20:29.717678Z 9 [Note] Event Scheduler: Last execution of jxgl.direct. Dropping.
2018-09-30T09:20:29.760718Z 10 [Note] Event Scheduler: Dropping jxgl.direct
2018-09-30T09:22:21.306178Z 9 [Note] Event Scheduler: Last execution of jxgl.thirtyseconds. Droppin
2018-09-30T09:22:21.312901Z 11 [Note] Event Scheduler: Dropping jxgl.thirtyseconds
2018-09-30T09:28:07.240103Z 9 [Note] Event Scheduler: Last execution of jxgl.direct. Dropping.
2018-09-30T09:28:07.280569Z 12 [Note] Event Scheduler: Dropping jxgl.direct
2018-09-30T09:28:07.280709Z 12 [ERROR] Event Scheduler: [root@localhost][jxgl.direct]
2018-09-30T09:38:52.127094Z 9 [Note] Event Scheduler: Last execution of jxgl.direct. Dropping.
2018-09-30T09:38:52.136394Z 13 [Note] Event Scheduler: Dropping jxgl.direct
2018-09-30T09:38:52.136516Z 13 [ERROR] Event Scheduler: [root@localhost][jxgl.direct]
2018-09-30T09:39:03.521710Z 9 [Note] Event Scheduler: Last execution of jxgl.direct. Dropping.
2018-09-30T09:39:03.529758Z 14 [Note] Event Scheduler: Dropping jxgl.direct
2018-09-30T09:39:03.529873Z 14 [ERROR] Event Scheduler: [root@localhost][jxgl.direct]
2018-09-30T09:39:34.057957Z 9 [Note] Event Scheduler: Last execution of jxgl.direct. Dropping.
2018-09-30T09:39:34.069781Z 15 [Note] Event Scheduler: Dropping jxgl.direct
2018-09-30T09:39:34.069876Z 15 [ERROR] Event Scheduler: [root@localhost][jxgl.direct]
2018-09-30T09:41:24.601721Z 9 [Note] Event Scheduler: Last execution of jxgl.direct.
2018-09-30T09:41:24.622029Z 16 [ERROR] Event Scheduler: [root@localhost][jxgl.direct]
2018-09-30T09:41:24.622060Z 16 [Note] Event Scheduler: [root@localhost].[jxgl.direct] event executi
2018-09-30T09:44:18.677342Z 9 [Note] Event Scheduler: Last execution of jxgl.thirtyseconds.
2018-09-30T09:44:18.683446Z 17 [ERROR] Event Scheduler: [root@localhost][jxgl.thirtyseconds]
```

图 16-2　查看错误日志

### 3．删除错误日志

数据库管理员可以删除很长时间之前的错误日志，以保证 MySQL 服务器的空间。MySQL 数据库中，mysqladmin 命令可以开启新的错误日志，语法格式如下：

```
mysqladmin -u root -p flush-logs
```

执行该命令后，数据库系统会自动创建一个新的错误日志。旧的错误日志仍然保留，只是更名为 filename.err-old。

FLUSH LOGS 语句也可以开启新的错误日志，但是需要先登录到 MySQL 数据库。创建好新的错误日志后，数据库管理员可以将旧的错误日志备份。如果觉得 filename.err-old 已经没有存在的必要，数据库管理员可以直接删除之。

在通常情况下，管理员不需要查看错误日志。但是 MySQL 服务器发生异常时，管理员可以从错误日志中找到发生异常的时间、原因，然后根据这些信息来解决异常。对于很久以前的错误日志，管理员查看这些错误日志的可能性不大，可以将这些错误日志删除。

# 16.3　二进制日志

二进制日志也称为变更日志（update log），主要用于记录数据库的变化情况，可以查询 MySQL 数据库进行了哪些改变。

### 1．启动

默认情况下，二进制日志功能是关闭的。通过 my.ini 的 log-bin 选项可以开启二进制日志，将 log-bin 选项加入 my.ini 文件的[mysqld]组，语法格式如下：

```
log-bin [=DIR \ [filename]]
```

其中，DIR 参数指定二进制文件的存储路径；filename 参数指定二进制文件的文件名，其形式为 filename.number，number 的形式为 000001、000002 等。每次重启 MySQL 服务后，都会生成一个新的二进制日志文件，这些日志文件的 number 会递增。除了生成上述文件，还会生成 filename.index 文件，其中存储所有二进制日志文件的清单。如果没有 DIR 参数和 filename 参数，二进制日志将默认存储在数据库的数据目录下，默认文件名为 hostname-bin.number，其中 hostname 表示主机名。

技巧：二进制日志与数据库的数据文件最好不要放在同一块硬盘上，即使数据文件所在的硬盘被破坏，也可以使用另一块硬盘的二进制日志来恢复数据库文件。两块硬盘同时坏了的可能性要小得多，这样可以保证数据库中数据的安全。

### 2．查看

二进制格式可以存储更多的信息，并且可以使写入二进制日志的效率更高。但是，用户不能直接打开并查看二进制日志。如果需要查看二进制日志，必须使用 mysqlbinlog 命令，语法格式如下：

```
mysqlbinlog filename.number
```

mysqlbinlog 命令将在当前文件夹下查找指定的二进制日志，因此需要在二进制日志 filename.number 所在的目录下运行该命令，否则会找不到。

### 3．删除

二进制日记会记录大量的信息，如果很长时间不清理二进制日志，将会浪费很多空间。删除二进制日志的方法很多。

（1）删除所有二进制日志

reset master 语句可以删除所有二进制日志，语法格式如下：

```
reset master;
```

登录 MySQL 数据库后，可以执行该语句删除所有二进制日志。删除所有二进制日志后，MySQL 会重新创建新的二进制日志。新二进制日志的编号从 000001 开始，如主机名-bin.000001。

（2）根据编号来删除二进制日志

每个二进制日志文件后面有一个 6 位数字，如 000001。purge master logs to 语句可以删除编号小于这个二进制日志的所有二进制日志，语法格式如下：

```
purge master logs to 'filename.number';
```

（3）根据创建时间来删除二进制日志

purge master logs to 语句可以删除指定时间之前创建的二进制日志，语法格式如下：

```
purge master logs before 'yyyy-mm-dd hh:mm;ss';
```

### 4．还原数据库

二进制日志记录了用户对数据库中数据的改变，如 INSERT、UPDATE、CREATE 语句等都会记录到二进制日志。一旦数据库遭到破坏，可以使用二进制日志还原数据库。下面介绍使用二进制日志还原数据库的方法。

如果数据库遭到意外损坏，首先应该使用最近的备份文件来还原数据库。备份后，数据库可能进行了一些更新，可以使用二进制日志还原。因为二进制日志中存储了更新数据库的语句，如 UPDATE、INSERT 语句等。二进制日志还原数据库的命令如下：

```
mysqlbinlog filename.number | mysql -u root -p
```

可以这样理解：mysqlbinlog 命令读取 filename.number 中的内容，然后 mysql 命令将这些内容还原到数据库。

技巧：二进制日志虽然可以还原 MySQL 数据库，但是其占用的磁盘空间非常大。因此，在备份 MySQL 数据库后，应该删除备份之前的二进制日志。如果备份后发生异常，造成数据库的数据丢失，可以通过备份后的二进制日志进行还原。

mysqlbinlog 命令进行还原操作时，必须是编号小的先还原。例如，MYKESRLC8FJ2GO6-bin.000001 必须在 MYKESRLC8FJ2GO6-bin.000002 之前还原。

在配置文件中设置 log-bin 选项后，MySQL 服务器会一直开启二进制日志功能。删除该选项后，就可以停止二进制日志功能。如果需要再次启动该功能，需要重新添加 log-bin 选项。MySQL 提供了暂时停止二进制日志功能的语句。

如果用户不希望自己执行的某些 SQL 语句记录在二进制日志中，那么需要在执行这些 SQL 语句前暂停二进制日志功能。SET 语句可以暂停二进制日志功能，语法格式如下：

```
SET sql_log_bin=0;
```

执行该语句后，MySQL 服务器会暂停二进制日志功能。但是，只有拥有 SUPER 权限的用户才可以执行该语句。如果用户希望重新开启二进制日志功能，可以使用如下 SET 语句：

```
SET sql_log_bin=1;
```

# 16.4 慢查询日志

### 1. 启动慢查询日志

慢查询日志功能默认是关闭的。在 Linux 下，通过修改 my.cnf 文件的 slow_query_log 选项，可以开启慢查询日志。在[mysqld]组，slow_query_log 设置为 1（默认是 0），slow_query_log_file 设置为慢查询日志路径，long_query_time 设置为时间值，超过这个时间值就被记录到慢查询日志。重新启动 MySQL 服务，即可开启慢查询日志。其中，slow_query_log_file 语法格式如下：

```
slow_query_log_file[=DIR\[filename]]
```

其中，DIR 参数指定慢查询日志的存储路径；filename 参数指定日志的文件名，生成日志文件的完整名称为 filename-slow.log。如果不指定存储路径，慢查询日志将默认存储到 MySQL 数据库的数据目录。如果不指定文件名，默认文件名为 hostname-slow.Log，hostname 是 MySQL 服务器的主机名。long_query_time 参数是设定的时间值，单位是秒。如果不设置 long_query_time 选项，那么默认时间为 10 秒。

### 2. 查看

执行时间超过指定时间的查询语句会被记录到慢查询日志。如果用户希望查询哪些查询语句的执行效率低，可以从慢查询日志中获得想要的信息。慢查询日志也是以文本文件的形式存储的。普通的文本文件查看工具可以查看慢查询日志。

### 3. 删除

mysqladmin 命令可以删除慢查询日志，语法格式如下：

```
mysqladmin -u root -p flush-logs
```

执行该命令后，命令行会提示输入密码。输入正确密码后，将执行删除操作。新的慢查询日志会直接覆盖旧的查询日志，不需要手动删除。

数据库管理员也可以手工删除慢查询日志。

删除慢查询日志后，需要重新启动 MySQL，然后会生成新的慢查询日志。如果希望备份旧的慢查询日志文件，可以将旧的日志文件改名，然后重启 MySQL 服务。

## 16.5　通用查询日志

通用查询日志用来记录用户的所有操作，包括启动和关闭 MySQL 服务、更新语句、查询语句等。

### 1. 启动

默认情况下，通用查询日志功能是关闭的。在 Linux 下，通过修改 my.cnf 文件的 log 选项可以开启通用查询日志。在[mysqld]组，general_log 的值设置为 1（默认是 0），重新启动 MySQL 服务即可开启查询日志，general_log_file 表示日志的路径，语法格式如下：

```
general_log_file [=DIR\[filename]]
```

其中，DIR 参数指定通用查询日志的存储路径；filename 参数指定日志的文件名。如果不指定存储路径，通用查询日志将默认存储到 MySQL 数据库的数据目录。如果不指定文件名，默认文件名为 hostname.log，hostname 是 MySQL 服务器的主机名。

### 2. 查看

用户的所有操作都会记录到通用查询日志。如果希望了解某个用户最近的操作，可以查看通用查询日志。通用查询日志是以文本文件的形式存储的。

如果想停止通用日志，那么只需把 my.cnf 文件中的 general-log 设置为 0，重新启动 MySQL，即可关闭通用查询日志。

### 3. 删除

通用查询日志会记录用户的所有操作。如果数据库的使用非常频繁，那么通用查询日志会占用非常大的空间。数据库管理员可以删除很长时间之前的通用查询日志，以保证 MySQL 服务器的空间。下面介绍删除通用查询日志的方法。

MySQL 数据库也可以用 mysqladmin 命令开启新的通用查询日志。新的通用查询日志会直接覆盖旧的查询日志，不需要手动删除。mysqladmin 命令的语法格式如下：

```
mysqladmin -u root -p flush-logs
```

如果希望备份旧的通用查询日志，就必须先复制旧的日志文件或者重命名，再执行上面的 mysqladmin 命令。

除了上述方法，通用查询日志也可以手工删除。删除后，需要重新启动 MySQL，然后会生成新的通用查询日志。如果希望备份旧的日志文件，那么可以将旧的日志文件改名，然后重启 MySQL。

删除通用查询日志和慢查询日志都是使用 mysqladmin 命令，使用时一定要注意，一旦执行这个命令，通用查询日志和慢查询日志都只存在新的日志文件。如果希望备份旧的慢查询日志，那么必须先复制旧的日志文件或者改名，再执行 mysqladmin 命令。

# 小　结

本章主要讲述了备份数据库、还原数据库、导入表和导出表的内容。数据库的备份和还原是本章的重点内容。实际应用中通常使用 mysqldump 备份数据库。

# 思考与练习 16

1. MySQL 日志的功能有哪些？
2. MySQL 日志可分为哪些类型？
3. MySQL 通常应该开启哪些日志？
4. 如何使用二进制日志和慢查询日志？
5. 二进制日志文件的用途是什么？
6. MySQL 日志文件的类型包括：错误日志、查询日志、更新日志、二进制日志和（　　　）。
   A．慢日志　　　　　　　B．索引日志　　　　　　C．权限日志　　　　　　D．文本日志
7. MySQL 错误日志记载着 MySQL 数据库系统的诊断和出错信息，其存储文件的名称是（　　　）。
   A．error log　　　　　　B．MySQL.log　　　　　　C．access.log　　　　　　D．errors.log

# 实验：MySQL 日志管理

## 一、实验目的

（1）了解日志的含义、作用和优缺点。

（2）掌握二进制日志、错误日志和通用查询日志的管理。

## 二、验证性实验

（1）启动二进制日志功能，并将二进制日志存储到 /home/root01/binlog 目录下。二进制日志文件命名为 binlog。将 log_bin 选项加入 my.cnf 或 my.ini 配置文件。在配置文件的[MySQLd]组中加入如下代码：

```
log-bin = /home/root01/binlog
```

配置完成后，二进制文件将存储在 /home/root01/binlog 目录下，而且第一个二进制文件的完整名称将是 binlog.000001。

（2）启动服务后，查看二进制日志。

启动 MySQL 服务，在 /home/root01/binlog 录下可以找到 binlog.000001，再使用 mysqlbinlog 命令查看二进制日志。先切换到 /home/root01/binlog 目录，再执行 mysqlbinlog 命令，语句如下：

```
/home/root01/binlog> mysqlbinlog/home/root01/binlog/binlog.000001
```

（3）向 studentinfo 数据库的 sc 表使用 MySQLbinlog 语句查看二进制日志文件，格式如下：

```
/home/root01/mysql> mysqlbinlog /home/root01/binlog/binlog.000001
```

（4）暂停二进制日志功能，再删除 score 表中的所有记录。

后面需要删除 sc 表中的所有记录，而此时不希望这个删除语句被记录到二进制日志中。因此用 SET 语句暂停二进制日志功能：

```
SET SQL_LOG_BIN=0;
```

（5）重新开启二进制日志功能。

SET 语句可以重新开启二进制日志功能。例如：

```
SET SQL_LOG_BIN=1;
```

执行该语句后，二进制日志功能将可以继续使用。

（6）使用二进制日志恢复 sc 表。

用 exit 命令退出 MySQL 数据库，然后执行如下语句：

```
mysqlbinlog binlog.000001 | mysql -u root -p
```

再次登录 MySQL 数据库。然后查询 score 表中的记录是否恢复成功。

（7）删除二进制日志。

RESET MASTER 语句可以删除二进制日志。

## 三、设计性实验

按如下要求，完成任务。

（1）将错误日志的存储位置设置为 /home/root01/LOG 目录下。

（2）开启通用查询日志，并设置该日志存储在 /home/root01/LOG 目录下。

（3）开启慢查询日志，并设置该日志存储在 /home/root01/LOG 目录下，设置时间值为 10 秒。

（4）查看错误日志、通用查询日志和慢查询日志。

（5）删除错误日志。

（6）删除通用查询日志和慢查询日志。

## 四、观察与思考

（1）平时应该开启什么日志？

（2）如何使用二进制日志？

# 第 17 章　分布式数据库与复制、集群技术

随着数据库技术的日趋成熟和计算机网络通信技术的快速发展，传统集中式数据库系统显现出一些弱点和不足。分布式数据库系统（Distributed DataBase System，DDBS）是地理上分散而逻辑上集中的数据库系统，即通过计算机网络将地理上分散的各局域节点连接起来，共同组成一个逻辑上统一的数据库系统。因此，分布式数据库系统是数据库技术和计算机网络技术相结合的产物。分布式数据库系统有两种：一种是物理上分布的，但逻辑上是集中的，只适合用途比较单一的、不大的单位或部门；另一种是物理上和逻辑上都是分布的，即联邦式分布数据库系统。由于组成联邦的各子数据库系统是相对"自治"的，这种分布式数据库系统可以容纳多种不同用途的、差异较大的数据库，比较适合大范围内数据库的集成。

由于物理上分散的公司、团体和组织对数据库更为广泛的应用需求，作为数据库技术和网络技术相互渗透、有机结合的分布计算和分布式数据库受到人们广泛关注，成为数据库发展一个重要方向。

## 17.1　分布式数据库系统

分布式数据库是数据库技术与网络技术相结合的产物，其始于 20 世纪 70 年代中期。20世纪 90 年代以来，分布式数据库进入到商品化应用阶段，传统关系数据库产品都已发展成以计算机网络和多任务操作系统为核心的分布式数据库产品，同时分布式数据库逐步向着 C/S模式发展。

### 17.1.1　集中式和分布式

传统数据库系统作为一种主机/终端式系统，表现出明显的集集中式数据库体系结构。集中式数据库的基本特征是"单点"数据存取与"单点"数据处理。数据库管理系统、所有用户数据以及所有应用程序都安装和存储在同一个"中心"计算机系统当中。这个中心计算机通常是大型机，也称为主机。用户通过终端发出存取数据请求，由通信线路传输到主机。主机予以响应并加以相应处理，然后再通过通信线路将处理结果返回到用户终端。集中式数据库结构如图 17-1 所示。

进入新世纪，数据库技术和应用已经普遍建立在计算机网络基础之上，通常集中式数据库难以满足网络环境下数据存储与处理的基本需求。这主要表现在下述几方面：

① 通信开销巨大。按照实际需要，数据在网络上分布存储，集中式处理会带来巨大通信开销。

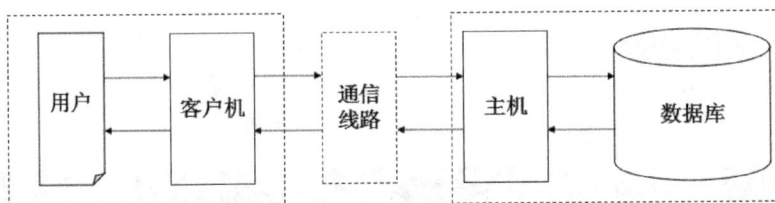

图 17-1 集中式数据库结构

② 故障影响系统。应用程序在网络情况下集中在一台机器上运行，一旦发生故障，将造成整个系统受到影响。

③ 灵活扩展不足。数据的系统规模和处理配置不够灵活，整个系统可扩展性较差。

为了解决集中式数据库不能适应网络环境的现实问题，人们引入了分布计算概念。分布计算先后经历了"处理分布""功能分布"和"数据分布"的演变过程。其中功能分布产生客户机/服务器结构应当遵循的基本的原则，而数据分布就导入了分布式数据库概念。

在网络环境下，"分布计算"具有下述三种含义。

### 1．处理分布

处理分布的基本特征是数据集中，处理分布。网络中各节点用户的应用程序向同一数据库存取数据，然后在相应的各自节点进行数据处理。处理分布作为一种单点数据、多点处理方式，只是在相当于智能终端的用户计算机上具有应用处理能力，同时增加了网络接口，能够在网络环境中运行，其本质仍然属于集中式数据库范畴，本章不讨论这种情形。

### 2．功能分布

在分布式数据库系统中，网络中每个节点都是一个通用计算机，同时执行分布式数据库功能和应用程序。随着工作站功能的日益增强和广泛应用，为了解决计算机瓶颈问题，需要将数据库管理系统功能和应用处理机制分开。网络中某些节点上计算机专门执行数据库管理系统功能，并称之为数据库服务器（database server）。例如，在服务器上安装 MySQL 等，用于事务处理和数据访问的控制；其他计算机（客户机，client）则专门处理用户应用程序。人们通常在客户机上安装数据库系统应用开发工具，实现用户界面和前端处理。例如，在客户机上安装 C#或 Java，以支持用户和运行应用程序。这种客户机和数据库服务器架构的技术就是功能分布。

### 3．数据分布

数据分布基本特征是数据物理分布在不同节点上，但在逻辑上构成一个整体，是一个逻辑数据库。每个节点可以执行局部应用，具有独立处理本地数据库中数据能力；同时可以执行全局应用，存取和处理其他站点数据库中数据。数据分布的实现途径就是分布式数据库技术，这是本章讨论的重点部分。

## 17.1.2 分布式数据库基本概念

分布式数据库（Distributed Database，DDB）作为数据库技术与计算机网络技术相结合的产物，在本质上是一种虚拟的数据库，整个系统由一些松散耦合的站点（site，即结点）构成，系统中的数据都物理地存储在不同地理站点的不同数据库（站点）中，而系统中每个站点上运行的数据库系统之间实现着真正意义下的相互对立性。

在实际应用中，由于各单位（如一些大型企业和连锁店等）自身经常就是分布式的，在逻辑上分成公司、部门、工作组，在物理上也被分成诸如车间、实验室等，这意味着各种数据是分布式的。单位的各部门都维护着自身的数据，单位的整个信息就被分解成了"信息孤岛"，分布式数据库正是针对这种情形建立起来的"信息桥梁"。

DDB 的研制开始于 20 世纪 70 年代中期。1976 年到 1979 年，美国计算机公司（CCA）开发出第一个分布式数据库系统 SDD-1。进入 20 世纪 80 年代，DDB 技术成为数据库研究的主要方向并取得了显著成果。到了 20 世纪 90 年代，国内外一批 DDB 系统进入商业化应用阶段，传统关系数据库产品都已发展成为以计算机网络和多任务操作系统为核心的分布式数据库系统，同时 DDB 逐步向 C/S 模式演进和发展。下面给出分布式数据库系统的基本概念。

分布式数据库系统是由一组地理上分布在网络不同节点而在逻辑上属于同一系统的数据库子系统组成的，这些数据库子系统分散在计算机网络不同计算实体之中，每个节点都具有独立处理数据的能力，即站点自治，既可以执行局部应用，也可以通过网络通信系统执行全局应用。按照上述概念，分布式数据库具有如下基本特征。

### 1．物理分布性

数据库中数据不是存储在同一站点，例如，存在不同计算机的存储设备当中，而不是集中存储于一个节点上，这不同于数据存放在服务器上而由客户共享的网络数据库系统。

### 2．逻辑整体性

尽管数据在物理上是分散存储的，但在逻辑上相互关联，构成整体，数据被所有用户（全局用户）共享，由一个分布式 DBMS 统一管理，这不同于由网络连接的多个独立的数据库。

### 3．站点自治性

各站点数据都有独立的计算实体（计算机系统）、数据库和数据库管理系统（局部数据库管理系统，Located DBMS，LDBMS），具有自治处理能力，能够独立实现本站点数据库局部管理。

### 4．站点协作性

各站点具有高度自治但相互协作构成一个整体。本地数据库中的数据可以为本地用户使用，也可以通过提供给其他站点的用户来实现全局应用。而且，各站点用户如同使用集中式数据库一样，可以在任何一个站点执行全局任务。

一个具有三个站点的分布式数据库系统如图 17-2 所示。

## 17.1.3　DDB 模式结构

集中式数据库具有三层模式结构、两级映射和由此带来的数据逻辑与物理独立的性质。分布式数据库是基于网络连接的集中式数据库的逻辑集合，其模式结构呈现出既保留了集中式数据库模式特色，又有更为复杂结构的特色。

### 1．六层模式结构

图 17-3 是一种分布式数据库的分层模式结构，这个结构可以从整体上分为两部分，底下两层是集中式数据库原有模式结构部分，代表各站点局部分布式数据库结构；其上面四层是分布式数据库系统新增的结构部分。

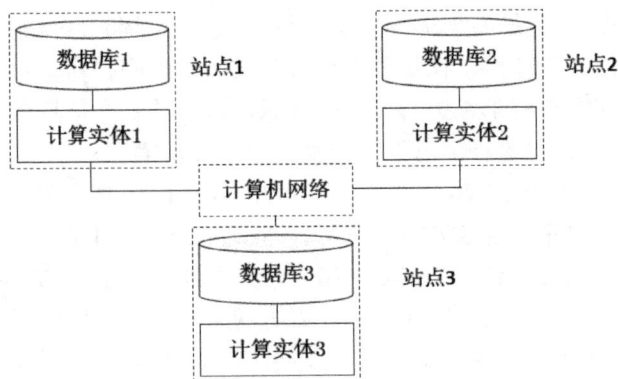

图 17-2　三个站点分布式数据库系统

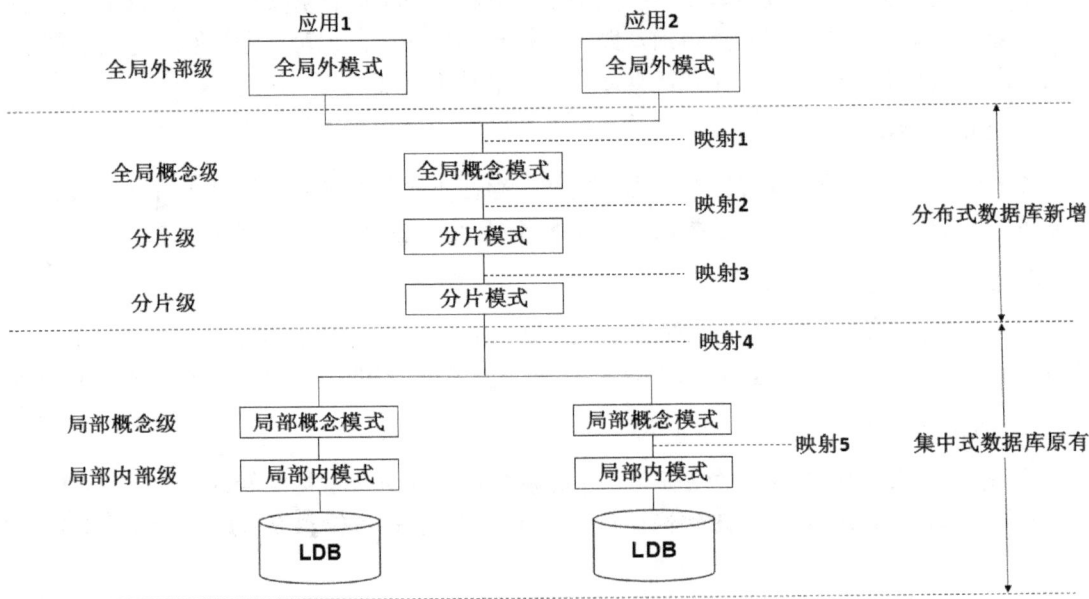

图 17-3　分布式数据库系统分层模式

由图 17-3 可以看出，分布式数据库框架体系具有六级模式结构。

（1）全局外模式结构

全局外部级（全局外模式）是全局应用的用户视图，可以看作全局模式的一个子集。一个分布式数据库可以有多个全局外模式。

（2）基于分布的模式结构

该层是基于分布式数据库基本要求而构建的，其中包括三个结构层面。

① 全局概念级（全局模式）类似集中式数据库的模式，定义分布式数据库中全体数据的逻辑结构，是整个分布式数据库所有全局关系的描述。全局模式提供了分布式系统中数据的物理独立性，而全局外模式提供了数据的逻辑独立性。

② 分片级（分片模式，Fragmentation Schema）描述了数据在逻辑上是怎样进行划分的。每个全局关系可以划分为若干互不相交的片（fragment），片是全局关系的逻辑划分，在物理上位于网络的若干节点上。全局关系与片之间的映射在分片模式中定义，这种映射通常是一对多的。一个全局关系可以对应多个片，而一个片只能来自一个全局关系。

③ 分布级（分布模式，Allocation Schema）定义了片的存储节点，即定义了一个片位于哪一个节点或哪些节点。

（3）局部数据库模式结构

① 局部概念级（局部模式）全局关系被逻辑划分成为一个或多个逻辑分片，每个逻辑分片被放置在一个或多个站点，称为逻辑分片在某站点的物理映像或分片。分配在同一站点的同一全局模式的若干片段（物理片段）构成该全局模式在该站点的一个物理映像。一个站点局部模式是该站点所有全局模式在该处物理映像的集合。全局模式与站点独立，局部模式与站点相关。

② 局部内部级（局部内模式）是 DDB 中关于物理数据库的描述，与集中式数据库内模式相似，但描述内容不仅包含局部本站点数据存储，还包含全局数据在本站点存储描述。

## 2．五级映射与分布透明

在集中式数据库中，数据独立性通过两级映射实现，其中外模式与模式之间映射实现逻辑独立性，模式与内模式之间映射实现物理独立性。在 DDB 体系结构中，六层模式之间存在着五级映射，它们分别为：

❖ 映射 1，全局外模式层到全局模式层之间的映射。
❖ 映射 2，局部模式层到分片层之间的映射。
❖ 映射 3，分片层到分配层之间的映射。
❖ 映射 4，分配层到局部模式层之间的映射。
❖ 映射 5，局部概念层到局部内模式层之间的映射。

映射 1 和映射 5 类似集中式数据库中体现逻辑独立性与物理独立性的相应"两级映射"。映射 2、映射 3 和映射 4 是 DDB 特有的。在 DDB 中，人们为了突出其基本特点，通常数据独立性主要是指数据的"分布透明性"。映射 2、映射 3 和映射 4 体现的相应独立性分别称为数据的"分片透明性""位置透明性"和"模型透明性"，三者组成了数据的"分布透明性"。分布透明性实际上属于物理独立性范畴。DDB 中的映射和相应数据独立性如图 17-4 所示。

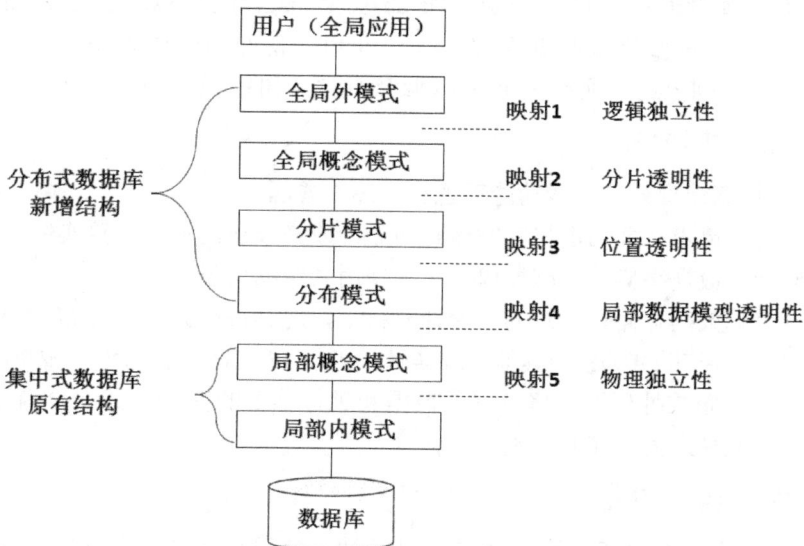

图 17-4　五级映射和数据独立性

（1）分片透明性

分片透明性（Fragmentation Transparency）是最高层面的分布透明性，由位于全局概念层和分片层之间的映射 2 实现。当 DDB 具有分片透明性时，应用程序只需要对全局关系操作，不必考虑数据分片及其存储站点。当分片模式改变时，只需改变映射 2 即可，不会影响全局模式和应用程序，从而完成分片透明性。

（2）位置透明性

位置透明性（Location Transparency）由位于分片层和分配层的映射 3 实现。当 DDB 不具有分片透明性但具有位置透明性时，编写程序需要指明数据片段名称，但不必指明片段存储站点。当存储站点发生改变时，只需改变分片模式到分配模式之间映射 3，而不会影响分片模式、全局模式和应用程序。

（3）局部数据模型透明性

局部数据模型透明性（Local Data Transparency），也称为局部映像透明性或模型透明性，由位于分配模式和局部模式之间的映射 4 实现。当 DDB 不具有分片透明性和位置透明性，但具有模型透明性时，用户编写的程序需要指明数据片段名称和片段存储站点，但不必指明站点使用的是何种数据模型，而模型转换和查询语言转换都由映射 4 完成。

DDB 的分层、映射模式结构为 DDB 提供了一种通用的概念结构，这种框架具有较好的数据管理优势，其主要表现在下述几方面：

❖ 数据分片与数据分配分离，形成了"数据分布独立性"的状态。
❖ 数据冗余的显式控制，数据在不同站点分配情况在分配模式中易于理解和把握，便于系统管理。
❖ 局部 DBMS 独立性，即"局部映射透明性"，这就允许人们在不考虑局部 DBMS 专用数据模型情况下，研究 DDB 管理相关问题。

## 17.1.4 分布式数据库管理系统

分布式数据库管理系统（Distributed Database Management System，DDBMS）是一组负责管理分布式环境下逻辑集成数据存取、一致性和完备性的软件系统。由于数据上的分布 DDBMS 在管理机制上还必须具有计算机网络通信协议的分布管理特性。

### 1. DDBMS 基本功能

分布式数据库管理系统基本功能表现在下述 5 方面。

❖ 接受用户请求，并判定将其发送到何处，或必须访问哪些计算实体才能满足要求。
❖ 访问网络数据字典，了解如何请求和使用其中的信息。
❖ 如果目标数据存储与系统的多台计算机上，对其进行必需的分布式处理。
❖ 在用户、局部 DBMS 和其他计算实体的 DBMS 之间进行协调，发挥接口功能。
❖ 在异构分布式处理器环境中提供数据和进行移植的支持，其中异构是指各个站点的软件、硬件之间存在着差别。

### 2. DDBMS 组成模块

DDBMS 由本地 DBMS 模块、数据连接模块、全局系统目录模块和分布式 DBMS 模块组成。

（1）本地 DBMS 模块

本地 DBMS 模块（L-DBMS），是一个标准的 DBMS，负责管理本站点数据库中数据，具有自身的系统目录表，其中存储的是本站点上数据的总体信息。在同构系统中，每个站点的 L-DBMS 实现相同，而在异构系统中则不相同。

（2）数据连接模块

数据连接模块（Data Communication，DC）作为一种可以让所有站点与其他站点相互连接的软件，包含了站点及其连接方面的信息。

（3）全局系统目录模块

全局系统目录模块（Global System Catalog，GSC）除了具有集中式数据库的数数据目录（数据字典）内容，还包含数据分布信息，如分片、复制和分配模式，其本身可以像关系一样被分片和复制分配到各站点。一个全复制的 GSC 允许站点自治（Site Autonomy），但如果某个站点的 GSC 改动，其他站点的 GSC 也需要相应变动。

（4）分布式 DBMS 模块

分布式 DBMS 模块（D-DBMS）是整个系统的控制中心，主要负责执行全局事务，协调各个局部 DBMS 以完成全局应用，保证数据库的全局一致性。

DDBMS 简化的组成模块如图 17-5 所示。

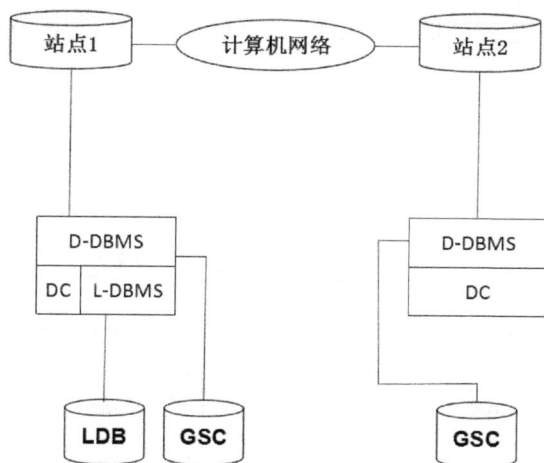

图 17-5　DDBMS 组成模块

分布式数据库可以根据各站点的数据库管理系统是否相同划分为同构（Homogeneous）系统和异构（Heterogeneous）系统。

（1）同构系统

同构系统中所有站点都使用相同的数据库管理系统，相互之间彼此熟悉，合作处理客户需求。在同构系统中，各站点都无法独自更改模式或数据库管理系统。为了保证涉及多个站点的事务顺利执行，数据库管理系统还需要与其他站点合作，以交换事务信息。

同构系统又可以分为两种。

同构异质系统：各站点采用同一数据模型（如关系数据模型）和同一型号 DBMS。

同构异质系统：各站点采用同一数据模型（如关系数据模型），但采用不同型号 DBMS。

（2）异构系统

异构系统中不同站点有不同模式和数据库管理系统，各站点之间可能彼此并不熟悉，在事务处理过程中，它们仅仅提供有限功能。模式差别是查询处理中难以解决的问题，而软件的差别则成为全局应用的主要障碍。

本章主要讨论同构同质的分布式数据库系统。

## 17.1.5　分布式数据库系统

### 1．DDBS 的基本概念

分布式数据库系统由 DDB 和 DDBMS 组成，其要点是系统中的数据物理上分别存放在通过计算机网络连接的不同站点计算机中，这些数据在逻辑上是一个整体，由系统统一管理并被全体用户共享，每个站点都有自治即独立处理能力以完成局部应用，而每个站点也参与至少一种全局应用，并且通过网络通信子系统执行全局应用。

集中式数据库系统由计算机系统（硬件和操作系统及应用软件系统）、数据库、数据库管理系统和用户（一般用户与数据库管理人员）组成。分布式数据库系统在此基础上结合自身特点进行了扩充。

数据库分为局部数据库（LDB）和全局数据库（GDB）。

数据库管理系统分为局部数据库管理系统（LDBMS）和全局数据库管理系统（GDBMS）。

用户分为局部用户和全局用户。

数据库管理人员分为局部数据库管理人员（LDBA）和全局数据库管理人员（GDBA）。DDBS 的基本组成框架如图 17-6 所示。

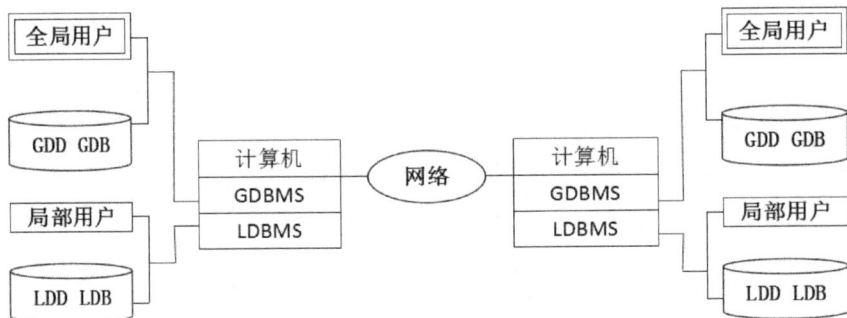

图 17-6　DDBS 组成

### 2．DDBS 的基本性质

（1）数据分布透明性质

数据独立性是数据库技术需要实现的基本目标之一。在集中式数据库中，数据独立性主要分为数据的逻辑独立性和物理独立性，要求应用程序与数据逻辑结构和物理结构无关。在DDBS 中，数据独立性包括数据的逻辑独立性、数据的物理独立性和数据的分布透明性，因而具有更广泛含义。数据的分布透明性要求用户或应用程序不必关心数据的逻辑分片、数据物理位置分配细节以及各站点数据库使用何种数据模型，可以像使用集中式数据库一样对物理上分布的数据库进行数据操作。

（2）集中与自治相结合控制机制

在 DDBS 中，数据共享有两个层面：一是局部共享，即每个站点上各用户可以共享本站点上局部数据库中的数据，以完成局部应用；二是全局共享，即系统中用户可以共享各站点上存储的数据，以完成全局应用。相应控制机构也就分为两个层面：集中控制和自治控制。

局部 DBMS 独立管理局部数据库，具有自治功能，同时系统设有集中控制机制，协调各局部 DBMS 工作，执行全局管理功能。

（3）适度数据冗余性质

在集中式数据库中，由于冗余消耗存储空间，可能引起数据不一致等一系列问题，除非特别需要，总是追求尽量减少数据冗余。在 DDBS 中，数据冗余却可以作为提高系统可靠性、可用性和改善其性能的基本技术手段。当一个站点出现故障时，通过数据冗余，系统就可以对另一个站点相同副本进行操作，从而避免了因个别站点故障而使得整个系统出现瘫痪。同时，系统可通过选择距用户最近的数据副本进行操作，减少通信代价，改善整个系统性能。当然，由于 DDBS 是集中式数据库的拓展，数据冗余也会带来各冗余副本之间数据可能不一致的问题，设计时需要权衡利弊，优化选择。

（4）事务管理分布性质

数据分布引发事务执行和管理分布，一个全局事务执行能够分解为在若干站点上子事务（局部事务）的执行。事务的 ACID 性质和事务恢复具有分布性特点。

# 17.2　分布式数据存储

虽然分布式数据库系统各站点的数据在逻辑上是一个整体，但是数据的存放是分散的。分布式关系数据库中的关系 $R$ 通常使用"数据复制"和"数据分片"来存储数据库。

数据复制（Data Replication）即将关系 $R$ 的若干完全相同的副本分别存储在不同站点中。

数据分片（Data Fragmentation）即将关系 $R$ 分割成几部分，每部分存储在不同站点中。

数据复制和数据分片可以结合起来使用，即将关系 $R$ 分割成几片后，每片拥有几个副本，分别存储在不同的站点中。

## 17.2.1　数据复制方法

数据复制有部分复制和全部复制两种方式。部分复制是指在某些站点存储一个副本，而全部复制是在系统每个站点都存储一个副本。

### 1. 数据复制

在分布式数据库系统中存在着数据分片情况，数据分布在各站点上，此时采用数据复制技术则具有"连续操作性增强"和"本地自治性提高"的优势。

（1）连续操作性

设某数据在不同站点存有副本，当某一个全局事务在某一站点涉及此数据时，只要此站点存在数据副本，就能够"就地"读取和进行操作，不会因为该站点没有相应数据而影响这个全局事务的连续执行。

（2）系统自治性

本地自治性部分事务可以在本地副本上进行，不需要通过网络与远程的站点进行通信，从而提高系统自治性能，同时减少信息传输开销。

数据复制技术也会带来如下问题。

（1）更新传播

由于存在多个副本，一旦某个副本发生改动操作，如何进行操作使得所有副本保持一致，这个问题实质上就是传播更新的问题。

（2）冗余控制

数据复制就是数据冗余，数据冗余可以分为完全冗余、部分冗余和非冗余分配三类，其中完全冗余和非冗余分配两种是极端的冗余方式。完全冗余是指每个站点上都配置一个完整的数据库，存在大量副本，所以可连续操作性强，同时由于查询操作所需要的数据如果均在本地，则查询效率高，但这种冗余方式会导致传播更新困难。而非冗余分配是指每个片段只存在于一个唯一站点上，所有的片段都不相交（除垂直片段的关键字属性）。而部分冗余是介于两者之间的一种方式，某些片段只存在于一个站点，没有冗余，有些片段存在于多个站点，至少有一个副本。采用什么样的冗余方式来平衡效率和传播更新的困难则取决于系统的目标以及系统内全局事务的类型和频率。

（3）复制独立

复制独立性是指用户操作时感觉不到副本的存在，数据就好像没有复制过一样。

**2．更新传播**

当数据存在大量的副本时，可能会出现的问题是：一个副本发生了更新，这种更新必须及时地传播到所有的副本上去，以保证数据的一致性。更新传播有两种方式。

（1）一个数据对象更新时将更新内容传播到该对象所有副本

这种方法有两个缺陷：一是如果一个副本当时的状态是不可修改的（站点故障、站点关闭和通信故障等），则导致对此对象的修改宣告失败，涉及对象修改的事务也相应宣告失败；二是如果所有副本的状态都可以修改，则整个修改的性能将取决于速度最慢的站点。从实际应用的角度来说，这种方法的可用性很差。另外，此方法也使得更新操作的开销大大增加。

（2）将对象的一个副本指定为主副本，其他副本指定为从属副本

一旦完成了对主副本的更新，更新操作就认为是逻辑完成了，拥有主副本的站点要负责事务在执行期间将改变传播到所有的从属副本，此时各副本的修改不是同步进行的，是异步的，也就是说，各副本不能保证在某一时刻数据库各副本之间的绝对一致性。例如，在银行系统中，每个人的账户可以同其开户站点联系起来，将其开户站点的数据作为主副本。当用户异地存取资金时，先更新其开户站点的数据，再更新其他副本上数据。这种方法适合对数据一致性要求不是很高的应用，不适合对数据一致性要求很高的应用。

## 17.2.2　数据分片

为了能将数据存储到不同物理位置的物理存储器上，要先将数据分片，即将给定的关系分割为若干片段，但用户感觉不到数据分片，用户能感觉到的仍然是一个完整的数据视图，故而在数据分片时要注意这样几个问题：分片存储的数据重构后仍然是完整的；数据存储在不同的存储器上，在数据传输时网络开销很大，所以在数据分片时要根据用户的需求较好地组织数据的分布，尽量将经常使用的数据放在本地存储，这样大部分的数据存储操作在本地站点进行，能减少大量的网络开销。

数据分片有"水平分片""垂直分片""导出分片"和"混合分片"四种方式。无论哪种分片技术都应当满足下述条件。

① 完备性条件：要求必须将全局关系的所有数据都映射到分片中，在划分片段时不允许存在这样的属性，其属于全局关系但不属于任何一个数据分片。

② 不相交条件：要求一个全局关系被分片后所得到的各数据分片互不重叠，但对垂直分片的主键除外。

③ 可重构条件：要求划分后的数据分片可以通过一定的操作重新构建全局关系。水平分片可以通过并操作重构全局关系，对于垂直分片可以通过连接操作构建全局关系。

### 1. 水平分片

水平分片是指按照一定条件把全局关系分成若干不相交的元组子集，每个子集均为关系的一个片段，都有一定的逻辑意义。水平分片可以通过对关系进行选择运算实现。行的方向（水平的方向）将关系分为若干不相交的元组子集，每个子集都有一定的逻辑意义。

【例 17-1】 设有如图 17-7 所示的学生信息关系 $S$(Sno, Sname, Sage, Sdept)。

| Sno | Sname | Sage | Sdept |
|---|---|---|---|
| 20160101 | 周冬元 | 19 | CS |
| 20160102 | 王芮 | 20 | CS |
| 20160103 | 王梦瑶 | 19 | CS |
| 20160104 | 史丹妮 | 19 | IS |
| 20160105 | 廖文璇 | 20 | IS |

图 17-7 学生信息关系 S

按照系别进行水平分片，将 $S$ 关系水平分片为 S-CS 和 S-IS，如图 17-8 和图 17-9 所示。

| Sno | Sname | Sage | Sdept |
|---|---|---|---|
| 20160101 | 周冬元 | 19 | CS |
| 20160102 | 王芮 | 20 | CS |
| 20160103 | 王梦瑶 | 19 | CS |

图 17-8 学生信息关系 S-CS

| Sno | Sname | Sage | Sdept |
|---|---|---|---|
| 20160104 | 史丹妮 | 19 | IS |
| 20160105 | 廖文璇 | 20 | IS |

图 17-9 学生信息关系 S-IS

### 2. 垂直分片

垂直分片是指按照列的方向（垂直的方向）将关系分为若干子集，每个子集保留了关系的某些属性。

【例 17-2】 将学生信息关系 $S$ 按垂直分片分解为 S-1(Sno, Sname, Sage)和 S-2(Sno, Sdept)如图 17-10 和图 17-11 所示。

### 3. 导出分片

导出分片是指导出水平分片，即定义水平分片的选择条件不是本身属性的条件而是其他关系属性的条件。设有如图 18-12 所示的学生选课关系表 SC(Sno, Cno, Sdept)。

如果不是按照 SNO 或 Cno 或 Grade 的某个条件分片，而是按照学生年龄小于 20 和大于等于 19 分片，此时由于 Sage 不是 SC 的属性，由此得到的水平分片就是导出分片。我们用 SQL 语句表示上述两个数据分片。

| Sno | Sname | Sage |
|---|---|---|
| 20160101 | 周冬元 | 19 |
| 20160102 | 王芮 | 20 |
| 20160103 | 王梦瑶 | 19 |
| 20160104 | 史丹妮 | 19 |
| 20160105 | 廖文璇 | 20 |

图 17-10　学生信息关系 S-1

| Sno | Sdept |
|---|---|
| 20160101 | CS |
| 20160102 | CS |
| 20160103 | CS |
| 20160104 | IS |
| 20160105 | IS |

图 17-11　学生信息关系 S-2

| Sno | Cno | Grade |
|---|---|---|
| 20160101 | 01 | A |
| 20160102 | 01 | A |
| 20160103 | 01 | C |
| 20160104 | 01 | B |

图 17-12　学生课程关系 SC

学生年龄小于 20 的学生课程关系分片 SC-1(Sno, Cno, Grade)是下述查询结果：

```
SELCET Sno, Cno, Grade
FROM Student, SC
WHERE Student.Sno = SC.Sno AND Student.Sa<20;
```

学生年龄大于或等于 19 的学生课程关系分片 SC-1(Sno, Cno, Grade)是下述查询结果：

```
SELCET Sno, Cno, Grade
FROM Student, SC
WHERE Student.Sno = SC.Sno AND Student.Sa =>19;
```

### 4．混合分片

混合分片就是交替使用水平分片和垂直分片，如先用水平分片的方式得到某一个分片再采用垂直分片的方式对这个分片进行再分片。这种分片方式由于在实际操作中具有较大的复杂性，因此很少使用。

【例 17-3】 图 17-13 表示先进行水平分片（分片 R1 和 R2），再进行垂直分片（对 R1 进行垂直分片：R11 和 R12）。

图 18-14 表示先进行垂直分片（分片 R1 和 R2），再进行水平分片（对 R2 进行垂直分：R21、R22 和 R23）。

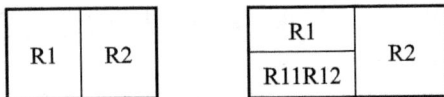

图 17-13　混合分片(1)

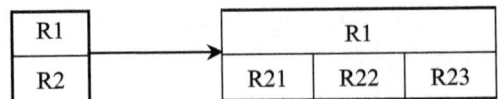

图 17-14　混合分片(2)

## 17.3　MySQL 复制技术

### 1．MySQL 复制技术

MySQL 从 3.25.15 版本开始提供数据库复制（replication）功能，是指从主服务器（master）将数据复制到另一台或多台从服务器（slaves）的过程，将主数据库的 DDL 和 DML 操作通过二进制日志传到复制服务器上，然后在从服务器上对这些日志重新执行，从而使得主从服务器的数据保持同步。

在 MySQL 中，复制操作是异步进行的，从服务器不需要持续地保持连接接收主服务器的数据。

MySQL 支持一台主服务器同时向多台从服务器进行复制操作，从服务器同时可以作为其他从服务器的主服务器，如果主服务器访问量比较大，可以通过复制数据，然后在从服务器上进行查询操作，从而降低主服务器的访问压力，同时从服务器作为主服务器的备份，可以避免主服务器因为故障数据丢失的问题。

MySQL 数据库复制操作大致可以分成三个步骤：

➤ 主服务器将数据的改变记录到二进制日志（binary log）中。

➤ 从服务器将主服务器的 binary log events 复制到它的中继日志（relay log）中。

➤ 从服务器重做中继日志中的事件，将数据的改变与从服务器保持同步。

首先，主服务器会记录二进制日志，每个事务更新数据完成前，主服务器将这些操作的信息记录在二进制日志，在事件写入二进制日志完成后，主服务器通知存储引擎提交事务。

从服务器的 I/O 进程连接上主服务器，并发出日志请求，主服务器收到来自从服务器的 I/O 进程的请求后，通过负责复制的 I/O 进程根据请求信息读取与制定日志指定位置后的日志信息，返回给从服务器的 I/O 进程。除了日志所包含的信息，返回信息中还包括本次返回的信息已经到主服务器的 bin-log 文件的名称和 bin-log 的位置。

从服务器的 I/O 进程接收到信息后，将收到的日志内容依次添加到从服务器的 relay-log 文件末端，并将读取到主服务器的 bin-log 的文件名和位置记录到 master-info 文件。

从服务器的 SQL 进程检测到 relay-log 中新增加了内容后，会马上解析 relay-log 的内容，成为在主服务器真实执行时候的那些可执行的内容，并在本地执行。

MySQL 复制环境 90%以上都是一个主服务器带一个或者多个从服务器的架构模式。如果主服务器和从服务器的压力不是太大，异步复制的延时一般很少。尤其是从服务器的复制方式改成两个进程处理后，更是减小了从服务器的延时。

对于数据实时性要求不是特别严格的应用，只需要通过廉价的服务器来扩展从服务器的数量，将读压力分散到多台从服务器，即可解决数据库的读压力瓶颈。这在很大程度上解决了目前很多中小型网站的数据库压力瓶颈问题，甚至有些大型网站在使用类似方案解决数据库瓶颈。

### 2．Linux 环境下 MySQL 的复制

在 Linux 环境下，MySQL 的主从复制在中小型企业中运用很广泛，主要作用是实现读写分离，当主数据库服务器挂掉后，可以使用从服务器，从而使业务不受影响。

主从同步复制有以下 3 种方式。

① 同步复制：主数据库（master）的变化必须等待从数据库（slave-1～slave-n）完成后才能返回。

② 异步复制：主数据库（master）只需完成自己的数据库操作即可，至于从数据库（slave）是否收到二进制日志，是否完成操作，则不用关心。MySQL 的默认设置。

③ 半同步复制：主数据库（master）只保证从数据库（slave）中的一个操作成功，就返回，其他从数据库不管。这是由 Google 为 MySQL 引入的。

利用主从数据库来实现读写分离，可以分担主数据库的压力。在多个服务器上部署

MySQL，将其中一台认为主数据库，其他则为从数据库，实现主从同步。主数据库负责主动写的操作，从数据库则只负责主动读的操作（从数据库仍然会被动地进行写操作，为了保持数据一致性），这样可以很大程度上避免数据丢失的问题，同时减少数据库的连接，减轻主数据库的负载。

例如，主服务器（master）IP 为 192.168.137.130，从服务器（slave）IP 为 192.168.137.131，Linux 环境下，MySQL 的复制需注意每个服务器都有唯一的 server-id 和 uuid。server-id 在 my.cnf 中配置，uuid 存放在 data 目录的 auto.cnf 文件中；变化的数据记录在二进制 bin-log 中，所以需要开启记录二进制日志；如果主从复制过程中发生错误，如主库删除一条记录，在从库删除时未找到这条记录，则报错，那么整个主从复制停止，所以不会轻易只修改从库数据。因为如果从库数据与主库数据不一致，很可能导致主从复制中断；如果网络中断后又恢复，主从复制会继续；如果设置 log_slave_updates=1，从数据库是其他从数据库的主库，那么扩散自己从主库得到的信息并更新到其他从数据库。

（1）配置主服务器（master）的/etc/my.cnf 文件

```
[mysqld]
server-id=1
log-bin=master-bin
log_bin_index =master-bin.index
binlog_do_db=db_test                    ## db_test 是要同步的数据库的名称
binlog_ignore_db=mysql
user=mysql
```

（2）重启 MySQL

```
service mysqld restart
```

（3）查看主服务器（master）的状态

```
show master status;
```

（4）配置从服务器（slave）的 /etc/my.cnf 文件

```
[mysqld]
server-id=2
log-bin=salve-bin
relay-log=slave-relay-bin
relay-log-index=slave-relay-bin.index
```

（5）重启 MySQL

```
service mysqld restart
```

（6）在从服务器（slave）配置连接主服务器的信息

```
stop slave;
change master to master_host='192.168.137.130', master_port=3306, master_user='master',
    master_password='123456', master_log_file='master-bin.000008', master_log_pos=106;
```

（7）查看从服务器（slave）的状态

```
show slave status
```

（8）测试

```
CREATE DATABASE db_test DEFAULT CHARACTER SET utf8 COLLATE utf8_general_ci;
```

刷新主服务器（master），其中多了一个 db_test 数据库，从服务器（slave）也实现了同步，也多了一个 db_test 的数据库；在主服务器（master）中进行表及数据的增、删、改，从服务器（slave）都会实现同步。

# 17.4　MySQL 集群技术

目前，企业数据量越来越大，所以对 MySQL 的要求进一步提高。以前的大部分高可用方案通常存在一定的缺陷，如 MySQL Replication 方案，主服务器是否存活检测需要一定的时间，如果主从切换也需要一定的时间，因此高可用很大程度上依赖于监控软件和自动化管理工具。随着 MySQL 集群的不断发展，终于在性能和高可用上得到了很大的提高。

## 17.4.1　MySQL 集群技术概述

### 1. MySQL Cluster 基本概念

MySQL 集群由一组计算机构成，每台计算机可以存放一个或者多个节点，其中包括 MySQL 服务器、DNB 集群的数据节点、其他管理节点，以及专门的数据访问程序，这些节点组合在一起，就可以为应用提供高性能、高可用性和可缩放性的集群数据管理。

MySQL 集群的访问过程大致是这样的，应用通常使用一定的负载均衡算法将对数据的访问分散到不同的 SQL 节点，SQL 节点对数据节点进行数据访问并从数据节点返回数据结果，管理节点只是对 SQL 节点和数据节点进行配置管理。MySQL 集群架构如图 17-15 所示。

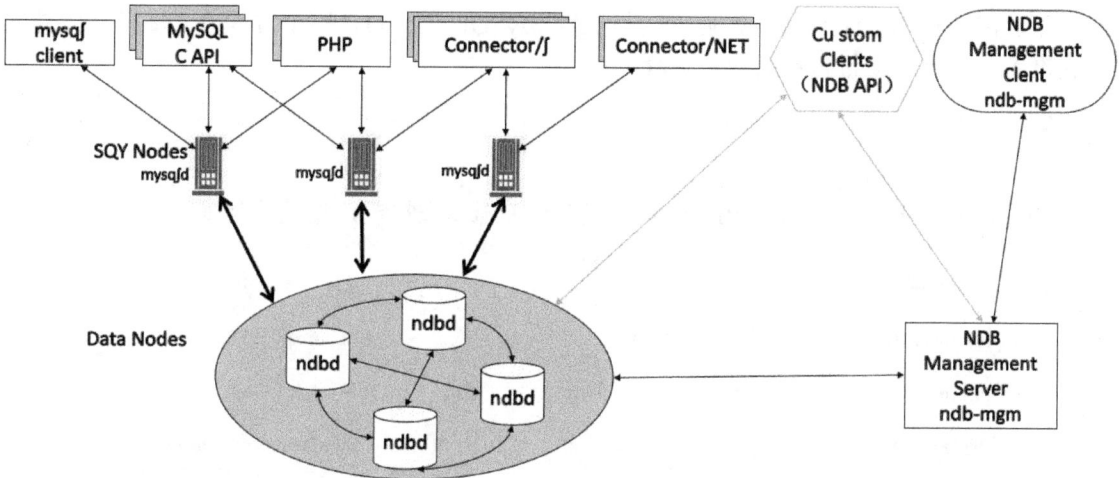

图 17-15　MySQL 集群架构

### 2. 理解 MySQL 集群节点

MySQL 集群按照节点类型可以分为 3 种，分别是管理节点、SQL 节点、数据节点，这些节点构成了一个完整的 MySQL 集群体系。事实上，数据保存在 NDB 存储服务器的存储引擎中，表结构则保存在 MySQL 服务器中，应用程序通过 MySQL 服务器访问数据，而集群管理服务器通过管理工具 ndb_mgmd 来管理 NDB 存储服务器。

（1）管理节点

管理节点主要用来对其他节点进行管理，通过配置 config.ini 文件来配置集群中有多少需要维护的副本，配置每个数据节点上为数据和索引分配多少内存、IP 地址，以及在每个数据节点上保存数据的磁盘路径。

管理节点通常管理集群配置文件和集群日志。集群中的每个节点从管理服务器检索配置信息，并请求确定管理服务器所在位置的方式。如果节点内出现新的事件时，节点将这类事件的信息传输到管理服务器，将这类信息写入集群日志。

一般，MySQL 集群中至少需要一个管理节点；因为数据节点和 SQL 节点在启动之前需要读取集群的配置信息，所以通常管理节点是最先启动的。

（2）SQL 节点

SQL 节点简单地讲就是 MySQLd 服务器，应用不能直接访问数据节点，只能通过 SQL 节点访问数据节点来返回数据。任何一个 SQL 节点都是连接到所有的存储节点的，所以当任何一个节点发生故障时，SQL 节点都可以把请求转移到另一个存储节点执行。通常，SQL 节点越多越好，SQL 节点越多，分配到每个 SQL 节点的负载就越小，系统的整体性能就越好。

（3）数据节点

数据节点用来存放集群的数据，MySQL 集群在各数据节点之间复制数据，任何一个节点发生了故障，始终会有其他数据节点存储数据。

通常，这 3 种节点分布在不同的计算机上，集群最少有 3 台计算机，为了保证能够正常维护整个集群服务，通常将管理节点放在一个独立的主机上。

## 17.4.2　Linux 环境下 MySQL Cluster 的安装和配置

下面演示在 Linux 系统下如何安装与配置 MySQL Cluster，整个过程分为环境与软件安装包准备、安装、配置与启动四个阶段。

### 1．准备阶段

（1）准备服务器

由于资源有限，下面通过 VMmare 克隆 3 台 Linux 虚拟机，相关信息如下：

| 服务器 | 角色 | 说明 |
|---|---|---|
| 192.168.3.115 | 管理服务器 | 系统：CentOS 6.2，64 位 |
| 192.168.3.116 | 数据节点、SQL 节点 | 系统：CentOS 6.2，64 位 |
| 192.168.3.117 | 数据节点、SQL 节点 | 系统：CentOS 6.2，64 位 |

为了学习 MySQL 集群的环境搭建，加上资源有限，所以将数据节点和 SQL 节点安装在一起。

（2）准备软件包

在 MySQL 官网下载需要的 MySQL 集群版本，这里选择 mysql-cluster-gpl-7.3.6-linux-glibc2.5-x86_64.tar.gz。

### 2．安装集群

（1）准备工作

不管是管理服务器（Management Server），还是数据节点（Data Node）、SQL 节点（SQL Node），都需要先安装 MySQL 集群版本，再根据不同的配置来决定当前服务器有哪几个角色。安装前准备好 mysql 用户和 mysql 用户组。相关命令如下：

```
groupadd mysql
useradd mysql -g mysql
```

为了方便测试，确定相关机器的防火墙已关闭（或者设置防火墙这几台机器之间的网络连接是畅通的），相关命令如下：

```
chkconfig iptables off
service iptables stop
```

（2）安装集群版本

① 上传安装包至 /usr/local 目录下，并解压：

```
tar -zxvf mysql-cluster-gpl-7.3.6-linux-glibc2.5-x86_64.tar.gz
```

② 重命名文件夹：

```
mv mysql-cluster-gpl-7.3.6-linux-glibc2.5-x86_64 mysql
```

③ 授权：

```
chown -R mysql:mysql mysql
```

④ 切换 mysql 用户：

```
su - mysql
```

⑤ 安装 MySQL：

```
cd /usr/local/mysql
scripts/mysql_install_db --user=mysql --datadir=/usr/local/mysql/data
```

所有服务器都需要执行上述操作来安装 MySQL 集群版本。

### 3．集群配置

（1）管理节点

① root 用户下，创建目录和配置文件：

```
mkdir /var/lib/mysql-cluster
cd /var/lib/mysql-cluster
vim config.ini
```

config.ini 配置信息如下：

```
[NDBD DEFAULT]
NoOfReplicas=2        #每个数据节点的镜像数量

[NDB_MGMD]
#设置管理节点服务器
nodeid=1
HostName=192.168.3.115
DataDir=/var/lib/mysql-cluster    #管理节点数据（日志）目录

[NDBD]
#数据节点的配置
id=2
HostName=192.168.3.116
DataDir=/usr/local/mysql/data    #数据节点目录

[NDBD]
id=3
HostName=192.168.3.117
```

```
DataDir=/usr/local/mysql/data

[MYSQLD]
#SQL 节点的配置
id=4
HostName=192.168.3.116
[MYSQLD]
id=5
HostName=192.168.3.117

#必须有空的 mysqld 节点，否则数据节点断开后，再启动会报错
[MYSQLD]
id=6
[mysqld]
id=7
```

② 授权：

```
chown -R mysql:mysql /var/lib/mysql-cluster
```

③ 切换用户：

```
su - mysql
```

④ 启动管理服务：

```
/usr/local/mysql/bin/ndb_mgmd -f /var/lib/mysql-cluster/config.ini --initial
```

命令行中的 ndb_mgmd 是 mysql cluster 的管理服务器，-f 表示后面的参数是启动的参数配置文件。

如果在启动后又添加了一个数据节点，这时修改配置文件时必须加上--initial 参数，否则添加的节点不会作用在集群中。

（2）数据节点

① 编辑/etc/my.cnf 文件：

```
vim /etc/my.cnf
[mysqld]
sql_mode=NO_ENGINE_SUBSTITUTION,STRICT_TRANS_TABLES
datadir=/usr/local/mysql/data
socket=/var/lib/mysql/mysql.sock
user=mysql

ndbcluster
ndb-connectstring=192.168.3.115

[mysql_cluster]
ndb-connectstring=192.168.3.115
```

② 切换用户：

```
su - mysql
```

③ 启动数据节点服务：

```
/usr/local/mysql/bin/ndbd --initial
```

第一次启动时需要加参数-initial，以后就不用加了（除非是在备份、恢复或配置变化后重启时），直接运行：

```
/usr/local/mysql/bin/ndbd
```

（3）SQL 节点

① 编辑 /etc/my.cnf 文件（数据节点和 SQL 节点在统一服务器时可省略）：

```
vim /etc/my.cnf
[mysqld]
sql_mode=NO_ENGINE_SUBSTITUTION,STRICT_TRANS_TABLES
datadir=/usr/local/mysql/data
socket=/var/lib/mysql/mysql.sock
user=mysql

ndbcluster
ndb-connectstring=192.168.3.115

[mysql_cluster]
ndb-connectstring=192.168.3.115
```

② 复制 mysqld 到系统服务：

```
cp /usr/local/mysql/support-files/mysql.server /etc/init.d/mysqld
```

③ 切换用户：

```
su - mysql
```

④ 启动数据节点服务：

```
service mysqld start
/usr/local/mysql/bin/mysqladmin -u root password 'password'
```

（4）完成效果

```
ndb_mgm> show
Connected to Management Server at: localhost:1186
Cluster Configuration
---------------------
[ndbd(NDB)]     2 node(s)
id=2 @192.168.3.116  (mysql-5.6.19 ndb-7.3.6, Nodegroup: 0, *)
id=3 @192.168.3.117  (mysql-5.6.19 ndb-7.3.6, Nodegroup: 0)

[ndb_mgmd(MGM)]1 node(s)
id=1 @192.168.3.115  (mysql-5.6.19 ndb-7.3.6)

[mysqld(API)]   4 node(s)
id=4 @192.168.3.116  (mysql-5.6.19 ndb-7.3.6)
id=5 @192.168.3.117  (mysql-5.6.19 ndb-7.3.6)
id=6 (not connected, accepting connect from any host)
id=7 (not connected, accepting connect from any host)
```

## 4. 常用管理命令与注意事项

ndb_mgmd 管理命令：

```
/usr/local/mysql/bin/ndb_mgm
```

执行后管理控制台，可以继续输入命令（具体命令可以用 help 查看）。

停止集群服务器：

```
+/usr/local/mysql/bin/ndb_mgm -e shutdown
```

集群配置更新：

```
rm /usr/local/mysql/mysql-cluster/ndb_1_config.bin.1
```
停止 SQL 节点：
```
/usr/local/mysql/bin/mysqladmin -uroot shutdown
```

MySQL 集群需要各节点都进行启动后才可以工作，节点的启动顺序为管理节点→数据节点→SQL 节点。

所有 SQL 节点是等效的，连接到任何一个都可以访问到所有的数据。

若某个数据节点失效，整个集群服务仍可正常运行，当数据节点再启动后，其数据会被自动同步。

所有的 SQL 节点，各自的用户名/密码是独立的，且初始密码需要用户手动设置。

# 小　结

本章主要介绍了分布式数据库和 MySQL 复制、集群技术的基本概念。

# 思考与练习 17

1. 分布式数据库系统有什么特点？
2. 分布式数据库具有怎样的结构？
3. 在分布式数据库系统中，（　　　）是指用户不需知道数据存放的物理位置。
   A. 分片透明　　　　　B. 复制透明　　　　　C. 逻辑透明　　　　　D. 位置透明
4. 在分布式数据库中有分片透明、复制透明、位置透明和逻辑透明等基本概念，其中：
   （　1　）是指局部数据模型透明，即用户或应用程序不需知道局部使用的是哪种数据模型；
   （　2　）是指用户或应用程序不需要知道逻辑上访问的表具体是如何分块存储的。
   A. 分片透明　　　　　B. 复制透明　　　　　C. 逻辑透明　　　　　D. 位置透明
5. 分布式数据库系统与并行数据库系统的主要区别是（　　　）。
   A. 数据结构不同，数据操纵不同，数据约束不同
   D. 数据库管理系统不同
   C. 应用目标不同，实现方式不同，查询效率不同
   D. 应用目标不同，实现方式不同，各节点地位不同

# 第18章 非关系型数据库 NoSQL

传统的关系数据库具有不错的性能，稳定性高，使用简单，功能强大，同时积累了大量的成功案例。MySQL 为互联网的发展做出了卓越的贡献。

随着 Web 2.0 的兴起，传统的关系数据库在应对 Web 2.0 网站特别是超大规模和高并发的 SNS 类型的 Web 2.0 纯动态网站时已经显得力不从心，暴露了很多难以克服的问题，而非关系型的数据库则由于其本身的特点得到了迅速发展。NoSQL 数据库的产生就是为了解决大规模数据集合多重数据种类带来的挑战，尤其是大数据应用难题。

随着大数据的兴起，NoSQL 数据库逐渐热门。"NoSQL"不是"No SQL"的缩写，而是"Not Only SQL"的缩写。它的意义是：适用关系型数据库的时候就用关系型数据库，不适用的时候也没有必要非使用关系型数据库不可，可以考虑使用更合适的数据存储。为弥补关系型数据库的不足，各种各样的 NoSQL 数据库应运而生。

## 18.1 数据库比较

### 18.1.1 关系型数据库的优势

#### 1. 通用性和高性能

关系型数据库的性能不错，具有非常好的通用性和非常高的性能。对于绝大多数的应用来说，它都是最有效的解决方案。

#### 2. 突出的优势

关系型数据库作为应用广泛的通用型数据库，它的突出优势主要有以下几点：

❖ 保持数据的一致性（事务处理）。
❖ 由于以标准化为前提，数据更新的开销很小（相同的字段基本上都只有一处）。
❖ 可以进行 JOIN 等复杂查询。
❖ 存在很多实际成果和专业技术信息（成熟的技术）。

其中，保持数据的一致性是关系型数据库的最大优势。

### 18.1.2 关系型数据库的劣势

关系型数据库的性能非常高，但是它毕竟是一个通用型的数据库，并不能完全适应所有的用途。具体来说，它并不擅长以下 4 方面问题的处理。

### 1．大量数据的写入处理存在困难

在数据读写方面，由复制产生的主从模式（数据的写入由主数据库负责，数据的读取由从数据库负责），可以比较简单地通过增加从数据库来实现规模化，但是数据写入没有简单的方法来解决规模化问题。例如，要将数据的写入规模化，可以考虑把主数据库从一台增加到两台，作为互相关联复制的二元主数据库来使用。这样似乎可以把每台主数据库的负荷减少一半，但是更新处理会发生冲突（同样的数据在两台服务器可能同时更新为不同的值），可能造成数据的不一致。为了避免这样的问题，需要把对每个表的请求分别分配给合适的主数据库来处理，这就不那么简单了。

也可以考虑把数据库分割，分别放在不同的数据库服务器，如将表 A 放在这个数据库服务器，表 B 放在那个数据库服务器。数据库分割可以减少每台数据库服务器的数据量，以便减少硬盘 I/O（输入/输出）处理，实现内存的高速处理，效果非常显著。但是，由于分别存储在不同服务器的表之间无法进行 JOIN 处理，数据库分割时需要预先考虑这些问题。数据库分割后，如果一定要进行 JOIN 处理，就必须在程序中进行关联，这是非常困难的。

### 2．对有数据更新的表做索引或表结构（schema）变更处理不利

在使用关系型数据库时，为了加快查询速度需要创建索引，增加必要的字段就一定需要改变表结构。这些处理需要对表进行共享锁定，期间数据变更（更新、插入和删除等）是无法进行的。如果需要进行一些耗时操作（如为数据量比较大的表创建索引或者变更其表结构），就需要特别注意：长时间内数据可能无法进行更新。

### 3．字段不固定时应用存在缺陷

如果字段不固定，那么关系型数据库的应用也是比较困难的。有人会说"需要的时候，加个字段就可以了"，这样的方法也不是不可以，但在实际运用中每次都进行反复的表结构变更是非常痛苦的。也可以预先设定大量的预备字段，但是效率不高，时间一长很容易弄不清楚字段和数据的对应状态（即哪个字段保存哪些数据），所以并不推荐。

### 4．对简单查询需要快速返回结果的处理响应慢

关系型数据库并不擅长对简单的查询快速返回结果。因为关系型数据库是使用 SQL 进行数据读取的，需要对 SQL 进行解析，同时增加了对表的锁定和解锁的额外开销。这里并不是说关系型数据库的速度太慢，若希望对简单查询进行高速处理，则没有必要非用关系型数据库。

总之，关系型数据库应用广泛，能进行事务处理和 JOIN 等复杂处理。

## 18.1.3　NoSQL 数据库的优势

NoSQL 数据库只应用在特定领域，基本上不进行复杂的处理，也弥补了上述所列举的关系型数据库的不足。

### 1．灵活的可扩展性

数据库管理员都是通过"垂直扩展"的方式（当数据库的负载增加的时候，购买更大型的服务器来承载增加的负载）来进行扩展的，而不是通过"水平扩展"的方式（当数据库负载增加的时候，在多台主机上分配增加的负载）来进行扩展的。但是，随着请求量和可用性需求的增加，数据库也正在迁移到云端或虚拟化环境中，"水平扩展"的成本较低。

### 2．轻松应对海量数据

目前，需要存储的数据量发生了急剧膨胀，为了满足数据量增长的需要，RDBMS 的容量也在日益增加，但是，随着对数据请求量的增加，单一数据库能够管理的数据量满足不了用户需求。"大数据"可以通过 NoSQL 系统（如 MongoDB）来处理，能够处理的数据量远远超出了关系型数据库所能处理的极限。

### 3．维护简单

目前，关系型数据库在可管理性方面做了很多改进，但是系统维护困难，还需要训练有素的 DBA 协助，甚至需要 DBA 亲自参与系统的设计、安装和调优。

NoSQL 数据库从一开始就是为了降低管理方面的要求而设计的：理论上，自动修复、数据分配和简单的数据模型的确可以让管理和调优的要求降低很多。

### 4．经济

NoSQL 数据库通常使用廉价的 Commodity Servers 集群来管理膨胀的数据和请求量，而关系型数据库通常需要依靠昂贵的专有服务器和存储系统来做到这一点。使用 NoSQL，每 GB 的成本或每秒处理的请求的成本都比关系型数据库的成本少很多，这可以让企业花费更低的成本存储和处理更多的数据。

### 5．灵活的数据模型

对于大型的生产性关系型数据库来说，变更管理很麻烦。即使只对关系型数据库的数据模型做出很小的改动，也必须十分小心，也许还需要停机或降低服务水平。NoSQL 数据库在数据模型约束方面更加宽松，甚至可以说，并不存在数据模型的约束。NoSQL 的键值存储数据库和文档型数据库可以让应用程序在一个数据元素里存储任何结构的数据。即使是规定更加严格的基于"大表"的 NoSQL 数据库（如 HBase）也允许创建新列。

# 18.2  NoSQL 数据库的类型

NoSQL 的官网（http://nosql-database.org，如图 18-1 所示）上已经有 150 种数据库。具有代表性的 NoSQL 数据库主要有键值（key/value）存储数据库、面向文档的数据库、面向列的数据库三类。

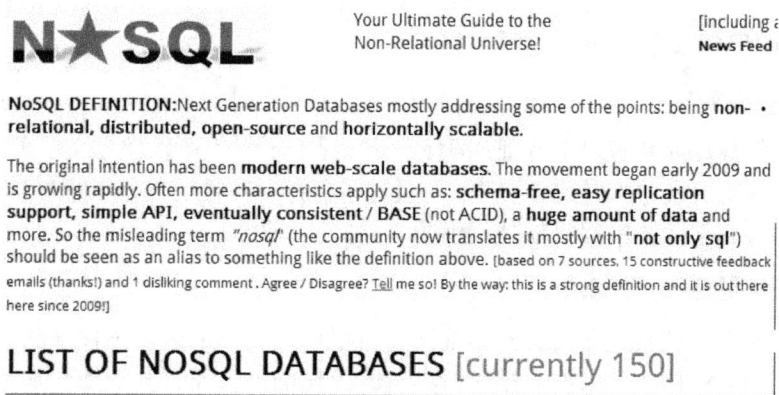

图 18-1  NoSQL 官网截图

## 18.2.1　键值存储数据库

键值（key/value）存储数据库是最常见的 NoSQL 数据库，数据以键值对的形式存储。它的处理速度非常快，基本上只能通过键查询获取数据。根据数据的保存方式，键值存储可以分为临时性、永久性和两者兼具三种。

### 1．临时性

Memcached 属于这种类型。所谓临时性，就是"数据有可能丢失"的意思。Memcached 把所有数据都保存在内存中，保存和读取的速度非常快，但是当 Memcached 停止的时候，数据就不存在了。由于数据保存在内存中，因此无法操作超出内存容量的数据（旧数据会丢失），其特点如下：① 在内存中保存数据；② 可以进行非常快速的保存和读取处理；③ 数据有可能丢失。

### 2．永久性

Tokyo Tyrant、Flare 和 ROMA 等属于这种类型。与临时性相反，永久性就是"数据不会丢失"的意思。这里的键值存储不像 Memcached 那样在内存中保存数据，而是把数据保存在硬盘上。与 Memcached 在内存中处理数据相比，由于必然发生对硬盘的 I/O 操作，因此性能上还是有差距的。但数据不会丢失是它最大的优势。

永久性数据库的特点如下：① 在硬盘上保存数据；② 可以进行快速的保存和读取处理（但无法与 Memcached 相比）；③ 数据不会丢失。

### 3．两者兼具型

Redis 有些特殊，临时性和永久性兼具，且集合了临时性键值存储和永久性键值存储的优点。Redis 先把数据保存到内存中，在满足特定条件（默认是 15 分钟一次以上，5 分钟内 10 个以上，1 分钟内 10000 个以上的键发生变更）的时候将数据写入硬盘。这样既确保了内存中数据的处理速度，又可以通过写入硬盘来保证数据的永久性。

这种数据库特别适合处理数组类型的数据，特点如下：① 同时在内存和硬盘上保存数据；② 可以进行快速保存和读取处理；③ 保存在硬盘的数据不会消失（可以恢复）；④ 适合处理数组类型的数据。

## 18.2.2　面向文档的数据库

MongoDB 和 CouchDB 属于这种类型。

### 1．不定义表结构

面向文档的数据库具有以下特征：即使不定义表结构，也可以像定义了表结构一样使用。关系型数据库在变更表结构时比较费事，而且为了保持一致性还需修改程序。然而 NoSQL 数据库可省去这些麻烦（通常程序都是正确的），方便、快捷。

### 2．可以使用复杂的查询条件

与键值存储不同的是，面向文档的数据库可以通过复杂的查询条件来获取数据，不但具备事务处理和 JOIN 这些关系型数据库所具有的处理能力，而且其他处理基本上都能实现。面向文档的数据库的特点如下：① 不需要定义表结构；② 可以利用复杂的查询条件。

### 18.2.3　面向列的数据库

Cassandra、Hbase 和 HyperTable 属于这种类型。由于近年来数据出现爆发性增长，这种 NoSQL 数据库尤为引人注目。

#### 1．面向行的数据库和面向列的数据库

普通的关系型数据库都是以行为单位来存储数据的，擅长进行以行为单位的数据处理，如特定条件数据的获取。因此，关系型数据库也被称为面向行的数据库。相反，面向列的数据库是以列为单位来存储数据的，擅长以列为单位读入数据。

#### 2．高扩展性

面向列的数据库具有高扩展性，即使数据增加也不会降低相应的处理速度（特别是写入速度），所以它主要应用于需要处理大量数据的情况。另外，面向列的数据库可以作为批处理程序的存储器对大量数据进行更新。但是由于面向列的数据库跟面向行数据库存储的思维方式有很大不同，应用起来十分困难。

面向列的数据库的特点如下：高扩展性（特别是写入处理），应用十分困难。

最近，像 Twitter 和 Facebook 这样需要对大量数据进行更新和查询的网络服务不断增加，面向列的数据库的优势对其中一些服务是非常有用的。

## 18.3　NoSQL 数据库选用原则

#### 1．并非对立而是互补

关系型数据库和 NoSQL 数据库与其说是对立的（替代关系），倒不如说是互补的。与目前应用广泛的关系型数据库相对应，在有些情况下使用特定的 NoSQL 数据库会使处理更加简单。

这里并不是说"只使用 NoSQL 数据库"或者"只使用关系型数据库"，而是"通常情况下使用关系型数据库，在适合使用 NoSQL 的时候使用 NoSQL 数据库"，即让 NoSQL 数据库对关系型数据库的不足进行弥补。

#### 2．量材适用

当然，如果用错了，可能发生使用 NoSQL 数据库反而比关系型数据库效果更差的情况。NoSQL 数据库只是对关系型数据库不擅长的某些特定处理进行了优化，做到量材适用。

例如，若想获得"更高的处理速度"和"更恰当的数据存储"，那么 NoSQL 数据库是最佳选择。但一定不要在关系型数据库擅长的领域使用 NoSQL 数据库。

#### 3．增加了数据存储的方式

现在 NoSQL 数据库给我们提供了另一种选择（根据二者的优点和不足区别使用）。有时同样的处理若用 NoSQL 数据库来实现可以变得"更简单、更高速"。而且，NoSQL 数据库的种类有很多，它们拥有各自不同的优势。

# 18.4 NoSQL 的 CAP 理论

## 18.4.1 NoSQL 系统是分布式系统

何为分布式系统？分布式系统（Distributed System）是建立在网络上的软件系统，具有高度的透明性。透明性是指每个节点对用户的应用都是透明的，看不出是本地还是远程。在分布式数据库系统中，用户感觉不到数据是分布的，即用户不需要知道关系是否分割、有无副本、数据存于哪台机器、操作在哪台机器上执行等。

在一个分布式系统中，一组独立的计算机展现给用户的是一个统一的整体，就好像是一个系统似的。系统拥有多种通用的物理和逻辑资源，可以动态地分配任务，分散的物理和逻辑资源通过计算机网络实现信息交换。一个著名的分布式系统的例子是万维网（World Wide Web），万维网中所有的一切看起来好像都是文档（Web 页面），并存储在一台机器上。

从分布式系统的定义可以看出，NoSQL 系统是分布式系统，因为用户是通过一些 API 接口来访问它们，并不知道其最终内部工作需要由很多台机器协同完成。

## 18.4.2 CAP 理论阐述

CAP 理论是由 Eric Brewer 教授在 ACM PODC 会议的主题报告中提出的，这个理论是 NoSQL 数据库的基础，后来 Seth Gilbert 和 Nancy Lynch 两人证明了 CAP 理论的正确性。字母 "C" "A" 和 "P" 分别代表强一致性、可用性和分区容错性三个特征。

### 1．强一致性（Consistency）

系统在执行过某项操作后仍然处于一致的状态。在分布式系统中，更新操作执行成功后所有的用户都应该读取到最新的值，这样的系统被认为具有强一致性。

### 2．可用性（Availability）

每个操作总是能够在一定的时间内返回结果，这里需要注意的是 "一定时间内" 和 "返回结果"。

"一定时间内" 是指系统的结果必须在给定时间内返回，如果超时，则被认为不可用，这是至关重要的。例如，通过网上银行的网络支付功能购买物品，等待了很长时间（如 15 分钟），系统还是没有返回任务操作结果，购买一直处于等待状态，那么购买者就不知道是否支付成功，还是需要进行其他操作。这样购买者再次使用网络支付功能时必将心有余悸。

"返回结果" 同样非常重要。购买者单击支付后很快出现结果，结果却是 "java.lang.error ….." 之类的错误信息。这对于普通购买者来说相当于没有任何结果。因为他不知道系统处于什么状态，是支付成功还是支付失败，或者需要重新操作。

### 3．分区容错性（Partition Tolerance）

分区容错性可以理解为系统在存在网络分区的情况下仍然可以接受请求（满足一致性和可用性）。网络分区是指由于某种原因网络被分成若干孤立的区域，而区域之间互不相通。有人将分区容错性理解为系统对节点动态加入和离开的处理能力，因为节点的加入和离开可以认为是集群内部的网络分区。

CAP 是在分布式环境中设计和部署系统时所要考虑的三个重要的系统需求。根据 CAP

理论，数据共享系统只能满足这三个特性中的两个，而很难同时满足三个条件。因此，系统设计者必须在这三个特性之间做出权衡。

放弃 P：由于任何网络（即使局域网）中的机器之间都可能出现网络互不连通的情况，因此如果避免分区容错性问题的发生，一种做法是将所有的数据都放到一台机器上。虽然无法 100%保证系统不会出错，但不会遇到由分区带来的负面影响。当然，这个选择会严重影响系统的扩展性。如果数据量较大，一般是无法放在一台机器上的，因此放弃 P 在这种情况下不能接受。所有的 NoSQL 系统都假定 P 是存在的。

放弃 A：放弃可用性。一旦遇到分区容错故障，那么受到影响的服务需要等待数据一致，因此在等待期间系统就无法对外提供服务。

放弃 C：并不是完全放弃数据的一致性，而是放弃数据的强一致性，而保留数据的最终一致性。以网络购物为例，对只剩最后一件库存的商品，如果同时收到了两份订单，那么较晚的订单将被告知商品售罄。

其他选择：引入 BASE（Basically Availability, Soft-State, Eventually consistency），支持最终一致性，其实是放弃 C 的一个特例。

传统关系型数据库注重数据的一致性，而对海量数据的分布式存储和处理，可用性与分区容忍性优先级要高于数据一致性，一般会尽量朝着 A、P 的方向设计，然后通过其他手段保证对于一致性的需求。

不同数据对于一致性的要求是不同的。例如，用户评论对不一致是不敏感的，可以容忍相对较长时间的不一致，这种不一致并不会影响交易和用户体验；而产品价格数据对不一致性非常敏感的，通常不能容忍超过 10 秒的价格不一致。

# 18.5　主流 NoSQL 数据库

## 18.5.1　HBase

HBase 是 Apache Hadoop 的子项目，属于 bigtable 的开源版本，所实现的语言为 Java（故依赖 Java SDK）。HBase 依托 Hadoop 的 HDFS（分布式文件系统）作为基本存储基础单元。

HBase 在列上实现了 BigTable 论文提到的压缩算法、内存操作和布隆过滤器。HBase 的表能够作为 MapReduce 任务的输入和输出，可以通过 Java API 来访问数据，也可以通过 REST、Avro 或者 Thrift 的 API 来访问。

### 1．特点

（1）数据格式

HBase 的数据存储是基于列（Column Family）的，且非常松散——不同于传统的关系型数据库（RDBMS），允许表下某行某列值为空时不做任何存储（也不占位），减少了空间占用也提高了读性能。

（2）性能

HStore 存储是 HBase 存储的核心，由两部分组成：MemStore 和 StoreFiles。

MemStore 是 Sorted Memory Buffer，用户写入的数据会先放入 MemStore，当 MemStore 满了后会 Flush 成一个 StoreFile（底层实现是 HFile），当 StoreFile 文件数量增长到一定阈值时，会触发 Compact 合并操作，将多个 StoreFiles 合并成一个 StoreFile，合并过程会进行版本合并和数据删除，因此 HBase 其实只有增加数据，所有的更新和删除操作都是在后续 Compact 过程中进行的，这使得用户的写操作只要进入内存就可以立即返回，保证了 HBase I/O 的高性能。

（3）数据版本

HBase 还能直接检索到往昔版本的数据，这意味着我们更新数据时，旧数据并没有即时被清除，而是保留着。

HBase 通过 row+columns 指定的一个存储单元称为 cell。每个 cell 保存着同一份数据的多个版本——版本通过时间戳来索引。

时间戳的类型是 64 位整型。时间戳可以由 HBase（在数据写入时自动）赋值，此时时间戳是精确到毫秒的当前系统时间。时间戳也可以由客户显式赋值。如果应用程序要避免数据版本冲突，就必须自己生成具有唯一性的时间戳。每个 cell 中，不同版本的数据按照时间倒序排序，即最新的数据排在最前面。

为了避免数据存在过多版本造成的管理（包括存储和索引）负担，HBase 提供了两种数据版本回收方式。一是保存数据的最后 $n$ 个版本，二是保存最近一段时间内的版本（如最近 7 天）。用户可以针对每个列族进行设置。

（4）CAP 类别

HBase 属于 CP 类型。

**2．优缺点**

（1）优点

① 存储容量大，一个表可以容纳上亿行\上百万列。

② 可通过版本进行检索，能搜到所需的历史版本数据。

③ 负载高时，可通过简单的添加机器来实现水平切分扩展，与 Hadoop 的无缝集成保障了其数据可靠性（HDFS）和海量数据分析的高性能（MapReduce）。

④ 有效避免单点故障的发生。

（2）缺点

① 基于 Java 语言实现及 Hadoop 架构意味着其 API 更适用于 Java 项目。

② 开发环境所需依赖项较多、配置麻烦（或不知如何配置，如持久化配置），缺乏文档。

③ 占用内存很大，且鉴于建立在为批量分析而优化的 HDFS 上，导致读取性能不高。

④ API 相比其他 NoSQL 的相对笨拙。

（3）适用场景

① bigtable 类型的数据存储。

② 对数据有版本查询需求。

③ 应对超大数据量要求扩展简单的需求。

## 18.5.2　Redis

Redis 是一个开源的使用 ANSI C 语言编写、支持网络、可基于内存亦可持久化的日志型、键值存储数据库，并提供多种语言的 API。目前，Redis 由 VMware 主持开发工作。

### 1. 特点

**（1）数据格式**

Redis 通常被称为数据结构服务器，因为值（value）可以是字符串（String）、哈希（Hash/Map）、列表（List）、集合（Set）和有序集合（Sorted Set）5 种，操作非常方便。比如，在好友系统中查看自己的好友关系，如果采用其他键值存储系统，则必须把对应的好友拼接成字符串，然后在提取好友时，再把值进行解析，而 Redis 相对简单，直接支持 List 的存储（采用双向链表或者压缩链表的存储方式）。

**（2）性能**

Redis 数据库完全在内存中，因此处理速度非常快，每秒能执行约 11 万集合、超过 8.1 万条记录（测试数据的可参考《Redis 千万级的数据量的性能测试》）。Redis 的数据能确保一致性。所有 Redis 操作是原子性（Atomicity，意味着操作的不可再分，要么执行，要么不执行）的，这保证了如果两个客户端同时访问的 Redis 服务器将获得更新后的值。

**（3）持久化**

通过定时快照（snapshot）和基于语句的追加（Append Only File，AOF）两种方式，Redis 可以支持数据持久化——将内存中的数据存储到磁盘上，方便在宕机等突发情况下快速恢复。

**（4）CAP 类别**

Redis 属于 CP 类型。

### 2. 优缺点

**（1）优点**

① 非常丰富的数据结构。

② 提供了事务功能，可以保证一串命令的原子性，中间不会被任何操作打断。

③ 数据存在内存中，读写高速，可以达到 10 w/s 的频率。

**（2）缺点**

① Redis 3.0 后才有官方的集群方案，但仍存在架构上的问题。

② 持久化功能体验不佳。通过快照方法实现，需要每隔一段时间将整个数据库的数据写到磁盘上，代价非常高；而 AOF 方法只追踪变化的数据，类似 MySQL 的 Binlog 方法，但追加 log 可能过大，同时所有操作均要重新执行一遍，恢复速度慢。

③ 由于是内存数据库，因此单台机器存储的数据量与机器本身的内存大小。虽然 Redis 本身有 key 过期策略，但是需要提前预估和节约内存。若内存增长过快，需要定期删除数据。

**（3）适用场景**

Redis 适用于数据变化快且数据库大小可遇见（适合内存容量）的应用程序。

## 18.5.3 MongoDB

MongoDB 是一个高性能，开源，无模式的文档型数据库，开发语言是 C++。它在许多场景下可用于替代传统的关系型数据库或键值存储数据库。

### 1. 特点

**（1）数据格式**

在 MongoDB 中，文档是对数据的抽象，其表现形式就是 BSON（Binary JSON）。

BSON 是一个轻量级的二进制数据格式。MongoDB 能够使用 BSON，并将 BSON 作为数据的存储存放在磁盘中。

BSON 是为效率而设计的，只需要使用很少的空间，同时其编码和解码快速。即使在最坏的情况下，BSON 格式也比 JSON 格式在最好情况下的存储效率高。

对于前端开发者来说，一个"文档"就相当于一个对象。

（2）性能

MongoDB 目前支持的存储引擎为内存映射引擎。MongoDB 启动时，会将所有的数据文件映射到内存中，然后操作系统会托管所有的磁盘操作。其特点如下：

① MongoDB 关于内存管理的代码非常精简，毕竟相关工作已经由操作系统托管。

② MongoDB 服务器使用的虚拟内存巨大，并将超过整个数据文件的大小。不过，操作系统会处理这一切。

③ MongoDB 提供了全索引支持，包括文档内嵌对象及数组。MongoDB 的查询优化器会分析查询表达式，并生成一个高效的查询计划，通常能够极大提高查询的效率。

（3）持久化

MongoDB 在 1.8 版本后开始支持 journal，即 redo log，用于故障恢复和持久化。

当系统启动时，MongoDB 会将数据文件映射到一块内存区域，称为 shared view，在不开启 journal 的系统中，数据直接写入 shared view，然后返回，系统每 60 s 刷新这块内存到磁盘。如果断电或宕机，就会丢失很多内存中未持久化的数据。

系统开启 journal 功能后，会再映射一块内存区域供 journal 使用，称为 private view，MongoDB 默认每 100 ms 刷新 private view 到 journal，也就是说，断电或宕机有可能丢失这 100 ms 的数据，但是可以忍受。如果不能忍受，就用程序写 log（但开启 journal 后使用的虚拟内存是之前的 2 倍）。

（4）CAP 类别

MongoDB 比较灵活，可以设置成 strong consistent（CP 类型）或者 eventual consistent（AP 类型），默认是 CP 类型。

## 2．优缺点

（1）优点

① 强大的自动化 shading 功能。

② 全索引支持，查询非常高效。

③ 面向文档（BSON）存储，数据模式简单而强大。

④ 支持动态查询，查询指令也使用 JSON 形式的标记，可轻易查询文档中内嵌的对象及数组。

⑤ 支持 JavaScript 表达式查询，可在服务器端执行任意 JavaScript 函数。

（2）缺点

① 单个文档大小限制为 16 MB，32 位系统不支持大于 2.5 GB 的数据。

② 对内存要求比较大，至少保证热数据（索引、数据及系统其他开销）都能装进内存。

③ 非事务机制，无法保证事件的原子性。

（3）适用场景

① 适合实时的插入、更新与查询的需求，并具备应用程序实时数据存储所需高伸缩性。

② 非常适合文档化格式的存储及查询。

③ 非常适合由数十或者数百台服务器组成的数据库。

④ 对性能的关注超过对功能的要求。

## 18.5.4　Couchbase

CouchDB 和 CouchBase 都是开源、免费的 NoSQL 文档型数据库，都使用了 JSON 作为其文档格式。CouchDB 和 CouchBase 很相似，也有不同。CouchBase 结合了 CouchDB 和 MemBase 两种数据库的功能。CouchDB 的面向文档的数据模型、索引和查询功能与 MemBase 分布式键值数据模型相结合，高性能、易于扩展、始终保持接通。简而言之，CouchBase = CouchDB + MemBase 。

但是，CouchBase 并非 CouchDB 的新版本，它实际上是 MemBase 的新版本。CouchBase Server 实际上是 MemBase Server 的新名字。CouchBase 并非 CouchDB 的替代，而是 MemBase 的替代版本。CouchBase 仍然使用了 Memcached 协议，而没有使用 CouchDB 的 restful 风格的 API。CouchDB 是 Apache 旗下的项目，由 Apache 负责维护和演进。而且，CouchDB 并非过时的 CouchBase，仍是比较活跃的开源项目。而 CouchBase 是另一个完全独立的项目。

### 1. 特点

（1）数据格式

CouchBase 也是面向文档的数据库，不过在插入数据前，需要先建立 bucket——可以把它理解为"库"或"表"。

因为 CouchBase 数据基于 bucket 而导致缺乏表结构的逻辑，故如果需要查询数据，得先建立 view（与关系向数据库的视图不同，view 是将数据转换为特定格式结构的数据形式，如 JSON）来执行。

bucket 的意义在于将数据进行分隔，比如：任何 view 都是基于 bucket 的，仅对 bucket 内的数据进行处理。一个服务器上可以有多个 bucket，每个 bucket 的存储类型、内容占用、数据复制数量等，都需要分别指定。从这个意义上，每个 bucket 相当于一个独立的实例。在集群状态下，我们需要对服务器进行集群设置，bucket 只侧重数据的保管。

view 建立时就会建立索引。索引更新与以往的数据库索引更新区别很大。如现在有 1 万条数据，更新了 200 条，索引只需要更新 200 条，而不需要更新所有数据，map/reduce 功能基于索引的懒更新行为。

对于所有文件，CouchBase 都会建立额外的 56 字节的 metadata，其功能之一是表明数据状态，是否活动在内存中。同时，文件的键也作为标识符，与 metadata 长期活动在内存中。

（2）性能

CouchBase 依赖内存最大化，从而降低硬盘 I/O 对吞吐量的负面影响，所以其读写速度非常快，可以达到亚毫秒级。

CouchBase 在对数据进行增、删时会先反映在内存中，而不会立刻反映在硬盘中，从内存到硬盘的修改由 CouchBase 自动完成，等待执行的硬盘操作会以写队列形式排队，等待执行。所以，硬盘的 I/O 效率在写队列满之前不会影响 CouchBase 的吞吐效率。

鉴于内存资源肯定远远少于硬盘资源，所以如果数据量小，那么全部数据都放在内存中是最优选择，这时 CouchBase 的效率也很高。

但是数据量大的时候，过多的数据就会放在硬盘中。当然，最终所有数据都会写入硬盘，不过有些频繁使用的数据提前放在内存中，效率提升了。

（3）持久化

CouchBase 添加了对异步持久化的支持。

① CouchBase 有两种类型的 bucket：CouchBase 类型和 Memcached 类型。其中，CouchBase 类型提供了高可用和动态重配置的分布式数据存储，提供持久化存储和复制服务。

② CouchBase bucket 具有持久性。数据单元异步从内存写往磁盘，防范服务重启或较小的故障发生时数据丢失。持久性在 bucket 级进行设置。

（4）CAP 类型

CouchBase 群集所有点都是对等的，只是在创建群或者加入集群时需要指定一个主节点，一旦节点成功加入集群，则所有的节点对等。

对等网的优点是，集群中的任何节点失效，集群对外提供服务完全不会中断，只是集群的容量受影响。

CouchBase 是对等网集群，所有节点都可以同时对客户端提供服务，这就需要把集群的节点信息暴露给客户端。CouchBase 提供了一套机制，客户端可以获取所有节点的状态和节点的变动，由客户端根据集群的当前状态计算 key 所在的位置。

CouchBase 明显属于 CP 类型。

**2．优缺点**

（1）优点

① 并发性高，灵活性高，拓展性高，容错性好。

② 以 bucket 的概念实现更理想化的自动分片、动态扩容。

（2）缺点

① CouchBase 的存储方式为键值对，但值的类型单一，不支持数组。也不会自动创建 doc id，需要为每个文档指定一个用于存储的 Document ID。

② 各种组件拼接而成，都是用 C++语言实现的，导致复杂度过高，遇到奇怪的性能问题，排查比较困难，（中文）文档比较欠缺。

③ 采用缓存全部 key 的策略，需要大量内存。节点宕机时，恢复过程不可估计，并且有部分数据丢失的可能，在高负载系统上有假死现象。

④ 逐渐倾向于闭源，社区版本（免费，但不提供官方维护升级）和商业版本之间差距比较大。

（3）适用场景

① 适合对读写速度要求较高但服务器负荷和内存花销可遇见的需求。

② 需要支持 Memcached 协议的需求。

## 18.5.5  LevelDB

LevelDB 是由谷歌重量级工程师 Jeff Dean 和 Sanjay Ghemawat 开发的开源项目，是能处理十亿级别规模键值存储型数据持久性存储的程序库，写性能远高于读性能（当然，读性能也不差），开发语言是 C++。

## 1．特点

LevelDB 作为存储系统，数据记录的存储介质包括内存和磁盘。

## 2．优缺点

（1）优点

① 操作接口简单，基本操作包括写记录、读记录和删除记录，也支持针对多条操作的原子批量操作。

② 写性能远强于读性能。

③ 数据量增大后，读写性能下降趋于平缓。

（2）缺点

① 随机读性能一般。

② 对分布式事务的支持不成熟，资源浪费率高。

（3）适应场景

适合对写需求远大于读需求的场景（大部分场景其实都是这样的）。

# 18.6    MongoDB 实战

## 18.6.1    MongoDB 的基本概念

MongoDB 非常强大，也非常容易上手。

### 1．数据库

MongoDB 中可以建立多个数据库，默认数据库为"db"，存储在 data 目录中。

MongoDB 的单个实例可以容纳多个独立的数据库，每一个都有自己的集合和权限，不同的数据库也放置在不同的文件中。

### 2．文档

文档是一组键值对（即 BSON）。MongoDB 的文档不需要设置相同的字段，并且相同的字段不需要相同的数据类型，这与关系型数据库有很大的区别，也是 MongoDB 非常突出的特点。

需要注意的是：

❖ 文档中的键值对是有序的。

❖ 文档中的值不仅可以是在双引号中的字符串，还可以是其他数据类型（甚至可以是整个嵌入的文档）。

❖ 区分类型和大小写。

❖ 文档不能有重复的键。

❖ 文档的键是字符串。除了少数例外情况，键可以使用任意 UTF-8 字符。

### 3．集合

集合就是 MongoDB 文档组，类似 RDBMS 中的表格。

集合存于数据库中，没有固定的结构，意味着集合中可以插入不同格式和类型的数据，但通常插入集合的数据都有一定的关联。

文档（document）、集合（collection）与数据库的关系如图 18-1 所示。

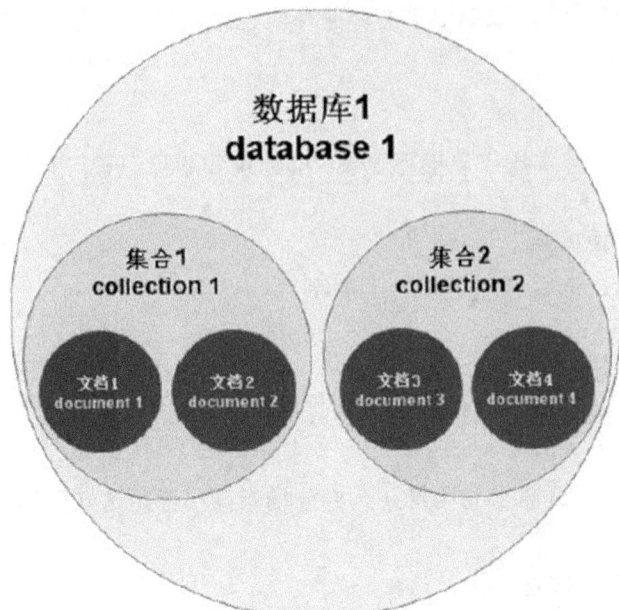

图 18-1    文档、集合与数据库的关系

总结如下：

❖ MongoDB 的文档（document），相当于关系数据库中的一行记录。

❖ 多个文档组成一个集合（collection），相当于关系数据库中的表。

❖ 多个集合（collection）逻辑上组织在一起，就是数据库（database）。

MongoDB 与关系型数据库相关概念的对应如图 18-2 所示。

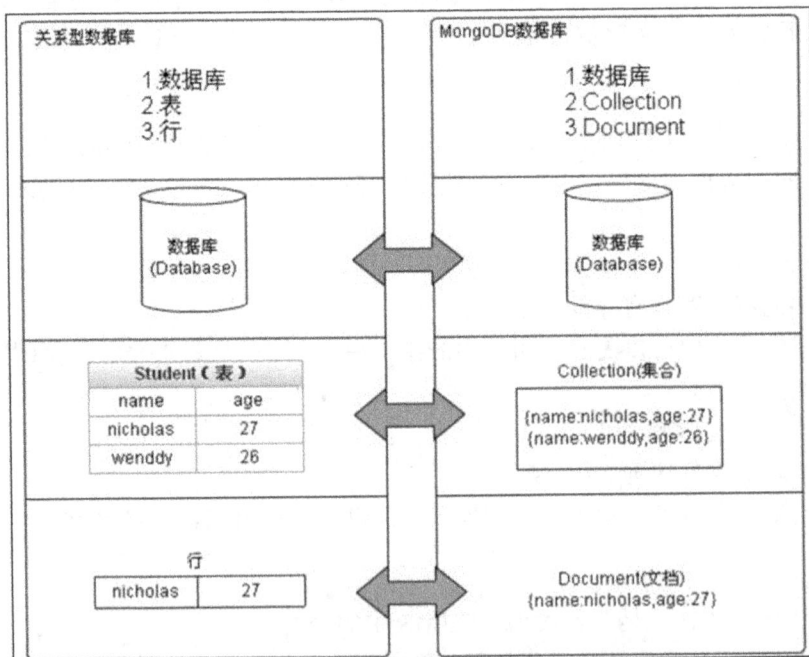

图 18-2    MongoDB 与关系型数据库相关概念的对应

## 18.6.2　Linux 下 MongoDB 的安装和配置、启动与停止

### 1．下载

MongoDB 官网是 https://www.mongodb.com，从中可以下载需要的安装程序。MongoDB 对操作系统支持全面，都有 32 位和 64 位版本。目前，其稳定版本是 4.0.2，如图 18-3 所示。

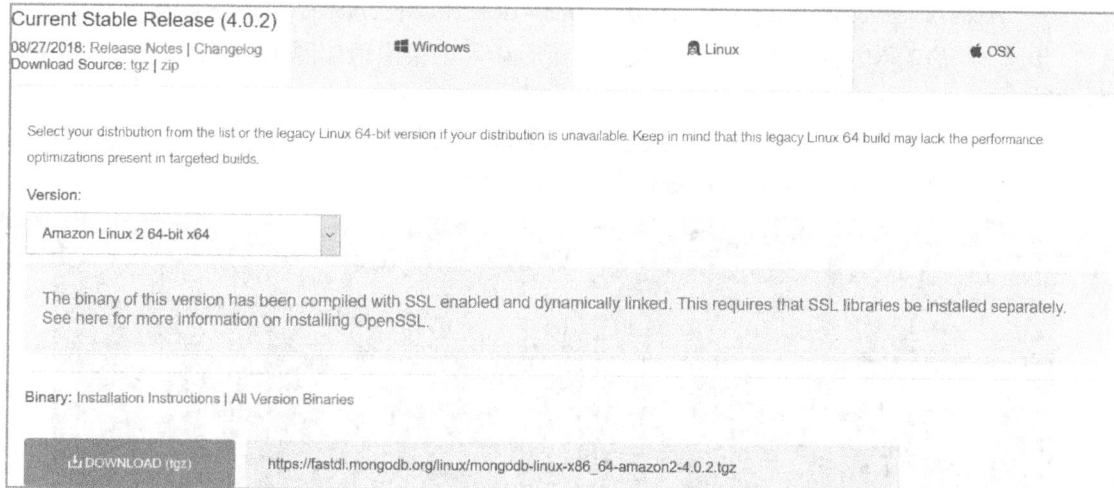

图 18-3　MongoDB 的版本选择

### 2．安装

步骤 1：下载 MongoDB（这里选择的版本是 3.4.10，如图 18-4 所示）。

```
wget http://downloads.mongodb.org/linux/mongodb-linux-x86_64-rhel70-3.4.10.tgz
```

图 18-4　下载 MongoDB

步骤 2：设置 MongoDB 的程序存放目录。

```
tar zxvf mongodb-linux-x86_64-rhel70-3.4.10.tgz
mkdir /Apps
mv mongodb-linux-x86_64-rhel70-3.4.10 /Apps
mv /Apps/mongodb-linux-x86_64-rhel70-3.4.10 /Apps/mongo
```

步骤 3：设置数据文件存放目录及 log 文件（如图 18-5 所示）。

```
mkdir -p /data/db
```

```
[root@localhost root01]# mkdir -p /data/db
[root@localhost root01]# mkdir -p /Apps/mongo/logs/
[root@localhost root01]# touch /Apps/mongo/logs/mongodb.log
```

图 18-5　设置数据文件存放目录及 log 文件

mkdir -p /Apps/mongo/logs/

touch /Apps/mongo/logs/mongodb.log

/Apps/mongo/bin/mongod --dbpath=/data/db -logpath=/Apps/mongo/logs/mongodb.log

步骤 4：启动 MongoDB 服务（如图 18-6 所示），如果出现如图 18-7 所示的提示表示安装成功。

步骤 5：查看 MongoDB 日志。查看 /Apps/mongo/logs/mongodb.log 文件（如图 18-8 所示），即可对 MongoDB 的运行情况进行查看或者分析。

```
[root@localhost root01]# /Apps/mongo/bin/mongod --dbpath=/data/db -logpath=/Apps/mongo/logs/mongodb.log
2018-10-03T06:58:12.751-0400 I CONTROL  [main] log file "/Apps/mongo/logs/mongodb.log" exists; moved to "/Apps/
mongo/logs/mongodb.log.2018-10-03T10-58-12".
    [root@localhost root01]# tar zxvf mongodb-linux-x86_64-rhel70-3.4.10.tgz
    mongodb-linux-x86_64-rhel70-3.4.10/README
    mongodb-linux-x86_64-rhel70-3.4.10/THIRD-PARTY-NOTICES
    mongodb-linux-x86_64-rhel70-3.4.10/MPL-2
    mongodb-linux-x86_64-rhel70-3.4.10/GNU-AGPL-3.0
    mongodb-linux-x86_64-rhel70-3.4.10/bin/mongodump
    mongodb-linux-x86_64-rhel70-3.4.10/bin/mongorestore
    mongodb-linux-x86_64-rhel70-3.4.10/bin/mongoexport
    mongodb-linux-x86_64-rhel70-3.4.10/bin/mongoimport
    mongodb-linux-x86_64-rhel70-3.4.10/bin/mongostat
    mongodb-linux-x86_64-rhel70-3.4.10/bin/mongotop
    mongodb-linux-x86_64-rhel70-3.4.10/bin/bsondump
    mongodb-linux-x86_64-rhel70-3.4.10/bin/mongofiles
    mongodb-linux-x86_64-rhel70-3.4.10/bin/mongooplog
    mongodb-linux-x86_64-rhel70-3.4.10/bin/mongoreplay
    mongodb-linux-x86_64-rhel70-3.4.10/bin/mongoperf
    mongodb-linux-x86_64-rhel70-3.4.10/bin/mongod
    mongodb-linux-x86_64-rhel70-3.4.10/bin/mongos
    mongodb-linux-x86_64-rhel70-3.4.10/bin/mongo
    [root@localhost root01]# tar zxvf mongodb-linux-x86_64-rhel70-3.4.10.tgz
    mongodb-linux-x86_64-rhel70-3.4.10/README
    mongodb-linux-x86_64-rhel70-3.4.10/THIRD-PARTY-NOTICES
    mongodb-linux-x86_64-rhel70-3.4.10/MPL-2
    mongodb-linux-x86_64-rhel70-3.4.10/GNU-AGPL-3.0
    mongodb-linux-x86_64-rhel70-3.4.10/bin/mongodump
    mongodb-linux-x86_64-rhel70-3.4.10/bin/mongorestore
    mongodb-linux-x86_64-rhel70-3.4.10/bin/mongoexport
    mongodb-linux-x86_64-rhel70-3.4.10/bin/mongoimport
    mongodb-linux-x86_64-rhel70-3.4.10/bin/mongostat
    mongodb-linux-x86_64-rhel70-3.4.10/bin/mongotop
    mongodb-linux-x86_64-rhel70-3.4.10/bin/bsondump
    mongodb-linux-x86_64-rhel70-3.4.10/bin/mongofiles
    mongodb-linux-x86_64-rhel70-3.4.10/bin/mongooplog
    mongodb-linux-x86_64-rhel70-3.4.10/bin/mongoreplay
    mongodb-linux-x86_64-rhel70-3.4.10/bin/mongoperf
    mongodb-linux-x86_64-rhel70-3.4.10/bin/mongod
    mongodb-linux-x86_64-rhel70-3.4.10/bin/mongos
    mongodb-linux-x86_64-rhel70-3.4.10/bin/mongo
    [root@localhost root01]# mkdir /Apps
    [root@localhost root01]# mv mongodb-linux-x86_64-rhel70-3.4.10 /Apps
    [root@localhost root01]# mv /Apps/mongodb-linux-x86_64-rhel70-3.4.10 /Apps/mongo
```

图 18-6　启动 MongoDB 服务

```
[root@localhost root01]# cd /Apps/mongo/bin
[root@localhost bin]# ./mongo
MongoDB shell version v3.4.10
connecting to: mongodb://127.0.0.1:27017
MongoDB server version: 3.4.10
Server has startup warnings:
2018-10-03T07:22:39.719-0400 I CONTROL  [initandlisten]
2018-10-03T07:22:39.719-0400 I CONTROL  [initandlisten] ** WARNING: Access control is not enabled for the datab
ase.
2018-10-03T07:22:39.720-0400 I CONTROL  [initandlisten] **          Read and write access to data and configura
tion is unrestricted.
2018-10-03T07:22:39.720-0400 I CONTROL  [initandlisten] ** WARNING: You are running this process as the root us
er, which is not recommended.
2018-10-03T07:22:39.720-0400 I CONTROL  [initandlisten]
2018-10-03T07:22:39.722-0400 I CONTROL  [initandlisten]
2018-10-03T07:22:39.722-0400 I CONTROL  [initandlisten] ** WARNING: /sys/kernel/mm/transparent_hugepage/enabled
 is 'always'.
2018-10-03T07:22:39.722-0400 I CONTROL  [initandlisten] **          We suggest setting it to 'never'
2018-10-03T07:22:39.722-0400 I CONTROL  [initandlisten]
2018-10-03T07:22:39.723-0400 I CONTROL  [initandlisten] ** WARNING: /sys/kernel/mm/transparent_hugepage/defrag
is 'always'.
2018-10-03T07:22:39.723-0400 I CONTROL  [initandlisten] **          We suggest setting it to 'never'
2018-10-03T07:22:39.723-0400 I CONTROL  [initandlisten]
>
```

图 18-7　提示

```
[root@localhost bin]# cd /Apps/mongo/logs
[root@localhost logs]# ll
total 12
-rw-r--r--. 1 root root 4070 Oct  3 07:03 mongodb.log
-rw-r--r--. 1 root root    0 Oct  3 06:53 mongodb.log.2018-10-03T10-58-12
-rw-r--r--. 1 root root 4436 Oct  3 07:01 mongodb.log.2018-10-03T11-02-41
```

图 18-8　查看 MongoDB 日志

## 18.6.3　MongoDB 基本数据操作

MongoDB Shell 是 MongoDB 自带的交互式 JavaScript Shell，用来对 MongoDB 进行操作和管理。

"./mongo --help"命令可查看相关连接参数，下面将从常见的操作（如插入、查询、修改和删除等）来阐述 MongoDB Shell 的使用。

### 1．连接数据库

在命令行中输入"/Apps/mongo/bin/mongo"，出现如图 18-9 所示的提示，则说明连接数据库成功，可以进行相关操作了。

```
[root01@localhost ~]$ /Apps/mongo/bin/mongo
MongoDB shell version v3.4.10
connecting to: mongodb://127.0.0.1:27017
MongoDB server version: 3.4.10
```

图 18-9　提示

"show dbs"命令可以查看数据库（如图 18-10 所示）；"use DB_name"命令可以选择数据库（如图 18-10 所示，如果数据库不存在，则新建数据库）。

```
> show dbs;
admin  0.000GB
local  0.000GB
```

图 18-10　查看数据库

```
> use test;
switched to db test
```

图 18-11　选择数据库

### 2．创建、删除数据库

MongoDB 创建数据库的语法格式如下：

```
use DATABASE_NAME
```

如果数据库不存在，则创建数据库，否则切换到指定数据库。

例如，创建一个原本不存在数据库 school，如果想查看所有数据库，可以使用"show dbs"命令（如图 18-12 所示）。刚创建的数据库 school 并不在数据库的列表中，要显示它，需要向 school 数据库插入一些数据（如图 18-13 所示）。

```
> use school
switched to db school
```

```
> show dbs
admin   0.000GB
local   0.000GB
```

图 18-12　创建数据库

MongoDB 删除数据库的语法格式如下：

```
db.dropDatabase()
```

db 表示当前数据库。例如，删除 school 数据库（如图 18-14 所示），再用"show dbs"命令查看数据库，可知 school 已经被删除成功。

```
> db.school.insert({"name":"cau"})
WriteResult({ "nInserted" : 1 })
> show dbs;
admin   0.000GB
local   0.000GB
school  0.000GB
```

图 18-13　显示数据库

```
> use school;
switched to db school
> db.dropDatabase()
{ "dropped" : "school", "ok" : 1 }
> show dbs;
admin   0.000GB
local   0.000GB
```

图 18-14　删除数据库

### 3．创建、删除集合

MongoDB 中使用 createCollection( )方法创建集合，语法格式如下：

```
db.createCollection(name, options)
```

name：要创建的集合名称。options：可选参数，指定有关内存大小及索引的选项。

例如，在 school 数据库中创建 student 集合（如图 18-15 所示），创建完成后，用"show collections"命令查看集合。

```
> use school;
switched to db school
> db.createCollection("student")
{ "ok" : 1 }
```

```
> show collections;
student
```

图 18-15　创建和查看集合

MongoDB 中不需创建集合，插入一些文档时，MongoDB 会自动创建集合（如图 18-16 所示）。

MongoDB 使用 drop( )方法删除集合，语法格式如下：

```
db.collection.drop()
```

如果成功删除选定集合，则 drop()方法返回 true，否则返回 false。

例如，删除 school 数据库中的 school 集合（如图 18-17 所示）。

```
> db.school.insert({"name":"cau"})
WriteResult({ "nInserted" : 1 })
> show collections;
school
student
```

图 18-16　自动创建集合

```
> use school;
switched to db school
> show collections;
school
student
> db.school.drop()
true
> show collections;
student
```

图 18-17　删除集合

### 4．插入文档

下面介绍如何将数据插入 MongoDB 的集合。文档的数据结构与 JSON 基本一样，所有存储在集合中的数据都是 BSON 格式。BSON（Binary JSON）是一种类 JSON 的二进制形式的存储格式。

MongoDB 使用 insert( )或 save( )方法向集合中插入文档，语法格式如下：

```
db.COLLECTION_NAME.insert(document)
```

例如，向 school 数据库的 student 集合插入如下文档，并查看已插入的文档（如图 18-18 所示）。

```
> db.student.insert({name:'richard',sex:'man',age:20,weight:'55kg'});
WriteResult({ "nInserted" : 1 })
> db.student.find();
{ "_id" : ObjectId("5bb4c18a8efcca853637205e"), "name" : "richard", "sex" : "man", "age" : 20, "weight" : "55kg
" }
```

图 18-18　插入文档

也可以将要插入的文档定义成一个变量，通过 db.COLLECTION_NAME.insert(document)或者 db.COLLECTION_NAME.insert(document)插入文档。例如，通过定义变量的方式插入文档，并分别通过 insert( )和 save( )方法保存文档（如图 18-19 所示）。

```
> document_1=({name:'jack',sex:'woman',age:21,weight:'59kg'});
{ "name" : "jack", "sex" : "woman", "age" : 21, "weight" : "59kg" }
> db.student.insert(document_1);
WriteResult({ "nInserted" : 1 })
> document_2=({name:'Bob',sex:'man',age:21,weight:'59kg'});
{ "name" : "Bob", "sex" : "man", "age" : 21, "weight" : "59kg" }
> db.student.save(document_2);
WriteResult({ "nInserted" : 1 })
> db.student.find();
{ "_id" : ObjectId("5bb4c18a8efcca853637205e"), "name" : "richard", "sex" : "man", "age" : 20, "weight" : "55kg" }
{ "_id" : ObjectId("5bb4c3b78efcca853637205f"), "name" : "jack", "sex" : "woman", "age" : 21, "weight" : "59kg" }
{ "_id" : ObjectId("5bb4c3fb8efcca8536372060"), "name" : "Bob", "sex" : "man", "age" : 21, "weight" : "59kg" }
```

图 18-19　保存文档

### 5．更新文档

MongoDB 使用 update( )和 save( )方法更新集合中的文档。下面详细介绍这两个函数的应用及其区别。

update( )方法用于更新已存在的文档，语法格式如下：

```
db.collection.update(
    <query>,
    <update>,
    {
        upsert: <boolean>,
        multi: <boolean>,
        writeConcern: <document>
    }
)
```

query：更新的查询条件，类似 SQL 的 UPDATE 查询的 WHERE 子句。

update：更新的对象和更新的操作符（如$、$inc）等，也可以理解为 UPDATE 查询的 SET 子句。

upsert：可选，如果不存在 update 的记录，是否插入 objNew。true 为插入，默认是 false，不插入。

multi：可选，默认是 false，只更新找到的第一条记录，如果为 true，就把按条件查的多条记录全部更新。

writeConcern：可选，抛出异常的级别。

例如，更改 school 数据库的 student 集合中的 richard 姓名为 Arron（如图 18-20 所示）。

```
> db.student.update({name:'richard'},{$set:{'name':'Arron'}})
WriteResult({ "nMatched" : 1, "nUpserted" : 0, "nModified" : 1 })
> db.student.find()
{ "_id" : ObjectId("5bb4c18a8efcca853637205e"), "name" : "Arron" "sex" : "man", "age" : 20, "weight" : "55kg" }
{ "_id" : ObjectId("5bb4c3b78efcca853637205f"), "name" : "jack", "sex" : "woman", "age" : 21, "weight" : "59kg" }
{ "_id" : ObjectId("5bb4c3fb8efcca8536372060"), "name" : "Bob", "sex" : "man", "age" : 21, "weight" : "59kg" }
```

图 18-20　update( )方法

save( )方法通过传入的文档来替换已有文档，语法格式如下：

```
db.collection.save(
    <document>,
    {
        writeConcern: <document>
    }
)
```

document：文档数据。

writeConcern：可选，抛出异常的级别。

例如，用 save( )方法更改 school 数据库的 student 集合中 jack 的年龄为 25 岁（如图 18-21 所示）。

```
> db.student.save({"_id" : ObjectId("5bb4c3b78efcca853637205f"), "name" : "jack", "sex" : "woman", "age" : 25, "weight" : "59kg"})
WriteResult({ "nMatched" : 1, "nUpserted" : 0, "nModified" : 1 })
> db.student.find()
{ "_id" : ObjectId("5bb4c18a8efcca853637205e"), "name" : "Arron", "sex" : "man", "age" : 20, "weight" : "55kg" }
{ "_id" : ObjectId("5bb4c3b78efcca853637205f"), "name" : "jack", "sex" : "woman", "age" : 25, "weight" : "59kg" }
{ "_id" : ObjectId("5bb4c3fb8efcca8536372060"), "name" : "Bob", "sex" : "man", "age" : 21, "weight" : "59kg" }
```

图 18-21　save( )方法

### 6．删除文档

MongoDB 中用 remove( )函数删除集合中的数据，语法格式如下：

```
db.collection.remove(
    <query>,
    {
        justOne: <boolean>,
        writeConcern: <document>
    }
)
```

query：可选，删除的文档的条件。

justOne：可选，如果设为 true 或 1，则只删除一个文档。

writeConcern：可选，抛出异常的级别。

例如，删除 school 数据库的 student 集合中的姓名为 jack 的文档，删除后通过 find 命令可知，删除成功（如图 18-22 所示）。

```
> db.student.remove({'name':'jack'});
WriteResult({ "nRemoved" : 1 })
> db.student.find()
{ "_id" : ObjectId("5bb4c18a8efcca853637205e"), "name" : "Arron", "sex" : "man", "age" : 20, "weight" : "55kg" }
{ "_id" : ObjectId("5bb4c3fb8efcca8536372060"), "name" : "Bob", "sex" : "man", "age" : 21, "weight" : "59kg" }
```

图 18-22　删除文档

如果想一次删除所有数据,那么可以用 db.student.remove({}),但是需要慎重使用。

### 7.查询文档

在 MongoDB 中,查询文档使用 find()方法,语法格式如下:

```
db.collection.find(query, projection)
```

query:可选,使用查询操作符指定查询条件

projection:可选,使用投影操作符指定返回的键。查询时返回文档中所有键的值,只需省略该参数即可(默认省略)。

如果需要以易读的方式来读取数据,可以使用 pretty()方法,语法格式如下:

```
db.collection.find().pretty()
```

pretty()方法是格式化显示所有文档。

另外,findOne()方法只返回一个文档。

查询结果如图 18-23 所示。

```
> db.student.find()
{ "_id" : ObjectId("5bb4c18a8efcca853637205e"), "name" : "Arron", "sex" : "man", "age" : 20, "weight" : "55kg" }
{ "_id" : ObjectId("5bb4c3fb8efcca8536372060"), "name" : "Bob", "sex" : "man", "age" : 21, "weight" : "59kg" }
{ "_id" : ObjectId("5bb4cc7fdf86f16e64d9a590"), "name" : "jack", "sex" : "man", "age" : 24, "weight" : "54kg" }
{ "_id" : ObjectId("5bb4cc9bdf86f16e64d9a591"), "name" : "keiven", "sex" : "man", "age" : 38, "weight" : "65kg" }
{ "_id" : ObjectId("5bb4ccb8df86f16e64d9a592"), "name" : "beth", "sex" : "woman", "age" : 34, "weight" : "45kg" }
{ "_id" : ObjectId("5bb4cce6df86f16e64d9a593"), "name" : "kate", "sex" : "woman", "age" : 38, "weight" : "100kg" }
{ "_id" : ObjectId("5bb4ccfcdf86f16e64d9a594"), "name" : "anne", "sex" : "woman", "age" : 8, "weight" : "40kg" }
```

图 18-23 查询文档

(1)条件查询

例如,可以查询 school 数据库的 student 集合中 anne 的信息,并格式化显示查询结果(如图 18-24 所示);可以查询 school 数据库的 student 集合中所有性别为 man 的信息,并格式化显示查询结果(如图 18-25 所示)。

```
> db.student.find({name:'anne'}).pretty()
{
        "_id" : ObjectId("5bb4ccfcdf86f16e64d9a594"),
        "name" : "anne",
        "sex" : "woman",
        "age" : 8,
        "weight" : "40kg"
}
```

图 18-24 查询结果一

```
> db.student.find({sex:'woman'}).pretty()
{
        "_id" : ObjectId("5bb4ccb8df86f16e64d9a592"),
        "name" : "beth",
        "sex" : "woman",
        "age" : 34,
        "weight" : "45kg"
}
{
        "_id" : ObjectId("5bb4cce6df86f16e64d9a593"),
        "name" : "kate",
        "sex" : "woman",
        "age" : 38,
        "weight" : "100kg"
}
{
        "_id" : ObjectId("5bb4ccfcdf86f16e64d9a594"),
        "name" : "anne",
        "sex" : "woman",
        "age" : 8,
        "weight" : "40kg"
}
```

图 18-25 查询结果二

（2）多条件查询

limit()方法用于限制结果集长度，如限制只显示 3 个文档（如图 18-26 所示）。

```
> db.student.find().pretty().limit(3)
{
        "_id" : ObjectId("5bb4c18a8efcca853637205e"),
        "name" : "Arron",
        "sex" : "man",
        "age" : 20,
        "weight" : "55kg"
}
{
        "_id" : ObjectId("5bb4c3fb8efcca8536372060"),
        "name" : "Bob",
        "sex" : "man",
        "age" : 21,
        "weight" : "59kg"
}
{
        "_id" : ObjectId("5bb4cc7fdf86f16e64d9a590"),
        "name" : "jack",
        "sex" : "man",
        "age" : 24,
        "weight" : "54kg"
}
```

图 18-26　多条件查询

<, <=, >, >=是常见的操作符。

MongoDB 中的条件语句查询与 RDBMS 中的条件语句查询的对应关系如下所示：

| 等于 | {<key>:<value>} | db.col.find({"by":"MongoDB"}).pretty() | where by = 'MongoDB' |
|---|---|---|---|
| 小于 | {<key>:{$lt:<value>}} | db.col.find({"likes":{$lt:50}}).pretty() | where likes < 50 |
| 小于或等于 | {<key>:{$lte:<value>}} | db.col.find({"likes":{$lte:50}}).pretty() | where likes <= 50 |
| 大于 | {<key>:{$gt:<value>}} | db.col.find({"likes":{$gt:50}}).pretty() | where likes > 50 |
| 大于或等于 | {<key>:{$gte:<value>}} | db.col.find({"likes":{$gte:50}}).pretty() | where likes >= 50 |
| 不等于 | {<key>:{$ne:<value>}} | db.col.find({"likes":{$ne:50}}).pretty() | where likes != 50 |

例如，查询 student 集合中年龄大于 25 岁的文档的信息（如图 18-27 所示）。

```
> db.student.find({age:{$gt:25}}).pretty()
{
        "_id" : ObjectId("5bb4cc9bdf86f16e64d9a591"),
        "name" : "keiven",
        "sex" : "man",
        "age" : 38,
        "weight" : "65kg"
}
{
        "_id" : ObjectId("5bb4ccb8df86f16e64d9a592"),
        "name" : "beth",
        "sex" : "woman",
        "age" : 34,
        "weight" : "45kg"
}
{
        "_id" : ObjectId("5bb4cce6df86f16e64d9a593"),
        "name" : "kate",
        "sex" : "woman",
        "age" : 38,
        "weight" : "100kg"
}
```

图 18-27　查询结果三

# 小　结

本章主要介绍了 NoSQL 数据库的概念、优势、劣势、数据库类型和选用原则。

# 思考与练习 18

1. 关系型数据库有哪些不足？
2. 选用 NoSQL 有哪些原则？NoSQL 哪几方面的优势？
3. NoSQL 数据库的类型有什么？
4. 键值存储的保存方式有哪些？
5. 面向文档的数据库的特点是什么？
6. 什么是分布式系统？
7. CAP 理论是什么？C、A、P 分别表示什么？
8. 常见的主流 NoSQL 数据库有哪些？各有什么优缺点？
9. MongoDB 是一种 NoSQL 数据库，具体地说，是（　　）存储数据库。
   A. 键值　　　　　　　　B. 文档　　　　　　　　C. 图形　　　　　　　　D. XML
10. 以下 NoSQL 数据库中，（　　）是一种高性能的分布式内存对象缓存数据库，通过缓存数据库查询结果，减少数据库访问次数，以提高动态 Web 应用的速度，提高可扩展性。
    A. MongoDB　　　　　　B. Memcached　　　　　C. Neo4j　　　　　　　D. HBase
11. CAP 理论是 NoSQL 理论的基础，下列性质不属于 CAP 的是（　　）。
    A. 分区容错性　　　　　B. 原子性　　　　　　　C. 可用性　　　　　　　D. 一致性

# 第 19 章　Python+MySQL 编程应用

　　MySQL 作为中小型数据库管理系统，广泛应用于互联网的各种中小型网站或者管理系统中。Python 是目前非常流行的高级编程语言，被广泛用于科学计算、人工智能、Web 服务端和大型网站后端、GUI 开发（图形界面开发）、游戏设备、嵌入式设备、系统运维、大数据和云计算等领域。本章重点介绍 Python 进行 MySQL 数据库图形界面编程开发的相关知识。

## 19.1　Python 简介

　　Python 是一种解释型、面向对象的语言。由吉多·范罗苏姆（Guidovan Rossum）于 1989 年发明，1991 年正式公布。Python 的设计具有很强的可读性，具有比其他语言更有特色语法结构。

　　Python 是一种解释型语言：开发过程中没有编译环节，类似 PHP 和 Perl 语言。

　　Python 是交互式语言：可以在一个 Python 提示符下直接互动执行程序。

　　Python 是面向对象语言：支持面向对象的风格或代码封装在对象的编程技术。

　　Python 是初学者的语言：对初级程序员而言，是一种伟大的语言，它支持广泛的应用程序开发，从简单的文字处理到 WWW 浏览器再到游戏。

　　Python 的特点如下。

- ❖ 易于学习：有相对较少的关键字、明确定义的语法，结构简单，学习简单。
- ❖ 易于阅读：代码定义更清晰。
- ❖ 易于维护：源代码相当容易维护。
- ❖ 广泛的标准库：拥有丰富的库，跨平台，兼容 UNIX、Windows 和 Mac。
- ❖ 互动模式：从终端输入执行代码并获得结果的语言，可以互动测试和调试代码。
- ❖ 可移植：基于其开放源代码的特性，已经被移植（也就是使其工作）到许多平台。
- ❖ 可扩展：如果需要一段运行很快的关键代码，或者编写一些不愿开放的算法，可以使用 C 或 C++完成那部分程序，然后从程序中调用。
- ❖ 数据库：提供所有主要的商业数据库的接口。
- ❖ GUI 编程：支持 GUI 可以创建和移植到许多系统调用。
- ❖ 可嵌入：可以嵌入 C/C++程序，让程序获得"脚本化"的能力。

　　Python 目前有两个版本：Python 2 和 Python 3。为了便于初学者使用，本书基于 CentOS 7 和 Python 3.7.3 编程。读者可在终端输入 "python3 -version"（或者 python3 -V）查看 Python 的版本。

本章主要为环境Linux+MySQL+Python 3.7.3+Tkinter+PyCharm，利用Python进行MySQL数据库的图形界面编程。Python的IDE（集成开发环境）很多，本书采用被广泛使用的由捷克公司JetBrains开发的PyCharm，如图19-1所示。

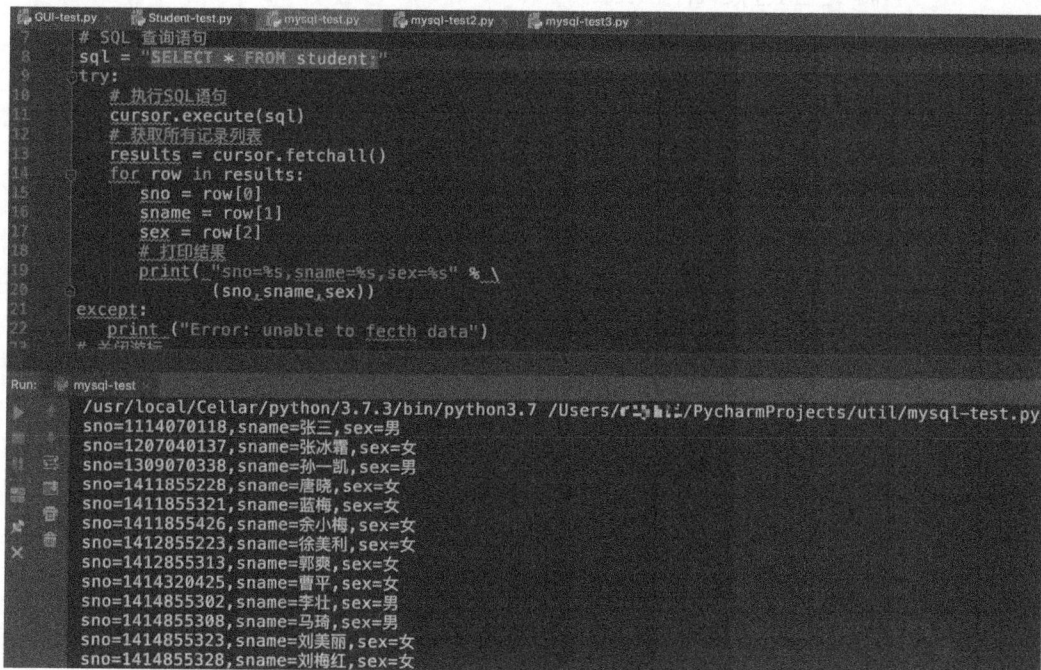

图 19-1　PyCharm 运行界面

## 19.2　Python 图形界面编程基础

Python 提供了多个图形开发界面的库，常用的库如下。

① Tkinter（Tk 接口）：Python 的标准 Tk GUI 工具包的接口，可以在大多数 UNIX 平台下使用，同样可以应用在 Windows 和 Mac 系统。Tk 8.0 的后续版本可以实现本地窗口风格，并良好地运行在绝大多数平台中。注意，在 Python 3.x 版本中使用的库名为 tkinter。

② wxPython：开源软件，是优秀的 GUI 图形库，可以方便地创建完整的、功能健全的 GUI 用户界面。

③ Jython：可以与 Java 无缝集成。除了标准模块，Jython 使用 Java 模块，几乎拥有标准的 Python 中不依赖于 C 语言的全部模块。比如，Jython 的用户界面使用 Swing、AWT 或者 SWT。Jython 可以被动态或静态地编译成 Java 字节码。

但是 Python 自带的库支持 Tk 的 Tkinter，无需安装任何包，只需导入 Tkinter 库就可以直接使用。本节简单介绍如何使用 Tkinter 进行 GUI 编程。

创建 GUI 程序的基本流程为：导入 Tkinter 模块；创建控件；指定这个控件的 master，即这个控件属于哪一个；告诉 GM（Geometry Manager）有一个控件产生。

### 1. 创建 GUI 程序

在 Python 3.x 版本中，导入 Tkinter 包的所有内容：

```
from tkinter import *
```

从 Frame 派生一个 Application 类，是所有 Widget 的父容器：

```
class Application(Frame):
    def __init__(self, master=None):
        Frame.__init__(self, master)
        self.pack()
        self.createWidgets()

    def createWidgets(self):
        self.helloLabel = Label(self, text='Hello, world!')
        self.helloLabel.pack()
        self.quitButton = Button(self, text='Quit', command=self.quit)
        self.quitButton.pack()
```

在 GUI 中，每个 Button、Label、输入框等都是一个 Widget。Frame 则是可以容纳其他 Widget 的 Widget，所有 Widget 组合起来就是一棵树。

pack( )方法把 Widget 加入到父容器中，并实现布局。pack( )是最简单的布局，grid( )可以实现更复杂的布局。

利用 createWidgets( )方法创建一个 Label 和一个 Button，当 Button 被点击时，触发 self.quit( )，使程序退出。

第三步，实例化 Application，并启动消息循环：

```
app = Application()
# 设置窗口标题:
app.master.title('Hello World')
# 主消息循环:
app.mainloop()
```

运行之后，显示如图 19-2 所示，单击【Quit】或者 x 退出程序。

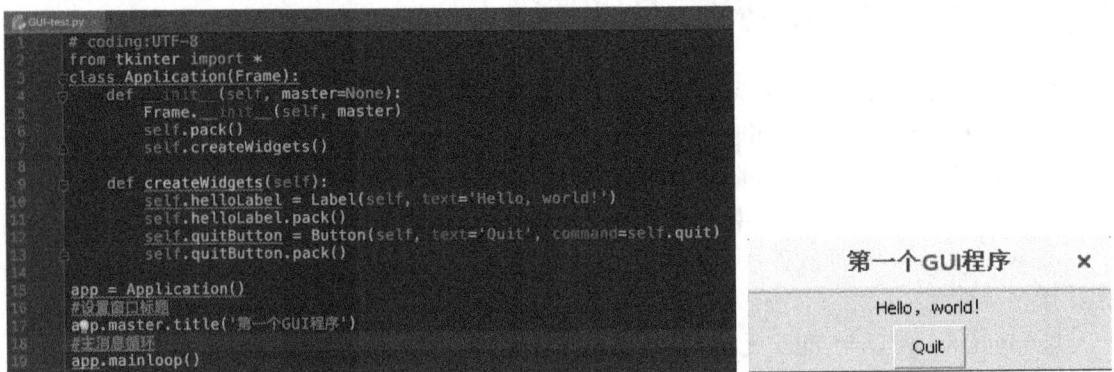

图 19-2　GUI 程序

## 2. 输入文本

改进一下，加入文本框，让用户可以输入文本，然后弹出消息对话框（如图 19-3 所示）。

```
from tkinter import *
from tkinter import messagebox

class Application(Frame):
    def __init__(self, master=None):
        Frame.__init__(self, master)
        self.pack()
        self.createWidgets()
```

```
def createWidgets(self):
    self.nameInput = Entry(self)
    self.nameInput.pack()
    self.alertButton = Button(self, text='Hello', command=self.hello)
    self.alertButton.pack()

def hello(self):
    name = self.nameInput.get() or 'world'
    messagebox.showinfo('Message', 'Hello, %s' % name)
```

图 19-3　改进的 GUI 程序

## 3．Tkinter 组件

Tkinter 提供各种控件，如按钮、标签和文本框。

❖ Button：按钮控件，在程序中显示按钮。

❖ Canvas：画布控件，显示图形元素如线条或文本。

❖ Checkbutton：多选框控件，用于在程序中提供多项选择框。

❖ Entry：输入控件，用于显示简单的文本内容。

❖ Frame：框架控件，在屏幕上显示一个矩形区域，多用来作为容器。

❖ Label：标签控件，可以显示文本和位图。

❖ Listbox：列表框控件，用来显示一个字符串列表给用户。

❖ Menubutton：菜单按钮控件，用来显示菜单项。

❖ Menu：菜单控件，显示菜单栏、下拉菜单和弹出菜单。

❖ Message：消息控件，用来显示多行文本，与 Label 比较类似。

❖ Radiobutton：单选按钮控件，显示一个单选的按钮状态。

❖ Scale：范围控件，显示一个数值刻度，为输出限定范围的数字区间。

- ❖ Scrollbar：滚动条控件，当内容超过可视化区域时使用，如列表框。
- ❖ Text：文本控件，用于显示多行文本。
- ❖ Toplevel：容器控件，用来提供一个单独的对话框，与 Frame 类似。
- ❖ Spinbox：输入控件，与 Entry 类似，但是可以指定输入范围值。
- ❖ PanedWindow：窗口布局管理的插件，可以包含一个或者多个子控件。
- ❖ LabelFrame：简单的容器控件，常用于复杂的窗口布局。
- ❖ tkMessageBox：用于显示应用程序的消息框。

### 4．标准属性

标准属性就是所有控件的共同属性，如大小、字体和颜色等。

- ❖ Dimension：控件大小。
- ❖ Color：控件颜色。
- ❖ Font：控件字体。
- ❖ Anchor：锚点。
- ❖ Relief：控件样式。
- ❖ Bitmap：位图。
- ❖ Cursor：光标。

### 5．几何管理

Tkinter 控件有特定的几何状态管理方法，管理整个控件区域组织，包括：包（pack( )）、网格（grid( )）、位置（place( )）。

## 19.3　使用 Python 进行 MySQL 数据库编程

Python 标准数据库接口为 Python DB-API，为开发人员提供了数据库应用编程接口。Python 数据库接口支持非常多的数据库，不同的数据库需要下载不同的 DB API 模块。

DB-API 是一个规范，定义了一系列必需的对象和数据库存取方式，以便为各种各样的底层数据库系统和多种多样的数据库接口程序提供一致的访问接口。

Python DB-API 为大多数的数据库实现了接口，连接各数据库后，就可以用相同的方式操作各数据库。其使用流程为：引入 API 模块，获取与数据库的连接，执行 SQL 语句和存储过程，关闭数据库连接。

Python 连接 MySQL 的接口有很多，本书选用的是 MySQLdb。MySQLdb 是用于 Python 链接 MySQL 数据库的接口，实现了 Python 数据库 API 规范 2.0，基于 MySQL C API 建立。

注意，Python3.x 不再单独支持 MySQLdb，需要导入 mysqlclient 包支持 MySQLdb。下载地址：https://pypi.org/project/mysqlclient/#description。

安装命令（在 root 账户下），使用 pip 命令安装：

```
pip install mysqlclient-2.0.1.tar.gz
```

安装完成后，通过 import 命令查看是否安装成功，未报错说明安装成功。

```
➜  ~ python3
Python 3.7.3 (default, Mar 27 2019, 09:23:15)
[Clang 10.0.1 (clang-1001.0.46.3)] on darwin
Type "help", "copyright", "credits" or "license" for more information.
```

此外，可以通过 PyCharm 进行安装，运行 PyCharm，选择"File → Setting → Project Interpreter"，单击"+"并搜索 mysqlclient 即可。

使用 Python 进行 MySQL 数据库编程的基本步骤如下（如图 19-4 所示）：

➢ 建立和数据库的链接（使用 connect 对象）。

➢ 获取游标对象（connect.cursor）。

➢ 选择数据库（没有的话可以创建）。

➢ 执行 SQL 语句（cursor 对象的方法）。

➢ 提交事务（commit( )方法）。

➢ 关闭游标对象。

➢ 关闭数据库连接。

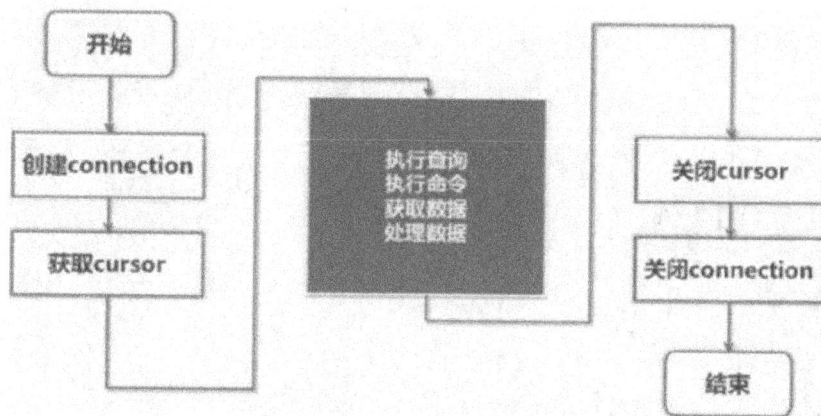

图 19-4 使用 Python 进行 MySQL 数据库编程的基本步骤

以上每一步都可以通过 Python 数据库编程提供的接口来实现。

（1）创建数据库的连接对象 connection

创建方法为：

```
MySQLdb.connect(参数)
```

host：字符串，MySQL 服务器地址。

port：数字，MySQL 服务器端口号。

user：字符串，用户名。

passwd：字符串，密码。

db：字符串，数据库名称。

charset：字符串，连接编码。

connection 对象支持的方法如下。

❖ cursor()：使用该连接创建并返回游标。

❖ commit()：提交当前事务。

❖ rollback()：回滚当前事务。

❖ close()：关闭连接。

【例 19-1】 连接数据库 jxgl，并输出 MySQL 的版本号。

```
# -*- coding: UTF-8 -*-
import MySQLdb
# 打开数据库连接
```

```
db = MySQLdb.connect("localhost", "root", "Cau@123456", "jxgl", charset='utf8' )
# 使用 cursor()方法获取操作游标
cursor = db.cursor()
# 使用 execute 方法执行 SQL 语句
cursor.execute("SELECT VERSION()")
# 使用 fetchone() 方法获取一条数据
data = cursor.fetchone()
print ("Database version : %s " % data)
# 关闭游标
cursor.close()
# 关闭数据库连接
db.close()
```

结果如图 19-5 所示。

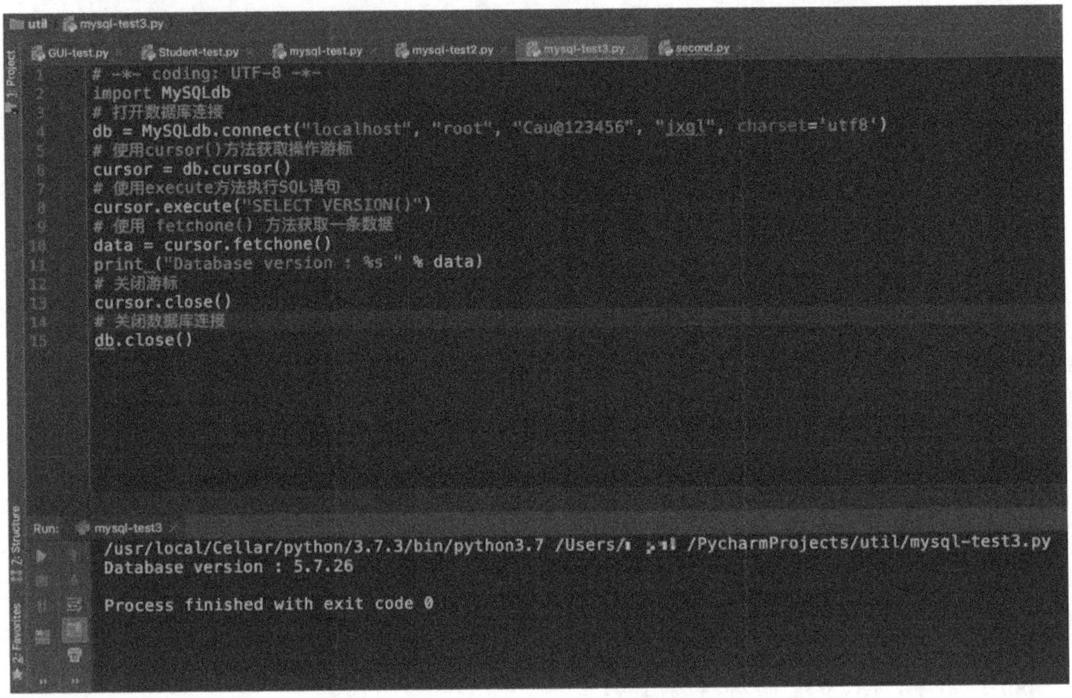

图 19-5　例 19-1 结果

（2）使用 cursor 创建游标对象

游标对象用来执行查询和获取结果。cursor 对象支持的方法如下。

❖ execute(op[, args])：执行一个数据查询命令。

❖ excutemany(sql, args)：执行多个数据库查询或命令。

❖ fetchone()：取的结果集的下一行。

❖ fetchmany(size) ：获取结果集的下几行。

❖ fetchall( )：获取结果集中剩下的所有行。

❖ rowcount( )：最近一次 execute 返回的行数或影响行数。

❖ close( )：关闭游标对象。

execute( )方法执行 SQL 语句，将结果从数据为获取到客户端。

fetch( )方法用于移动 rownumber，返回数据。

【例 19-2】 查询（SELECT）数据库 jxgl 中 student 表的学号、姓名、性别三列的数据。查询的基本处理流程如图 19-5 所示。

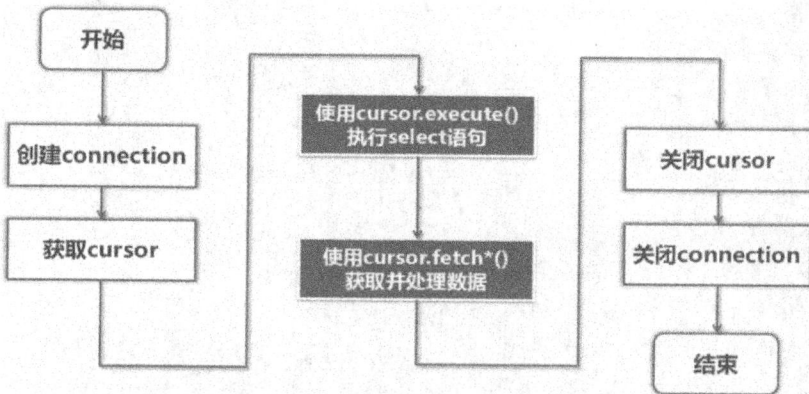

图 19-5　例 19-2 基本处理流程

代码如下：

```
# -*- coding: UTF-8 -*-
import MySQLdb
# 打开数据库连接
db = MySQLdb.connect("localhost", "root", "Cau@123456", "jxgl", charset='utf8' )
# 使用 cursor()方法获取操作游标
cursor = db.cursor()
# SQL 查询语句
sql = "SELECT * FROM student;"
try:
    # 执行 SQL 语句
    cursor.execute(sql)
    # 获取所有记录列表
    results = cursor.fetchall()
    for row in results:
        sno = row[0]
        sname = row[1]
        sex = row[2]
        # 打印结果
        print ("sno=%s,sname=%s,sex=%s" % \
               (sno,sname,sex))
except:
    print ("Error: unable to fecth data")
# 关闭游标
cursor.close()
# 关闭数据库连接
db.close()
```

结果如图 19-6 所示。

【例 19-3】 增（INSERT）、删（DELETE）、改（UPDATE）数据。

基本处理流程如图 19-7 所示，向 student 表中插入数据('1418855234', '王一王', '男', '1995-01-01', '1407', '商务 1401')。

代码如下：

图 19-6  例 19-2 结果

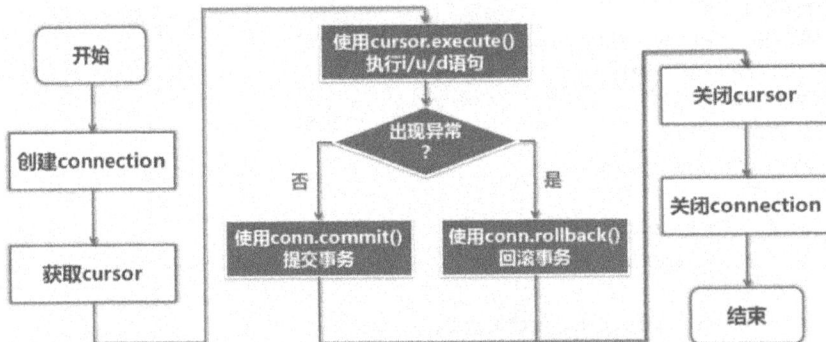

图 19-7  例 19-3 基本处理流程

```
# -*- coding: UTF-8 -*-
import MySQLdb
# 打开数据库连接
db = MySQLdb.connect("localhost", "root", "Cau@123456", "jxgl", charset='utf8')
# 使用 cursor()方法获取操作游标
cursor = db.cursor()
# SQL 插入语句
sql = "INSERT INTO student VALUES ('1418855234', '王一王', '男', '1995-01-01', '1407', '商务1401');"
try:
```

```
    # 执行 sql 语句
    cursor.execute(sql)
    # 提交到数据库执行
    db.commit()
except:
    # 发生错误时回滚
    db.rollback()
# 关闭游标
cursor.close()
# 关闭数据库连接
db.close()
```

结果如图 19-8 所示。

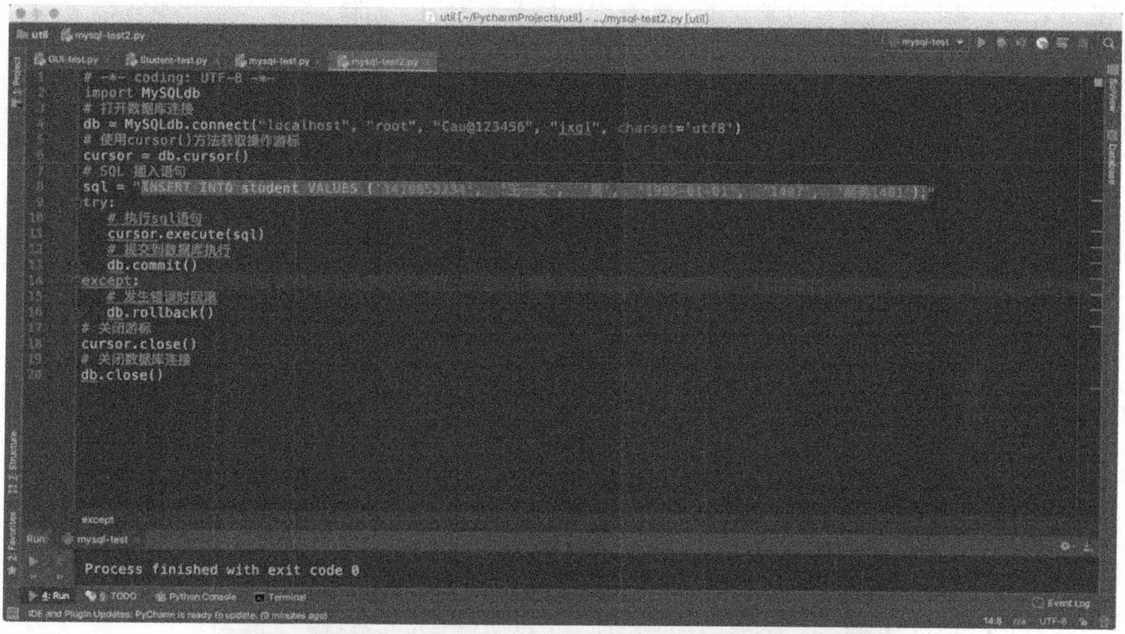


```
mysql> select * from student;
+------------+--------+------+------------+------+-----------+
| sno        | sname  | ssex | sbirth     | zno  | sclass    |
+------------+--------+------+------------+------+-----------+
| 1114070118 | 张三   | 男   | 1997-02-09 | 1407 | 工商1401  |
| 1207040137 | 张冰霜 | 女   | 1996-05-23 | 1214 | 信管1201  |
| 1309070338 | 孙一凯 | 男   | 1993-10-11 | 1102 | 商务1301  |
| 1411855228 | 唐晓   | 女   | 1997-11-05 | 1102 | 商务1401  |
| 1411855321 | 蓝梅   | 女   | 1997-07-02 | 1102 | 商务1401  |
| 1411855426 | 余小梅 | 女   | 1997-06-18 | 1102 | 商务1401  |
| 1412855223 | 徐美利 | 女   | 1989-09-07 | 1214 | 信管1401  |
| 1412855313 | 郭爽   | 女   | 1995-02-14 | 1601 | 食品1401  |
| 1414320425 | 曹平   | 女   | 1997-12-14 | 1407 | 工商1401  |
| 1414855302 | 李壮   | 男   | 1996-01-17 | 1409 | 会计1401  |
| 1414855308 | 马琦   | 男   | 1996-06-14 | 1409 | 会计1401  |
| 1414855323 | 刘美丽 | 女   | 1992-06-12 | 1407 | 工商1401  |
| 1414855328 | 刘梅红 | 女   | 1991-06-12 | 1407 | 工商1401  |
| 1414855329 | 刘红   | 女   | 1993-06-12 | 1407 | 工商1401  |
| 1414855406 | 王承   | 男   | 1996-10-06 | 1409 | 会计1401  |
| 1416855305 | 聂鹏飞 | 男   | 1997-08-25 | 1601 | 食品1401  |
| 1418855212 | 李冬旭 | 男   | 1996-06-08 | 1805 | 计算1401  |
| 1418855232 | 王琴雪 | 女   | 1997-07-20 | 1805 | 计算1401  |
| 1418855234 | 王一王 | 男   | 1995-01-01 | 1407 | 商务1401  |
+------------+--------+------+------------+------+-----------+
19 rows in set (0.07 sec)
```

图 19-8 例 19-3 结果

## 19.4 学生信息管理系统开发实例

为了进一步熟悉 MySQL 应用程序的开发，本节将运用 Python 语言开发一个简单实例：学生基本信息管理系统。首先需要明确项目需求，并进行合理的需求分析和系统总体设计，同时分析系统的使用对象，为系统设计合理的数据结构，然后选用 Python 语言与开发工具，开发模块功能。

### 1．需求描述

学生信息管理系统是针对学校学生籍管理的业务处理工作而开发的管理软件，主要用于学生信息的管理，总体任务是实现学生信息管理的系统化、科学化、规范化和自动化，用计算机对学生各种信息进行日常管理，如查询、修改、增加、删除。

### 2．系统分析与设计

学生信息管理系统主要提供该系统的管理员进行操作和使用。根据学生信息管理系统的需求特征，一个简单的学生信息管理系统可以分为如图 19-9 所示的功能模块。

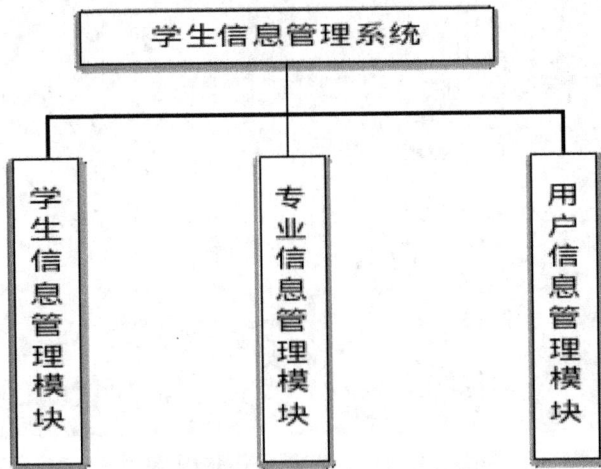

图 19-9　学生信息管理系统功能模块

① 学生管理模块：负责学生信息的管理，如学生的姓名、性别、年龄、联系方式和所在的专业。该模块供管理员使用，具体功能包括学生信息的添加、删除、修改和查询等。其 UML 用例如图 19-10 所示。

图 19-10　学生管理模块

② 专业管理模块：负责专业信息的管理，如专业号、专业名等。该模块供系统管理员使用，具体功能包括专业信息的添加、删除、修改和查询等。其 UML 用例如图 19-11 所示。

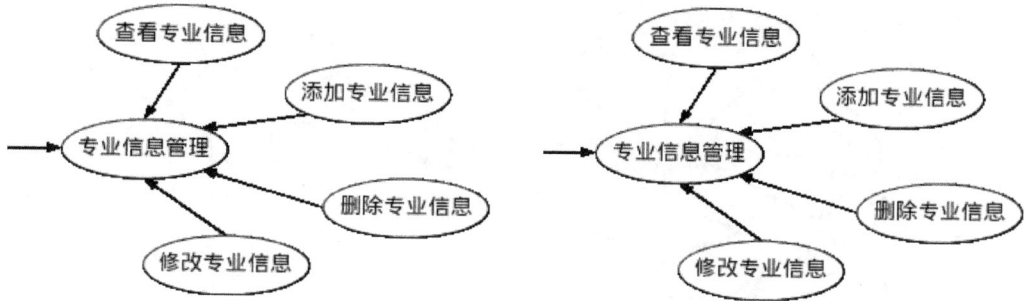

图 19-11  专业管理模块

③ 管理员模块：负责管理管理员以及相应的权限，如管理员名称、登录密码、管理权限等。该模块供系统管理员使用，具体功能包括管理员的添加、信息修改，删除等。其 UML 用例如图 19-12 所示。

图 19-12  管理员模块

## 3．数据库设计与实现

根据前面对学生信息管理系统的分析，简单的学生信息管理系统 E-R 图如图 19-13 所示。通过 E-R 转化成为关系模型的方法，可将 E-R 图转化成为如下关系模式：

```
student(sno, sname, ssex, sbirth, zno, sclass)
specialty(zno, zname)
admin(username, password)
```

## 4．系统实现

本系统主要通过 Python、Tkinter 和 MySQL 来实现。

数据层位于系统的底层，具体为 MySQL 数据库服务器，主要通过 SQL 对 MySQL 数据库中的数据进行读、写管理，以及更新和检索，并与应用层实现数据交互。

（1）实例系统的主页面设计与实现

主页面的代码如下：

```python
#encoding=utf-8

from tkinter import *
from tkinter import messagebox
import MySQLdb

init_window = Tk()   # 实例化出一个父窗口
##设置窗口属性
init_window.title("学生信息管理系统")
init_window.geometry('700x400+10+10')
```

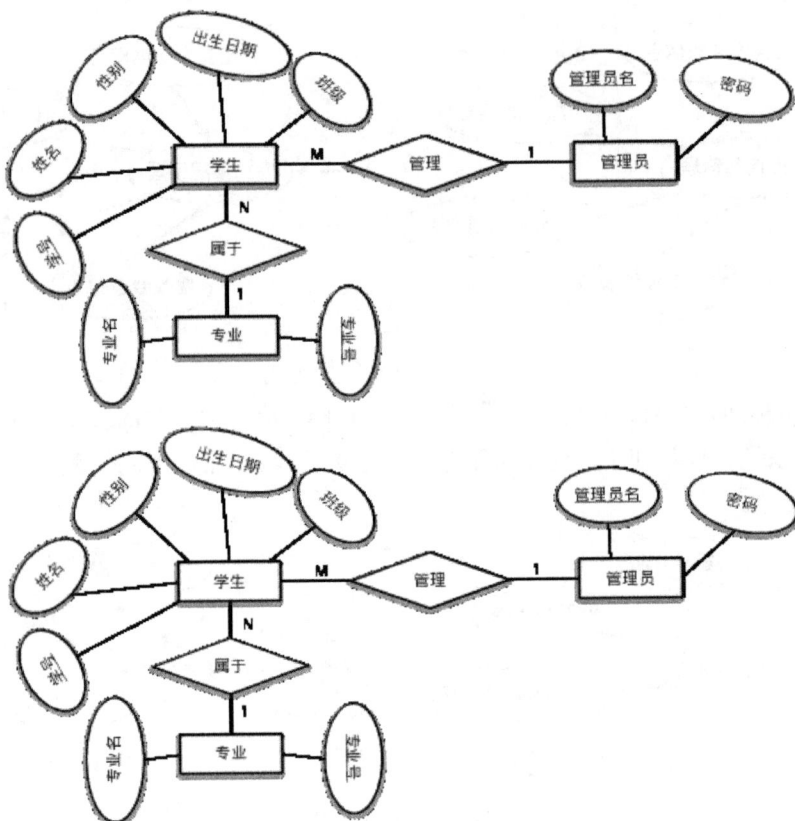

图 19-13　学生信息管理 E-R 图

```
# 添加学生
labe_sadd = Label(init_window, text="添加学生")
labe_sadd.pack()

# sno label and input
labe_sno = Label(init_window, text="学生学号")
labe_sno.pack()
text_sno = StringVar()
Entry(init_window,textvariable = text_sno).pack()

# sname label and input
labe_sname = Label(init_window, text="学生姓名")
labe_sname.pack()
text_sname = StringVar()
Entry(init_window,textvariable = text_sname).pack()

# ssex label and input
labe_ssex = Label(init_window, text="学生性别")
labe_ssex.pack()
text_ssex = StringVar()
Entry(init_window,textvariable = text_ssex).pack()

# sbirth label and input
labe_sbirth = Label(init_window, text="出生日期")
labe_sbirth.pack()
text_sbirth = StringVar()
```

```
Entry(init_window,textvariable = text_sbirth).pack()

# zno label and input
labe_zno = Label(init_window, text="专业号")
labe_zno.pack()
text_zno = StringVar()
Entry(init_window,textvariable = text_zno).pack()

# sclass label and input
labe_sclass = Label(init_window, text="学生班级")
labe_sclass.pack()
text_sclass = StringVar()
Entry(init_window,textvariable = text_sclass).pack()
# 确认添加学生按钮
button_sure = Button(init_window,text="确认添加",width=15,height=2,command=StuInset)
button_sure.pack()

# 查询按钮
button_select = Button(init_window,text="查看学生",width=15,height=2,command=StuSelect)
button_select.pack()

init_window.mainloop()
```

该页面显示效果如图 19-14 所示。

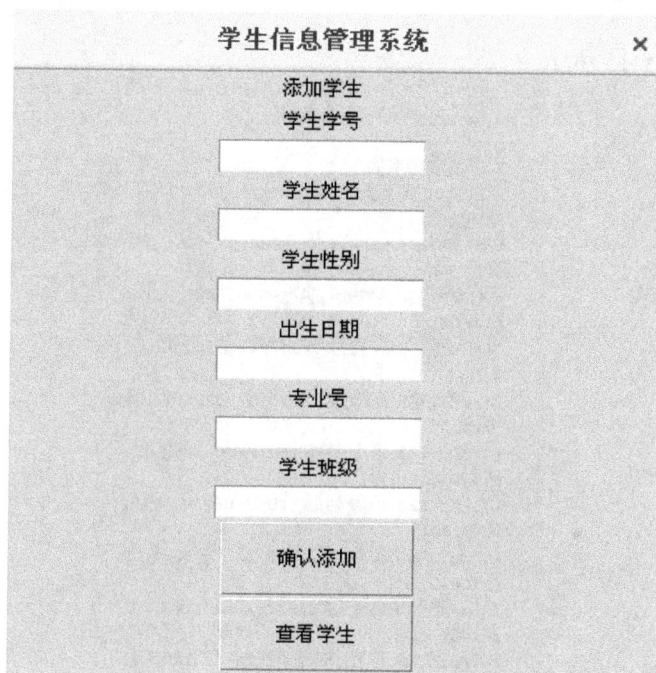

图 19-14　学生信息管理系统页面

查看学生代码：

```
def StuSelect():
    # 打开数据库连接
    db = MySQLdb.connect("localhost", "root", "Cau@123456", "jxgl", charset='utf8')
    # 使用 cursor()方法获取操作游标
    cursor = db.cursor()
```

```python
# SQL 插入语句

sql = "select * from student;"

try:
    # 执行 SQL 语句
    cursor.execute(sql)
    # 获取所有记录列表
    results = cursor.fetchall()
    contents = '表中所有的数据如下：\n'
    #print contents
    for row in results:
        for i in range(len(row)-1):
            contents += str(row[i])+','
        contents += str(row[len(row)-1])+'\n'

    messagebox.showinfo('提示信息', contents)

except:
    messagebox.showinfo('提示信息', '无法查询，请重试')

# 关闭游标
cursor.close()
# 关闭数据库连接
db.close()
```

查询效果如图 19-15 所示。

图 19-15　查询效果

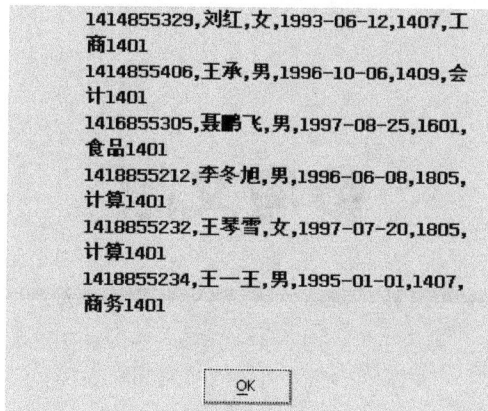

```
1414855329,刘红,女,1993-06-12,1407,工
商1401
1414855406,王承,男,1996-10-06,1409,会
计1401
1416855305,聂鹏飞,男,1997-08-25,1601,
食品1401
1418855212,李冬旭,男,1996-06-08,1805,
计算1401
1418855232,王琴雪,女,1997-07-20,1805,
计算1401
1418855234,王一王,男,1995-01-01,1407,
商务1401
```

OK

图 19-15　查询效果（续）

其他功能略。

# 小　结

　　本章讲述了 Python 语言及其图形界面编程的基础，使用 Python 语言进行 MySQL 数据库编程的相关知识，其中包括具体编程步骤和常用的操作 MySQL 数据库的 Python 函数。然后结合一个简单实例：学生信息管理系统，介绍了使用 Python 语言开发 MySQL 应用系统的过程，包括需求描述、系统分析与设计、数据库设计与实现、系统功能实现四个阶段。

# 参考文献

[1] 王珊. 数据库系统概论（第 4 版）[M]. 北京：高等教育出版社，2011.

[2] 刘瑞新. 数据库系统原理及应用教程（第 4 版）[M]. 北京：机械工业出版社，2014.

[3] 何玉洁. 数据库原理与应用教程（第 3 版）[M]. 北京：机械工业出版社，2014.

[4] 付森,石亮. MySQL 开发与实践[M]. 北京：人民邮电出版社，2014.

[5] 李辉. 数据库技术与应用（MySQL 版）[M]. 北京：清华大学出版，2016.

[6] 黄缙华. MySQL 入门很简单[M]. 北京：清华大学出版社，2011.

[7] 王飞飞，催洋，贺亚茹. MySQL 数据库应用从入门到精通（第 2 版）[M]. 北京：中国铁道出版，2014.

[8] 郑阿奇. MySQL 使用教程（第 2 版）[M]. 北京：电子工业出版，2014.

[9] 皮雄军. NoSQL 数据库技术实战[M]. 北京：清华大学出版，2014.

[10] 传智博客高教产品研发部. MySQL 数据库入门. 北京：清华大学出版,2015.

[11] 石坤泉,唐双霞,王鸿铭. MySQL 数据库任务驱动式教程[M]. 北京：人民邮电出版社，2014.

[12] 孔祥盛. MySQL 数据库基础与实例教程[M]. 北京：人民邮电出版社，2014.

[13] 唐汉明，翟振兴，关宝军，王洪权，黄潇. MySQL 数据库开发、优化与管理维护（第 2 版）[M]. 北京：人民邮电出版社，2014.

[14] 皮雄军. NoSQL 数据库技术实战[M]. 北京：清华大学出版，2015.

[15] 李辉等. 数据库系统原理及 MySQL 应用教程[M]. 北京：机械工业出版社，2015.